内容简介

本教材共分 18 个项目，63 项任务，以生产安全、生态、环保的绿色果品为目标，从绿色果品认知，生产标准体系，申报认证过程，苗木繁育，商品化生产基地建立，果园田间管理，苹果、梨、桃、葡萄、猕猴桃、大樱桃等 13 种北方主要果树标准化生产技术，设施果树标准化生产技术等方面全面介绍了绿色果品生产全过程。首次按照春、夏、秋、冬生产季节，并吸纳大量行业、企业一线技术人员设计编排果树生产内容，力求技术简洁、易懂、可操作性强，使教学内容与生产任务无缝对接。为了突出生产过程的趣味性、实用性，在教材内容编排上穿插了生产案例、学习网址、知识拓展、科技瞭望、观察对比等互动栏目，启发学生思维，开阔视野，使学生在愉快、轻松气氛中学习，全面提升学生的综合素质和技术应用能力。

全教材内容系统，技术先进实用，符合现代果品安全发展趋势和标准化生产需求，适合涉农院校园艺技术、绿色食品生产与检验、农产品质量检测等相关专业及绿色果品生产基地、涉农企业参考应用。

"十二五"职业教育国家规划教材
经全国职业教育教材审定委员会审定
高等职业教育农业部"十二五"规划教材

果树生产技术

北 方 本

陈登文 主编

中国农业出版社

编审人员名单

主　编　陈登文
副主编　马文哲　雷世俊　朱运钦　娄汉平
编　者　（以姓名笔画为序）
　　　　　马文哲　马冬梅　朱运钦　张彦昌
　　　　　张清梅　陈凤霞　陈登文　赵凤军
　　　　　娄汉平　温小玲　雷世俊
主　审　韩明玉

前　言

目前，我国果品质量安全管理体系正在逐步建立，国内外果品市场准入门槛逐年提高，果品质量和安全问题已成为制约果业整体质量和效益提升的关键环节。为此，本教材主要以绿色果品生产过程为主线，首次采用"季节分段、工学结合"的现代职教理念，根据学生认知规律，将教材内容设计成18个项目，涵盖走进绿色果园、繁育果树苗木、建立商品化果品生产基地、果园田间管理、仁果类（苹果、梨）标准化生产、核果类（桃、杏、李、大樱桃）标准化生产、浆果类（葡萄、猕猴桃、草莓）标准化生产、干杂果类（板栗、核桃、柿子、枣）标准化生产、设施果树标准化生产。每个项目以学生为中心，按照学习目标、学习任务描述、学习环境、学习指南、技能训练、项目小结、复习思考题的顺序编排。同时编写人员吸收了企业生产一线技术骨干人员、行业专家参与编稿、审稿，力求编写内容与生产实际接轨、与行业标准接轨、与市场需求接轨。为了提高学生学习兴趣，在教材内容中穿插编排了生产案例、学习网址、知识拓展、科技瞭望、观察对比等互动栏目，使学生在愉快、轻松的气氛中学习，在生产一线实践锻炼中掌握生产技能，实现学生知识、能力、态度等素质的综合训练和全面培养。

在北方主要果树生产技术编写上，率先按照春、夏、秋、冬生产季节编排教学内容，明确各树种季节生产特点、生产任务，使学生学习内容与果园生产任务接轨。同时将绿色食品生产标准引入教学环节，使教学内容与国家标准接轨，与国际技术、行业标准接轨，注重学生的安全果品生产意识培养。

在实训内容编排上，以北方露地主要果树：苹果、梨、桃、葡萄4种水果为主，杏、李、大樱桃、猕猴桃、枣、板栗、核桃、草莓、柿子为特色拓展编写，同时将设施果树生产单独编写，突出现代设施果品生产模式、环境调控和生产过程。各地可结合当地实际，灵活选取当地适栽树种学习、应用。

本教材共分18个项目，63项任务，适用120~140学时的教学计划，主要项目编写人员有：杨凌职业技术学院陈登文（项目一、项目十），杨凌职业技术学院马文哲（项目四、项目五、项目十二），潍坊职业学院雷世俊（项目二、项目七、项目八、项目九），河南农业职业学院朱运钦（项目三、项目十一），沧州职业技术学院陈凤霞（项目六、项目十四），辽宁职业学院娄汉平（项目十八任务一、任务三），辽东学院赵凤军（项目十八任务二），内蒙古农业大学职业技术学院张清梅（项目十八任务四、任务五），酒泉职业技术学院马冬梅（项目十三、项目十五），中国农业科学院果树研究所张彦昌（项目十七），南通农业职业技术学院温小玲（项目十六）。国家现代苹果产业技术体系首席专家、西北农林科技大学韩明玉教授担任本教材的主审。

另外，在编写过程中，西北农林科技大学有机食品认证中心陈良超工程师、辽宁省铁岭市果蚕站刘振兴高级农艺师、山东果树研究所王金政研究员、西安华圣集团果业分公司王颖工程师、宝鸡市蚕桑园艺站郭延虎高级农艺师等及生产、科研一线技术人员为本教材的编写提出了许多宝贵意见，在此深表感谢。

书中难免存在错误和不足之处，恳请广大读者批评指正，以便修改完善。

编　者
2012年7月

目 录

前言

项目一　走进绿色果园 ·· 1

　　任务一　认识绿色果品 ·· 1
　　任务二　识别果树种类 ·· 8
　　任务三　观测果树树体结构 ·· 9
　　任务四　了解果树生长发育规律 ·· 14
　　　实训一　拟定绿色果品生产技术规程 ··· 20
　　　实训二　识别主要果树种类 ·· 20
　　　实训三　识别主要果树品种 ·· 22
　　　实训四　观察苹果、梨生长结果习性 ··· 27
　　　实训五　观察猕猴桃、葡萄主要架式 ··· 28
　　　实训六　观察桃、杏、李生长结果习性 ······································ 29

项目二　繁育果树苗木 ·· 31

　　任务一　培育实生苗 ··· 31
　　任务二　培育嫁接苗 ··· 37
　　任务三　培育自根苗 ··· 43
　　任务四　培育无毒苗 ··· 46
　　任务五　培育容器苗 ··· 48
　　任务六　苗木出圃与贮运 ·· 49
　　　实训一　果树砧木种子生活力鉴定 ·· 53
　　　实训二　果树砧木种子层积处理 ··· 54
　　　实训三　扦插育苗 ··· 54
　　　实训四　嫁接技术 ··· 55

项目三　建立商品化生产基地 ·· 57

　　任务一　调查生产基地环境条件 ··· 57
　　任务二　果园规划设计 ·· 60
　　任务三　建立商品化生产基地 ·· 67
　　　实训一　果园规划设计 ··· 69
　　　实训二　果树栽植 ··· 71

项目四　果园田间管理 ··· 73

　　任务一　土壤管理 ·· 73

任务二　施肥管理 …………………………………………………………………… 75
　　任务三　水分管理 …………………………………………………………………… 80
　　任务四　花果管理 …………………………………………………………………… 83
　　任务五　果实采收 …………………………………………………………………… 87
　　任务六　果树整形修剪 ……………………………………………………………… 90
　　　实训一　落叶果树缺素症状的观察 ……………………………………………… 98
　　　实训二　果园生草覆盖 …………………………………………………………… 100
　　　实训三　果实采收、分级和包装 ………………………………………………… 100
　　　实训四　果树冬季修剪 …………………………………………………………… 101
　　　实训五　果树夏季修剪 …………………………………………………………… 102
　　　实训六　果树冻害调查 …………………………………………………………… 103

项目五　苹果标准化生产 …………………………………………………………………… 107
　　任务一　观测苹果生物学特性 ……………………………………………………… 108
　　任务二　了解苹果安全生产要求 …………………………………………………… 110
　　任务三　苹果标准化生产 …………………………………………………………… 117
　　　实训一　果实套袋 ………………………………………………………………… 132
　　　实训二　苹果品质品评 …………………………………………………………… 133
　　　实训三　果园施肥 ………………………………………………………………… 134
　　　实训四　果树人工授粉 …………………………………………………………… 135
　　　实训五　果树疏花疏果 …………………………………………………………… 136
　　　实训六　苹果休眠期整形修剪 …………………………………………………… 137

项目六　梨标准化生产 ……………………………………………………………………… 140
　　任务一　观测梨生物学特性 ………………………………………………………… 141
　　任务二　了解梨安全生产要求 ……………………………………………………… 142
　　任务三　梨标准化生产 ……………………………………………………………… 146
　　　实训　梨树冬季修剪 ……………………………………………………………… 156

项目七　桃标准化生产 ……………………………………………………………………… 158
　　任务一　观测桃生物学特性 ………………………………………………………… 159
　　任务二　了解桃安全生产要求 ……………………………………………………… 161
　　任务三　桃标准化生产 ……………………………………………………………… 163
　　　实训一　桃冬季修剪 ……………………………………………………………… 173
　　　实训二　桃夏季修剪 ……………………………………………………………… 174
　　　实训三　桃、杏、李的生长结果习性观察 ……………………………………… 175

项目八　杏标准化生产 ……………………………………………………………………… 177
　　任务一　观测杏生物学特性 ………………………………………………………… 178
　　任务二　了解杏安全生产要求 ……………………………………………………… 179
　　任务三　杏标准化生产 ……………………………………………………………… 181

实训　杏冬季修剪 ……………………………………………………………… 186

项目九　李标准化生产 188

　　任务一　观测李生物学特性 ………………………………………………………… 189
　　任务二　了解李安全生产要求 ……………………………………………………… 189
　　任务三　李标准化生产 ……………………………………………………………… 192
　　实训一　李冬季修剪 ………………………………………………………………… 197
　　实训二　李夏季修剪 ………………………………………………………………… 198

项目十　大樱桃标准化生产 200

　　任务一　观测大樱桃生物学特性 …………………………………………………… 201
　　任务二　了解大樱桃安全生产要求 ………………………………………………… 202
　　任务三　大樱桃标准化生产 ………………………………………………………… 205
　　实训　大樱桃夏季修剪 ……………………………………………………………… 214

项目十一　葡萄标准化生产 215

　　任务一　观测葡萄生物学特性 ……………………………………………………… 216
　　任务二　了解葡萄安全生产要求 …………………………………………………… 218
　　任务三　葡萄标准化生产 …………………………………………………………… 223
　　实训一　葡萄架式观察和冬季修剪 ………………………………………………… 237
　　实训二　葡萄生长结果习性观察 …………………………………………………… 238

项目十二　猕猴桃标准化生产 240

　　任务一　观测猕猴桃生物学特性 …………………………………………………… 241
　　任务二　了解猕猴桃安全生产要求 ………………………………………………… 242
　　任务三　猕猴桃标准化生产 ………………………………………………………… 245
　　实训一　猕猴桃冬季修剪 …………………………………………………………… 257
　　实训二　猕猴桃、葡萄主要架式观察 ……………………………………………… 258

项目十三　草莓标准化生产 260

　　任务一　观测草莓生物学特性 ……………………………………………………… 261
　　任务二　了解草莓安全生产要求 …………………………………………………… 263
　　任务三　草莓标准化生产 …………………………………………………………… 266
　　实训一　草莓生长结果习性观察 …………………………………………………… 276
　　实训二　草莓苗的繁育 ……………………………………………………………… 277

项目十四　板栗标准化生产 279

　　任务一　观测板栗生物学特性 ……………………………………………………… 280
　　任务二　了解板栗安全生产要求 …………………………………………………… 281
　　任务三　板栗标准化生产 …………………………………………………………… 284
　　实训　板栗空苞的防治 ……………………………………………………………… 289

项目十五　核桃标准化生产 ··· 291
　任务一　观测核桃生物学特性 ··· 292
　任务二　了解核桃安全生产要求 ·· 295
　任务三　核桃标准化生产 ··· 298
　　实训一　核桃生长结果习性观察 ··· 310
　　实训二　核桃整形修剪 ··· 311

项目十六　柿标准化生产 ··· 314
　任务一　观测柿生物学特性 ·· 315
　任务二　了解柿安全生产要求 ··· 317
　任务三　柿标准化生产 ·· 321
　　实训　柿子的脱涩 ··· 331

项目十七　枣标准化生产 ··· 333
　任务一　观测枣生物学特性 ·· 334
　任务二　了解枣安全生产要求 ··· 336
　任务三　枣标准化生产 ·· 338
　　实训　枣树整形、修剪与花期管理 ·· 347

项目十八　设施果树标准化生产 ·· 349
　任务一　设施果树生产模式及原理 ·· 349
　任务二　设施葡萄标准化生产 ··· 354
　任务三　设施桃、李、杏标准化生产 ··· 361
　任务四　设施草莓标准化生产 ··· 376
　任务五　设施大樱桃标准化生产 ·· 382
　　实训一　设施类型及结构调查 ·· 389
　　实训二　设施内温、湿度观察 ·· 390
　　实训三　设施果树夏季树体管理 ··· 391

参考文献 ·· 393

项目一

走进绿色果园

 **学习目标**

知识目标
- ◇ 掌握绿色果品概念、特点、生产方式及组织管理。
- ◇ 熟悉绿色果品的特征和分级要求。
- ◇ 了解常见果树种类及树体结构。
- ◇ 熟悉果树生长发育规律。

能力目标
- ◇ 能够正确识别绿色果品标志,按照绿色果品标志监管绿色果品。
- ◇ 能够识别常见果树种类及树体结构。
- ◇ 能够按照果树生长发育规律,指导企业进行绿色果品生产。

学习任务描述

本项目主要任务有四项:认识绿色果品、识别果树种类、观测树体结构、了解果树生长发育规律。

学习环境

要完成本项目学习任务,必须具备以下条件:
- ◇ 教学环境　绿色果品生产基地、网络教室、超市绿色果品。
- ◇ 教学工具　录像带、光碟、绿色果品网站、超市绿色果品、生产农资等相关设备。
- ◇ 师资要求　专职教师、绿色果品内审员、一线绿色果品生产认证人员。

任务一　认识绿色果品

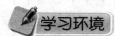

一、绿色果品的概念

绿色果品是遵循可持续发展原则,按照特定生产方式生产,经专门机构认证(如中国绿色食品发展中心),许可使用绿色食品标志的无污染、安全、优质、营养的果品。从广义上讲,绿色果品应是优质、洁净、无安全隐患的果品。它具有高品质、高营养、卫生安全的指标规定。

绿色食品起源于中国,由于与环境保护有关,通常都形象地冠以"绿色"二字。它出自良好的生态环境,具有营养、生态、安全的特点,因此定名为绿色食品。绿色食品涵盖国家商标类别划分中的近千种食品、干鲜果品及加工制品等。根据生产标准不同,目前我国的绿色食品具体可分为A级和AA级两大类。

1992年我国成立了中国绿色食品发展中心,专门负责全国绿色食品开发和管理工作。该机构隶属农业部,与农业部绿色食品管理办公室合署办公。绿色食品实施"从土地到餐桌"全程质量控制。在绿色食品生产、加工、包装、储运过程中,通过严密监测、控制和标准化生产。科学合理地使用农药、肥料、兽药、添加剂等投入品,严格防范有毒、有害物质对农产品及食品加工各个环节的污染,确保环境和产品安全。绿色食品标准以国际食品法典委员会(CAC)标准为基础,参照发达国家标准制定,总体达到国际先进水平。

绿色果品是绿色食品的一部分,生产应具备以下条件:
①果品产地必须符合绿色食品生态环境质量标准。
②果树种植必须符合绿色食品生产操作规程。
③产品必须符合绿色食品质量和卫生标准。
④产品的包装、贮运必须符合绿色食品包装贮运标准。

绿色果品生产包括:产地环境检测与认定、生产过程监控、产品质量监控、采后贮藏保鲜及营销等环节监控,是一个全程标准化生产过程。

二、绿色果品生产的特点

绿色果品的生产除具有果树产业本身的特点之外,还具有如下特点:

1. 绿色果品的生产系统性强 果品生产是一个规模化、产业化的生产过程,它不仅关注最终产品,更强调生产环境,生产过程的管理。绿色果品开发是由政府或企业集团有组织地规模化、产业化生产行为。它涉及园艺学、生态学、环境学、营养学、卫生学等多个学科,横跨生产、加工、贮运、销售、环保、科研、教育等部门及行业,是一种"集体行动"。注重多学科知识原理的综合运用,强调产、供、销一体化,生产标准化、规范化。要求生产基地、环境检测、产品检验、市场运行、科研、教育等各子系统之间,系统的各层次各因子之间相互协调、相互平衡,目标是获得最大的生态效益、社会效益和经济效益。绿色果品开发具有组织管理的严密性,它从选择良好的生态环境入手,要求在生产过程中将规范技术和管理措施落实到每个企业、每个农户、每个产品,贯穿于农业生产的产前、产中、产后各个环节,实行"从农田到餐桌"的全程质量控制,不允许任何环节出现污染问题,是一个系统化、标准化、产业化的生产过程。

2. 绿色果品开发依赖于高新技术 绿色果品有更高的质量要求,其发展需要高新技术支撑。特别是病虫害防治,土、肥、水应用技术等需要更新。新品种选育除需要满足常规要求外,更注重品种抗性(包括杀虫能力和抗污染能力)。绿色果品开发既要高产优质又不能有污染,在技术选用和掌握程度上难度大,保护好害虫天敌,维持生态平衡,严格施肥标准,科学采用化学防治,并注意保持生物多样性,保持生态平衡,才能有效实现绿色果品生产目标,如果离开高新技术绿色果品生产将寸步难行。

3. 绿色果品开发以市场信誉为条件 绿色果品是一种商品，信誉是提高商品市场竞争力的前提，质量是保证商品市场信誉的基础。质量和信誉相辅相成，质量是信誉的前提，信誉是对质量的褒奖，是提高商品市场占有率的有力保障，没有好的信誉，产品就不能在市场竞争中立足。因此，绿色果品开发，要建立在真正的质量基础上，要经得起消费者的检验，杜绝掺杂使假行为发生。

4. 绿色果品生产以科学管理及法律监督为保证 绿色果品生产是一种标准化、规范化、产业化的生产，需要采取科学的手段规范环境监测、质量检验、生产操作环节检测及包装贮运环节检测，对果品依法实行标志管理。绿色果品标志是一个质量证明商标，属知识产权范畴，受《中华人民共和国商标法》保护。加强绿色果品的申报与审批的法制管理，建立健全生产操作与流通销售、标志的使用等方面的法规制度，严格把好环境监测与质量检测关、标志使用关，严格质量检测和市场准入管理，依法监督商标的使用，保护绿色果品的合法地位及消费者权益。

5. 绿色果品生产可实现效益最大化 一般果品生产难以全面兼顾生态效益、经济效益与社会效益，往往以牺牲生态效益为代价来获取经济效益，要么注重了生态效益而没有经济效益或经济效益极低。到目前为止，尚难以找到三种效益如此协调一致的产业，只有绿色果品生产才能最大限度地实现三方面效益的有机统一，实现果品生产效益的最大化。

三、绿色果品的特征和分级

（一）特征

无污染、安全、优质、营养是绿色果品的特征。无污染是指在绿色果品生产过程中，通过严密监测、控制，防范农药残留、放射性物质、重金属、有害细菌等对果品生产各个环节的污染，以确保绿色果品的洁净。绿色果品的优质特性不仅包括产品的外观包装水平高，而且还包括内在质量水准高。产品的内在质量又包括两方面：一是内在品质优良，二是营养价值和卫生安全指标高。

（二）绿色果品的分级

绿色果品是绿色食品的一部分，有 A 级与 AA 级之分。绿色果品同样也可分为 A 级和 AA 级。

1. A 级绿色果品 其特点是：①在生态环境质量符合规定标准的产地生产；②生产过程中允许限量使用限定的化学合成物质；③按特定的生产操作规程生产；④加工程序、产品质量及包装，经检测、检查符合特定标准；⑤经专门机构认定，许可使用 A 级绿色食品标志的产品。

2. AA 级绿色果品 其特点是：①要在生态环境质量符合规定标准的产地生产；②生产过程中不使用任何有害的化学合成物质；③按特定要求的生产操作规程生产；④加工、产品质量及包装，经检测、检查，符合特定标准要求；⑤经专门机构认定，许可使用 AA 级绿色食品标志的产品（表 1-1）。

表 1-1　AA 级和 A 级绿色果品的主要区别

	AA 级绿色果品	A 级绿色果品
环境评价	采用单项指数法，各项数据均不得超过有关标准	采用综合指数法，各项环境监测的综合污染指数不得超过 1
生产过程	生产过程中禁止使用任何化学合成肥料、化学农药、及化学合成食品添加剂	生产过程中允许限量、限时间、限定方法使用限定品种的化学合成物质
产品	各种化学合成农药及合成食品添加剂均不得检出	允许限定使用的化学合成物质的残留量仅为国家或国际标准 1/2，其他禁止使用的化学物质残留不得检出
包装标志及编号	标志和标准字体为绿色，底色为白色，防伪标签的底色为蓝色，标志编号以 AA 或 2 结尾	标志和标准字体为白色，底色为绿色，防伪标签底色为绿色，标志编号以 A 或 1 结尾

四、绿色果品同无公害果品、有机果品的关系

无公害果品、绿色果品、有机果品都是整个安全果品的重要组成部分，无公害果品满足大众安全要求指标；绿色果品满足国内大中城市中高层次消费者要求；有机果品是一种纯天然果品，是安全果品的最高要求。三者均需有关机构认证，但其认证又各具特色。

（一）无公害果品、绿色果品和有机果品的共同点

①无公害果品、绿色果品和有机果品都属于果品质量安全范畴，都是果品质量安全认证体系的组成部分。

②都是加快果业标准化生产的一种方式，只是标准层次不同而已。

③三者都是为建立和完善国内果品市场准入机制，打破国际果品贸易绿色壁垒，扩大出口创汇，增加农民收入，保障果品消费者安全创造条件的。

④产品都有经国家主管部门确认的质量安全标志。标志只允许在批准的企业、批准的基地果品上使用，标志使用法人不能随意扩大标志使用的果品种类及范围，也不能转让或变卖标志，获得标志使用权的企业法人变更时，应及时按有关规定向标志管理部门申请变更，变更手续结束后方可在新的果品上使用。

（二）无公害果品、绿色果品和有机果品的区别

1. 发源地不同　有机果品和有机农业的发源地是欧洲，绿色果品起源于中国，无公害果品主要起源于中国，"无公害"一词从国外引入。

2. 标识不同　有机果品在不同的国家、不同的认证机构其标识不相同。绿色果品标识是唯一的。无公害果品的标识在不同的认证机构有不同的标识。

3. 认证机构不同　绿色果品的认证由中国绿色食品发展中心负责全国绿色食品的统一认证和最终认证审批，各省（自治区、直辖市）绿色食品办公室协助认证。有机果品的认证一直是由国家环境保护总局有机食品发展中心进行综合认证。无公害果品的认证机构较多，只有在国家工商行政管理局商标局正式注册标志商标，或颁布的省级法规，其认证才有法律效力。

4. 认证方式不同　无公害果品采用产地认证与产品认证相结合，认证采取以检查认证为主、检测认证为辅的方式进行；绿色果品采取质量认证和标志管理相结合的方式认证，以检测认证为主；有机果品则实行检查员制度，以检查员现场检查和辅导来进行认证。有机果

品认证时，有1~3年的转换期。转换期结束后才能被认为是有机果品。

5. 消费对象不同 无公害果品满足的是大众消费；绿色果品主要供给少数高收入群体和部分出口企业；有机果品主要满足国外高收入团体，是为果品出口创汇服务的。

6. 推动方式不同 无公害果品认证由政府推动，并在适当时候推行强制性认证；绿色果品生产以市场运作为主，政府推动为辅；有机果品认证完全是一种市场化的运作，与国际通行做法接轨。

7. 标志不同 通过认证的产品分别粘贴或印刷相应统一标志。但有机果品实行双标志制度。既有国家统一标志，又有认证机构的标志，而且各认证机构标志并不相同。绿色果品与无公害果品都有全国统一标志。

8. 收费标准不同 无公害果品认证是一项公益性事业，认证本身包括材料审核、现场检查、专家评审、证书制作、媒体公告及抽查检验等环节，均不收费，仅在申请人委托相关质检机构进行环境检测和产品检验时由质检机构收取一定的检测费，在购买无公害果品使用标志时收取成本费；而绿色果品认证，从环境检测评价和产品检测、标志使用、公告等都要按一定标准收费，费用较高；有机果品，国内外认证机构一般要求有三年的辅导期，费用更高。

无公害果品是绿色果品和有机果品发展的基础，绿色果品和有机果品品质是在无公害果品基础上的进一步提高。

无公害果品、绿色果品、有机果品都注重生产过程的管理，无公害果品和绿色果品侧重对影响产品质量因素的控制，有机果品侧重对影响环境质量因素的控制。

五、绿色果品运行与管理

1. 管理机构 我国绿色果品在全国有三大管理体系：绿色果品认证管理体系，绿色果品产地环境监测与评价体系，绿色果品产品质量检测体系。在三大体系之下，均设有相应的管理机构，他们分别对绿色果品生产环境，生产过程，产品质量等环节进行管理与监控。实行绿色果品认证前推行产地环境检测，产品生产过程检测、标准化生产等行政管理，获得绿色果品认证后实行标志管理，严格按照《中华人民共和国商标法》和《绿色食品标志管理办法》管理。

2. 目标定位 提高生产水平，满足国内高端需求，提高市场竞争力。

3. 运行管理 绿色果品属种植业一部分，种植业产品一般要求规模达到333 hm^2 以上，因此绿色果品生产是一个规模化、标准化、系统化生产，其组织管理遵循绿色果品管理体系要求，需要四大体系作支撑：

①严密的质量标准体系。绿色果品产地环境质量标准、生产技术标准、产品标准、产品包装标准和储藏、运输标准构成了绿色果品一个完整的质量标准体系。

②全程质量控制措施。绿色果品生产实施"从土地到餐桌"全程质量控制，以保证产品的整体质量。

③科学、规范的管理手段。我国绿色果品实行统一、规范的标志管理，绿色果品标志是在国家工商行政管理局注册的一个商标，受《中华人民共和国商标法》严格保护，并按照《商标法》、《集体商标、证明商标注册和管理条例》和《农业部绿色食品标志管理办法》开展监督管理工作。绿色果品标志在具体运作上完全按商标性质处理。因此，绿色果品在认定的过程中是质量认证行为，在认定后就成商标管理行为，也就是说，绿色果品标志管理将质

量认证和商标管理相结合。实现这个结合既使绿色果品的认定具备产品质量认证的严格性和权威性，又具备商标使用的法律地位。

④高效的组织网络系统。通过协会、农村经济合作组织将分散的农户和企业组织发动起来，进入绿色果品的生产和营销序列。我国绿色果品发展中心构建了三个组织管理系统，并形成了高效运行的网络：a. 在全国各地委托了分支管理机构，协助和配合中国绿色果品发展中心开展区域性工作；b. 委托全国各地有省级计量认证资格的环境监测机构负责绿色果品产地环境监测与评价；c. 委托区域性的食品质量监测机构负责绿色食品产品质量监测。绿色果品组织网络建设采取委托授权的方式，并使管理系统与监测系统分离，保证了绿色果品监督工作的公正性及绿色果品开发管理的科学性。

想一想

1. 绿色果品应具备哪些条件？
2. 绿色果品是如何进行管理的？

绿色果品生产关键技术

绿色果品生产区别于常规果品生产，必须遵循以下要求：

1. 园地选择　要求果园环境必须符合《绿色食品　产地环境质量标准》（NY/T 391—2000）的要求，园地空气清新，应用水为深井水或水库等清洁水源，土壤未受任何污染，有机质含量在1%以上，土层深厚，地下水位在1.5m以下，土壤基本综合性状适宜果树生长，排灌设施齐全。

2. 选用抗逆性强的优良品种　绿色果品生产对品种的要求比较严格，因绿色果品生产过程中限制农药与化肥的使用，强调天然耕作管理，在这样的栽培条件下要确保高产优质，就必须选用优质、抗病虫、耐病虫危害的品种，可减少农药使用，避免再度发生污染。因此，在绿色果品生产中，要重视因地制宜选择好品种。同时要不断充实、改良、繁育、引进新的优良品种，也要注意保存发掘原有地方良种，保持遗传的多样性。禁用转基因的种苗。为绿色果品生产提供良种保障。

3. 推行生草覆盖土壤管理耕作制　绿色果园土壤管理的核心是为根系创造一个适宜、稳定的生长环境，土壤管理的最终目的是增加果园有机质含量，现行最有效地方法是推行生草覆盖土壤管理耕作制。通过生草覆盖，增加有机质，改善果园生态环境，创造有利于天敌、昆虫、微生物生长的环境，维持生物的多样性，将土壤管理纳入果园生态系统管理当中去。通过生物间的相克互生，生产绿色果品。

4. 建立以有机肥为主的施肥制度　绿色果品生产中的施肥管理应认真执行《绿色食品肥料使用准则》（NY/T 394—2000）的有关规定。

（1）选施有机肥。其种类包括：堆肥、沤肥、厩肥、沼气肥、绿肥、泥肥、饼肥等。这是一些含有大量生物物质、动植物残体、排泄物、生物废物等的肥料，特点是营养全面，肥效长，可改良土壤，促进微生物繁殖，是生产绿色果品的主要肥料来源。

(2) 选用化肥。

①AA级绿色果品。允许使用农家肥料，可就地取材，使用堆肥、饼肥、沼肥等有机全量肥，禁止使用城市垃圾和污泥；施叶面肥应按国家技术标准使用，在收获前20d停施，以减少肥料污染；可扩大使用微生物肥。除了微量元素（铜、铁、锰、锌、硼、钼等）、硫酸钾、煅烧磷酸盐外，不允许使用其他化学合成肥料。

②A级绿色果品。允许生产基地有限度地使用部分化学合成肥料，但禁止使用硝态氮肥。化肥必须与有机肥配合使用，有机氮与无机氮之比为1∶1，1 000kg厩肥约加尿素20kg，最后一次施用这些混合肥应在收获前30d进行。城市的生活垃圾要经过无害化处理，质量达国家标准后才能使用，且每年每667m^{2}农田限制用量，黏性土壤不超过3 000kg，沙性土壤不超过2 000kg，其他同AA级。

所有的农家肥制堆肥都要高温发酵，以杀灭菌类、虫卵及杂草种子，并除去有机酸和有害气体；商品肥及新型肥料必须通过有关部门的登记认证及生产许可。

5. 灌溉管理 绿色果品的灌溉水必须符合《农田灌溉水质标准》（NY/T 391—2000）的有关要求。在重视灌溉用水质量要求的同时，要做好排水、防涝、防洪，要保护好水源，加强灌溉水的监测，防止因水质量原因影响绿色果品的生产。

6. 推行高光效修剪 绿色果品修剪与常规果树基本相似，选用便于机械操作的高光效树形（以苹果为例），进行四季修剪，使果园覆盖率达到75%左右，每667m^{2}枝量达到10万～20万，冬剪后7万～9万条，花芽∶叶芽达到1∶（3～4）为宜。每667m^{2}花芽量达到1.2万～1.5万个为宜。

7. 病虫害综合防治 绿色果品生产病虫害防治贯彻预防为主，综合防治的方针，以农业防治和物理防治为基础，以生物防治为核心，维持果园生态平衡，结合适当化学防治，将病虫害的危害降低到最低程度。

(1) 农业防治措施。实行作物的轮作倒制度、间作套种制度等，控制和减少病虫害的发生。调整作物的播种期，避开病虫危害的高峰期。适度放宽病虫害防治指标，切忌见虫就治、除虫务净，要防止打保险药。适当保留少数害虫，可以为有益天敌提供一定数量的食料，有利于天敌的繁衍，且对作物整体也不造成危害。其实，害虫少量的吃掉一部分花、幼果、枝条，如同疏花、疏果、剪枝一样，不仅无害，而且有益。

(2) 物理防治措施。①可利用害虫的趋光性进行灯光诱杀。如黑光灯可诱杀300多种害虫，而且被诱杀的多为成虫，有利于压低虫口密度。②诱集捕杀。有些害虫有选择特定潜伏条件的习性，可以有针对性地引诱捕杀。例如用杨树枝把诱集害虫进行捕杀是一项成功有效的办法。③食饵诱杀。利用害虫特别喜食的食物做诱饵，引其集中采食而消灭。如糖醋液诱蛾，马粪、麦麸诱集蝼蛄等。④黄板诱杀。即用30cm×40cm的纸板上涂橙黄广告色，或贴橙黄纸，外包塑料薄膜，在薄膜外涂上废机油诱杀成虫。⑤高温灭菌。霜霉病病原菌分生孢子在30℃以上时活动缓慢，42℃以上时停止活动而渐渐死亡。如日光温室、塑料大棚，通常是在晴天密闭条件下通过高温环境来灭菌的。

(3) 生物防治措施。主要指利用有益生物或其代谢产物防治病虫害的一种方法。一般采取保护和利用害虫天敌，如利用青蛙、草蛉、蜘蛛、瓢虫、寄生蜂等或采取果园养鸡等措施防治果树害虫。其次是应用生物农药防治病虫害，如用苏云金杆菌、颗粒体病毒、多角体病毒、杀螟杆菌、青虫菌、白僵菌等微生物农药防治农作物的害虫，用井冈霉素、农抗120等农用抗生素防治农作物的病害,也可用迷乱搅向剂(性诱剂)干扰雌雄交配,达到防虫效果。

(4) 有限度地使用化学农药。在生物防治、农业防治和物理防治措施使用后,仍然不能控制病虫危害的情况下,绿色果品生产可以有限度地使用高效、低毒、低残留的农药。但要限定农药品种和用药量。每种农药每年使用不超过一次,而且要严格执行农药安全间隔期。严禁使用国家已公布禁用的农药品种,确保果品达到绿色果品的质量标准。

想一想

说说绿色果品生产技术规程通用要求与常规果园管理要求有何异同?

任务二　识别果树种类

果树是一种多年生经济植物。能生产可供食用的果实或种子。全世界的果树包括野生果树在内有近3 000种,其中比较重要的有300种左右。我国的果树,作为商品性生产的有20多种。对这些果树常用的分类方法有两种:一是果树栽培学分类,二是生态适应性分类。

一、果树栽培学分类

主要是根据果树形态特征、果实构造等进行综合性分类,因此也称为综合分类法。是生产中常用的分类方法。

(一) 木本果树

1. 落叶果树　叶片在冬季脱落。大多数比较耐寒,适于我国北方栽培。根据果实构造不同可分为仁果类、核果类、浆果类、坚果类、柿枣类,共五大类。

(1) 仁果类。果实食用部分主要由花托部分发育而成,植物学上称为假果。如苹果(图1-1)、梨、山楂等。

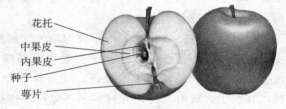

图1-1　苹果的结构

(2) 核果类。果实是由子房发育而成的,有明显的外、中、内三层果皮,内果皮硬化成坚硬的核。如桃(图1-2)、杏和樱桃等。

(3) 浆果类。果实富含果汁,种子小而多,果实不耐贮运。如石榴、葡萄(图1-3)和猕猴桃等。

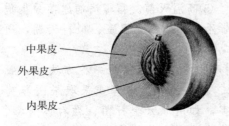

图1-2　桃的结构

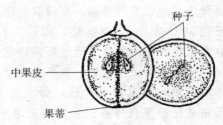

图1-3　葡萄的结构

（4）坚果类。果实由子房发育而成，食用部分是种子。如核桃（图1-4）、板栗等。

（5）柿、枣类。不属于上列的各类木本落叶果树，如柿、枣等。

2. 常绿果树 常绿果树叶片冬季不集中脱落，四季常青。喜温暖湿润条件，多生长在南方。常绿果树可分为柑橘类和其他热带、亚热带果树两类。我国常绿果树主要分布在秦岭以南。

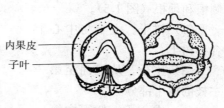

图1-4 核桃的结构

（1）柑橘类。果实为真果。外果皮和中果皮界限不明显。外果皮有许多油胞，内含芳香油脂；中果皮为白色海绵状物；内果皮为囊瓣，内有许多肉质化囊状物，称为沙囊，富含浆汁，为食用部分。果实营养丰富，维生素C含量高，耐贮运。鲜果供应期长，可加工成各种罐头、果汁等食品。甜橙、酸橙、柑橘、柚、金柑、柠檬、四季橘、枳等属此类。

（2）其他热带、亚热带果树类。荔枝、龙眼、枇杷、杨梅、杧果、莲雾、火龙果等。

（二）草本果树

1. 乔生草本 如香蕉、椰子、番木瓜等，均属热带果树。

2. 矮生草本 如菠萝、草莓等。北方草莓栽培比较普遍。

？想一想

1. 看一看附近水果市场上有哪些种类的水果？
2. 想一想哪些果实属于落叶果树的？哪些为常绿果树的？
3. 如果是落叶果树，它们又分别属于哪一类？

二、生态适应性分类

根据果树对环境条件的适应能力不同而划分的方法称为生态适应分类。一般可分为：

1. 温带果树

（1）寒温带果树。山葡萄、越橘、蒙古杏、秋子梨、蓝莓、榛、醋栗、穗醋栗、树莓等。

（2）温带果树。苹果、沙果、梨、桃、李、杏、梅、樱桃、山楂、板栗、核桃、枣、柿、猕猴桃、无花果、石榴、扁桃、葡萄等。

（3）暖温带果树。柑橘类、荔枝、龙眼、杨梅、枇杷、橄榄、杨桃、黄皮等。

2. 亚热带果树 香蕉类、菠萝、杧果、树菠萝、番木瓜、火龙果、椰子、番荔枝、人心果、番石榴、蒲桃等。

3. 热带果树 面包树、榴莲、腰果、巴西坚果、神秘果、槟榔果、澳洲坚果等。

任务三 观测果树树体结构

一、果树的树体构成

果树树体由地上部分和地下部分组成，地上部分分为主干和树冠，地下部分分为主根、侧根和须根（图1-5）。

（1）树干。主干与中心干合称树干。

（2）主干。从地面至第一主枝的树干部分。

（3）中心干。树冠中第一主枝以上垂直延长的树干部分。

（4）主枝。从树干上直接分生的枝条。

（5）侧枝。从主枝上分生的枝条。

（6）骨干枝。组成树冠骨架的永久性枝的统称。主要包括中心干、主枝、侧枝等。

（7）根颈。根与颈的相邻处，称为根颈。

（8）主根。由果树实生苗产生的粗大垂直向下的永久性根。

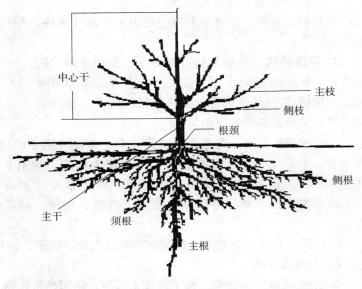

图1-5　乔化树体结构

（马骏，蒋锦标．2006．果树生产技术．北方本）

（9）侧根。由主根上产生的永久性根。

（10）须根。主根或侧根上分生的细小的根，称为须根。主要是过渡根。

二、果树的根

根是果树的重要器官，它除了把植株固定在土壤中，还起到吸收水分和养分的作用。

（一）果树根系的类型

根据果树根系的发生及来源可分为实生根系、茎源根系、根蘖根系三类（图1-6）。

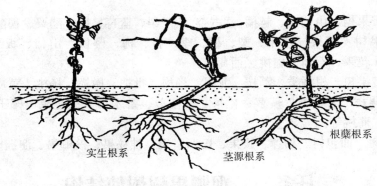

图1-6　果树根系类型

1. 实生根系　指由种子繁殖的苗木根系。主根发达，根系较深，适应性强。如苹果、梨、桃等果树的根系。

2. 茎源根系 用枝条扦插和压条繁殖所形成的果树根系。主根不明显，根系较浅。如葡萄的根系。

3. 根蘖根系 由根上的不定芽而形成根蘖，与母体分离后形成单独的个体，其根系称为根蘖根系。

（二）果树根系的结构

果树根系与大多数植物的根系一样，由主根和侧根组成。

主根由种子的胚根发育而成，只有实生根系才具有明显的主根。

侧根是在主根上产生的根。侧根上又依次生出次生根。在根尖上具有根毛，是果树吸收水分和养分的主要部位。

（三）根系的分布

1. 水平分布 根沿土壤表层的平行方向生长，分布的远近与果树树种和砧木类型有关。60%左右的根系水平分布在树冠垂直投影区之内，伸展最长的根水平分布范围可达树冠的3～6倍。水平生长和分布的根称为水平根。

2. 垂直分布 果树根系垂直分布范围主要在20～100cm的土层内，在土壤管理较好的果园中，根系的分布主要集中在地表以下20～60cm范围内，所以耕作层和树盘管理尤为重要。从根颈往下向土壤深处生长的根称为垂直根，垂直根分布深度取决于树种、砧木和土壤环境条件。桃、杏、梅、樱桃、柑橘、石榴等根系分布较浅；苹果、梨、柿、枣、核桃、板栗等根系分布较深，最深可达10m以上。

（四）根颈、菌根

1. 根颈 根与茎（地上部）相邻处称根颈，由于根颈处在根与茎两种功能不同的器官交接处，因此是果树器官中机能比较活跃的部分。根颈比地上部组织成熟较晚，秋季进入休眠也晚，但春季开始活动早，因而对环境条件的变化比较敏感。如根颈深埋或全部裸露，均不利于果树的生长。生产上，幼树根茎部位最易受外界气温影响发病，影响树体生长。

2. 菌根 果树的根系常有菌根共生，如苹果、梨、葡萄、柿、板栗、李、核桃、柑橘等都有菌根。菌根的着生方式可分为内生菌根、外生菌根和兼具有二者特点的过渡菌根。

菌根的菌丝体在土壤含水量低于萎蔫系数时，从土壤中吸收水分并能分泌磷酸酶，增强对磷、锌、铁等矿物质的吸收能力；菌根真菌能合成细胞分裂素、生长素、赤霉素和维生素，促进根系生长和活化果树生理机能。菌根的生长也要从果树根系中吸取有机养分，两者相互依存、相互促进。

（五）影响果树根系生长的因素

在不同的土壤条件下树的大小不一样，其原因就是根系生长不同。根系的生长受很多因素的影响。

1. 树体的有机养分 根系的生长和吸收都必须依赖树上枝叶的光合作用制造的碳水化合物，有机营养是否充足直接影响果树根系正常生长。

2. 土壤温度 果树根系在一年中开始生长与停止生长的时间都受土壤温度的影响。每一种果树的根系都有最适的生长温度。

3. 土壤水分和通气状况 根系生长既要求有充足的水分，又需要良好的通气。

4. 土壤养分 在肥沃的土壤和施肥条件下，根系发达，根的生长时间长。在各种养分中，磷肥能促进根系的生长。

三、果树的芽

芽是枝、叶、花等的原始体,在一定条件下,可以形成一个新植株,也可以发生变异,所以芽是果树生长、结果、繁殖、更新复壮的基础。

(一) 芽的类型

1. 按芽的性质分类

(1) 叶芽。芽较瘦长,先端尖锐,芽鳞松,萌芽后只抽枝长叶,不开花结果。

(2) 花芽。芽肥大饱满,先端圆钝,芽鳞紧,萌发后能开花结果。花芽按照分化器官又可分为:

①纯花芽。萌芽后只开花的芽。如桃、李、杏、梅、樱桃的花芽以及核桃的雄花芽。

②混合花芽。萌发后既能开花,又能抽枝长叶的芽。如苹果、梨、葡萄、柿、板栗、枣、山楂、石榴的花芽。

2. 按芽的着生位置分类

(1) 顶芽。着生在枝条顶端的芽。

(2) 侧芽。着生在枝条侧面的芽 (图 1-7)。

3. 按芽在同一节位上着生的数目分类

(1) 单芽。在一节上只着生 1 个芽的称为单芽,如柿、板栗、苹果、梨等。

(2) 复芽。在一节上着生 2 个或 2 个以上的芽称为复芽。如核果类的桃、杏、李等一节上可着生 2~4 个芽,为复芽。

4. 按同一节上芽的大小和位置分类

(1) 主芽。位于叶腋中央且最充实的芽为主芽。

(2) 副芽。着生在主芽侧方或下方较小的芽称为副芽。

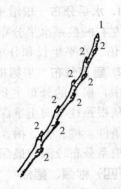

图 1-7 果树的顶芽、侧芽
1. 顶芽 2. 侧芽

(二) 芽的特性

1. 芽的异质性 指同一枝条上不同部位的芽,质量不同的现象 (图 1-8)。

2. 芽的早熟性 当年新梢上的芽当年萌发的现象,称芽的早熟性。如葡萄、桃等,一年新梢可多次发枝。

3. 萌芽率 指同一枝条上的芽萌发数占总芽数的百分率。

4. 成枝力 指枝条上的芽萌发后抽生长枝(长度大于 30cm)的能力,一般用抽生枝条的数量表示。一般抽生 2 个以下者为弱,4 个以上者为强。

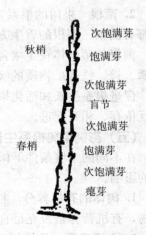

图 1-8 芽的异质性

四、果树的枝

果树的枝条是由芽发育来的,同时,它又是着生芽、叶、花和果实的地方。

(一) 枝条的种类

1. 按枝条性质分 可将枝条分为营养枝和结果枝两大类:

(1) 营养枝。只有叶芽而没有花芽的一年生枝。根据营养枝生长情况又可分为:

①徒长枝。由休眠芽或不定芽萌发而成，生长直立，长而粗，芽体瘦小，长度大多在60cm以上。

②发育枝。芽体饱满，生长健壮，是构成树冠和发生结果枝的主要枝条，长度大多在30～50cm。

③叶丛枝。节间极短，叶序排列呈丛状，腋芽不明显，长度一般为1～3cm。

(2) 结果枝。着生花芽，能开花结果的枝条。根据枝条结果类型的不同，可分为仁果类结果枝和核果类果枝。

①仁果类结果枝。

长果枝　长度>15cm。

中果枝　长度5～15cm。

短果枝　长度<5cm。

短果枝群

②核果类。

徒长性结果枝　长度>60cm。

长果枝　长度>30cm。

中果枝　长度15～30cm。

短果枝　长度<15cm。

2. 根据枝条的年龄分　可分为：新梢、一年生枝、二年生枝。

(1) 新梢。当年形成的带有叶片的新生枝条。

①春梢。春季萌发至第一次停止生长形成的一段新梢。

②秋梢。春梢停止生长后，在秋季又继续生长形成的一段枝梢。

③果台副梢。梨、苹果结果枝开花结果后，由果台上抽生的副梢。

(2) 一年生枝。落叶果树的新梢落叶后至第二年萌发前的枝条。

(3) 二年生枝。一年生枝在春季芽萌发后称为二年生枝，依次类推。

3. 按一年中抽生的连续次序分

(1) 一次枝。春季萌芽后第一次生长抽生的枝条。

(2) 二次枝。当年由一次枝上的副芽抽生的枝条。

(3) 三次枝。当年由二次枝上副芽抽生的枝条。

(二) 枝条的特性

1. 顶端优势　顶芽发育优势强，向下依次减弱的现象。生产上摘心（掐掉茎尖）或剪掉顶部，就是为了取除顶端优势，支持侧芽发育，多发枝条（图1-9）。

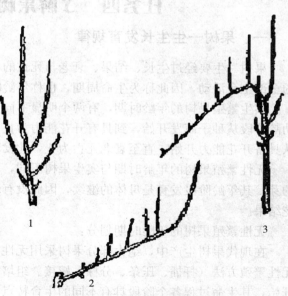

图1-9　顶端优势及优势的转移
1. 直立枝：顶端萌发多数直立旺枝
2. 倾斜枝：顶端优势分散，多萌发中短枝
3. 向下弯曲枝：新梢顶端优势转向

2. 垂直优势 与地面垂直向上生长的枝条生长占有优势的现象。与地面角度越小的枝条，生长越弱。

3. 干性 中心干的强弱和维持时间的长短称为干性。苹果、梨、甜樱桃、银杏、板栗等干性较强；桃、石榴、葡萄等干性较弱。

4. 层性 由于顶端优势和芽的异质性共同作用，使树冠内大枝形成明显层次分布的现象称为层性。一般顶端优势强、成枝力弱的树种、品种层性明显，如苹果、梨、柿等；顶端优势弱，成枝力强的层性不明显，如桃树、李等。

五、果树的叶

叶是果树进行光合作用，制造养分的主要器官。叶面积的大小，叶片的光合能力直接影响到果树的生长和结果，因此，了解果树叶片和叶幕的形成对果树管理具有十分重要的作用。

1. 叶片 来源于芽内生长点形成的叶原始体。叶片的大小不仅取决于叶原始体的分化程度，也取决于叶片生长期的营养物质和水分。在年生长周期中，叶片与枝条发育规律同步，不同树种、不同枝条和枝条上不同部位的叶片，从展叶至停止生长所需天数并不一样，梨需 16~28d，苹果 20~30d，猕猴桃 20~35d，葡萄 5~30d。

2. 叶幕 树冠中着生的全部叶片构成的集合体称为叶幕。叶幕层之间的空隙称为叶幕间距，它是树冠内部的主要光路。生产上通过整形修剪来控制叶幕层厚度，改善树冠内部通风透光条件，充分发挥叶片的光合效能。研究表明，主干疏层型的树冠第一、二层叶幕厚度 50~60cm，叶幕间距 80cm，叶幕外缘呈现波浪形是较好的丰产结构。

任务四　了解果树生长发育规律

一、果树一生生长发育规律

果树一生要经过生长、结果、衰老与死亡的一系列变化过程，这个过程包含了果树一生的全部生命活动，因此称为生命周期，也称年龄时期。

实生繁殖果树的年龄时期，有两个明显不同的阶段，即幼龄阶段（童期）和成龄阶段。幼龄阶段从种子萌发开始，到具有开花能力为止，此发育过程也称为性成熟过程。成龄阶段从具备开花能力开始，直至衰老死亡为止，此发育过程又称为老化过程。

无性繁殖果树的年龄时期与实生果树不同，它不是由种子开始，而是起始于成龄树体上的芽，其年龄阶段发育是母体的继续，因此没有幼龄阶段，只要内外条件具备，随时可以开花结果。

无性繁殖果树的年龄时期划分：

在现代果树生产中，绝大部分果树采用无性繁殖的苗木，无幼龄阶段。无性繁殖指通过无性繁殖方法（扦插、压条、分株、嫁接、组培等）进行繁殖而获得的果树，一般都从定植开始，其生命过程各个阶段具有不同的生育特点，人类的栽培目标也不相同，为栽培管理方便，依其生长结果特点和栽培任务差异可划分为四个时期：

1. 幼树期 从苗木定植到开始开花结果为止。幼树期的长短因树种、品种、环境条件和栽培管理技术而不同。如苹果、梨一般 3~6 年，柑橘 3~5 年，杏、李 2~4 年，桃、葡萄1~3年。若环境条件适宜，栽培管理技术得当，这一时期可以缩短，提早进入结果期；反之会延迟结果。

2. 初果期 从开始结果到大量结果前为止。苹果、梨的初果期为3~5年，葡萄及核果类树冠扩展快，初果期很短，一般开始结果后，很快进入盛果期。

3. 盛果期 进入大量结果，产量最高的时期。盛果期的长短与树种、品种、环境条件和栽培管理水平有关。苹果为15~40年，梨15~70年，柑橘15~50年，桃10~20年。

4. 衰老期 从产量明显下降到不能正常结果时期。这是果树生命周期中的最后一个时期，树体衰老，成花差，产量低，品质差。

> **想一想**
> 1. 果树生长发育规律与人类有何不同？
> 2. 如何延长盛果期结果年限？

二、果树一年中生长发育规律

果树一年中随着季节气候的变化还要经过萌芽、开花、枝叶生长、花芽分化、果实成熟和落叶休眠等一系列有节奏的生命活动规律。

落叶果树在一年中的生长发育规律有两个时期，即生长期和休眠期。从春季萌芽开始至秋季落叶为止称为生长期，从秋季落叶至来年春季萌芽前称为休眠期。

（一）根系生长

果树根系没有自然休眠期，在适宜条件下一般有两个生长高峰：一个是在6月前后；另一个是秋季（9~11月），这时是果树最佳施肥时期。根系的生长与温度、水分、通气状况及土壤营养和水肥情况密切相关。

（二）萌芽和开花

1. 萌芽 萌芽是指从芽开始膨大起，到幼叶互相分离和花蕾伸长时为止。萌芽是果树由休眠期转向生长期的一个标志。

北方落叶果树萌芽所需温度较低，一般当日平均温度在5℃以上，土温达7~8℃时，持续10~15d即开始萌芽。幼树一般比老树萌芽早；壮树比弱树萌芽早；发育充实的芽比瘦弱芽萌发早；过弱芽不萌发，呈休眠状态。

2. 开花 从花蕾的花瓣开始松裂，到花瓣脱落时为止称为开花期。开花期一般分为三个时期：

（1）初花期。全树有5%的花开放。

（2）盛花期。全树有25%以上的花开放。

（3）终花期。花全部开放到花瓣脱落。

果树种类不同，开花期也不一样。按开花早晚依次为杏→桃→李→梨→苹果→猕猴桃。同一株树上，一般短果枝先开，中果枝次之，长果枝最晚；腋花芽比顶花芽晚开。

花期持续时间长短与树种、品种和气候条件有关。苹果花期10~15d，桃5~11d，枣21~37d，柑橘5~9d，枇杷可持续100d左右。干燥、高温气候花期短，湿润冷凉花期长。

（三）果实的生长发育

果树的产量在很大程度上取决于果实的数量，而果实的数量取决于品种的开花结果习性与落花落果的情况。因此，了解不同品种的开花结果习性，掌握落花落果规律十分重要。

1. 果树花的构造和类型 花是果树的生殖器官，果树的花大多数都是由花梗、花托、花萼、花瓣、雄蕊和雌蕊 6 部分组成。花有两大类型：

（1）两性花。同时具有雄蕊和雌蕊的花。

（2）单性花。仅有雄蕊或雌蕊的花。若只有雄蕊，则称为雄花，仅有雌蕊称为雌花。雌、雄花同生于一株树上的称为雌雄同株，如核桃。雌、雄花分别着生于不同的植株上，称为雌雄异株，如猕猴桃。

2. 传粉受精 传粉是指花粉由雄蕊的花药传到雌蕊的柱头上的过程。受精是指花粉落到柱头上后，花粉萌发，花粉管生长，并抵达胚囊与卵子结合的过程。果树花粉的传播有昆虫传粉和风传粉两种方式。

果树传粉受精受树体营养、温度、风力、阴雨等因素的影响。

3. 果树结实的几种情况

（1）自花结实。果树依靠同一品种内相互授粉而结实的现象，如葡萄，部分桃品种等。

（2）异花结实。果树靠不同品种间相互授粉才能结实的现象，如苹果、梨、山楂、大樱桃等树种。

（3）单性结实。有的果树不经过受精也可结实的现象。如柿子。由单性结实而产生的果实都是没有种子的，称为无子果。

4. 落花落果现象 果树每年都开很多花，但最后只有一部分果实坐住了，很多花和幼果都落掉了，一般果树落花落果有三次高峰：

第一次是落花，出现在开花后。落花的原因有的是花芽质量差，不具备授粉受精的条件；有的则是由于受各种条件的限制未能授粉受精。

第二次是落幼果，出现在花后 1～2 周。主要原因是授粉受精不充分，子房内激素不足，不能调运足够的营养，子房停止生长而脱落。

第三次落果出现在花后 4～5 周，在 6 月上旬左右，所以又称为 6 月落果。主要是营养不足，分配不均引起的。

5. 果实坐果的原因 经过授粉受精后，子房或花托膨大发育成果实的现象称为坐果。之所以能坐住，是因为授粉受精可使子房内产生内源激素，高浓度的激素提高了果实调运营养物质的能力，保证了坐果。

6. 果实的生长发育 果树开花后，能坐果的果实就开始生长，一直到果实成熟。那么不同果实的生长速度有什么不同？为什么有的果实大，有的果实小？为什么果实会有不同的颜色？

（1）果实的生长。

①果实生长发育过程。从受精、子房膨大到果实成熟称为果实发育期。不同的树种、品种，果实发育期有一定的区别：樱桃 45～50d，杏 70～100d，桃 70～190d，苹果 60～200d，枣 95～120d，核桃 120～130d。

从受精后到果实成熟的整个发育期间，果实体积和重量可增长上千倍。一般葡萄品种大约可增长 4 000 倍，苹果可增长 6 000 倍，增长最多的是鳄梨，可达 30 万倍。由此可见，果实体积和重量在较短时期内的迅速增长,是果实发育的明显特点。

②果实生长发育规律。果实体积与重量的增加,主要是果肉细胞的数目、细胞体积和细胞间隙增大的结果,果实发育初期是细胞分裂迅速,中、后期是细胞体积和间隙开始扩大。在花后细胞旺盛分裂时,果实纵径增长迅速,在细胞停止分裂后,细胞体积增大迅速,这时果实横径增长较快。但总的来说,果实体积的增大基本表现为两种类型:

a. 果实生长初期和后期增长速度相对较慢,而在生长中期迅速增长。如苹果、梨、草莓、核桃等。

b. 果实生长在前期和后期有两个速长期,中间有一个缓慢生长期。如桃、杏、葡萄、枣等。

果实的生长受树体有机营养、矿质养分、水分、温度和光照等因素的影响。

(2) 果实的品质　果实的品质包括外观品质和食用品质。

①外观品质。外观品质包括果实大小、果形、果面光洁度和色泽。如果果实偏大、果形端正好看、果面光洁、色泽艳丽,那么它的外观品质就好。

②食用品质。食用品质包括果实硬度、风味、香气和果汁含量。如果果实硬度较大(吃起来较脆)、风味甜酸、香气浓、果汁多,则它的食用品质就好。

不同种类和品种果实的色泽不同。这主要取决于果实内的色素种类和含量。决定果实色泽的色素有叶绿素、类胡萝卜素和花青素。它们分别表现为绿色、橙色和红色。

(四) 花芽分化

花芽分化是果树年周期中非常重要的物候期,果树的花和果实是由花芽形成的,花芽形成的数量和质量,决定来年的产量和质量。芽由叶芽的状态转化为花芽的状态(图1-10)称为花芽分化。

1. 果树花芽分化的条件　果树花芽分化是一种复杂的过程,需要很多条件:

①有机营养。花芽分化需要叶片光合作用制造的大量的碳水化合物作保证。

②光照。光是花芽形成的必需条件,遮光导致花芽分化率降低。苹果在花芽分化期间,如遇10d以上阴雨,分化率会减少5.5%~8.1%,延缓花芽分化。

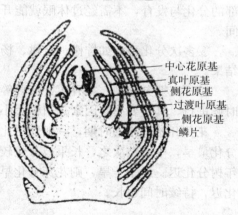

图1-10　苹果花芽解剖

③温度。温度对果树的光合作用、呼吸作用、吸收和激素产生都有影响。不同果树花芽分化要求的最适温度不同,杏树在24℃条件下比16℃花芽分化多40%左右,苹果花芽分化期的适宜日平均温度为20~27℃,而枇杷在昼夜温度19℃/13℃时,花芽分化率为87%;25℃/19℃和31℃/25℃时分化率只有60%和70%,柑橘花芽分化适温在13℃以下;草莓则要求5℃以上、10℃以下,才能形成花芽。温度过高或过低,特别是长期的高温和低温,极不利于花芽分化。

④水分。花芽分化期适度的干旱有利于花芽分化,适量的水分供应则有利于花芽的进一步发育。而雨水过多或过多的灌水,则使枝条贪青徒长,消耗营养多,不利于花芽分化。但若过度干旱,则使果树生命活动受阻,也不利于花芽分化。

⑤矿质养分。氮肥太多，会使新梢旺长而影响花芽分化。充足的磷肥则有利于花芽分化。

⑥内源激素的平衡。内源激素是在植物体内一定部位产生的，只需要微量就能对植物生长发育起到显著的影响。赤霉素（GA）产生于种子，对花芽的形成有抑制作用；细胞分裂素（CTK）产生于根尖，可以刺激花原基的发生与分化；脱落酸（ABA）和GA颉颃，可引起枝条停长，有利于糖的积累，对成花有利；乙烯（C_2H_4）和生长素（IAA）都能促进花芽的形成。果树花芽分化要求生长促进剂和生长抑制剂达到动态平衡。才有利于营养积累，进而促进花芽的形成。

2. 花芽分化时期 花芽分化过程大体可分为3个时期：

（1）生理分化期。芽内生长点由叶芽的生理状态转向形成花芽的生理状态的过程。

（2）形态分化期。由叶芽生长点的细胞组织形态转化为花芽生长点的细胞组织形态过程。

（3）性细胞形成期。雄蕊和雌蕊的形成及成熟过程。

不同种类的果树，花芽分化期是不同的，主要有如下4种类型：

①夏秋分化型。大部分温带落叶果树在夏、秋季新梢生长缓慢后开始分化，通过冬季休眠，雌雄蕊才正常发育成熟，于春季开花。

②冬春分化型。如柑橘及某些常绿果树一般在冬、春季进行花芽分化，并进行花器官各部的分化与发育，不需经过休眠就能开花，花芽开始分化至开花通常只需要1.5～3个月时间。

③多次分化型。如柠檬、金柑、杨桃、葡萄等树种，一年内能多次分化花芽，多次开花结果。

④不定期分化型。如香蕉、菠萝等树种，一年花芽仅分化1次，但可以在一年中的任何时候进行，其主要决定因素是植株大小和叶片多少。

花芽开始分化的时期，一般幼树比成龄树开始晚；旺树比弱树晚。同一株树上，短果枝分化最早，中果枝次之，长果枝分化较晚；顶芽分化早，腋花芽分化迟；小年树分化早，大年树分化迟。夏季干旱，则花芽分化早，持续时间短；夏季水分多，则新梢停长晚，花芽分化迟，持续时间也长。

❓ 想一想

1. 采取哪些措施能促使果树形成更多的花芽？
2. 你了解果树的大小年现象吗？根据果树花芽分化的有关知识，分析产生这种现象的原因。

（五）落叶和休眠

落叶和休眠是落叶果树在生长过程中，为了适应不良环境，免受冬季低温冻害而形成的一种自我保护习性。这一时期是指果树开始落叶起至第二年春萌芽前为止。

1. 落叶 落叶是果树进入休眠的标志。温带果树的正常落叶，是在日照短于12h、日平均气温在15℃以下时进行的，最后在叶柄基部形成离层而脱落。

落叶果树的叶片在秋、冬季全部脱落，次年春季再生新叶。常绿果树如柑橘，叶片寿命长达 2~3 年，而且不同时期脱落（一般在春季新叶产生后，老叶逐渐脱落），所以树冠呈现常绿。

果树落叶的早晚，与树种、品种、树龄、树势、枝条类别及环境条件等因素有关。一般枣、杏、桃、梅等落叶较早；梨、葡萄次之；苹果较晚。成龄树较幼龄树落叶早，弱树较旺树早。若落叶延迟或提早，都将降低光合产物积累，对当年果实发育，花芽分化及来年的结果和生长产生不良影响。

2. 休眠 果树的芽或其他器官生长暂时停顿，仅维持微弱的生命活动的现象，称为休眠。果树进入休眠，此时从外观上看，树体生命活动逐渐减弱，但树体内生理生化活动仍在进行，体内的大量淀粉，随气温下降转化为糖，同时细胞液营养成分浓度增加，树体抗寒力增强。因此，果树休眠是一种自我保护行为。

果树休眠根据其生理活性状态可分为自然休眠和被迫休眠。

（1）自然休眠。是指即使给予适宜生长的环境条件仍不萌芽生长，需要经过一定的低温条件才能解除休眠而开始萌芽生长的休眠状态。落叶果树在冬季发生的落叶休眠就属于自然休眠。

在设施栽培中，为了打破果树自然休眠，常需一定的低温处理，把果树所需 0~7.2℃ 的有效累计低温时数，称为果树的需冷量。7.2℃ 是果树通过休眠的最高界限温度。一般北方落叶果树自然休眠期适宜的日平均温度大致在 3~5℃。

在 0~7.2℃ 条件下，苹果和梨需 1 200~1 500h（12 月上旬至翌年 1 月下旬），杏、李、桃需 600~1 100h（30~40d），葡萄、核桃、枣需 1 000~2 100h（70~90d）才能结束自然休眠（表 1-2）。

表 1-2 果树打破休眠最低需冷量（Chider，1976）

树 种	低于 7.2℃（h）	树 种	低于 7.2℃（h）
苹果	1 200~1 500	欧洲李	800~1 200
核桃	700~1 200	中国李	700~1 000
梨	1 200~1 500	杏	600~1 000
酸樱桃	1 200	扁桃	200~5 000
大樱桃	1 100~1 300	无花果	200
桃	300~1 200	葡萄	1 000~1 600
草莓	0~800	枣	1 600~2 100

自然休眠期内，若温度偏高，低温需冷量不能满足，果树将不能打破休眠。如红富士、元帅苹果在南亚热带的泰国、越南等国家栽培，即使在海拔 1 900m 左右的地方，也因冬季需冷量不足，无法打破休眠，导致翌年春萌芽开花参差不齐，落花落蕾严重。由此说明能否满足果树需冷量落叶果树能否南移的关键因素。在落叶果树南移时尤需注意。

（2）被迫休眠。指自然休眠通过后，常因不利环境条件的限制，如低温、缺水等，致使果树不能萌芽，果树处于被迫休眠状态，称为被迫休眠。在被迫休眠期，如温度回暖再转寒时，树体容易遭受冻害。生产上常采用树干刷白，早春喷水灌水，喷布生长延缓剂等措施，迫使果树继续休眠，避免早春霜冻。

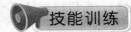 技能训练

【实训一】拟定绿色果品生产技术规程

实训目标

①通过实训，掌握绿色果品生产技术规程拟定内容及程序。
②能够模拟完成常见果树绿色果品生产技术规程。

实训材料

1. **材料**　苹果（或梨）、桃（或杏）、葡萄、核桃、枣、草莓等生产过程技术资料，绿色果品农药、化肥使用标准，苗木标准，环境要求标准，生产技术规范等。
2. **用具**　上网电脑，复印机等。

实训内容

（1）绿色果品环境要求与园地选择。
（2）绿色果品苗木选择与栽植计划。
（3）绿色果品整形修剪，花果管理，病虫害防治，果实采收管理技术要点。
（4）绿色果品农药、化肥使用标准。
（5）绿色果品生产技术规程编写说明。

实训结果考核

1. **态度**　不迟到、不早退，态度端正，认真、仔细，遵守纪律（20分）。
2. **知识**　掌握绿色果品生产过程管理知识，熟悉绿色果品生产资料使用标准，环境要求标准，生产技术标准（25分）。
3. **技能**　能够正确陈述绿色苹果生产技术规程主要内容，并能够根据实际完成绿色苹果生产技术规程编写（40分）。
4. **结果**　按时完成绿色苹果生产技术规程（15分）。

【实训二】识别主要果树种类

实训目标

①掌握主要果树种类外部特征，了解果树栽培分类知识。
②培养树种识别能力。

实训材料

1. **果树植株**　选择植株依标本园的具体条件而定，事先要挂牌，注明科、属、种名称，

主要果树有苹果、梨、葡萄、猕猴桃、桃、杏、李、扁桃、枣、核桃、草莓、柿子、石榴和无花果等主要果树。

2. 标本 各类果树的枝、叶、花、果的蜡叶标本和浸制标本。

实训内容

果树植物的识别　果树植物的识别适宜在果树休眠期和果实成熟季节在果园中进行。在果园内供观察的各种果树的代表植株事先要挂牌，注明科、属、种名称。由于季节和条件限制，现场看不到的花、果等内容，可于室内观察标本。

1. 形态特征观察　观察比较各种果树主要器官的形态特征，记载以下内容：

(1) 植株。

①树性。乔木、灌木、藤本、草本、常绿、落叶。

②树形。疏层形、圆头形、自然半圆形、扁圆形、纺锤形、圆锥形、倒圆锥形、开心形、丛状形、攀援或匍匐。

③树干。主干高度、树皮色泽、裂纹形态、中心干有无。

④枝条。密度、成枝力、萌芽力；一年生枝的硬度、颜色、皮孔，茸毛有无、多少、长度。

⑤叶。叶型、叶片质地、叶片形状、叶缘、叶脉、叶面、叶背（色泽、茸毛有无）。

(2) 花。花单生、花序（总状花序、聚伞花序、伞房花序等），花或花序的着生位置，花色（花蕾色、初花色）及花的大小。

(3) 果实。

①类型。单果、聚花果、聚合果。

②形状。圆形、长圆形、卵形、倒卵形、心脏形、方形等。

③果皮。色泽、厚薄、光滑、粗糙及其他特征。

④果肉。色泽、质地及其他特征。

(4) 种子。坚硬而小，有蜡质，具长喙。经判断，葡萄为葡萄科、葡萄属植物。

2. 确定果实类型　按照果实形态构造和利用特点确定果实类型。

(1) 仁果类。如苹果、梨等。果实由花托和子房等共同发育而成，子房下位，属假果，由5个心皮组成，子房内壁呈草质膜状，外、中壁肉质，不易分辨。可食部分主要为花托。

(2) 核果类。如桃、李等。果实由子房发育而成，子房上位，由1个心皮组成。子房外壁形成外果皮，子房中壁发育成肉质的中果皮，子房内壁形成木质化的内果皮（果核）。果核内一般有1粒种子。可食部分为中果皮。

(3) 浆果类。以葡萄为例。果实由子房发育而成。子房上位，由1个心皮组成，外果皮膜质，中、内果皮柔软多汁。浆果类果实因树种不同，果实构造差异较大，可食部分为中、内果皮，草莓的可食部分为花托。

(4) 坚果类。如核桃等。核桃子房上位，由2个心皮组成，子房外、中壁形成总苞，子房内壁形成坚硬内果皮。可食部分为种子。

(5) 柿、枣类。如柿子、枣等。果实由子房发育而成，子房上位，花通常单性，雌雄异株或杂性，稀两性，子房上位，2~16室，中轴胎座；花柱2~8，分离或基部合生；胚珠每室1~2颗，悬垂于子房室顶的内角上；浆果多肉质，种皮薄，胚茎直，胚乳丰富。

3. 填表描述 识别当地主要果树树种，描述其形态特征，并按表1-3填表。

表1-3 常见果树识别一览表

名称	植物学分类地位	果树栽培学分类地位	食用器官
葡萄	葡萄科、葡萄属	浆果类	中、内果皮

实训结果考核

1. **态度** 不迟到、不早退，态度端正，认真、仔细，遵守纪律（20分）。
2. **知识** 掌握常见果树种类叶、花、花序、果实的主要区别（25分）。
3. **技能** 能够正确陈述常见果树叶、花、花序、果实的异同点（40分）。
4. **结果** 按时完成实验报告，内容完整，观察结论正确（15分）。

【实训三】识别主要果树品种

实训目标

①通过观察主要果树地上部植物学特征和生物学特性，来识别主要果树的品种或品种群，为初学果树生产技术打好基础。

②培养通过观察、调查区别主要果树品种的能力，并能正确陈述它的主要特征特性。

实训材料

苹果、梨、桃、葡萄的品种园。调查表、铅笔、切果刀。

实训内容

（一）苹果品种调查项目说明

1. 冬季观察

①树皮颜色，皮的纹理。

②枝条密度，成枝力，萌芽力。

③一年生枝的硬度、颜色，皮孔（大小、颜色、密度），有无茸毛。

④叶芽和花芽的形状、颜色、茸毛多少、芽基特征、芽的着生状态。

2. 生长季观察

（1）叶片。大小、形状（卵圆形、阔卵圆形、椭圆形）、叶缘锯齿、叶背茸毛多少、叶蜡质多少、叶片厚薄、叶柄颜色、叶片伸展状态（平展、向下翻卷、向上翻卷）、叶色深浅。

（2）花。花色（花蕾色、初花色）、大小。

(3) 果实。
①形状。圆形、扁圆形、圆锥形、长圆形、斜（歪）形。
②果梗。长短、粗细。
③梗洼。深浅、宽窄、有无锈斑。
④萼洼。深浅、宽窄、有无棱或条棱。
⑤果皮。颜色（底色、面色）、晕纹（晕、条纹）、厚薄。
⑥果点。颜色、形状、大小、多少、分布情况。
⑦果肉。颜色（黄、白、淡绿）、肉质（松、脆）、汁液多少。
⑧果心。大小、位置（上、中、下位）。
⑨萼筒。闭合、开张，萼筒形状（圆筒形、漏斗形）。
⑩风味。甜、甜酸、酸甜、酸，有无香味。
(4) 结果情况。以哪种结果枝（长、中、短果枝）结果为主，腋花芽结果能力。果台连续结果能力，果台大小。

(二) 梨品种调查

调查白梨、秋子梨、沙梨、洋梨四个种的代表品种。

1. 冬季观察

(1) 树皮及枝的密度。同苹果项目。
(2) 树冠。开张、半开张，直立。
(3) 一年生枝。颜色、皮孔（大小、密度、颜色）、茸毛、有无棱、枝条曲度（大、小）。
(4) 叶芽、花芽特征。形状、颜色、茸毛多少、芽的着生状态（离枝性大小）。

2. 生长季观察

(1) 叶片。大小、形状（卵圆形、阔卵圆形）、叶尖（急尖、渐尖、长急尖、长渐尖）、叶基（圆形、楔形）、叶缘锯齿（全缘、叶缘锯齿向内弯曲或向外弯曲）、叶色（深浅、新叶颜色）、叶片厚薄、蜡质多少、叶背茸毛多少。
(2) 花。大小、颜色（初花期花色）、花柄（长、短）、花瓣形状、花瓣厚薄。
(3) 果实
①形状。圆形、长圆形、扁圆形、瓢形等。
②果梗。粗细、长短、角质、肉质。
③萼洼。深浅、宽窄、萼片脱落或宿存。
④果皮。颜色（底色、面色）、厚薄、有无果锈、果点（大小、颜色、多少、形状、分布）。
⑤风味。甜、甜酸、酸甜、酸、有无芳香。
⑥果肉。脆、绵、汁液多少、肉质（细，石细胞多少）。
⑦后熟。是否需要后熟。

(三) 桃品种调查

调查桃各品种群的代表品种。

1. 冬季观察

(1) 树形。盘状形、杯状形、漏斗形。
(2) 发枝情况。成枝力（强、弱），有无裸秃现象。
(3) 芽着生情况。每节芽的组合（单芽、复芽，即花芽和叶芽组合情况）。

(4) 结果枝。以哪种结果枝（长、中、短果枝）结果为主，花束状短果枝结果能力。

2. 生长季调查

(1) 花。蜜盘颜色（淡绿色、黄色）。

(2) 果实。

①形状。圆形、长圆形、扁圆形。

②果顶。果尖（大、小），平、凹。

③缝合线。深、浅。

④果皮。颜色（底色、面色）、易剥离否。

⑤果肉。颜色、果核附近有无红丝、肉质（溶质、不溶质）。

⑥果核。黏核、离核、核的形状、颜色。

⑦风味。甜、甜酸、酸甜、酸、有无苦味。

(四) 葡萄品种调查

调查东方品种群、西欧品种群、欧美杂交种的代表品种。生长季观察：

(1) 卷须。连续性，间歇性。

(2) 叶片。

①裂刻。有无裂刻，3裂或5裂，裂刻深浅。

②叶缘锯齿。粗短，细长。

③叶基。形状（V形、U形等）。

④叶片。大小。

⑤叶背茸毛。多、少，颜色（黄色、浅黄、白色），茸毛。

(3) 果实。

①果穗。大小、穗形（有无复穗）、松紧。

②果粒。颜色、形状（圆形、椭圆形、鸡心形）大小、果粉多少。

③果肉。颜色、果肉与果皮是否易剥离。

④种子。啄的长短，种子与果肉是否易剥离。

⑤风味。有无芳香味或草莓香味。

(五) 完成以下调查表（表1-4、表1-5、表1-6、表1-7）

表1-4 苹果品种调查表

调查项目 \ 品种		
树皮	颜色 皮的纹理 皮孔	
枝条密度	成枝力 萌芽力	
一年生枝	硬度 颜色 皮孔 茸毛	

(续)

调查项目 \ 品种		
芽的特征	形状 颜色 茸毛 芽茎 芽的着生状态	
叶片	大小 形状 叶缘锯齿 叶背茸毛 蜡质 厚薄 叶柄颜色 叶片伸展状态 叶色深浅	
花	花色 雌蕊 雄蕊	
果实	形状 果梗 梗洼 萼洼 果皮 果肉 果心 萼筒 风味 结果情况	
主要特征描述		

表 1-5 梨品种调查表

调查项目 \ 品种		
树皮	颜色 皮的纹理 皮孔	
树冠		
枝条密度	成枝力 萌芽力	
一年生枝	颜色 皮孔 茸毛 有无棱 枝条曲度	

（续）

调查项目＼品种		
芽的特征	形状 颜色 茸毛	
叶片	大小 形状 叶尖 叶茎 叶缘锯齿 叶色 厚薄 蜡质 茸毛	
花	大小 颜色 雌蕊 雄蕊	
果实	形状 果梗 萼洼 果皮 果肉 风味 后熟	
主要特征描述		

表 1-6　桃品种调查表

调查项目＼品种		
树形 发枝情况 芽的着生情况 结果枝 蜜盘颜色		
果实	形状 果顶 缝合线 果皮 果肉 果核 风味	
主要特征描述		

表 1-7　葡萄品种调查表

调查项目 \ 品种		
卷须		
叶片	裂刻 叶缘锯齿 叶基 小大 叶背茸毛	
果实	穗形 果粒形状 果肉 种子数 汁液 风味	
主要特征描述		

> **训练结果考核**

1. 态度　不迟到、不早退，态度端正，认真、仔细，遵守纪律（20 分）。

2. 知识　掌握常见果树品种叶、花、花序、果实的主要区别，并能够上网检索不同品种（25 分）。

3. 技能　能够正确陈述常见果树叶、花、花序、果实的不同点，并能够根据不同品种观察表，写出不同树种的区别和联系（40 分）。

4. 结果　按时完成不同树种及品种表格，内容完整，试验结论正确（15 分）。

【实训四】观察苹果、梨生长结果习性

> **实训目标**

了解苹果和梨生长结果习性的主要差异。学会观察方法。

> **实训材料**

1. 材料　苹果和梨的幼树和初果树。

2. 用具　钢卷尺、卡尺、笔记本、铅笔、橡皮等。

> **实训内容**

（1）树姿、干性比较观察。

（2）枝芽类型、特性比较观察或调查。花芽和叶芽形态特征、鳞片数量（各调查 5 芽）、

芽的异质性（绘图）、萌芽率和成枝力（各调查5个长枝），果台大小，果台枝数量长短，枝条坚实度、韧性、结果枝类型及比例等。

（3）先由教师讲解观察内容、方法要求。然后，学生分组（2～3人）逐项进行观察和调查，教师巡回指导，及时解决疑难问题。

实训结果考核

1. 态度 不迟到、不早退，态度端正，认真、仔细，吃苦耐劳，遵守纪律（20分）。
2. 知识 掌握设施环境调控的基本方法及每种方法适用对象和范围（20分）。
3. 技能 能够正确观察苹果、梨生长结果习性，观察方法准确，技术熟练规范（40分）。
4. 结果 ①每人撰写1份实训报告。观察思路清晰、观察性状差异明显（10分）。②依据观察、调查结果，写出梨和苹果生长结果习性的主要区别（10分）。

【实训五】观察猕猴桃、葡萄主要架式

实训目标

（1）掌握葡萄、猕猴桃生产上常用的主要架式。
（2）明确常见葡萄、猕猴桃架式结构及建造过程，为独立设计建造猕猴桃、葡萄架式服务。

实训材料

1. 材料 选有代表性的当地葡萄、猕猴桃的篱架、棚架或T形架。
2. 用具 皮尺、钢卷尺、铅笔、橡皮、绘图纸、记载用具等。

实训内容

（1）参观当地葡萄、猕猴桃篱架类型，分别对单篱架，双篱架，宽顶单篱架的结构进行测量记载。
（2）在庭院或丘陵地带，选葡萄棚架，包括倾斜式大棚架、小棚架、水平形大棚架，对其结构进行测量记载。
（3）本实训可随时进行，安排现场教学或实验课中完成。
（4）教师现场集中讲解，学生3～4人一组，进行测量记载。

实训结果考核

1. 态度 不迟到早退，态度端正，认真、仔细，吃苦耐劳，遵守纪律（15分）。
2. 知识 掌握猕猴桃、葡萄生产中常用的架式结构和建架方法（20分）。
3. 技能 能绘制猕猴桃、葡萄主要架式的设置平面图。能够独立完成猕猴桃、葡萄架式建造方案（40分）。
4. 结果 ①每人写1份实训报告。观察思路清晰、观察处理效果良好（15分）。②分析讨论不同架式建造措施，分析结论正确（10分）。

【实训六】观察桃、杏、李生长结果习性

实训目标

了解桃、杏、李、樱桃的生长结果习性;明确桃、杏、李、樱桃生长结果习性的异同点;学会观察记载核果类结果习性的方法。

实训材料

1. **材料** 桃、杏、李、樱桃的正常结果树。
2. **用具** 卷尺、放大镜、记载和绘图用具。

实训内容

1. 观察树体形态与结果习性

①树形,干性强弱,分枝角度,极性表现,生长特点。

②发育枝及其类型,结果枝及其类型与划分标准。各种结果枝的着生部位及结果能力。多年生枝、二年生枝、一年生枝和新梢、副梢及发枝情况,一年多次分枝与扩大树冠、提早结果的关系。

③花芽与叶芽以及在枝条上的分布及其排列方式,单芽与复芽及其排列方式,副芽、早熟性芽、休眠芽。花芽内的花数。

④叶的形态。

2. 调查萌芽和成枝情况 各树种选择长势基本相同、中、短截处理的二年生枝10~20个,分别调查总芽数、萌芽数、萌发新梢或一年生枝的长度。

3. 实习安排在冬季休眠期或生长后期进行,以便于观察。集体观察树体形态与生长结果习性,分组调查萌芽和成枝情况,并做好记录。

实训结果考核

1. **态度** 不迟到、不早退,态度端正,认真、仔细,吃苦耐劳,遵守纪律(15分)。
2. **知识** 掌握桃、李、杏生长结果习性观察分析的技术与方法,正确领会各种方法使用技巧(20分)。
3. **技能** 能够独立完成桃、李、杏生长习性观察,找出它们的异同点(40分)。
4. **结果** ①每人写1份实训报告。观察思路清晰、观察取得良好效果(15分)。②能够说明桃、杏、李、樱桃生长结果习性的异同点(5分)。③能够根据调查结果,比较桃、杏、李、樱桃的萌芽力和成枝力(5分)。

项目小结

本项目主要介绍了绿色果品的概念、生产特点,绿色果品的特征、分级与组织管理要求,果树种类识别,树体结构观测及果树生长发育规律等内容。系统介绍了绿色果品认知内容,果树生产岗前训练基本知识,旨在使学生了解绿色果品,熟悉常见果树种类及树体结

构,了解果树生长发育规律,为指导绿色果品生产奠定基础。

复习思考题

1. 什么是绿色果品?
2. 绿色果品生产有哪些特点?
3. 绿色果品生产应如何进行组织管理?
4. A级和AA级绿色果品有何区别?
5. 常用的果树分类方法有哪几种?它们分类的依据是什么?
6. 仁果类、核果类、浆果类果实的构造有何不同?
7. 名词解释:树冠　骨干枝　营养枝　结果枝　一年生枝　顶端优势　叶芽　花芽　萌芽率　成枝力　干性　层性　芽的异质性　芽的早熟性　根颈　单性结实　初花期　盛花期　需冷量　休眠期
8. 现代果树一生中有几个年龄时期?各时期有何特点?
9. 果树根系的生长受哪些因素影响?
10. 果树一年落花落果有几次?
11. 什么是花芽分化?影响花芽分化的因素有哪些?
12. 促进幼树提早形成花芽应采取哪些措施?
13. 设施果树如何打破休眠?
14. 绘制果树地上部枝类组成图,并注明各部分名称。
15. 观察比较苹果(或梨)、桃的花芽、叶芽的形态特征及着生部位。

项目二

繁育果树苗木

学习目标

知识目标
- 了解果树实生苗、嫁接苗、自根苗、无病毒苗、容器苗培育的基本理论和知识。
- 掌握果树实生苗、嫁接苗、自根苗、无病毒苗、容器苗的培育过程及其技术要点。

能力目标
- 能够培育实生苗、自根苗、嫁接苗、容器苗。
- 能够独立指导果树育苗生产。

学习任务描述

本项目主要学习果树各种苗木的培育方法,包括实生苗、嫁接苗、自根苗、无病毒苗、容器苗培育的基本知识和苗木出圃操作程序及相关质量标准。重点是果树实生砧嫁接苗、扦插苗、营养系砧木苗的培育。可根据实际情况重点掌握当地实用的苗木繁殖方法。

学习环境

要完成本项目学习任务,必须具备以下条件:
- 教学环境:果树苗圃、层积处理场地、多媒体教室、果树育苗录像或光碟。
- 教学工具:育苗材料、修剪工具、嫁接工具、种子处理及层积用具、常用肥料。
- 师资要求:专职教师、企业技术人员、生产人员。

任务一 培育实生苗

利用种子培育苗木的方法称为实生繁殖,利用种子繁殖的苗木称为实生苗。实生苗主要作为砧木培育嫁接苗,也可用作果苗。培育实生苗的步骤和方法如下:

一、种子采集与处理

1. 种子的采集 采集的种子要求品种纯正，类型一致，无病虫害，充分成熟，子粒饱满，无混杂。要获得高质量的种子，种子采集必须按照以下程序和要求进行：

（1）选择母本树。采种母本树应为成龄树，品种、类型纯正，适应当地条件，生长健壮，性状优良，无病虫害，种子饱满。

（2）适时采收。绝大部分树种必须在种子充分成熟时采收。这时，果实具有树种、品种固有的色泽，种子充实饱满，并具固有的色泽。主要果树砧木种子采收期见表2-1。

表2-1 主要果树砧木种子采收期、层积天数和播种量

名 称	采收时期	层积天数（d）	每千克种子粒数	播种量（kg/hm²）	嫁接树种
山荆子	9～10月	30～90	15 000～22 000	15.0～22.5	苹果
楸子	9～10月	40～50	40 000～60 000	15.0～22.5	苹果
西府海棠	9月下旬	40～60	约60 000	—	苹果
沙果	7～8月	60～80	44 800左右	15.00～33.75	苹果
秋子梨	9～10月	40～60	1 600～2 800	30～90	梨
沙梨	8月	—	20 000～40 000	15～45	梨
杜梨	9～10月	60～80	28 000～70 000	15.0～37.5	梨
豆梨	9～10月	10～30	80 000～90 000	7.5～22.5	梨
山桃	7～8月	80～100	—	—	桃、李
毛桃	7～8月	80～100	200～400	450～750	桃、李
山杏	6～7月	80～100	800～1400	225～450	杏
李	6～8月	60～100	—	—	李、桃
毛樱桃	6月	—	8 000～14 000	112.5～150.0	樱桃、桃
甜樱桃	6～7月	150～180	10 000～16 000	112.5～150.0	樱桃
中国樱桃	4～5月	90～150	—	—	樱桃
山楂	8～11月	200～300	13 000～18 000	112.5～225.0	山楂
枣	9月	60～90	2 000～2 600	112.5～150.0	枣
酸枣	9月	60～90	4 000～5 600	60～300	枣
君迁子	11月	30左右	3 400～8 000	75～150	柿
野生板栗	9～10月	100～150	120～300	1 500～2 250	板栗
核桃	9月	60～80	70～100	1 500～2 250	核桃
核桃楸	9月	—	100～160	2 250～2 625	核桃
山葡萄	8月	90～120	—	—	葡萄
猕猴桃	9月	60～90	100万～160万	—	猕猴桃
草莓	4～5月	—	200万	—	—

（3）取种。从果实中取种的方法应据果实的利用特点而定。果实无利用价值的，如山荆子、秋子梨、杜梨、山桃、海棠果、君迁子等，多用堆沤取种。板栗种子怕冻、怕热、怕风干（干燥），堆放过程中，要根据堆内的温、湿度适当洒水，待刺苞开裂，即可脱粒，脱粒后用窖藏或埋于湿沙中。果肉能利用的，可结合加工过程取种，如山楂、枣、酸枣取种，可用水浸泡膨胀后，搓去果肉，取出种子，洗净晾干。葡萄、猕猴桃取种，可搓碎，用水漂去果肉、果皮，洗净晾干。

（4）干燥和分级。大多数果树种子取出后，需要适当干燥，方可贮藏。通常将种子薄摊

于阴凉通风处晾干，不宜暴晒。场所有限或阴天时，亦可人工干燥。

种子晾干后进行精选，除去杂物、病虫粒、畸形粒、破粒、烂粒，使种子纯度达95%以上。净种方法，大粒种子（核桃、板栗等）用人工挑选，小粒种子利用风选、筛选、水选等方法。

精选后，按种子大小、饱满程度或重量进行分级。大粒种子人工选择分级，中、小粒种子可用不同的筛孔进行筛选分级。

2. 种子的贮藏 一般果树砧木种子贮藏过程中，空气相对湿度50%~70%为宜，最适温度0~8℃。

落叶果树的大部分树种充分阴干后进行贮藏，包括苹果、梨、桃、葡萄、柿、枣、山楂、杏、李、部分樱桃、猕猴桃等的种子及其砧木种子，用麻袋、布袋或筐、箱等装好存放在通风、干燥、阴冷的室内、库内、囤内等。板栗、银杏、甜樱桃和大多数常绿果树的种子，必须采后立即播种或湿藏。湿藏时，种子与含水量为50%的洁净河沙混合后，堆放室内或装入箱、罐内。贮藏期间要经常检查温度、湿度和通气状况，尤其夏季气温高、湿度大，种子易发热出汗，筐、袋上层种子易结露，应及时晾晒，散热降温，并通气换气。

3. 种子的质量检验 种子层积处理前、播种前或购种时，均需对种子进行质量检验，以确定种子的使用价值。

（1）种子净度和纯度的检验。净度是指种子占样品的百分比，纯度是指本品种种子占种子的百分比。

检验的方法是：取袋内上下里外部分样品，混合后准确称其重量，然后放置于光滑的纸上，把本品种种子、其他种子、杂质分别拣出。先称本品种种子，记录重量；再称其他种子，记录重量；其余的一块再称，作为杂质，记录重量。杂质包括破粒、秕粒、虫蛀粒及杂物。

然后按照以下公式进行计算：

净度＝（本品种种子重量＋其他种子重量）/（本品种种子重量＋其他种子重量＋杂质重量）×100%

纯度＝本品种种子重量/（本品种种子重量＋其他种子重量）×100%

（2）种子生活力的鉴定。

①目测法。一般生活力强的种子，种皮不皱缩，有光泽，种粒饱满，胚和子叶呈乳白色，不透明，有弹性，用手指按压不破碎，无霉烂味；而种粒瘪小，种皮发白且发暗、无光泽，弹性小或无弹性，胚及子叶变黄或污白，都是生活力减退或失去生活力的种子。目测后，计算正常种子与劣质种子的百分数，判断种子生活力情况。

②染色法。根据种子染色情况，判断其生活力大小。先将种子浸水1~2d，待种皮柔软后剥去种皮，用5%~10%红墨水染色6~8h，染色后用水漂洗，检查染色情况。凡胚和子叶没有染色的或稍有浅斑的，为有生活力的种子；胚和子叶部分染色的为生活力较差的种子；胚和子叶完全染色的，为无生活力的种子。最后计算各类种子的百分数。

此外，还有发芽试验法、烘烤法、用X射线照相和分光光度计测定光密度来判断种子生活力、用过氧化氢（H_2O_2）鉴定法测定种子生活力等方法。

4. 种子的休眠和层积处理

（1）种子的休眠和后熟。休眠是指有生命力的种子，由于内、外条件的影响而不能发芽的现象。种子成熟后,其内部存在妨碍发芽的因素时处于休眠状态,称为自然休眠。形态上成熟的种子,萌芽前内部进行生理活动引起种子后熟的生理变化能导致种子萌发的生理变化称为后熟作用。通过后熟的种子吸水后,由于环境条件不适宜仍处于休眠状态,称为被迫休眠。

落叶果树的种子必须通过自然休眠才能在适宜条件下萌芽。常绿果树的种子多数没有或有很短休眠期,采种后稍晾干,立即播种即发芽;少数常绿果树种子有休眠期。

种子休眠是由于一种或多种因素综合作用的结果。例如山楂种子休眠主要是生理原因引起的,但其种皮硬厚、致密,不透性延长了后熟过程。因此,不同种类的种子,完成后熟需要的时间不同,如湖北海棠需30~35d,山楂种子一般播种后需经过2个冬天才能发芽,如果提前采收或经过破壳处理,或温、湿处理后再行层积,亦可翌年播种后发芽。核桃只需一定低温就可以完成后熟(表2-1)。

生产上使种子完成后熟的方法,一是秋季播种,种子在田间自然条件下通过休眠;二是春季播种,播种前需进行人工处理,最常用的方法是层积处理。

(2) 种子的层积处理。将果树种子和湿润基质混合或相间放置,在适宜的条件下,使种子完成后熟,解除休眠的措施,称为层积处理。所用基质多用河沙,因而层积处理也称沙藏。层积天数即种子完成后熟所需时间(表2-1),开始层积时间可根据果树种子完成后熟所需天数,和当地春季播种时间决定。

层积前将精选的种子用清水浸泡1~3d,每日换水并搅拌1~2次,使全部种子都能充分吸水。河沙要洁净,小粒种子河沙用量为种子体积的3~5倍,大粒种子为5~10倍,含水量50%左右,以手握成团但不滴水为度。

种子的层积处理一般在露天进行。方法是,选地形较高、排水良好的背阴处,挖一东西向的层积沟,深度为60~150cm(东北地区深度120~150cm,华北、中原地区60~100cm),坑的宽度为80~120cm,长度随种子的数量而定。层积时,先在沟底铺5~10cm的湿沙,然后将种子和湿沙混合均匀或分层相间放入,至离地面10~30cm(视当地冻土层厚度而

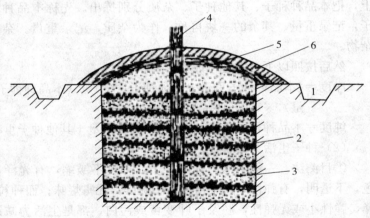

图2-1 种子层积处理
1.排水沟 2.种子 3.河沙 4.通气草秆 5.覆土 6.覆盖物

异,冻土层深则厚,反之则薄),上覆湿沙与地面相平或稍高于地面,盖上一层草后,再用土堆盖成屋脊形,四周挖好排水沟(图2-1)。对层积种子名称、数量和日期要做好记录。

层积过程中的适宜温度为2~7℃。层积期间应检查2~3次,并上下翻动,以便通气散热;如沙子变干,应适当洒水;发现霉烂种子及时挑出;春季气温上升,应注意种子萌动情况,如果距离播种期较远而种子已萌动,应立即将其转移到冷凉处,延缓萌发。

5.种子的播种前处理 一般情况下,在播种前将种子移至温度较高的地方,待种子露白时即可播种。播种前5~10d移入室内,保持一定室温,任其自然发芽;大量种子可用底

热装置、塑料拱棚或温室大棚进行催芽;有些厚壳种子,如核果类,层积处理后种皮硬壳仍未裂开时,催芽前或播种前可行破核。

二、苗床准备

1. 土壤消毒 苗圃地下病虫对幼苗危害性较大,在整地时对土壤进行处理,可起到事半功倍的效果。病害中,立枯病、猝倒病、根腐病等病害危害较大。一般用50%多菌灵或70%甲基托布津或50%福美双,每667m^2地表喷撒5～6kg,翻入土壤,可防治病害。地下害虫中,蛴螬、地老虎、蝼蛄、金针虫等危害比较严重。每667m^2用50%辛硫磷300mL或40%甲基异柳磷250mL拌土25～30kg,撒施于地表,然后耕翻入土。

2. 整地 首先深耕细耙,整平土地,除去影响种子发芽的杂草、残根、石块等障碍物。耕翻深度以25～30cm为宜。土壤干旱时可以先灌水造墒,再行耕翻,亦可先耕翻后灌水。

3. 施入底肥 底肥最好在整地前施入,亦可作畦后施入畦内,翻入土壤。每667m^2施2 500～4 000kg腐熟有机肥,同时混入过磷酸钙25kg、草木灰25kg,或复合肥、果树专用肥。缺铁土壤,每667m^2施入硫酸亚铁10～15kg,以防苗木黄化病的发生。

4. 整地作畦 土壤经过耕翻平整即可作畦或垄,一般畦宽1m、长10m左右,畦埂宽30cm,畦面应耕平整细。低洼地宜采用高畦苗床,畦面应高出地面15～20cm。畦的四周开25cm深的沟,以便灌溉和排水防涝。垄作适于大规模育苗,有利于机械化管理。

三、播种

1. 播种时期 播种分春播、秋播和采后立即播种。秋播在秋末冬初土地封冻之前进行,一般为10月中旬至11月中旬。春播在土壤解冻后开始,一般为3月中旬至4月中旬。

2. 播种量 单位土地面积使用种子的数量称为播种量。播种量通常以kg/667m^2或kg/hm^2表示。

理论上播种量可用下列公式计算:

播种量(kg/hm^2)=每公顷计划出苗数/(每千克种子粒数×种子纯度×种子发芽率)

但实际用量一般要高于计算用量。如仁果类,每667m^2可容纳基本苗数10 000～12 000株,实际用量应为苗数的3～4倍,种子发芽率低可提高到5～6倍;大粒种子,发芽率高,可为1.5倍。主要果树砧木种子常用播种量参见表2-1。

3. 播种方法 播种方法有条播、点播和撒播。

(1)条播。按一定的行距开沟,将种子均匀地撒在沟内。1m宽的畦播2～4行,小粒种子行距20～30cm,大粒种子30cm,边行距畦埂至少10cm。亦可采用宽窄行播种,一般仁果类宽行50cm,窄行25cm,1m宽的畦播4行为宜;核果类宽行60cm,窄行30cm,畦宽1.2m为宜。

播种时先按行距开沟,大粒种子宜深,小粒种子宜浅;土壤疏松的应深,土壤黏重的要浅。灌透水,待水渗下后将种子撒在沟中,再覆土整平,最后盖上覆盖物或细沙。

(2)点播。按一定的株、行距挖小穴将种子撒于穴内。点播育苗,一般畦宽1m,每畦播2～3行,株距15cm。播种时先开沟或开穴,灌透水,待水渗下后放种,再覆土整平。

(3)撒播。将种子均匀撒在畦面上,然后撒土覆盖种子的播种方法。撒播适用于小粒种子和极小粒种子苗床密播,如山荆子、杜梨、猕猴桃种子。具体方法是:先将畦面整平,刮平覆土后灌水,水渗后均匀撒种,然后覆细土,再覆一层细沙,也可再加覆盖物。

4. 播种深度 播种覆土厚度一般为种子直径的 1~3 倍。在这一范围内,如果种子大、气候干燥、砂质土壤可深播;种子小、气候湿润、黏质土可浅播。秋播比春播深。生产上对不同果树种子播种深度归纳如下:草莓、猕猴桃、无花果等,播后不覆土,只需稍加镇压或筛以微薄细沙土,不见种子即可。山荆子 1cm 以内,楸子、沙果、杜梨、葡萄、君迁子等 1.5~2.5cm,樱桃、枣、山楂、银杏 3~4cm,桃、山桃、杏等 4~5cm,核桃、板栗 5~6cm。

四、苗圃管理

1. 覆盖 播种之后,床面用作物秸秆、草类、树叶、芦苇等材料覆盖。覆盖的厚度,秋播 5~10cm、春播 2~3cm,干旱、风多、寒冷地区适当盖厚。

当 20%~30% 幼苗出土时,应逐渐撤除覆盖物。

2. 灌水 种子萌发出土前后,忌大水漫灌。如果需要灌水,以渗灌、滴灌和喷灌方式为好,也可用洒水壶或喷雾器傍晚喷水增墒。苗高 10cm 以上不同灌溉方式均可采用,但幼苗期漫灌时水流量不宜过大。生长期应适时适量灌水,秋季注意控制肥水,越冬前灌足封冻水。

3. 间苗与移栽 间苗、定苗在幼苗长到 2~3 片真叶时进行。定苗距离,小粒种子 10cm,大粒种子 15~20cm。间去小、弱、密、病、虫苗。

间出的幼苗可以移栽,以提高出苗率。移栽前 2~3d 灌水 1 次,移栽在阴天或傍晚进行,栽后灌水。

4. 断根 在苗高 10~20cm 时将主根截断称为断根。截断时离苗 10cm 左右倾斜 45°角斜插下锹,将主根截断。

5. 中耕锄草 苗木出土后以及整个生长期间,经常中耕锄草,为苗木生长创造良好的环境条件。

6. 追肥 在苗木生长期土壤追肥 1~2 次。第一次追肥在 5~6 月份,每 667m^2 施用尿素 8~10kg;第二次追肥在 7 月上中旬,每 666.7m^2 施用复合肥 10~15kg。

叶面喷肥 7~10d 进行 1 次,生长前期喷 0.3%~0.5% 的尿素;8 月中旬以后喷 0.5% 的磷酸二氢钾。或交替使用有机腐殖酸液肥、氨基酸复合肥、光合微肥等叶面肥料。

7. 防治病虫害

(1) 拔病苗。发现病苗立即拔除,并迅速带离苗圃,集中烧毁或深埋。

(2) 灌根。发现幼苗被地下害虫危害,可用辛硫磷等药剂灌根处理。每 667m^2 用 50% 辛硫磷 250mL 加水 500~650kg 灌根;或用 50% 乙硫磷 1 000~1 500 倍液灌根。

(3) 地面诱杀。对地老虎、蝼蛄等地下害虫,可以加工毒饵诱杀。如用谷子 500g 煮或炒至半熟,拌 50% 甲胺磷 10mL 制成毒谷,用耧耩于行间,或用 90% 晶体敌百虫 1kg,麦麸或油渣 30kg,加水适量拌成豆渣状毒饵,傍晚撒施于苗圃内诱杀。还可利用趋光性黑光灯诱杀成虫。

(4) 喷药防治。幼苗根部病害采用铜铵合剂防治效果较好。配制方法为:将硫酸铜 2kg、碳酸铵 11kg、消石灰 4kg,混匀后密闭 24h。使用时取 1kg,对水 400kg,喷洒病苗及土壤。

防治蚜虫,可选用 10% 吡虫啉 3 000~5 000 倍液、20% 甲氰菊酯 3 000 倍液、40.7% 乐斯本2 000倍液等。

任务二 培育嫁接苗

将一植株上的枝或芽移接到另一植株的枝或根上,接口愈合生长在一起,形成一个新植株的方法称为嫁接。采用嫁接方法育苗称为嫁接繁殖,采用嫁接方法繁殖的苗木称为嫁接苗。用作嫁接的枝与芽称为接穗与接芽,承受接穗或接芽的部分称砧木。

一、嫁接前准备

1. 砧木准备 果树砧木种类很多,各地又有各自适宜的树种。果树的主要砧木见表2-2。

表 2-2 北方落叶果树常用砧木

树种	砧木名称		砧 木 特 性
苹果	楸子		抗旱,抗寒,抗涝,耐盐碱,对苹果绵蚜和根头癌肿病有抵抗能力。适于河北、山东、山西、河南、陕西、甘肃等地
	西府海棠		类型较多,比较抗旱、耐涝、耐寒、抗盐碱,幼苗生长迅速,嫁接亲和力强。适于河北、山东、山西、河南、陕西、甘肃、宁夏等地
	山定子		抗寒性极强,耐瘠薄,抗旱,不耐盐碱。适于黑龙江、吉林、辽宁、山西、陕西(北部)、山东(北部)
	新疆野苹果		抗寒,抗旱,较耐盐碱,生长迅速,树体高大,结果稍迟。适于新疆、青海、甘肃、宁夏、陕西、河南、山东、山西等地
	矮化砧木	M_9	矮化砧。根系发达,分布较浅,固地性差,适应性较差,嫁接苹果结果早,适合作中间砧,在肥水条件好的地区发展
		M_{26}	矮化砧。根系发达,抗寒,抗白粉病,但抗旱性较差。嫁接苹果结果早,产量高,果个大,品质优,适合在肥水条件好的地区发展
		M_7	半矮化砧。根系发达,适应性较强,抗旱,抗寒,耐瘠薄,用作中间砧在旱地表现良好
		MM_{106}	半矮化砧。根系发达,较耐瘠薄,抗寒,抗苹果绵蚜及病毒病。嫁接树结果早,产量高,适合作中间砧,在旱原地区表现良好
		MM_{111}	半矮化砧。根系发达,根蘖少,抗旱,较耐寒,适应性较强,嫁接树结果早,产量高,适合作中间砧,在旱原地区表现良好
梨	杜梨		根系发达,抗旱,抗寒,耐盐碱,嫁接亲和力强,结果早,丰产,寿命长。适于辽宁、内蒙古、河北、河南、山东、山西、陕西等地
	麻梨		抗寒,抗旱,抗盐碱,树势强壮,嫁接亲和力强,为西北地区常用砧木
	山梨		抗寒性极强,能耐-52℃的低温。抗腐烂病,不抗盐碱。丰产,寿命长,嫁接亲和力强,但与西洋梨品种亲和力弱。是东北、华北北部、西部地区的主要砧木类型
	褐梨		抗旱,耐涝,适应性强,与栽培品种嫁接亲和力强,生长旺盛,丰产,但结果稍晚。适于山东、山西、河北、陕西等地
	矮化砧	PDR_{54}	极矮化砧。生长势弱,抗寒,抗腐烂病和轮纹病。与酥梨、雪花梨、早酥、锦丰等品种亲和力良好,用作中间砧矮化效果极好
		S_5	矮化砧。紧凑矮壮型,抗寒力中等,抗腐烂病和枝干轮纹病。与砀山酥梨、早酥梨等品种亲和力良好,作中间砧矮化效果好
		S_2	半矮化砧。抗寒力中等,抗腐烂病和枝干轮纹病。与砀山酥梨、早酥、鸭梨、雪花梨等亲和性良好,作中间砧矮化效果好

(续)

树种	砧木名称	砧木特性
葡萄	山葡萄	极抗寒,扦插难发根,嫁接亲和力良好
	贝达	抗寒,结果早,扦插易发根,嫁接亲和力良好
桃	山桃	抗寒,抗旱,抗盐碱,较耐瘠薄,嫁接亲和力强。为华北、东北、西北等地桃的主要砧木
	毛桃	根系发达,生长旺盛,抗旱,耐寒,嫁接亲和力强,生长快,结果早,但树体寿命较短。在华北、西北、东北各地使用较广泛
	毛樱桃	抗寒力强,抗旱,适应性较强,生长缓慢,可作桃的矮化砧木,嫁接亲和力强。适应华北、东北、西北等地
杏	山杏	抗寒,抗旱,耐瘠薄,适于华北、东北、西北等地
	山桃	与杏嫁接易成活,结果早,为华北、东北、西北等地杏的主要砧木
李	山桃	与中国李嫁接易成活
	山杏	与中国李及欧洲李嫁接易成活
	毛樱桃	与李嫁接亲和力强,有明显的矮化作用,结果早,丰产
樱桃	考特	甜樱桃矮化砧木。根系发达,抗风能力强,扦插或组织培养容易,与甜樱桃品种嫁接亲和力强,与接穗品种的生长发育一致。嫁接甜樱桃品种结果早,花芽分化早,果实品质优良,产量高。易感根癌病,抗旱性差,适宜在比较潮湿的土壤中生长,不宜栽植在土壤黏重、透气性差及重茬地块上
	山樱桃	根系发达,抗旱性好,较抗寒,生长旺盛,嫁接亲和力强,抗抽条能力好,但有小脚现象发生,易患根癌病
柿	君迁子	抗寒,抗旱,耐盐碱,耐瘠薄,结果早,亲和力强。适于北方地区
枣	酸枣	抗寒,抗旱,耐盐碱,耐瘠薄,亲和力强。适宜北方地区
核桃	核桃	抗寒,抗旱,适应性强
	核桃楸	抗寒,抗旱,耐瘠薄,嫁接成活率不如共砧,有"小脚"现象,适于北方各省
板栗	普通板栗	共砧
	茅栗	抗湿,耐瘠薄,适应性强,结果早

2. 接穗准备

(1) 接穗采集。要从良种母本园或采穗圃采集接穗,无母本园时,应从经过鉴定的优良品种成龄树上采取。严禁从疫区采集或调运接穗。

春季嫁接多采用1年生枝,个别树种也用多年生枝,如枣可用1~4年生枝。接穗采集应在秋季落叶后至春季萌芽前的休眠期内进行,最好结合冬季修剪采集,选择树冠外围发育健壮,木质化程度高,芽体饱满的1年生营养枝。采集好后,剪去穗条两端芽体不饱满的枝段,每50~100根一捆,标明品种、数量,贮藏备用。

夏季嫁接多用当年成熟的新梢,也可用贮藏的1年生枝或多年生枝;秋季嫁接选用当年生长充实的新梢作接穗。生长季嫁接用的接穗,选择树冠外围中上部生长健壮的当年生枝。接穗在清晨或上午采取。

(2) 接穗处理。接穗采集后,剪去枝条上下两端芽眼不饱满的枝段,每50~100根成捆,标明品种名称,存放备用。生长期的接穗采下后立即剪去叶片,留下与芽相连的一小段叶柄，用湿布等包裹保湿。

（3）接穗贮藏。生长季采集的接穗短期贮藏常用水藏的方法：将接穗基部码齐，捆成小捆（50~100根），将其竖立在盛有深5cm左右清水的盆或桶中，放置于荫凉处，避免阳光照射，每天换水1次，并向接穗上喷水1~2次，这样接穗可保存7d左右。另外，还有沙藏、窖藏、冷藏等方法。

休眠期采集的接穗，应在0~5℃的低温，80%~90%的空气相对湿度及适当透气条件下存放。我国中部地区，冬季常用露地挖坑埋藏接穗；北方寒冷地区多用窖藏，或室内堆沙、堆土埋藏。

（4）接穗运输。接穗如需远距离调运，应挂好品种标签，50~100根一捆，用湿纸、湿锯末等保湿材料填充，用塑料薄膜包好，膜的两端留有空隙以便通气和排除多余水分，装箱寄运。

接穗运转，尽量缩短运输时间。夏、秋季运输接穗，应特别注意降温、保湿、快装快运，以防腐烂。运到目的地后，立即开包，将接穗用湿沙埋于荫凉处。冬季运输注意保温。运达目的地后，接穗暂时无法使用时，要妥善贮藏。

3. 嫁接用具及材料准备 嫁接前要把嫁接使用的工具及材料准备齐全。芽接与枝接的工具和材料主要有以下几种：

（1）芽接用具与材料。修枝剪、芽接刀、磨刀石、小水桶、包扎材料。

（2）枝接用具与材料。修枝剪、枝接刀、手锯、劈接刀、镰刀、螺丝刀、磨刀石、水桶、小铁锤、包扎材料。

二、嫁接时期

1. 春季 在3~4月进行，多数果树在这时都能用枝条和带有木质的芽片嫁接，当年可培养成合格的嫁接苗。只要接穗保存良好，处于尚未萌发状态，嫁接时间可以延续到砧木展叶以后，一般在砧木大量萌芽前结束为宜。

2. 初夏 5月中旬至6月上旬砧木和接穗皮层都能剥离时进行芽接，亦可用嫩枝进行枝接，当年可培养成苗。

3. 夏、秋季 在7~8月，日均温不低于15℃时进行芽接，我国中部和华北地区可持续到9月中下旬。接芽当年不萌发，翌年春季剪砧后培养成嫁接苗。

三、嫁接方法

1. 芽接 芽接分为带木质芽接和不带木质芽接两类。在皮层可以剥离的时期，用不带木质部的芽片嫁接，也可用带有少许木质部的芽片嫁接；皮层不易剥离，只能进行带木质嵌芽接。

（1）T形芽接。又称盾状芽接，是芽接中应用最广的一种方法。多用于1年生砧木苗上，在砧木及接穗皮层易剥离时进行。其操作程序如图2-2所示。

①削芽片。一手顺拿握住接穗，另一只手持芽接刀，先在被取芽上方0.5~1.0cm处横切一刀，深达木质部，宽度为接穗粗度的1/3~1/2，再在芽的下方1.0~1.5cm处斜削入木质部，由浅入深向上推刀，纵刀口与横刀口相遇为止。用拿刀的手捏住接芽两侧，轻轻一掰，取下一个盾状芽片。

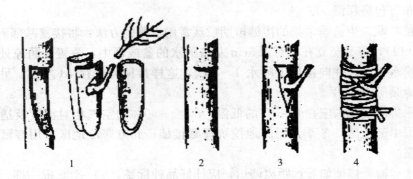

图 2-2 T 形芽接
1. 接穗芽片切法 2. 砧木切口 3. 插入接芽 4. 绑缚

②切砧木。在砧木苗基部离地面 5cm 左右处，选择光滑无疤部位，用芽接刀切一个 T 形切口（即先横切一刀，宽 1cm 左右，再从横切口中央往下竖切一刀，长 1.5cm 左右），深度以切断皮层而不伤木质部为宜。

③插芽片。用嫁接刀或骨柄将砧木切口皮层向左右一拨，轻轻撬开皮层，用左手捏住削好的芽片左右两侧，芽片尖端紧随撬砧木皮层的刀尖，迅速插入砧木皮层，紧贴木质部向下推进，直至芽片上方与 T 形横切口对齐。

④捆绑。用塑料条从接芽的下部逐渐往上压茬缠绑到横切口上方，芽和叶柄外露（要求当年萌发）或不外露（来年萌发）均可，但伤口一定要包扎严密，捆绑紧固。

（2）嵌芽接。也是芽接中应用较多的一种方法，不管皮层是否容易剥离，一年中都能进行。其操作程序如图 2-3 所示。

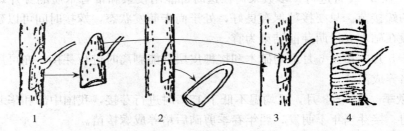

图 2-3 嵌芽接
1. 接穗芽片切法 2. 砧木切口 3. 插入接芽 4. 捆绑

①切芽片。一手倒拿握住接穗，另一只手持芽接刀，从芽上方 1.0～1.2cm 处向下斜削入木质部，长约 2cm，略带木质不宜过厚，然后在芽下方 1cm 处呈 30°角斜切到第一刀口底部，取下带木质盾状芽片。

②切砧木。切砧木与削芽片基本一样，在砧木光滑部位，先斜切一刀，再在其上方 2cm 处由上向下斜削入木质部，至下切口处相遇。不同的是，砧木削面可比接芽稍长，但宽度应保持一致。

③插芽片。取掉砧木盾片，将接芽嵌入，如果砧木粗，削面宽时，可将一边形成层对齐。然后用塑料薄膜条由下往上压茬缠绑到接口上方，绑紧包严。

(3) 贴芽接。先从芽的下方 1.5cm 左右处下刀,推到芽的上方 1.5cm 左右,稍带木质部削下芽片,芽片长 2.5cm 左右。再在砧木上削相同的切口,但比芽片稍长。将芽片贴到砧木上,最后用塑料薄膜条绑扎。

2. 枝接

(1) 劈接。是应用广泛的一种枝接方法,在砧木离皮、不离皮的情况下都可进行。其操作程序如下:

①削接穗。剪截一段带有 2~4 个饱满芽的接穗,在接穗的下端削 1 个 3cm 左右的斜面,再在这个削面背后削一个相等的斜面,使接穗下端呈长楔形,插入砧木的内侧稍薄,外侧稍厚些,削面光滑、平整(图 2-4)。

②劈砧木。先将砧木从嫁接处剪(锯)断,修平茬口。然后在砧木断面中央劈一垂直切口,长 3cm 以上。砧木如果较粗,劈口可偏向一侧,位于断面 1/3 处。劈砧时,不要用力过猛,以免劈口过长,失去夹力。

③插接穗。将接穗厚的一面朝外,薄的一面朝内插入砧木垂直切口,必须对准砧木与接穗的形成层,不要把接穗削面全部插入砧木切口内,削面上端露

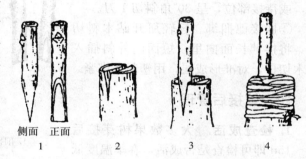

图 2-4 劈 接
1. 接穗削法 2. 砧木劈法 3. 插入接穗 4. 捆绑

出切面 0.3~0.5cm,俗称露白,使砧、穗紧密接触,有利于伤口愈合。较粗砧木可插入两个接穗,劈口两端各 1 个。

④捆绑。将砧木断面和接口用塑料薄膜条缠绑严密。较粗砧木要用方块薄膜覆盖伤口,或罩套塑料袋,以免漏气失水,影响成活。

(2) 插皮接。

①削接穗。剪一段带有 2~4 个芽的接穗,在接穗下端斜削 1 个长约 3cm 的长削面,再在这个长削面背后尖端削 1 个长 0.3~0.5cm 的短削面,并将长削面背后两侧皮层削去少量,但不伤木质部(图 2-5)。

②劈砧木。先在砧木近地面处选光滑无疤部位剪断,削平剪口,然后在砧木皮层光滑的

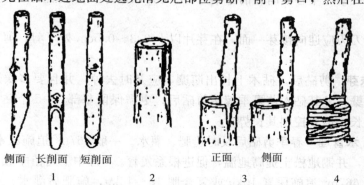

图 2-5 插皮接
1. 接穗削法 2. 砧木切法 3. 插入接穗 4. 捆绑

一侧纵切 1 刀，长约 2cm，不伤木质部。

③插接穗捆绑。用刀尖将砧木纵切口皮层向两边拨开。将接穗长削面向内，紧贴木质部插入，长削面上端应在砧木平断面之上外露 0.3～0.5cm，使接穗保持垂直，接触紧密。然后用塑料条包严、绑紧。

（3）腹接。

①削接穗。在接穗下端先削 1 个长 3～4cm 的斜面，再在其背后削 1 个 2cm 左右的短斜面，呈斜楔形（图 2-6）。

②切砧木。在砧木离地面 5cm 左右处，或待接部位，呈 30°角斜切 1 刀。

③插接穗捆绑。轻轻掰开砧木斜切口，将接穗长面向里，短面向外斜插入砧木切口，对准形成层，用塑料条绑紧。

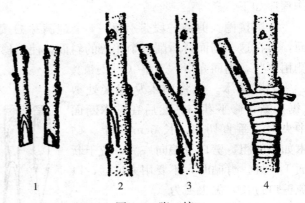

图 2-6 腹 接
1. 削接穗 2. 切砧木法 3. 插入接穗 4. 捆绑

四、嫁接后管理

1. 检查成活 大多数果树芽接后 10～15d 即可检查是否成活，春季温度低时间长些。凡接芽新鲜，叶柄一触即落，表明已成活。如果芽片萎缩，颜色发黑，叶柄干枯不易脱落，说明没有接活。

枝接一般需 1 月左右才能判断是否成活。如果接穗新鲜，伤口愈合良好，芽已萌动，表明已成活。

2. 补接 嫁接未成活的，要及时补接。补接一般结合查成活、剪砧、解绑同时进行。

3. 解绑 生长季芽接检查成活的同时进行松绑或解绑，秋季芽接的也可来年春季解绑；枝接在新梢萌发并进入旺盛生长以后解绑；较粗砧木枝接，先解除接穗上的绑扎物，接口愈合后再解除砧木上的绑扎物，特别粗的砧木可到第二年解绑。嵌芽接的待新梢旺长后再解绑。枝接套袋保湿的，萌芽后先把袋上部撕破，进行放风，待新梢旺长后再去袋解绑。

4. 剪砧 芽接成活之后，剪除接芽以上的砧木部分称为剪砧。

秋季芽接，在第二年春季萌芽前剪砧为宜。7 月以前嫁接，成活后立即剪砧，接芽可当年萌发。

剪砧时，剪刀刃应迎向接芽一面，在芽片以上 0.3～0.5cm 处下剪，剪口向接芽背面稍微下斜。

5. 除萌和抹芽 剪砧后，砧木上长出萌蘖，应及时去掉，并且要多次进行。但桃嫁接后要保留部分萌蘖，尤其砧木苗夏季嫁接剪砧后，更需保留基部 3～5 个砧木苗副梢，以利于嫁接枝芽的生长，但要控制其长势。

6. 土、肥、水管理 春季剪砧后及时追肥、灌水。一般 667m^2 追施尿素 10kg 左右。结合施肥进行春灌，并锄地松土提高地温，促进根系发育。5 月中下旬苗木旺长期，再追 1 次速效性肥料，每 667m^2 追施尿素 10kg 或复合肥 10～15kg，施肥后灌水。结合喷药每次加 0.3％的尿素，进行根外追肥，促其旺盛生长。7 月份以后应控制肥、水供应，可叶面喷施 0.5％的磷酸二氢钾 3～4 次，以促进苗木充实健壮。

7. 病虫害防治

（1）蚜虫。选用蚜虱净、吡虫啉、蚜灭净、乐斯本、功夫、氧化乐果、溴氰菊酯或抗蚜威等药剂防治。

（2）红蜘蛛。用尼索朗、扫螨净、克螨特、三环锡、霸螨灵、蛾螨灵、螨死净或力克螨等药剂防治。

（3）卷叶虫。用菊酯类、敌百虫、杀螟松、辛硫磷、来福灵等药剂防治。

（4）潜叶蛾。用灭幼脲3号、蛾螨灵、甲氰菊酯、桃小灵、氰戊菊酯、杀螟松或辛脲乳油等药剂防治。

（5）白粉病。用波尔多液、石硫合剂、粉锈宁、甲基托布津等药剂防治。

（6）斑点落叶病。选用波尔多液、多氧霉素、大生M-45、喷克、多菌灵、退菌特、甲基托布津或代森锰锌等药剂防治。

任务三　培育自根苗

根系由自身体细胞繁殖的苗木称为自根苗。这类苗木是用果树的营养器官繁殖而成，亦称无性系苗或营养系苗。自根苗可用扦插、压条、分株和组织培养等方法繁殖。

一、扦插苗培育

将果树部分营养器官插入土壤（基质）中，使其生根、萌芽、抽枝，成为新的植株的方法称为扦插。果树育苗常用的扦插繁殖方法主要有硬枝扦插、嫩枝扦插和根插三种。

1. 硬枝扦插　利用充分成熟的1～2年生枝条进行扦插称硬枝扦插。主要用于葡萄、石榴和无花果等果树的繁殖。

（1）插条的采集。落叶果树硬枝扦插使用的插条在休眠期采集，一般结合冬季修剪进行，也可在春季萌芽前，随采随插，葡萄枝条须在伤流前采集。选发育充实、芽体饱满、无病虫害的一年生营养枝。采集到的枝条应分品种、粗度，按50～100cm长度剪截，50～100根捆成一捆，拴挂标签，注明品种、数量和采集日期。

（2）插条的贮藏。插条的保存，一般采用沟藏或窖藏。贮藏沟深80～100cm、宽100cm左右，长度依插条数量而定。插条在贮藏沟内要横向与湿沙分层相间摆放。沟底部平铺1层湿沙，最上面盖20～40cm（寒冷地区适当盖厚）的土防寒。贮藏期间注意检查沙的温度与湿度。在室内或窖内贮藏，通常将插条半截插埋于湿沙、湿锯末或泥炭中，贮藏期温度保持在1～5℃为宜。

（3）扦插时间。硬枝扦插时间在春季发芽前，以15～20cm土层温度达10℃以上为宜，大约在3月下旬。催根处理在露地扦插前20～25d进行。

（4）插条处理。扦插前将冬藏后的插条先用清水浸泡1d，使其充分吸水。然后剪成长约20cm、带有1～4个饱满芽的枝段。节间长的树种，如葡萄留单芽或双芽即可。插条上端剪口在芽上1cm处剪成平面，下端剪成马耳形斜面。剪口要平整光滑，以利愈合。

对于生根较难的树种和品种，在扦插前20～25d进行催根处理。常用加温催根处理，方式有温床、电热加温或火炕等。在热源之上铺1层湿沙或锯末，厚度3～5cm，将插条下端整齐，捆成小捆，直立埋入铺垫基质之中，捆间用湿沙或锯末填充，顶芽外露。插条基部温度保持在 23~28℃，气温控制在 8~10℃。为保持湿度要经常喷水。经 2~3 周生根后，在萌芽前定植于苗圃。

另外，还可以用植物生长激素 2,4-D、α-萘乙酸（NAA）、β-吲哚丁酸（IBA）、β-吲哚乙酸（IAA）、ABT 生根粉等处理，促进生根。

（5）整地作畦。扦插前必须细致整地。施足基肥，喷撒防治病虫的药剂，深耕细耙。根据地势作成高畦或平畦，畦宽 1m，扦插 2~3 行，株距 15cm。土壤黏重、湿度大可以起垄扦插，行距 60cm，株距 10~15cm。

（6）扦插方式方法。扦插方式有直插和斜插。单芽和较短插条直插，多芽和较长插条斜插。扦插时，按行距开沟，将插条倾斜摆放或直接插入土中，顶端侧芽向上，填土踏实，上芽与地面持平。为防止干旱对插条产生的不良影响，插后培土 2cm 左右，覆盖顶芽，芽萌发时扒开覆土（图 2-7）。也可在床面覆盖地膜，将顶芽露在膜上，以保墒增温，促进成活。

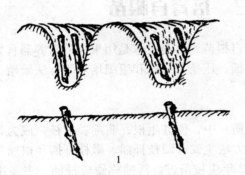 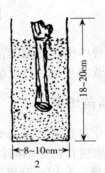

图 2-7 硬枝扦插
1. 苗床扦插　2. 营养袋扦插

（7）插后管理。发芽前要保持一定的温度和湿度。土壤缺墒时，应适当灌水，但不宜频繁灌溉。灌溉或下雨后，应及时松土、除草，防止土壤板结，减少养分和水分消耗。成活后保留 1 个新梢，其余及时抹去。生长期追肥 1~2 次，加强叶面喷肥，防治病虫，促进幼苗旺盛生长。新梢长到一定高度进行摘心，使其充实，提高苗木质量。

2. 绿枝扦插　绿枝扦插又称嫩枝扦插，是利用当年生半木质化带叶绿枝在生长期进行扦插。

（1）扦插时间。在生长季进行，时间不晚于麦收后。

（2）插条采集。选生长健壮的幼龄母树，于早晨或阴天枝条含水量较高时采集，应采当年生尚未木质化或半木质化的粗壮枝条。随采随用，不宜久置。

（3）插条处理。将采下的嫩枝剪成长 5~20cm 的枝段。上剪口于芽上 1cm 左右处剪截，剪口平滑；下剪口稍斜或剪平。除去插条的部分叶片，仅留上端 1~2 片叶。插条下端可用 β-吲哚丁酸（IBA）、β-吲哚乙酸（IAA）、ABT 生根粉等激素处理，使用浓度一般为 5~25mg/kg，浸 12~24h，以利成活。

（4）扦插方法。绿枝扦插宜用河沙、蛭石等通透性能好的材料作基质。一般先在温室或塑料大棚等处集中培养生根，然后移至大田继续培育。采用直插，宜浅不宜深。插后要灌足水，使插条和基质充分接触（图 2-8）。

（5）插后管理。绿枝扦插必须搭建遮阳设施，避免强光直射。扦插后注意光照和湿度的控制，勤喷水或灌水，保持空气湿度达到饱和，勿使叶片萎蔫。生根后逐渐增加光照，温度过高时喷水降温，及时排除多余水分。有条件者利用全光照自动间歇喷雾设备，进行绿枝扦插育苗效果更佳。

3. 扦插苗的管理 发芽前要保持一定的温度和湿度，防止土壤板结。成活后一般只保留1个新梢，其余及时抹去。新梢长到一定高度进行摘心，使其充实。另外，要加强综合管理。绿枝扦插苗要注意锻炼，促进新梢成熟。

图2-8 绿枝扦插

二、压条苗培育

将连着母体的枝条压在土中或包埋于生根介质中，待不定根产生后切离母体，培养成新植株的方法称为压条繁殖，压条繁殖的苗称为压条苗。压条繁殖有地面压条和空中压条之分，地面压条又分直立压条、水平压条和曲枝压条等。

1. 直立压条 直立压条又称培土压条。萌芽前，将母株枝条距地面15cm左右（矮化砧2cm）处短截促发分枝，待新梢长到20cm时，将株间土壤疏散地培在植株基部，高约10cm、宽约25cm。新梢长至40cm时，进行第二次培土，至高30cm、宽40cm，踏实。注意培土前先行灌水，培土后保持湿度，一般20d后开始生根。冬前或翌春扒开土堆，不要碰伤根系，把全部新生枝条从基部分开剪下，即成为压条苗（图2-9）。剪完后对母株立即覆土，翌年萌芽前扒开土，再行压条繁殖。

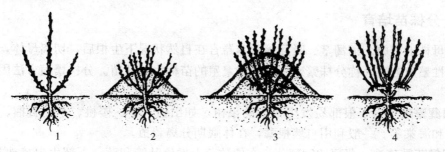

图2-9 直立压条
1. 短截促萌 2. 第一次培土 3. 第二次培土 4. 扒土分株

2. 水平压条 水平压条又称开沟压条。主要在萌芽前进行，有的树种如葡萄可在生长期作绿枝水平压条。选用母株靠近地面或部位低的枝条，剪去上部不充实部分，顺枝着生方向挖放射沟或顺行向挖沟，深2~5cm，将枝梢水平放入，用钩状物（枝杈或铁丝）固定，然后覆土。新梢长至15~20cm、基部半木质化时再培土10cm左右。1个月后再次培土，管理方法同直立压条。年末将基部生根的小苗，自水平枝上剪下即成压条苗（图2-10），保留靠近母枝的1~2株小苗，供翌年重复压条。

3. 空中压条 用于不易弯曲埋入土中压条的果树繁殖。3~4月，选1~2年生枝条，在要生根的部位环割或刻伤，然后用塑料薄膜在造伤部位卷成筒状，筒内装入湿润肥沃的培养土，上下绑紧，等生根后与母株分离，即可培养成一个新的植株，详见图2-11。

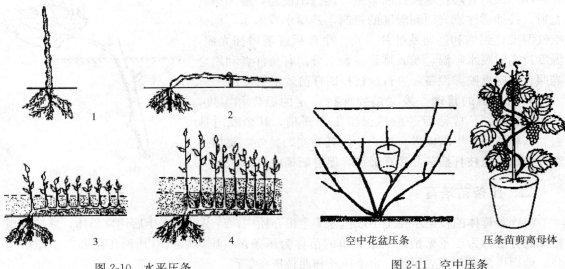

图 2-10　水平压条
1. 待压枝条　2. 枝条拉平
3. 第一次培土　4. 第二次培土

图 2-11　空中压条

想一想

能否利用果树压条技术进行盆栽葡萄生产？当地果农有这样做的吗？

三、分株苗培育

利用母株的根蘖、匍匐茎、吸芽等营养器官在自然状况下生根后，切离母体，培育成新植株的无性繁殖方法，称分株繁殖。用分株繁殖的苗称为分株苗。分株繁殖方法因树种不同而异。

1. 根蘖繁殖　适于根部易发生根蘖的果树，如山楂、枣、樱桃、李、石榴、树莓、醋栗、杜梨和海棠等。一般利用自然根蘖，在休眠期分离栽植。

2. 匍匐茎繁殖法　草莓的匍匐茎，在偶数节上发生叶簇和芽，下部生根接地扎入土中，长成幼苗，夏末秋初将幼苗与母株切断挖出，即可栽植。

3. 新茎、根状茎分株法　草莓浆果采收后，当地上部有新叶抽出，地下部有新根生长时，整株挖出，将1～2年生的根状茎、新茎、新茎分枝逐个分离成为单株，即可定植。

分株繁殖时，应选择优质、丰产、生长健壮的植株作为母株，雌雄异株的树种，应选用雌株。分株时，尽量少伤母株根系，加强肥水管理，合理疏留根蘖幼苗，以促进母株健旺生长，保证分株苗的质量。

任务四　培育无毒苗

通常所说的果树病毒，包括病毒、类菌质体、立克次氏体（类细菌）和类病毒等。由病毒、类病毒等、类菌质体和类立克次体引起的病害，统称为病毒病害。不带有已知病毒和特定病毒的苗木称为无病毒苗。果树普遍带有病毒，经过脱毒才能将病毒去掉，所以有人认为无病毒苗称为脱毒苗更为确切。

果树一旦被病毒侵染，就终生带毒，持久被危害。果树感染病毒病后，尚无有效的治愈办法，只能采取预防措施，控制病害的蔓延。实现果树无病毒栽培的唯一有效途径是栽培无病毒苗木。下面介绍繁殖无病毒苗木的方法。

一、进行脱毒处理

培育无病毒苗木，首先要有无病毒砧木和品种的原种母树。获得无病毒原种母树的有效方法是应用脱病毒技术。脱毒主要有以下途径：

1. 茎尖培养脱毒　病毒侵入植物体后，并非在所有组织都分布一致，生长点附近（茎尖和根尖）的分生组织大多不含病毒或病毒的含量较低。然而无病毒部分极小，一般为0.1～0.3mm，可切下来用组织培养方法，培养成完整的无病毒植株。

2. 热处理脱毒　病毒和植物细胞对高温的忍耐性不同，选择适当高于正常要求的温度处理植株，可延缓病毒扩散速度并抑制病毒增殖，使果树增长速度超过病毒扩散增殖的速度，使一部分正在生长中的果树组织不含病毒，将不含病毒的组织取下，即可培育成无病毒个体。

另外，还有茎尖培养与热处理结合脱毒、离体微尖嫁接脱毒等方法。

二、进行病毒鉴定

经过脱毒处理的植株必须进行鉴定。在我国的现实条件下，检测果树病毒应用较多的是木本指示植物检测法和酶联免疫吸附法（血清学检测的一种方法）。

1. 指示植物检测法　利用病毒在其他植物上产生的枯斑作为鉴别病毒种类的方法，就是枯斑和空斑的测定法。这种专门选用以产生局部病斑的寄主即为指示植物，又称鉴别寄主。它只能鉴定靠汁液传染的病毒。

指示植物一般有两种类型：一种是接种后产生的系统性症状，其病毒可扩展到植物非接种部位，通常没有局部病斑；另一种是只产生局部病斑，常由坏死、褪绿或环状病斑构成，详见表2-3。

木本多年生果树植物及草莓等无性繁殖的草本植物，通常采用嫁接接种的方法。

为缩短鉴定所需时间，确保鉴定质量，指示植物鉴定工作通常在防蚜虫温室中进行。同时由于温室温度可以控制在适宜的范围内，避免因气候条件或其他因素引起的试验误差。

表2-3　苹果主要潜隐病毒不同指示植物的温室鉴定结果

指示植物	病毒种类	温度（℃）	症状反应	所需时间
苏俄苹果	褪绿叶斑病毒	18～22	褪绿叶斑	4周
大果海棠	褪绿叶斑病毒	20	线纹斑	8周
弗吉尼亚小苹果	茎沟病毒 茎痘病毒	26 26	黄斑、扭曲、变形、茎沟、茎痘斑、叶片反卷、内皮层坏死	4周
司派227	茎痘病毒 衰退病毒	22～25 22～25	叶片反卷 叶片反卷、矮化	3个月 3个月
光辉	茎痘病毒	25～26	叶片反卷	2～3周
圆叶海棠	褪绿叶斑病毒	20	叶片坏死	4周
三叶海棠	茎痘病毒	25	叶片坏死斑	4周

2. 血清学检测法 特异性的抗体与相应的抗原结合，使抗原失去活力，这种结合的过程称为免疫反应，也称为血清反应。利用适宜的血清反应检测果树材料中的病毒（抗原），就是果树病毒的血清学检测方法。

另外，还有植物学症状鉴定法、电子显微镜技术检测法、分子生物学检测法等。

三、保存无病毒苗

经过脱病毒处理又经检测确认无病毒的果树品种或砧木种苗，要统一编号，集中栽植，建立无病毒原种母树圃。原种母树圃要求距同种果树生产园 50m 以上。栽后应加强管理，特别要有效地防治多种病虫危害，尽量保证原种母树正常生长，控制病毒的昆虫传播途径。按规定，无病毒原种母树，苹果、梨 5 年进行 1 次复检；核果类存在病毒虫传问题，复检时间还要缩短。复检发现感染病毒植株应随即拔除，并对土壤彻底消毒。

四、繁殖无病毒苗

1. 组织培养繁殖 组织培养繁殖是通过组织培养手段扩大繁殖系数、并实现快速脱除病毒的繁殖方法。

组织培养繁殖的关键技术如下：

（1）培养材料。苹果、梨、葡萄、桃、李、杏、樱桃等落叶果树及草莓进行组织培养繁殖的理想接种材料是茎尖。春季萌芽期取材接种的茎尖，分化成苗力最强。

（2）培养基。苹果、梨、桃、李、杏、樱桃等落叶果树及草莓在组织培养繁殖中理想的培养基是 MS 培养基。

（3）培养环境。主要落叶果树在组织培养繁殖中，分化培养和生根培养，适宜的培养温度是 25～30℃。进入炼苗，特别是移栽培养阶段，温度须保持在 20℃左右。空气相对湿度，在分化、生根阶段培养瓶中都为 100%；移栽入沙或土壤中，初期都应保持在 80%以上，以后随着不断加长晾苗时间，须逐渐降为 50%～60%。分化、生根阶段应保持1 500～2 000lx 光照度，每天照光 12～14h；从炼苗开始到沙培土培阶段，光照度应逐渐从3 000lx 增加到 5 000lx，最后到6 000～8 000lx。

（4）培养程序。果树组织培养繁殖的主要程序包括剪取、接种茎尖，培养分化苗，分化苗增殖培养，培养生根苗，生根苗炼苗、驯化以及沙培移栽和土培移栽几个方面。

2. 实生砧嫁接繁殖 在苗圃中，可以利用繁殖区的无毒植株压条或剪取枝条扦插，培育出无毒的自根苗或砧木苗。由于大多数果树种子不带病毒，也可在未经嫁接过的实生砧苗上嫁接无毒品种，培育出无毒的嫁接苗。繁殖区里的植株经过 5～10 年，要用无毒母本园保存的材料更换一次。

嫁接是果树育苗的一项关键技术，也是控制病毒传播的重要环节。在嫁接繁殖中首先应选用无病毒的接穗和砧木。再者，嫁接所用工具都应专用，嫁接前应将所用工具先杀菌消毒。

任务五　培育容器苗

在各种容器中装入配置好的培养基质进行育苗的方法，称为容器育苗。容器育苗一般在设施内或露地育苗均可。

一、容器类型

育苗容器包括纸袋、蜂窝式纸杯、塑料薄膜袋、塑料钵、瓦盆、泥炭盆等。

二、育苗基质

容器育苗的基质材料可以单一使用，也可混合使用。播种宜用园土、粪肥、河沙等混合材料。扦插繁殖和组培苗的过渡培养，多单用蛭石、尿醛泡沫塑料、保水剂、珍珠岩、炭化砻糠、河沙、煤渣等通透性能好、保水保肥性强、自身含肥少、干净无病源菌、不含杂质的材料。

三、育苗方法

以培育葡萄绿苗为例。葡萄绿苗是指当年春天利用温室、塑料大棚等设施硬枝扦插培育，当年春天出圃定植的带绿叶的葡萄苗木。

1. 插条处理 育苗从 2 月中旬开始。插条处理和催根方法同常规扦插育苗。

2. 整地作畦 在温室内做南北向畦，宽 1.0～1.5m，长 6m。畦底部铺 10cm 粗沙以利渗水。畦埂宽、高均 20～30cm，踩实，以便作业。

3. 制营养钵 可用规格适宜的标准营养钵，亦可选用小花盆、纸袋、塑料袋、塑料筒等，其中以营养钵和塑料袋较好，保温保湿，并可远途运输。黑色软塑料袋，高 18～20cm，直径 10cm 左右，底部有几个口径 0.5cm 的排水孔。

用过筛后的细沙、细土及腐熟的厩肥，按沙∶土∶肥＝2∶1∶1 比例配成营养土。

将营养土装入营养钵或塑料袋。把易拉罐罐口削成斜面，用其装土，提高装土速度。营养钵不要装得过满，上口处留 1cm 空间。把装好的营养钵摆放在畦面中。一般 $1m^2$ 可摆 300～400 个。

4. 扦插 整个畦面喷水，直到把营养钵内泥土浸透，防止扦插时根部受损。将插条直插在营养钵中央，深度距营养钵底部 1cm 以上，插条顶芽与袋内土壤顶面相平。插条随起随插。扦插完后，用细沙封眼，再喷一次透水。

5. 插后管理 温室内均匀放置温度计、湿度计。空气温度白天控制在 25℃ 以上，而不超过 30℃，温度过高时可适当通风，夜间保持在 15℃ 以上即可。保持袋内适当湿度，切忌勤灌不透和袋中浸水。地温白天 22℃，夜间 20℃，空气相对湿度 60%～80%。

发现营养不足叶面发黄时，在长出 3～4 片叶后，可喷 1～3 次 0.3% 磷酸二氢钾溶液或其他叶面肥。

苗木长到 20～25cm 时，在 5 月上中旬即可露天定植。在出圃前 10d 开始放大风口，通风透光，进行炼苗。

任务六　苗木出圃与贮运

这里主要讲露地育苗的出圃，其他方式的育苗出圃可参照处理。

一、苗木出圃前准备

1. 制订计划与操作规程 苗木出圃计划内容主要包括：出圃苗木基本情况（树种、品种、数量和质量等）、劳力组织、工具准备、苗木检疫、消毒方式、消毒药品、场地安排、包装材料、掘苗时间、苗木贮藏、运输及经费预算等。

掘苗操作规程主要包括：挖苗的技术要求，分级标准，苗木打叶、修苗、扎捆、包装、假植的方法和质量要求。

2. 苗木调查 对拟定出圃的苗木应进行抽样调查，掌握各类苗木的数量与质量，为苗木出圃和营销工作提供依据。

3. 策划营销 通过现代信息网络、媒体及多种信息渠道，获得信息、传递信息。抽调专人搞好营销，并与购苗单位密切联系，保证及时、安全装运苗木，缩短运输时间，使苗木安全运转，确保栽植成活率。

4. 圃地灌水 掘苗前，如果苗圃土壤干旱，应提前10d左右对苗圃地进行灌水，以确保苗圃土壤含水适宜、松软，便于掘苗，减少根系损伤，节省劳力。

二、苗木出圃

1. 挖苗时期 挖苗时间在秋季落叶后至春季萌芽前的休眠期内均可进行。最好根据栽植时期而定。秋季栽植，从苗木停止生长后至土壤结冻前起苗。春栽苗木，在土壤解冻后至苗木发芽前起苗。

2. 挖苗方法 落叶果树露地育苗，休眠期挖苗须蘸泥浆护根。生长季出圃的苗木，带叶栽植，需带土球。落叶前起苗，应先将叶片摘除。挖苗时，用锨（镐）将苗木周围土壤刨松，找出主要根系，按要求长度切断，起出苗木，抖落泥土。要尽量减少损伤，使苗木完好。挖出的苗木应集中放在阴凉处，用浸水的草帘或麻袋等覆盖，以免苗木失水。

3. 苗木分级与修剪 对出圃苗木的基本要求是：品种纯正、苗干充实、芽体饱满、高度适宜、接口愈合良好、根系发达、须根较多、无严重的病虫害及机械损伤。分级参照国家或地方标准（表2-4至表2-6）执行，将一、二级苗分检出，对不合格的苗木，应留圃重新培育，达到标准后方可出圃。

结合分级进行修苗。剪去病虫根、过长或畸形根，主根一般截留20cm左右。受伤的粗根应修剪平滑，缩小伤面，且使剪口面向下，以利根系愈合生长。地上部病虫枝、残桩和砧木上的萌蘖等，应全部剪除。

表2-4 苹果苗木等级国家标准（GB 9847—2003）

项　目	1级	2级	3级
基本要求	品种和砧木类型纯正，无检疫对象和严重病虫害，无冻害和明显的机械损伤，侧根分布均匀舒展、须根多，接合部和砧桩剪口愈合良好，根和茎无干缩皱皮		
$D \geqslant 0.3cm$，$L \geqslant 20cm$ 的侧根[a]（条）	$\geqslant 5$	$\geqslant 4$	$\geqslant 3$
$D \geqslant 0.2cm$，$L \geqslant 20cm$ 的侧根[b]（条）		$\geqslant 10$	

（续）

项目		1级	2级	3级
根砧长度（cm）	乔化砧苹果苗	≤5		
	矮化中间砧苹果苗	≤5		
	矮化自根砧苹果苗	15~20，但同一批苹果苗木变幅不得超过5		
中间砧长度（cm）		20~30，但同一批苹果苗木变幅不得超过5		
苗木高度（cm）		≥120	100~120	80~100
苗木粗度（cm）	乔化砧苹果苗	≥1.2	≥1.0	≥0.8
	矮化中间砧苹果苗	≥1.2	≥1.0	≥0.8
	矮化自根砧苹果苗	≥1.2	≥1.0	≥0.6
倾斜度（°）		≤15		
整形带内饱满芽数（个）		≥10	≥8	≥6

注：D 为直径，L 为长度。a 包括乔化砧苹果苗和矮化中间砧苹果苗。b 指矮化自根砧苹果苗。

表2-5 梨苗出圃质量标准（DB11/T 560—2008）

项目		品种与砧木类型	级别	
			一级	二级
			纯正	
根		侧根数量（条）	>4	>3
		主根长度（cm）	>15	
		侧根长度（cm）	≥15cm，舒张	
茎		砧段长度（cm）	<5	
		高度（cm）	>130	>100
		粗度（距地面5~10cm处）(cm)	≥1.2	≥1.0
砧木处理			砧桩应剪除，砧木无伤	
接口愈合度			完全愈合	
整形带内饱满芽数			6个芽以上	

表2-6 葡萄出圃质量指标（DB11/T 560—2008）

项目			等级	
			一级	二级
扦插苗	根系	侧根数（条）	>8	>6
		侧根长度（cm）	>20	>15c
		侧根粗度（cm）	>0.4	>0.2
		侧根分布	均匀分布，不卷曲，须根多	均匀分布，不卷曲，须根多
	蔓	基部粗度（cm）	>1.0	>0.6
		饱满芽数	芽眼饱满健壮	芽眼饱满健壮
嫁接苗		砧木高度（cm）	15~20	15~20
		接合愈合程度	完全愈合	完全愈合
		根、蔓	与嫁接苗相同	与嫁接苗相同
机械损伤			无	无
检疫性病虫			无	无

桃、李、杏、核桃、枣等其他苗木出圃指标可以参照DB11T 560—2008执行苗木出圃质量标准执行。

4. 苗木检疫与消毒

（1）苗木检疫。苗木检疫是防止病虫害传播的有效措施。凡是检疫对象应严格控制，不使蔓延，做到疫区不送出，新区不引进；育苗期间发现，立即挖出烧毁，并进行土壤消毒；挖苗前进行田间检疫，调运苗木要严格办理检疫手续，发现此类苗木应就地烧毁；包装前，应经国家检疫机关或指定的专业人员检疫，发给检疫证。我国对内检疫的病虫害有：苹果绵蚜、苹果蠹蛾、葡萄根瘤蚜、美国白蛾、柑橘黄龙病、柑橘大实蝇、柑橘溃疡病。列入全国对外检疫的病虫害有：地中海实蝇、苹果囊蛾、苹果实蝇、蜜柑火实蝇、葡萄根瘤蚜、美国白蛾、栗疫病、咖啡非洲叶斑病、梨火疫病等。

（2）苗木消毒。带有一般病虫害的苗木应进行消毒，以控制其传播。

消毒杀菌可用 3~5 波美度石硫合剂溶液，或 1∶1∶100 波尔多液浸苗 10~20min，再用清水冲洗根部。李属苗木应慎重用波尔多液，以免造成药害。杀灭害虫可用氰酸气或溴化甲烷熏蒸。

三、苗木贮藏

不能及时栽植的苗木，必须进行妥善贮藏，以防失水或受冻。苗木贮藏习惯称作假植。贮藏分临时性短期贮藏与越冬长期贮藏两种方式。

1. 临时性短期贮藏　已分级、扎捆不能及时运走的苗木或运达目的地不能立即栽植的苗木，应进行临时性短期贮藏。临时贮藏的苗木，可就近开沟，成捆立植于沟中，用湿土埋好根系，或整捆码放于荫凉潮湿的地方，喷洒清水，用塑料布包盖根系。

2. 越冬长期贮藏　秋、冬季出圃到第二年春季栽植的苗木，应选避风、背阳、高燥、平坦、无积水的地方挖沟假植。南北向开沟，沟宽 1m 左右，深 50~80cm，沟长随苗木数量而定。假植时，将包装材料除去，并打开捆绳，摊开散置。苗干向南倾斜 45°，整齐紧密地排放在沟内，摆一层苗，埋一层土，填土应细碎，使苗木根系与土壤密接，不留空隙。培土可达苗木干高的 1/3~1/2（严寒地区达定干高度），填土一半时，沟内进行灌水。弱小苗木，应全部埋入土中。假植地四周开排水沟，大的假植地中间还应适当留有通道。不同品种的苗木，应分区假植，详加标签，严防混杂。苗木假植期间要定期检查，防止土壤干燥、积水、鼠及野兔等危害，发现问题及时处理。

四、苗木包装与运输

包装调运过程中要防止苗木干枯、腐烂、受冻、擦伤或压伤。苗木运输时间不超过 1d 的，可直接用篓、筐或车辆散装运输，但筐底或车底须垫以湿草或苔藓等，苗木根部蘸泥浆。苗木放置时要根对根，并与湿草分层堆积，上覆湿润物料。如果运输时间较长，一般用草包、蒲包、草席、稻草等包装，苗木间填以湿润苔藓、锯屑、谷壳等，或根系蘸泥浆处理，再用塑料薄膜袋包装，包装要严密。包装好后挂上标签，注明树种、品种、数量、等级以及包装日期等。

运输过程中做好保温、保湿工作，保持适当的低温，但不可低于 0℃。

学习指南

一、本项目内容较多，各地可根据实际需要选学，如实生砧嫁接苗培育可作为一个任务学习。整个项目教学建议采用项目教学法，根据生产季节安排相应教学内容，立足现代果业，调控育苗环境条件，实现教、学、做一体化。

二、本项目实践性较强，应在老师指导下，深入育苗基地，由学生自行进行苗圃设计，规划调查育苗砧木、嫁接品种，邀请有经验的技师讲解实生苗、嫁接苗、自根苗、无毒苗繁育过程，学生可以根据实际参与有关生产劳动，学习领会一线苗木繁育生产技能需求，掌握项目学习内容。

三、参考网站

中国果树苗木网 http：//86gsmm.com/

中国果树苗木网 http：//www.chinagsmmw.com/

中国农业标准网 http：//www.chinanyrule.com/nybiaozhun.asp

技能训练

【实训一】果树砧木种子生活力鉴定

实训目标

了解果树砧木种子生活力鉴定的方法，能够对果树砧木种子进行生活力鉴定的操作。

实训材料

1. **材料** 果树常用砧木种子、染色剂（5％红墨水）。
2. **用具** 天平、镊子、刀片、解剖针、烧杯、量筒、培养皿等。

实训内容

1. **目测法** 称取砧木种子50～100g，或数100粒，进行鉴定。凡砧木种子大小均匀，种皮有光泽，种仁饱满、压之有弹性，种胚呈乳白色、不透明，无霉味，无病虫害者均为有生活力的种子。根据鉴定结果，统计有生活力种子百分率。

2. **染色法** 取砧木种子50～100粒（大粒种子50粒），用水浸泡12～24h，使种皮软化。用镊子或解剖针将种皮剥去，放入配制好的溶液中进行染色。浸泡2～4h后，将种子用清水清洗干净即可。

实训方法

（1）本实训一般在层积处理前或播种前进行。可与层积处理同时进行，各个组轮换操作。

（2）实训时，先由指导教师讲解和示范，然后再由学生进行分组操作训练。学生训练时，提前对种子进行水浸泡处理，再进行种子染色处理，最后观察染色结果。

实训结果考核

1. **态度** 不迟到、不早退，态度端正，认真、仔细，遵守纪律（20分）。
2. **知识** 掌握果树砧木种子质量检测的方法，能够陈述果树砧木种子进行生活力鉴定操作的方法步骤（25分）。
  3. 技能 能够正确进行果树砧木种子生活力鉴定，程序准确，技术规范熟练（40分）。
  4. 结果 按时完成检测报告，内容完整，结论正确（15分）。

【实训二】 果树砧木种子层积处理

> **实训目标**

  了解果树砧木种子层积处理要求，掌握层积处理方法。

> **实训材料**

  1. 材料 砧木种子、干净河沙。
  2. 用具 水桶、挖土工具。

> **实训内容**

  1. 挖掘层积坑 选地形稍高、排水良好的背阴处，挖深60～100cm、宽100cm左右、长随种子数量而定的层积坑。
  2. 拌沙 用水将沙拌湿（含水量约50%），以手握成团不滴水为度。
  3. 层积 先在坑底铺一层湿沙，坑中央插一小草把，然后将种子与湿沙分层相间堆积，堆至离地面10～30cm，上覆湿沙与地面持平。再用土堆成屋脊形。坑四周挖排水浅沟。

> **实训方法**

  本次实训最好结合生产进行，以便学生在实际操作中掌握技术。如条件不具备时，可准备少量种子，用木箱或花盆等容器进行层积处理。或在室外进行模拟演练。

> **实训结果考核**

  1. 态度 不迟到、不早退，态度端正，认真、仔细，遵守纪律（20分）。
  2. 知识 掌握果树砧木种子层积的方法（25分）。
  3. 技能 能够按照程序正确进行果树砧木种子层积处理，程序准确，技术规范熟练（40分）。
  4. 结果 按时完成实训报告，内容完整，结论正确（15分）。

【实训三】 扦插育苗

> **实训目标**

  熟悉扦插育苗的关键技术环节，掌握整地、覆膜、插条处理及扦插方法。

> **实训材料**

  1. 材料 硬枝扦插繁殖用的插条（葡萄、石榴等果树一年生枝）、植物生长素（IBA、

IAA 或 NAA 等）、地膜和薄膜等。

2. 用具 修枝剪、嫁接刀、水桶和整地工具等。

> 实训内容

1. 整地 按照技术要求整地作畦或起垄，并覆盖地膜。

2. 剪截插条 将插条截成长约 20cm、带有 1～4 个饱满芽的枝段，上口剪平，下口剪成斜面。并用刀在下剪口背面和上部纵刻 3～5 条 5～6cm 长的伤口。

3. 激素处理 选地面平整的地方，用砖块围成长方形浅池（深度 10～12cm，即两平砖），再用宽幅双层薄膜将浅池铺垫（薄膜应超出池外）。将 IBA 或 IAA 用少量酒精溶解，按 5～100mg/kg 浓度配对，将制备好的溶液倒入浅池内，池内溶液深度保持 3cm 左右，然后将插条基部整齐，捆成小捆，整齐地放在浅池内，浸泡 12～24h。

4. 扦插 按设计行、株距，破膜扦插，插后培土 2cm 左右，覆盖顶芽。

> 实训方法

本次实训最好结合生产进行，以便学生在实际操作中掌握技术。如条件不具备时，可准备少量插条，进行模拟演练。

> 实训结果考核

1. 态度 不迟到早退，态度端正，认真、仔细，遵守纪律（20 分）。
2. 知识 掌握果树扦插的方法（25 分）。
3. 技能 能够正确进行果树扦插操作，程序准确，技术规范熟练（40 分）。
4. 结果 按时完成实训报告，内容完整，结论正确（15 分）。

【实训四】嫁接技术

> 实训目标

了解果树嫁接的基本知识，熟悉常用枝接与芽接的方法，掌握嫁接操作要领，熟练嫁接技能，提高嫁接成活率。

> 实训材料

1. 材料 供嫁接实训用的接穗、砧木、枝条，包扎材料（塑料薄膜条）。
2. 用具 修枝剪、芽接刀、枝接刀、磨刀石、水桶等。

> 实训内容

1. 芽接 进行 T 形芽接、嵌芽接的训练，练习削芽片、切砧木、插接芽等关键技术。
2. 枝接 进行劈接、皮下接和切接的训练，练习削接穗、劈砧木、插接穗和绑缚等关键技术。

实训方法

（1）嫁接前，先由指导教师或熟练技工逐项示范操作，学生领会后独立操作反复练习，教师和技工巡回检查指导，纠正错误，直到学生熟练掌握嫁接技术。

（2）嫁接实际操作。学生操作合格后，可结合生产进行实际训练。

（3）检查成活。嫁接后，利用业余时间适时检查成活，统计成活数量，计算成活率，并总结分析嫁接成活率高低的原因。

实训结果考核

1. **态度** 不迟到、不早退，态度端正，认真、仔细，遵守纪律（20分）。
2. **知识** 掌握果树嫁接的方法，每人交实物5~10份（25分）。
3. **技能** 能够正确进行果树嫁接操作，程序准确，技术规范熟练，成活率高（40分）。
4. **结果** 按时完成实训报告，内容完整，对嫁接情况进行统计，并总结分析嫁接成败的原因（15分）。

项目小结

本项目主要介绍了培育实生苗、嫁接苗、扦插苗、自根苗、容器苗和无病毒苗技术及相关的理论和知识。在生产中，大多数果树应用实生砧嫁接苗，即先培育实生砧木，再进行嫁接，最后出圃；葡萄多用扦插苗；部分苹果、樱桃等采用营养系砧木嫁接繁殖。可根据实际情况重点掌握当地采用的主要繁殖方法。

复习思考题

1. 北方主要果树常用的砧木种子有哪些？
2. 采集和选购砧木种子应注意哪些问题？
3. 如何进行种子沙藏处理？
4. 怎样才能提高播种质量，保证苗全苗壮？
5. 提高果树嫁接成活率的措施有哪些？
6. 简要说明嫁接苗的培育程序。
7. 果树苗木在出圃和调运过程中应注意哪些事项？

项目三

建立商品化生产基地

学习目标

知识目标
- 了解建立商品化果品生产基地所需的生态环境和社会条件。
- 熟悉果园规划设计报告书的编写格式和内容。
- 掌握果园规划设计和果树栽植相关知识。

能力目标
- 能够进行果园规划设计。
- 能够根据设计方案实施建园,并能运用所学知识,指导建立果园。

学习任务描述

本项目主要任务是完成果园建立认知,了解建立商品化果品生产基地所需的生态环境和社会条件,熟悉果园规划设计报告书的编写格式和内容,掌握果园规划设计和果树栽植技术相关知识,熟练掌握果树栽植技能,能够进行果园规划设计和实施建园,并能指导生产。

学习环境

要完成本项目学习任务,必须具备以下条件:
- 教学环境　大、中型生产果园,建园实训场地,绘图室,多媒体教室等。
- 教学工具　多媒体设备、相关教学录像或光碟、修剪工具、测绘工具、挖掘工具等。
- 师资要求　专业教师、企业技术人员、生产人员。

相关知识

任务一　调查生产基地环境条件

果树是多年生作物,建园之后往往要连续进行生产十几年至几十年,因此必须认真调查和分析当地的气候条件、果园立地条件、社会条件及栽植品种的适应性等,扬长避短,充分发挥自身优势,才能实现最高经济和社会效益。

一、调查园地气象指标

在自然条件下,气候决定着果树的地理分布。而在人工栽培条件下,气候则是决定果树栽培能否成功及效益高低的最重要因素,因此建园时首先要调查当地的气象指标,主要包括年平均温度、年极端低温和高温、生长期活动积温、休眠期的低温量、无霜期、日照时数、年降水量及其在生长季节的分布、小气候条件和冰雹、龙卷风、旱灾、涝灾等灾害性天气的出现频率。这些方面的气象条件都必须能够满足某种果树生长发育的需要,才可以建立果园。尤其是灾害性气候往往使多年经营的果园毁于一旦,给生产和经济造成巨大损失,因此更应着重考虑。

二、调查园地立地条件

园地的立地条件主要包括地形、地势、土质、地下水位、土壤pH、水资源、环境污染情况等。

1. 地形、地势、海拔高度 一般情况下,平地或坡度低于20°的坡地均可建果园,但须避免在排水不良的凹地及地下水位常年较高的地带建园。对坡地来说,要考虑坡向的影响,南坡光照最好,背风向阳,最适合建园;东坡的小气候条件一般稍好于西坡;北坡光照最差,一般不在北坡建立果园。对谷地和小型盆地来说,容易出现排水不良和冷空气沉集,因而要调查其排水条件和霜害、冻害情况。对高海拔地区来说,果树虽然表现为花芽分化良好、果实着色鲜艳、品质好等,但要注意温度和降水情况。

2. 土壤情况的调查 土壤情况主要包括土壤的类型、土层厚度、地下水位、酸碱度、有机质含量、盐分含量等。一般在沙壤土、壤土、细沙土上均可建立果园,但以透气性好、保肥水能力较强、土壤pH为中性、肥沃的沙壤土或壤土为最好,土壤的常年地下水位应在1.5m以下。

3. 水资源及环境污染情况的调查 水果类果树需水量较大,建立果园时必须有充足的水资源,如河流、湖泊等,在年降水量较小的地区必须有灌溉条件做保证。

环境污染包括水资源、空气、土壤等的污染。首先应保证园地附近不存在污染源,如化工厂、冶炼厂、发电厂、化肥厂、造纸厂、水泥厂、砖瓦厂等,并按照农产品安全质量《无公害水果产地环境要求》(GB/T 18407.2—2001)和《绿色食品 产地环境质量标准》(NY/T 391—2000)的规定对空气、土壤和灌溉水进行检测,检测结果符合表3-1、表3-2和表3-3的要求才可建立果园。

表 3-1 果园灌溉水质量指标

项 目	指 标
氯化物	≤250mg/L
氰化物	≤0.5mg/L
氟化物	≤3.0mg/L
总 汞	≤0.001mg/L
总 砷	≤0.1mg/L

(续)

项 目	指 标
总铅	≤0.1mg/L
总镉	≤0.005mg/L
铬（六价）	≤0.1mg/L
石油类	≤10mg/L
pH	≤5.8～8.5

表3-2 果园土壤质量指标

项 目	指标（mg/kg）		
	pH<6.5	pH6.5～7.5	pH>7.5
总 汞	≤0.30	≤0.50	≤1.0
总 砷	≤40	≤30	≤25
总 铅	≤250	≤300	≤350
总 镉	≤0.30	≤0.30	≤0.60
总 铬	≤150	≤200	≤250
六六六	≤0.5	≤0.50	≤0.50
滴滴涕	≤0.5	≤0.50	≤0.50

表3-3 果园空气质量指标

项 目	指 标	
	日平均	1h平均
总悬浮颗粒物	≤0.30mg/m³	
二氧化硫	≤0.15mg/m³	≤0.50mg/m³
氮氧化物	≤0.10mg/m³	≤0.15mg/m³
氟化物	月平均10μg/(dm²·d)	

三、调查园地周围的社会条件

1. 调查市场需求情况 建园时必须考察了解拟建果园的果品销售市场状况、销售对象、居民消费习惯和消费水平等，绝不可盲目建园，否则产品滞销，就会造成不可弥补的损失。

2. 调查交通和运输状况 建园地点必须有便利的交通条件，否则产品不能及时运输到市场上，给生产带来严重损失。

3. 调查当地的劳动力状况 劳动力的数量、价格、文化素质和技术水平直接影响到果园的生产管理水平和经济效益，因此在建立果园时也必须对当地的劳动力状况进行考察了解。

4. 调查当地果树生产情况 调查当地果树栽培的历史和经验，现有果园的总面积、果树种类和品种、单位面积产量、经营模式、经济效益以及不同成熟期品种的搭配等，在此基础上确定新建果园的果树种类、品种、面积等。

四、调查和分析栽植果树种类、品种的适应性

每一种果树及品种都有其最适宜生长的环境，因此发展果树生产要做到适地适栽。对拟

栽植果树种类和品种的特点、特性要了解清楚,不能光看其优点,更重要的是要了解其缺点,最关键的是要对所栽植果树的适应性进行调查研究。

调查果树品种的适应性主要通过两条途径:一是调查该品种在本地其他果园的表现,二是调查该品种在其他生态条件相似地区的表现。

调查的内容主要有:丰产性、早果性、果实品质、生长势、抗寒性、抗旱性、耐涝性、抗病性、耐盐碱能力、生长期活动积温需要量、对无霜期长短的要求、休眠期的需冷量等。

？想一想

在你的家乡具备哪些果树生产优势条件?适合发展哪些果树?

任务二　果园规划设计

果园规划设计直接关系到以后十几年或者几十年果树的生长发育、果园操作管理的方便程度、工作效率和经济效益等。尤其是建立大型的果树生产基地时,更应慎重考虑、周密设计。

一、现代果园模式

1. 观光果园　观光果园是建立于大城市近郊或经济发达地区,兼具果品生产、销售、旅游观光和产品展示等功能的果园。果园的经营理念应围绕为人们提供休闲度假服务场所,内容上包括绿色果品销售及采摘、餐饮、旅游、娱乐、住宿等,便于人们在节假日或工作之余来果园游玩,既能使身心得到放松,同时又能感受到农村的生产生活气息,呼吸到农村新鲜的空气,享受到果实累累的丰收喜悦。

在果园的规划设计上,观光果园应明显不同于普通商品果园,总体布局要体现出公园式的设计理念。果园的果树种类和品种应比较齐全,使游客几乎一年四季都能到果园观花赏果,同时也要考虑到便于生产管理,应按果树种类分片种植,如分散设置苹果园、桃园、葡萄园等,不能进行树种间混栽。为便于游客观赏和采摘,各个单一树种果园均应沿游玩路线设置,并注意加大果树的行距。

2. 生态果园　生态果园模式很多,一般情况下组成要件包括沼气池、畜禽舍和果园等。例如,在"猪—沼—果"模式中,沼气池为果园的生产提供沼渣和沼液,畜禽粪便为沼气发酵提供原料,这种模式以牧促沼,以沼促果,果牧结合,建立起生物种群互惠共生、食物链结构健全、能量流和物质流良性循环的生态果园系统,充分发挥果园内的动、植物及光、热、气、水、土等环境因素的作用,从而实现绿色果品的产业化和农业的可持续发展。

建立生态果园,要根据当地的气候条件、水资源、热能资源和果园的经济状况等选用适宜的生态模式。例如,在果园中散养鸡、鸭就是一种最简单而且投资最小的生态果园模式,鸡、鸭散养可消灭果园中的许多害虫,其粪便可为果树提供肥料,而果园则为鸡、鸭的生活提供了良好场所,从而形成良好的生态循环,为生产绿色果品打下基础。

生态果园在我国有多种模式,比较典型的有"猪—沼—果"模式和西北"五配套"模式等(图3-1、图3-2)。

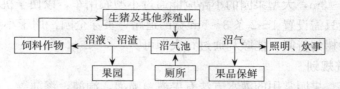

图 3-1 我国"猪—沼—果"模式组成及能质流动

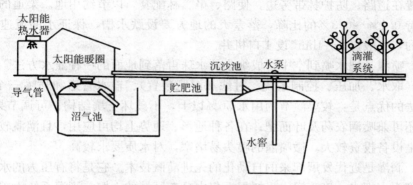

图 3-2 我国西北"五配套"模式结构布局

生态果园模式结构布局安排的总体指导思想是：在符合生态学原理的基础上，结构布局应有利于实现物质和能量的良性流动，有利于使用者的管理和操作，有利于平面和空间资源的最大限度开发和利用。因此，猪舍和沼气池原则上应建在果园内或者旁边，不宜远离果园。在基本内容相同的前提下，每种模式要充分考虑与其应用区域的地貌、气候、水土等特征相适应。"中部地区生态果园"模式考虑到当地冬季气候寒冷，增加了猪舍火炕；"五配套"模式考虑到我国西北缺水的现状，增加水窖、滴灌等内容。

二、平地商品果园规划设计

大型果园通常各类用地的比例应为：果树栽植面积占 80%～85%，防护林占 5%～10%，道路占 5%，其他占 5%。

1. 小区的规划　小区是果园生产管理的基本单位，是为方便果园的生产管理而设置的作业区。划分小区一般遵循以下原则：①同一小区内土壤、地势等条件基本一致，栽植的果树品种在生长势、成熟期等方面也尽量接近，便于管理。②坡地果园划分小区时，要考虑有利于防止水土流失，尽量使小区的长边与等高线方向一致。③有利于机械化作业和防止果园风害。尽量采用长方形小区，长宽比为（2～5）:1 为宜，使小区的长边与当地主要风害方向垂直，与防护林方向一致。④小区大小要适宜，既要便于生产管理，还要尽量减少道路占地，一般每小区以 4～8hm^2 为宜。

2. 道路系统规划　果园规划良好而合理的道路系统，是现代化果园的重要标志，既可以减轻劳动强度，提高工作效率，同时又能节约土地。

道路系统应与小区、排灌系统、防护林统筹规划。大、中型果园的道路系统一般可分为 2～3 级，由主路（干路）、支路和小路组成。主路要求位置适中，贯穿全园，外连公路，最好与防护林带伴行，宽度 6～8m。支路设置在小区之间，与主路垂直，宽度 4～6m。小路与支路垂直，宽度1~3m，大型果园的小路应能通过小型农用车，以便于机械化作业。

小型果园一般只需设置1~2条3~5m宽的道路，贯穿全园，用于小型机动车通行。小路可临时设置于果树的行间，能顺利通过行人即可。

3. 灌排水系统规划

(1) 灌溉系统。果园常用的灌水方法有渠灌、喷灌、滴灌、渗灌等。

①渠灌。这是一种传统的灌水方法，由机井（或河流、湖泊）、干渠、支渠、毛渠组成。渠道一般设置在道路、防护林带旁边，使路、渠、林配套，以节约用地。渠道的长度应尽量缩短，并保持0.1‰~0.3‰的比降，落差大的地方要设跌水槽，保证水的流速适宜。以机井作为水源的，一般每3~4hm^{2}设1口机井。

②喷灌。喷灌是把水喷到空中，成细小的水珠再落到地面的一种灌水方法。喷灌系统包括首部枢纽（取水、加压、控制系统、过滤和混肥装置）、输水管道和喷嘴三个组成部分。此种灌水方法的优点是：较渠灌节约用水50%以上，不破坏土壤结构；可调节果园小气候；除灌水外，还可兼喷洒农药及叶面肥；在各种地形、地势上均可应用，且灌溉较均匀，省工省时。缺点是设备投资较大，微喷灌的喷头易堵塞，对水质要求较高。

③滴灌。滴灌是近代发展起来的自动化的先进灌溉技术。它是将有压力的水，通过一系列的管道和滴头，把水一滴滴灌入果树根系集中分布区域的土壤。滴灌系统由首部枢纽、输水管网和滴头组成。首部枢纽包括水泵、过滤器、混肥装置等。输水系统由干管、支管、分支管、毛管组成，在毛管上每隔一定距离安装一滴头。滴灌的优点是：更节水，比渠灌节水60%~70%；灌溉时不破坏土壤结构，可维持较稳定的土壤水分；灌溉还可结合追肥，省工省力。缺点是：成本较高，滴头易堵塞，冬季结冻期不便使用。

滴灌的毛管道要铺设在果树根系的集中分布区域，稀植果园一般在树冠下铺设成环状，密植果园一般沿树行铺成直线。

④渗灌。渗灌系统由首部枢纽和输水管网组成，它的毛管上有许多孔眼，毛管埋于地下，水分不断从毛管的孔眼中渗出，浸润土壤。渗灌的优点是：保持土壤结构，不造成土壤板结，减少蒸发，不占用地面，便于耕作，灌水与其他农事操作可同时进行；缺点是：造价高，易堵塞，检修难，在透水性好的土壤中，渗漏损失大。

(2) 排水系统。雨水较多地区的果园，必须设置排水系统。排水系统由集水沟和总排水沟组成。集水沟和排水沟均按0.1‰~0.3‰的比降设计，但水流方向与灌水系统相反。

4. 防护林的设置 防护林具有降低风速，保持水土，改善果园小气候条件的作用，有利于果树的生长发育，因而，大、中型果园均应设置防护林。

(1) 防护林的类型及效果。防护林的类型主要有两种：①稀疏透风型林带。这种林带使大部分气流越过林带上部，而小部分气流穿过林带进入果园，但风速已降低。它的防护范围一般为树高的25~35倍。②紧密不透风型林带。由数行大乔木、中等乔木和灌木组成，透风能力差，在迎风面形成高气压，迫使气流上升，跨过林带的上部后，迅速下降恢复原来的速度，因而防护范围较小，但在保护范围内的防风效果较好。缺点是：由于透风能力低，冷空气容易在林带附近的果园中沉积而形成辐射霜冻，林带附近易形成高大的雪堆或沙堆。

(2) 防护林树种的选择。用作防护林的树种必须能满足以下条件：①能适应当地环境条件，抗逆性强，尽可能选用乡土树种。②生长迅速，枝多叶密，寿命较长。③与果树无共同病虫害，也不是果树病虫害的中间寄主，根蘖少。④具有较高的经济价值。

常用的树种有：乔木树种可选杨、柳、楸、榆、刺槐、椿、泡桐、黑枣、核桃、银杏、山楂、枣、柿等，灌木树种可选紫穗槐、酸枣、杞柳、柽柳、白蜡条、毛樱桃等。

（3）防护林的营造。防护林应设主林带和副林带，形成防护林网。主林带的方向尽量与当地主要害风方向垂直，偏角最多不超过30°，副林带与主林带垂直。

主林带一般由5～7行树组成，林带间距以200～300m为宜；副林带由2～4行树组成，林带间距为300～500m。防护林栽植的株行距为：乔木树为2.0～2.5m×1.0～1.5m，灌木树为1.0m×1.0m。同一种乔木树种应栽植成一行，不宜混栽。防护林距离最近一行果树的距离应不小于10m。

5. 其他附属设施的规划 果园内的附属设施主要有生产生活用房、生产资料仓库、果品贮藏库、包装及选果场、蓄水池、积肥场、养殖场、沼气池等，应根据果园规模及生产生活需要，按照方便、高效、安全、生态、环保的原则进行合理规划设计。

6. 果树树种和品种的选择 栽植果树的种类和品种应按以下原则确定：首先，所选果树及品种适应当地的气候和土壤条件，表现丰产优质，病虫害较轻。第二，适应市场需求，适销对路，经济效益高。第三，既要考虑不同成熟期品种的合理搭配、授粉品种与主栽品种的配套，同时还要考虑品种不能过于杂乱，每个品种都要达到一定的生产规模。

另外，还应该注意，作为商品化果园，栽植的树种尽量单一，不要搞各种果树混栽，主栽品种亦不宜过多，一般大、中型果园2～4个主栽品种即可。

7. 授粉树的配置 果树大部分具有自花授粉不实的特性，栽植单一品种时，往往表现花而不实或坐果率极低，因而，建立果园时必须配置授粉品种。

作为授粉品种应满足以下条件：①必须与主栽品种同期开花，且花粉量大、花粉发芽率高。②与主栽品种授粉后坐果率高，最好能相互授粉，且授粉后果实品质无劣变。③与主栽品种长势相近，树冠大小相当，同时进入结果期。④稳产性好，不易出现大小年结果现象。

授粉品种的配置方式主要有中心式、行列式和复合行列式三种（图3-3）。①中心式。采用这种配置方式时授粉效果好，而且授粉树所占比例小，但不便于生产管理。②行列式。授粉树与主栽品种的比例一般为1：（2～4），若授粉品种同时也做主栽品种时，其比例也可为1：1。按这种方式配置授粉树时，果园生产管理较方便，但授粉树所占的比例较大。③复合行列式。当两个品种不能完成相互授粉、需配置第三个品种进行授粉时，须按此方式配置授粉树。

图3-3 授粉品种配置方式

注："×"表示主栽品种，"○""△"表示授粉品种。

8. 栽植方式 平地果园的栽植方式主要有以下几种：①长方形栽植。是生产上应用最广泛的栽植方式。特点是行距较大，株距稍小，行间留有作业道。行距一般大于树冠高度，株距与冠幅相当，通风透光良好，便于操作管理。一般要求南北行向，这样树冠受光量大而均匀，果实品质好。②正方形栽植。即行距和株距相等。植株呈正方形排列，稀植时便于管理，但密植时易郁闭，不利于机械化操作。③带状栽植。即宽窄行栽植，一般两行成一带，带内行距较小，带间行距较大。带间的通风透光好，但带内通风透光较差且不便于管理，一般较少采用。

9. 栽植密度 确定果树的栽植密度主要考虑以下几个方面：①树种和品种的特性。一般生长势旺、树冠较大、结果晚的果树适当稀些，反之，则密些。如葡萄＞桃＞苹果、梨。②品种类型。短枝型品种树体较矮小、紧凑，密度可大些，而普通型品种的密度则应小些。③砧木种类。乔化砧苗木，栽植应稀些；矮化砧苗木，则可密些。④自然环境条件。气候和土壤条件均较好、适宜果树生长，树冠往往较大，应栽稀些；反之，则应密些。⑤栽培技术水平。技术水平高者，能够通过栽培方法有效控制树冠扩大，促进早结果早丰产，可适当密些；反之，则不宜过密。⑥栽植密度要与未来的整形修剪配套。如苹果采用自由纺锤形或小冠疏层形，株行距宜为5m×（3～4）m，采用细长纺锤形，株行距4m×2m为宜；桃树采用二主枝开心形，株行距4m×2m为宜，采用三主枝开心形，株行距（4～5）m×（3～4）m为宜；葡萄小棚架栽培采用独龙干整形，株行距为（0.8～1.0）m×（4～6）m为宜，采用双龙干整形，株行距为（1.5～2.0）m×（4～6）m为宜。

另外需注意的是，为便于机械化作业，提高工作效率，现代化密植果园在建园时要适当加大行距，实行宽行密植。

北方主要果树的栽植密度可参考表3-4。

表3-4 北方主要果树的栽植密度

果树种类	苗木类型、架式、栽培方式	栽植距离（m） 行距	栽植距离（m） 株距	每公顷株数	备注
苹果	普通型品种/乔化砧	4～5	3～4	500～833	
		5～6	3～4	416～667	
	普通型品种/矮化中间砧或短枝型品种/乔化砧	4～5	2～3	667～1 250	山地、丘陵
	短枝型品种/矮化中间砧	3～4	1.5	1 667～2 222	
	短枝型品种/矮化中间砧	3～4	2	1 250～1 667	
梨	普通型品种/乔化砧	5～6	3～4	416～667	
	普通型品种/矮化砧或短枝型/乔化砧	4～5	2～4	500～1 250	
桃	普通型品种/乔化砧	4～5	2～4	500～1 250	
杏	普通型品种/乔化砧	4～6	3～4	416～833	
李	普通型品种/乔化砧	4～6	3～4	416～833	
葡萄	小棚架	3.0～4.0	0.5～2.0	1 250～6 667	龙干形整枝
	单篱架	2.0～2.5	1.0～2.0	2 000～5 000	
	双篱架、T形架	2.5～3.5	1.0～2.0	1 428～4 000	
樱桃	大樱桃	4～5	3～4	500～833	
核桃	早实型品种	4～5	3～4	500～833	
	晚实型品种	5～7	4～6	238～500	
板栗	普通型品种/乔化砧	5～7	4～6	238～500	
	短枝型品种/乔化砧	4～5	3～4	500～833	
柿	普通型品种/乔化砧	5～8	4～6	208～667	
枣	普通型品种	4～6	3～5	333～833	枣粮间作
		8～12	4～6	139～313	
山楂	普通型品种	4～5	3～4	500～833	
石榴	普通型品种	4～5	3～4	500～833	
猕猴桃	T形架	3.5～4	2.5～3	833～1142	
	大棚架	4	3～4	625～833	

三、山地、丘陵地果园规划

山地、丘陵地建立果园时，重点应建好水土保持工程，在此基础上参考平地建园的相关原理进行规划设计。主要的水土保持工程有以下几种：

1. 梯田 梯田是山地水土保持的主要模式之一，造梯田可加厚土层、提高肥力。梯田建园有利于果树的生长发育，且便于生产管理。

梯田由梯壁、梯面、边埂和背沟组成（图3-4）。一般情况下，梯面采用内倾式或水平式。在多雨地区要采用内倾式梯田，在少雨地区可采用水平梯田。内倾式梯面的坡度一般为3°～5°，在梯面的内侧沿梯面走向设一小排水沟，即背沟。背沟一般宽30cm、深20cm，沟中每隔10m左右设一小土坎（或用石块做成），形成"竹节沟"，使其既能减轻土壤冲刷，还能蓄水。梯田外沿修筑的边埂，宽30cm、高15～20cm。梯田修成后，梯面内侧的土层一般较外侧薄，肥力较外侧差，应注意改良。

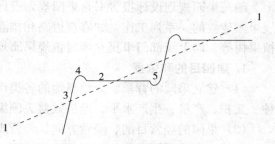

图3-4 梯田的构造
1. 原坡面 2. 梯田面 3. 梯壁 4. 边埂 5. 背沟

一般梯面宽度为3m的梯田，每个梯面可栽植1行果树；缓坡地的梯面较宽，可栽2～3行果树，采用三角形栽植方式。

2. 撩壕 在坡面上按等高线挖横向浅沟，在沟的外侧堆成垄，在垄的外侧栽植果树，即为撩壕（图3-5）。此法能有效地控制地面径流，拦蓄雨水，保持水土，当雨量过大时，壕沟可以排水。撩壕的工程量不大，但与梯田相比，果园管理不太方便，且壕的外侧还会存在一些水土流失。撩壕一般适于不超过15°的缓坡地。

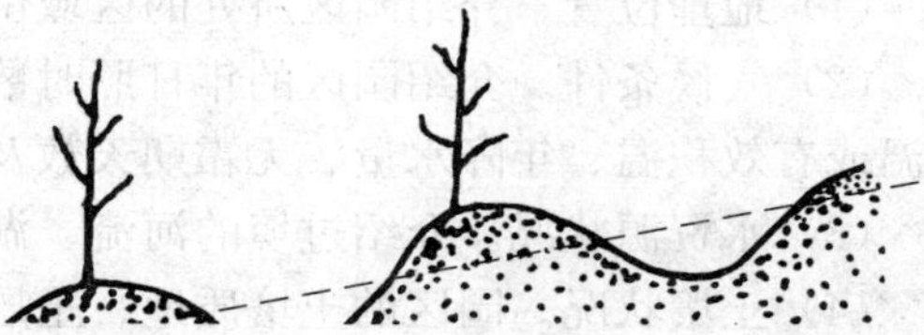

图3-5 撩壕

壕沟的深宽指标一般为：自壕顶至沟中心宽1.0～1.5m，沟底至原坡面深20～30cm，原坡面至壕顶高20～30cm，在沟内每隔一定距离设一小水坝，其高度低于壕顶，既可以排水，又可拦蓄雨水，防止土壤冲刷。

3. 鱼鳞坑 鱼鳞坑实质上是一种小面积的单株台田，适用于坡度较陡，地形复杂，坡面上乱石较多，修筑梯田较难的山坡地。鱼鳞坑的台面直径一般为2～5m，中心位于等高线上。台面向内倾斜，外侧一般用土和石块堆砌成壁，以便拦蓄雨水（图3-6）。每个鱼鳞坑一般栽植1株果树。

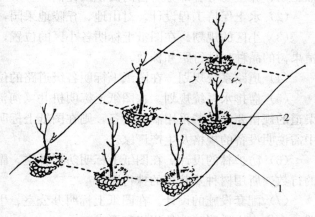

图3-6 鱼鳞坑
1. 等高线 2. 鱼鳞坑
（李道德.2001.果树栽培）

大面积挖鱼鳞坑时也应沿等高线进行。

4. 生草植被 生草植被对防止水土流失的作用非常明显。梯田、撩壕和鱼鳞坑修筑后，应该在梯田的梯壁、壕的外坡、鱼鳞坑的外侧壁上种植耐冲刷的草、紫穗槐等，进行植被覆盖。一些没有修筑水土保持工程的缓坡地果园更应生草植被，以减轻土壤冲刷，保持水土。

四、编写果园规划设计报告书

编写果园规划设计报告书是果园规划设计的一个必不可少的环节，在此基础上才可以开展果园建立的一系列工作，如修筑道路和排灌系统、建造房屋、购置苗木、栽植防护林和定植果树等。向上级部门申报立项时正规果园规划设计报告书应包含以下内容：

1. 建园目的和依据

（1）建立果园的背景。介绍当地的各类产业结构、群众收入情况、果树生产的种类和品种、面积、产量、生产水平、经济效益、国家有关政策及园区所具备的优势等。

（2）果园的经营目的、经营方向、经营规模和经营方式等。

（3）已做的前期工作。介绍基地环境调查情况，如社会调查、市场调查的资料，关于地形、地貌的勘查和测绘资料等。

2. 园区的基本情况

（1）地理位置。介绍园区所处的区域位置、经纬度、四邻和交通状况等。

（2）气候条件。介绍园区的年日照时数、年平均温度、年极端高温和极端低温、年活动积温或有效积温、年降水量、无霜期天数及灾害性气候（旱、涝、冻、雹、沙尘暴）等。

（3）水资源状况。介绍过境的河流、湖泊和地下水资源情况，包括水污染情况等。

（4）土壤状况。园区的土壤质地、土层厚度、地下水位、土壤pH、有机质含量、盐分含量、土壤污染情况等。

（5）劳动力资源状况。介绍当地劳动力的数量和价格、文化程度、技术水平等。

3. 果园总体规划设计

（1）园区的总体规划。介绍园区的总面积及果树树种、防护林、道路、房屋、包装场、堆肥场、养殖场等各部分所占的面积及比例。

（2）水土保持工程设计。对山地、丘陵地果园，要设计梯田、撩壕、蓄水池等工程。

（3）小区的规划。在图纸上标明各小区的位置，在文本中写明各小区的面积、形状及栽植果树的品种、株行距和株数。

（4）道路系统规划。在图纸上标明各级道路的位置，在文本中写出各级道路的规格要求。

（5）灌排水系统规划。在图纸上标明机井（河流）、干渠及支渠的位置，在文本中说明渠道的规格要求；若采用滴灌设备，则在图纸上标明头部枢纽装置及主管道的位置，在文本中需说明设备的规格及生产厂家。

（6）防护林的设计。在图纸上标明防护林主、副林带的位置，在文本中写出主、副林带的行数、所用树种及栽植的株行距。

（7）配套设施的设计。在图纸上标明办公室、生活用房、仓库、包装场、养殖场等的位置，在文本中说明建造的规格和要求。

（8）品种设计。写明选用的主栽品种、授粉品种及其数量，早、中、晚熟品种的数量及比例。

（9）果树栽植设计。在图纸上标明主栽品种与授粉品种的配置方式、栽植方式，在文本中写清主栽品种与授粉品种的配置方式及比例、栽植方式、栽植的株行距、栽植沟（穴）的规格、栽植技术要求等。

4. 技术服务和保障体系　主要介绍三个方面的内容：①园区技术力量，介绍高、中、初各级别技术人员的数量及比例结构。②信息服务体系，包括生产资料采购信息服务体系、产品销售信息服务体系等。③生产组织管理体系。

5. 建园投资预算　写明预算所遵循的原则、参考的价格标准或依据。并附预算表格，其内容①果园建设投资总预算表，将各大项开支预算和总开支预算列于表中。②各项目分细目预算表，将各项目的细目开支预算分项列于表中。

6. 经济效益分析　对果园的近期和长期经济效益进行分析，预计年总产值、年总支出、年纯利润。

7. 果园规划设计平面图　要求线条规范，图例明晰，比例适当，一目了然，附有说明。

作为个体投资经营的单纯生产性大型果园，不一定各项内容都写，但与建园实施密切相关的内容都应写详细，才可实施建园。

任务三　建立商品化生产基地

一、了解商品化基地建立要求

建立一个商品化果树生产基地，至少应符合以下要求：

1. 因地制宜，选择果树种类和品种　不同种类和品种的果树有不同的生态适应区域。在建园时，首先要考虑当地的生态环境条件，选择适宜的树种及品种，这是果树生产实现丰产、优质的前提条件。除此之外，还必须考虑当地的交通状况、地理位置、居民消费习惯、市场情况等，一些不耐贮运的果树品种只有在交通方便、距离城市较近的地区发展才会取得好的效益。

2. 基地要规模化、标准化，大型果园要考虑生产的机械化　建立大宗水果及加工品种生产基地时，要集中成片，统一规划，形成规模，这样才有利于统一指导和组织生产，建立生产、销售、贮藏、加工一条龙的商品化生产体系，实现专业化生产和经营，提高效益，增强抵御市场风险的能力。

大型果园在建园时要适当加大行距，以便机械化作业，提高工作效率。

3. 大型果品生产基地要以大宗水果为主，城市近郊要考虑果品多样化、时令化　不同种类的水果在市场上的销售量差别很大。在建立大型果树生产基地时，要突出苹果、梨等大宗水果的主导地位；在城市近郊、大型工矿区等地，则应适量发展一些稀有水果、时令水果、特色水果，做到果品市场多样化，以满足不同消费层次和消费习惯人群的需求。

4. 基地环境及生产过程要符合国家绿色果品质量标准的要求　作为商品化果品生产基地，其产品必须是安全、无害的营养食品，因而基地环境和生产过程必须符合国家绿色果品质量标准的要求。

二、果树栽植

1. 栽植时期　果树栽植也称为定植。北方落叶果树一般在秋季或春季进行。

（1）秋季栽植。秋栽一般在落叶后至土壤封冻前进行。秋栽有利于根系伤口的愈合，根系当年就能得到一定程度的恢复，翌春发新根快、萌芽早、长势好。但在冬季严寒、干旱、风大的地区易出现冻害或抽条。若在这些地区秋季栽植，应加强保护，如埋土、包草、套塑料袋等。

（2）春季栽植。春栽在土壤解冻后至萌芽前进行，比较适合冬季严寒、干燥的地区。栽植时要把握宜早不宜晚的原则。

2. 栽前准备

（1）土壤准备。

①土壤改良。目前，我国发展果树主要在山地、丘陵地、沙滩地等理化性质不良的土地上进行。为实现优质、丰产的栽培目的，需要对园地的土壤进行改良。改良的方法一般有：深翻改土、增施有机肥、种植绿肥等。

②定点挖穴（沟）。先按设计的株行距在田间标出栽植点或树行的位置，并以栽植点为中心挖栽植穴，或以树行线为中心挖栽植沟。稀植果园可挖栽植穴，密植果园宜挖栽植沟。栽植穴一般长、宽各 1.0m，深度为 0.8~1.0m。栽植沟宽度为 1.0m，深度为 0.8~1.0m。挖栽植穴（沟）时，表土和心土要分开放置。栽植穴（沟）挖好后，最好先经风吹、日晒、冻融 1 个月以上，再进行回填土。回填时，先将穴（沟）内挖出的表土与碎秸秆、树叶、杂草等有机物混匀填入穴（沟）的下层，再取行间的表土与充分腐熟的厩肥（按 15kg/株）混匀后填入穴（沟）内，填土至距地面 10~15cm 时，灌透水，使穴（沟）内的土壤充分沉实，待定植。

（2）苗木准备。

①苗木分级。栽植前苗木分级可避免壮苗和弱苗混栽，保证果园树相整齐。

②苗木浸泡与处理。对于从外地购置的苗木，在运输途中易失水，要用清水浸泡根系 12~24h，使之充分吸水。另外，为促进生根，可在栽植前用生根粉、萘乙酸、吲哚丁酸等处理根系，并对劈裂根、毛茬根、过长根进行修剪。

③苗木消毒。为控制病虫害的发生，尤其是检疫性病虫害的扩散，要进行苗木消毒处理。消毒方法见项目二任务六。

④苗木假植。苗木不能立即栽植时，应先假植起来。假植方法请参照项目二任务六。

⑤品种核对。栽植时必须核对苗木品种，以免品种杂乱，给以后的生产管理带来麻烦。

3. 栽植方法 栽植时，先在栽植穴中央做一小土丘（图 3-7），栽植沟内可培成一个龟背形的小垄，然后拉线确定栽植点。将苗木放于栽植点上，对齐株行距，使根系自然舒展开，过长根可剪断，一人扶苗，一人填土，保持苗木的根颈部位与地面平行（矮化中间砧苗木宜采用"深栽浅埋，分批覆土"法栽植，最终使中间砧段入土 1/2~2/3）。填土时根系周围要用细碎的湿润表土，边填土边向上轻轻提拉苗木，使根系与土壤密切接触，填完土后踩实，灌透水。待水完全下渗后再覆盖一层半干碎土，以利保墒。

大树移栽要点：①移栽前 1~2 年在距树干 80cm 左右的位置挖环状断根沟（最好分两年进行，每年半环），切

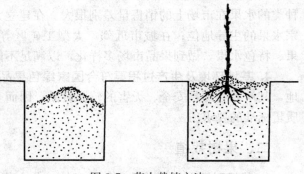

图 3-7 苗木栽植方法

断大根，沟内施入有机肥并灌水，以促使发须根。②移栽前要对树冠进行较重修剪，粗大的剪锯口用漆封，减少养分、水分流失。③挖树时应尽量挖大坑，多带根，最好能带土（外包草袋）移栽，装运过程中要注意保护根系和枝干。④高大的树栽植时要设支架，并确定大枝方位。⑤施入一些充分腐熟的精细有机肥，土填实，灌足水。⑥摘掉当年的全部花朵，减少营养消耗，促进生长。

4. 栽后管理

（1）定干。苗木栽植后至萌芽前要进行定干，定干高度因树形而定，定干后剪口下25cm以内应有8～10个饱满芽，以便以后整形。

（2）覆膜套袋。栽植后，即应在树盘内覆盖地膜，这样既能保墒，又能提高早春的地温，促进根系生长。在干旱、多风地区，为防止苗干抽干或降低萌芽率，定干后应在苗干上套一细长形的塑料袋，待萌芽后再解开，逐步除掉。

（3）检查成活、补栽。萌芽后检查成活情况，发现死亡的苗木，要及时补栽。

（4）追肥、灌水。萌芽后要根据土壤墒情，适时灌水。当幼树的新梢长到15～20cm长度时，每株施尿素50g；第一次追肥后20～30d，每株再追施尿素50g；7月中下旬，每株施复合肥80～100g，每次追肥均应结合灌水。除土壤追肥外，还可结合喷药进行叶面喷肥，生长前期喷0.3%的尿素液，7月下旬以后喷0.3%～0.5%的磷酸二氢钾液或交替喷施光合微肥、腐殖酸叶面肥等。

（5）夏季修剪。萌芽后，要把整形带以下的萌芽全部抹掉。以后根据树形要求，及时进行摘心、扭枝、拉枝等，不断调控枝条生长，控制无用枝的生长。

（6）病虫防治。主要防治金龟子、蚜虫、红蜘蛛、卷叶虫、浮尘子及早期落叶病等。

想一想

如何提高果树的栽植成活率？

学习指南

建立商品化果品生产基地除了需具备果树栽培的知识和能力外，还应具备一定的测量学、土壤肥料学、生态学、经济学、市场营销、畜牧养殖等方面的知识和能力，并了解国家相关的政策、法规及绿色果品生产要求，因此本项目是知识综合性很强的内容。学生除了学习本门课程的知识和技术外，还应学习其他相关专业的知识和技术，并充分利用课内和课外时间积极参与社会调查、市场调查、气象条件调查、土壤及水资源调查、果树种类及品种调查、现有果园分析、果园规划设计和果树栽植等实训活动。

技能训练

【实训一】果园规划设计

实训目标

掌握果园规划设计的步骤和方法，培养学生果园规划设计能力。

实训材料

1. 材料 现有生产果园和建园设计实习场地。
2. 用具 测量用具：水准仪、经纬仪、标杆、塔尺、木桩、测绳、皮尺、记载本等；绘图用具：绘图板、比例尺、直尺、坐标纸、铅笔、橡皮等。

实训内容

1. 建园调查

（1）现有生产果园的访问和调查。通过这项工作，使学生增加感性认识，了解果园建立和今后生产中容易出现的一些问题，从而引起注意。

（2）社会调查。对当地的产业结构、土地资源、劳动力资源、果品市场需求情况、居民消费习惯和水平、交通和运输状况、果树生产现状和果树区划情况等进行调查。

（3）生态环境调查。查当地年平均温度、年极端低温和高温、生长期活动积温、无霜期、年降水量、小气候条件、自然灾害情况及频度、环境污染情况等。

（4）园地调查。调查园地的地形地势、土壤类型、地下水位、土壤有机质含量和含盐量、土壤pH、水源情况等。

2. 园地测量 在老师的指导下，利用测量仪器测出有关数据，绘制果园地形平面图。

3. 绘制果园规划设计图 根据地形图，按比例绘制出果园规划图，包括小区、道路系统、灌排水系统、防护林及房屋建筑、包装场、堆肥场、养殖场等配套设施。并在图的一角附说明：①图例；②小区的编号，小区的面积、树种、品种、株行距、株数等。

4. 写果园规划设计书

（1）建园依据。
（2）园地基本情况。
（3）果园规划设计。

此部分要结合规划设计图撰写：①小区。说明每个小区的面积、树种和品种、株行距、栽植方式、栽植株数、全园的总种植面积和总株数、各个品种的株数及所占比例、栽植技术要求等。②道路系统。说明各级道路的宽度和路面要求，并计算其占地面积及所占比例。③灌排水系统。说明主渠、支渠修筑规格，排水沟的宽度和深度，并计算其占地面积及所占比例；采用喷灌、滴灌、渗灌等设备时要简要说明设备的生产厂家、规格要求等。④防护林带。说明防护林采用的树种、主、副林带间距、林带的行数及栽植的株行距，并计算其占地面积及所占比例。⑤其他附属设施。说明附属设施的名称、面积、建造规格和要求，并计算其占地总面积及所占比例。

实训方法

（1）根据实训条件，可采用参观现有生产果园并在此基础上进行规划设计、或老师设定条件进行模拟规划设计、或实地结合建园进行规划设计等形式，完成指定的实训任务，掌握果园规划设计的步骤和方法。

（2）实训时，5～7人一组进行测量、采集数据和讨论，在老师的指导下按步骤进行。

规划设计图和设计书独立完成。

实训结果考核

1. **态度**　不迟到、不早退，态度端正，认真、仔细，遵守纪律（20 分）。
2. **知识**　掌握果园规划设计基础知识（15 分）。
3. **技能**　能够正确使用各种测量仪器，技术规范熟练（15 分）。
4. **结果**　按时完成实训报告，绘图规范，比例适宜，内容完整，条理清晰（50 分）。

【实训二】果树栽植

实训目标

通过实训，使学生了解提高栽植成活率的方法，掌握果树栽植技术。

实训材料

1. **材料**　1~2 年生果树苗木，农家肥料。
2. **用具**　修枝剪、皮尺、测绳、标杆、挖掘工具、石灰、木桩、地膜等。

实训内容

1. **测栽植点**　按要求的株行距，用皮尺和测绳测出栽植点，打木桩或撒石灰做记号；若是密植园，应当先测出每行果树栽植沟的两个边线位置，然后拉紧测绳，沿测绳撒石灰确定栽植沟的边线。
2. **挖栽植穴或栽植沟**　挖栽植穴时，先以栽植点为中心，画出一个半径 50cm 的圆形框或画一个边长为 100cm 的正方形框，再以此框为边界挖穴，穴的上下要大小一致，表土和心土分开放置。挖栽植沟时，以石灰线为边界挖沟，保证上下宽窄一致。
3. **苗木分级、消毒和其他处理**　按项目二任务六和本项目任务三介绍的方法进行分级、消毒和其他处理。
4. **栽植**　按照本项目任务三介绍的方法栽植苗木。
5. **栽后管理**　内容和方法见本项目任务三。

实训时，5~7 人一组分组进行，老师指导。

实训结果考核

1. **态度**　不迟到、不早退，态度端正，认真、仔细，遵守纪律（20 分）。
2. **知识**　掌握果树栽植相关知识（25 分）。
3. **技能**　能够独立完成果树栽植任务，技术正确，操作熟练（40 分）。
4. **结果**　按时完成实训报告，内容完整，条理清晰，结论正确（15 分）。

项目小结

本项目介绍了建立商品化果品生产基地所需的生态环境条件和社会条件及果园规划设计

报告书的编写，详细介绍了果树生产基地规划设计、果树栽植相关知识和技术等关键内容，为学生进行果园规划设计和建立商品化生产基地奠定了基础。

复习思考题

1. 调查了解当地现有的生产果园，运用所学知识分析存在哪些问题？如何改进？
2. 调查了解当地果树生产现状，分析存在哪些问题。
3. 如何进行果园小区、道路和灌排水系统的规划？
4. 如何建立果园防护林？
5. 如何提高果树栽植的成活率？
6. 通过网络学习，了解绿色果品生产基地的环境条件指标。

项目四

果园田间管理

学习目标

知识目标
- 掌握北方果树土、肥、水管理,花果管理,整形修剪的基本知识。
- 熟悉北方果树常见树形及整形修剪原理与方法。

能力目标
- 能够根据当地果园特点制订科学的果园管理方案,并指导果树生产。
- 能正确进行果园土、肥、水管理,花果管理,果实采收,整形修剪,完成田间管理任务。

学习任务描述

本项目主要任务是学习果园田间管理的基本要求及生产技术,全面掌握果园土、肥、水管理技能,花果管理技能,果实采收技能,果树整形修剪技能,全面理解和掌握果园田间管理的基本技能和操作过程。

学习环境

要完成本项目学习任务,必须具备以下条件:
- 教学环境　常见树种幼园、成龄园、多媒体教室。
- 教学工具　北方果树生产系列录像,光碟,教学挂图,卡片,土、肥、水管理机具,花果管理,整形修剪机具,常见肥料。
- 师资要求　专职教师、企业技术人员、生产人员。

任务一　土壤管理

一、土壤管理的要求与基本任务

土壤是果树生长的基础,是养分和水分的源泉。绿色果品生产要求土壤肥力较好,须达到《绿色食品　产地环境质量标准》(NY/T 391—2000)中土壤肥力要求,要求产地土壤须达到肥力分级的1～2级肥力要求,有全面而充分的营养供给;具备果树根系吸收水分、养分的良好根际环境；每种果树所需的各种营养成分、水分，能够长期保持并得到提高。

绿色果园土壤管理主要任务是改良土壤，积极种植绿肥，加强果园覆草，推行生草覆盖土壤耕作制，改善果树根际环境，保护果树浅层根系，为果树根系创造一个疏松、肥沃、营养的环境条件，以满足不同果品优质丰产的需要。

二、土壤管理

果树的根系从土壤中吸取养分和水分以供其正常生长和开花结果的需要。土壤疏松，通气良好，微生物活跃，有利于果树根系生长生育。土壤管理的目的就是要创造良好的土壤环境，使分布其中的根系能充分发挥吸收功能。这对果树健壮生长、连年丰产稳产具有极其重要的意义。

1. 土壤改良 果树在丘陵、山区、沙滩地上栽植较多，这些地方一般土壤瘠薄，结构不良，有机质含量低，不利于果树根系生长发育，必须加以改良，才能使土壤中水、肥、气、热得到协调。果园土壤改良主要包括深翻熟化、加厚土层、掏沙换土、培土掺沙、低洼盐碱地排水洗碱等。

（1）果园深翻。果园深翻可以增加土壤团粒结构，增加土壤孔隙度，提高土壤蓄水、保水能力，更好地促进果树生长发育。果园深翻一年四季都可进行，但以秋季果实采收后，结合施基肥进行效果最好。这时正值果树叶片所制造的有机养分回流，有利于伤根的愈合和产生新根。这时深翻还能延长土壤风化时间，有助于冬季积雪。但对于冬季干旱地区，深翻后必须灌水，使土壤下沉，防止透风冻根。

秋季深翻一般结合秋施基肥于 9～10 月份进行。深翻深度以 80～100cm 为宜，最浅不少于 60cm。而且深翻后有条件地区应立即灌水，有助于有机物的分解和根系对养分的吸收。

深翻的方法：土质黏重地区幼园应随着树体扩大逐年扩穴深翻，放大树盘，直至全园扩盘接通为止。成龄园可以根据果园土壤情况每隔 3～4 年深翻 1 次。

（2）培土、淘沙换土。北方沙地果园一般在晚秋初冬于果园培土，加厚表土，可起保温防冻，也可以增强土壤蓄水保墒能力。温暖地区沙壤土果园可以采取沙换土，增施秸秆等有机肥以及掺入塘泥、河泥、牲畜粪便等形式加厚下层土壤深度，促进果树生长发育。

（3）果园掺沙。在土壤黏性较强的果园，保肥保水能力强，但透气性差，可进行土壤掺沙，增强土壤通气性。沙性土壤通常采用填淤泥来增强土壤的保水保肥能力。

另外，盐碱地可以采取冲水洗碱方法降低果园盐碱度。也可以应用土壤改良剂提高土壤肥力，改善土壤理化性质及生物活性，提高土壤渗水性，调节土壤酸碱度等。

2. 果园生草

（1）果园生草条件。在果园年降水大于 500mm 的地区或水源充足的地区可进行生草栽培，若年降水小于 500mm 且无灌溉条件，则不宜进行生草栽培。在行距为 5～6m 的稀植园，幼树期即可进行生草栽培，高密度果园不宜生草，宜覆草。目前果园普遍采用行内生草、株间清耕的生草栽培模式。

（2）果园专用草种。主要有白三叶、红三叶、黑麦草、百麦根、百喜草、草木樨、毛苕子和田青等。

（3）生草方式与原则。果园生草一般采取行间生草的方式。生草原则：即应该以草对果树的肥、水、光等竞争相对较小，又对土壤生态效应较佳，且对土地的利用率较高。

(4) 种植时间。根据果园生草草种的特性决定。白三叶草、多年生黑麦草，春季或秋季均可播种；放牧型苜蓿春季、夏季或秋季均可播种；百喜草只能在春季播种。

(5) 播种方法。果园生草的播种方法应视所播草种的大小而定，白三叶草的种子较小，千粒重仅有 0.5～0.7g，因而播种条件要求较高。播种前应施足基肥，以每 667m^2 2 000kg 为宜；采用条播、撒播均可，播种深度以 1.0～1.5cm 为宜，播种量每 667m^2 0.5～0.8kg；播后要镇实保墒；苗期要加强管理，特别要剔除杂草。

(6) 苗期管理。出苗后加强肥水管理，促其旺盛生长。草高 30cm 时刈割覆盖树盘，每年割 2～4 次。连续生草 5～7 年后，草逐渐老化，表层土壤板结，应及时耕翻，休闲 1～2 年后重新播种。

3. 果园覆盖 在年降水量不足 500mm 地区，采用各种农作物秸秆、杂草、枯枝落叶或塑料薄膜进行地面覆盖为宜。覆膜时期以夏、秋季为好，它可延缓地温升降，保护浅表层根系，明显促进新根的产生。冬季可保温防冻；春季可提高地温，减轻春旱；夏、秋季减少高温灼烧地表。覆盖有机物宜在春末至夏初进行，覆草厚度为 15～20cm。还可采用上半年覆膜，下半年覆草。覆草可招致虫害和病害，使果树根系变浅等，生产上应加以注意。

(1) 覆盖绿肥。行间春播或夏播一年生耐阴绿肥作物（其迅速生长期要和果树大量需肥、水时期相错开，以免竞争肥水）秋季刈割覆盖于树盘。厚度依草量多少而定，一般为 15～20cm。

(2) 覆盖作物秸秆。一般于秋季果实采收后，将作物秸秆、杂草、麦衣等覆于树盘，厚 15～20cm，上面适当压土，以防作物秸秆被风刮走，并注意防火，待作物秸秆腐烂后翻入土中。也可于春季覆盖，春季覆盖时宜早不宜迟，以免影响地温回升。

(3) 地膜覆盖。地膜覆盖必须在覆盖前通过耕翻、施肥、灌水、耙地、做畦、整地等一系列措施，为果树的生长创造一个良好的土壤环境条件。覆膜时间以早春萌芽前为好，覆膜的质量要求是：地膜与地面紧密接触，松紧适中，地膜平展无褶皱，无斜纹，膜边缘入土深度不小于 5cm，并且垂直压入沟内。人工覆膜时最好三人一组，即一人伸展并固定地膜，二人分别对畦两侧培土，以固定压严地膜。覆膜宽度根据地膜种类，一般小树只覆盖树盘，大树可按行做畦覆盖，以树冠投影为准。

西北干旱地区还可采用覆沙或碎石（厚度 15～20cm）、高垄宽畦覆膜（黑色地膜）等覆盖模式。

? 想一想

1. 说说果园生草有什么作用与优点？
2. 如何进行果园覆盖与管理？

任务二　施肥管理

一、果树肥料

1. 肥料种类　绿色果品生产肥料使用必须符合《绿色食品　肥料使用准则》（NY/T 394—2000），重点使用农家肥、堆肥、沼肥、厩肥、泥肥、饼肥及商品肥料等。

（1）农家肥料。指就地取材、就地使用的各种有机肥料。它由含有大量生物物质、动植物残体、排泄物、生物废物等堆制而成。

（2）堆肥。以各类秸秆、落叶、山青、湖草为主要原料并与人畜粪便和少量泥土混合堆制经好气微生物分解而成的一类有机肥料。

（3）沤肥。所用物料与堆肥基本相同，只是在淹水条件下，经微生物嫌气发酵而成一类有机肥料。

（4）厩肥。以猪、牛、马、羊、鸡、鸭等畜禽的粪尿为主与秸秆等垫料堆积并经微生物作用而成的一类有机肥料。

（5）沼气肥。在密封的沼气池中，有机物在厌氧条件下经微生物发酵制取沼气后的副产物。主要由沼气水肥和沼气渣肥两部分组成。

（6）绿肥。以新鲜植物体就地翻压或异地施用、经沤、堆后而成的肥料。主要分为豆科绿肥和非豆科绿肥两大类。

（7）作物秸秆肥。以麦秸、稻草、玉米秸、豆秸、油菜秸等直接还田的肥料。

（8）泥肥。以未经污染的河泥、塘泥、沟泥、港泥、湖泥等经嫌气微生物分解而成的肥料。

（9）饼肥。以各种含油分较多的种子经压榨去油后的残渣制成的肥料，如菜籽饼、棉籽饼、豆饼、芝麻饼、花生饼、蓖麻饼等。

（10）商品肥料。按国家法规规定，受国家肥料部门管理，以商品形式出售的肥料。包括商品有机肥、腐殖酸类肥、微生物肥、有机复合肥、无机（矿质）肥、叶面肥、掺合肥等。

2. 施肥准则 绿色果品施肥准则严格遵循《绿色食品 肥料使用准则》（NY/T 394—2000）。A级绿色果品限量、限品种允许使用少量化学合成肥料，例如尿素、磷酸二铵、硫酸钾等，禁止使用未经无害化处理的城市生活垃圾和污泥，禁止使用未腐熟的人粪尿、饼肥、厩肥等有机肥及硝态氮肥。

AA级绿色果品禁止使用任何化学合成肥料，禁止使用医院的粪便垃圾和含有害物质（如毒气、病原微生物，重金属等）的工业垃圾。

化肥必须与有机肥配合施用，有机氮与无机氮之比不超过1∶1。

3. 施肥要求 ①绿色果品生产应重点建立以有机肥为主的施肥制度，扭转目前果园以化肥施用为主的不良局面；②要广开肥源，切实增加有机肥的施入量，提高有机质含量；③化肥的施用量、施肥时期要达到精准化，施肥方法、部位科学化。同时注意肥水互动，提高肥料利用率。

二、施肥量的确定

果树需肥量根据果树需肥规律、土壤供肥性能和肥料效应综合确定，在以有机肥为基础的条件下，通过土壤分析和叶片营养诊断，提出果树大量元素氮、磷、钾和微肥的适宜施肥量及搭配比例，确定适宜施肥量，减少环境污染。不同地区，不同树种施肥量要结合当地的实际情况、土壤条件、树种品种，选定施肥方案，推行配方施肥，才能获得明显成效，不能生搬硬套。

要确定果树施肥量首先应该进行土壤营养测试，了解土壤营养状况。通过采集土样、测试土样养分,判断土壤养分丰缺,确定需要施肥种类及施肥量(图4-1)。

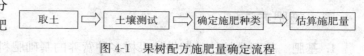

图4-1 果树配方施肥量确定流程

1. 取土 由于果树施肥比较集中,造成果园土壤的养分分布不均匀,所取的土壤样品能否反映果园土壤的营养状况就显得更为重要,因此所取的土壤样品,一定要能代表果园的养分供给状况。每个土壤样品应该是按施肥区域面积与非施肥区域面积的比例所取的混合样品,取土深度0~50cm。例如,某果园施肥区域面积与非施肥区域面积的比例是2:5,那么取土时应在施肥区域打2钻,非施肥区域打5钻,然后将7钻土样混合为一个土壤诊断样品。取土时间一般在秋收后。

2. 土壤测试 土壤样品的测试值是估算土壤供肥能力的基础,测试执行全国统一的测试标准与方法,测定土壤的有机质、碱解氮、速效磷、速效钾、有效微量元素锌、锰、硼、铁。

3. 确定施肥的种类 根据土壤样品测试值的丰缺状况确定施肥的种类,当各种营养元素在土壤中的含量低于果树生长所需要的临界浓度时,需施肥补充该元素。

4. 估算施肥量

(1)氮、磷、钾施肥量的估算。

肥料用量=目标产量×单位产量养分吸收量×(1-土壤养分贡献率)/肥料当季利用率/肥料养分含量

目标产量:一般以当地前2年在正常气候条件下的平均产量增加10%~20%来确定。

单位产量养分吸收量:指每生产一个单位经济产量所需吸收的养分数量。

土壤养分贡献率:指果树吸收的养分当中,来自土壤供给部分所占的比例。

土壤养分贡献率=土壤有效养分含量/临界浓度值。

当土壤有机质<1%或土壤质地偏沙时,氮的临界浓度值取150,磷的临界浓度值取35,钾的临界浓度值取220;当土壤质地偏黏时或土壤有机质>1%时,氮的临界浓度值取120,磷的临界浓度值取30,钾的临界浓度值取190。

肥料当季利用率:根据施肥栽培方式不同而不同,若果树施肥采用土壤施肥,且基肥加追肥,肥料按果树生育阶段合理分配时,氮肥的当季利用率取45%,磷肥的当季利用率取30%,钾肥的当季利用率取60%;当果树施肥采用基肥加滴灌随水施肥时,氮肥的当季利用率取70%,磷肥的当季利用率40%,钾肥的当季利用率80%。

(2)有机肥的施用量估算。土壤有机质含量<2%时,施用有机肥,按每生产1 000kg水果施有机肥1 000~1 500kg计算。

(3)微量元素施用量估算。土壤微量元素有效含量,有效锌<2mg/kg,有效锰<10mg/kg,有效硼<2mg/kg,有效铁<15mg/kg时,就应该补充微量元素,可在秋季结合基肥同有机肥混合一并施入,每667m² 施1~2kg微量元素肥料,也可采用叶面追肥,喷施2~3次微量元素肥料。施用充足有机肥补充微量元素,使其达到平衡。

想一想

测土配方施肥好吗?当地果园测土配方施肥技术进展如何?

三、施肥方法

1. 基肥 基肥是较长时期供给果树多种营养的基础肥料。是果树70%营养的主要来源。基肥施用不仅为果树提供营养,而且还要利于土壤理化性状的改善。

基肥的组成以有机肥料为主,配合氮、磷、钾和微量元素。基肥是果树营养主要来源,施用量应占当年施肥总量的70%以上。

(1) 基肥施用时期。一般在9~10月份,以早秋施用为好。原因是:①此期温度高,湿度大,微生物活动活跃,有利于基肥的腐熟分解,肥效高。②9~10月份正值根系生长第三次(后期)高峰,施肥后有利于伤根愈合,促发新根。③果树的上部新生器官趋于停长,有利于提高营养贮藏。

(2) 基肥施用方法。

①环状施肥。在树冠外沿开环状沟,沟宽30~50cm,深40~60cm,将肥料施入沟中后,覆土填平。幼树根系分布范围较小,如用此法,每年随着根系扩展,逐渐扩大环形沟。若肥少,劳力不足,则可用半环状沟施,即每年挖半环施肥,分两年完成(图4-2)。

②放射状施肥。在树冠下顺水平根生长方向,离树干1m处开始,向外挖放射沟4~8条,沟的深度是里浅外深,宽度与环状沟相同,长度达树冠外缘,隔年更换开沟位置,以加大施肥面积,此法伤根较少,多用于成龄果园(图4-3)。

图4-2 环状施肥
1. 定植穴 2. 第一年施肥沟
3. 第二年施肥沟 4. 第三年施肥

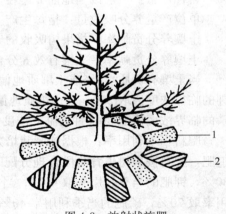

图4-3 放射状施肥
1. 上年施肥沟 2. 当年施肥沟

③条状施肥。以树冠大小为标准,于果树行间或株间开1~2条沟。沟宽50~100cm,深30~60cm。将肥料施入沟内,覆土。如果两行树冠接近时,可采用隔行开沟,次年更换的方法。此法可用拖拉机开沟。适用成龄果树施基肥(图4-4)。

④全园撒施。秋耕时将肥料均匀撒在地面,然后翻入土中,此法施肥较浅,仅15~20cm,根系有趋肥性,易使主要吸收根系上浮土表,果树抗旱力减弱,可与放射状沟施交叉使用。成年果园或密植果园,适于此法。

⑤穴状施肥。于冠下挖若干孔穴,穴深20~50cm。在穴内施入肥料。挖穴的多少,可

根据树冠大小及需要而定。此法适用于追施磷、钾肥料或干旱地区施肥。

⑥翻压绿肥。压绿肥的时期，一般在绿肥作物的花期为宜。压绿肥的方法，可在行间或株间开沟，将绿肥压在沟内。一层绿肥，一层土。压后灌水，以利绿肥分解。

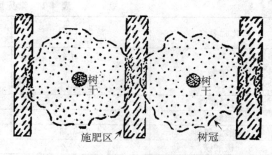

图 4-4　条状沟施肥

2. 追肥

（1）追肥特点。追肥是果树急需营养的补充肥料。在土壤肥沃和基肥充足的情况下，没有追肥的必要。当土壤肥力较差或肥力不足时，需要适时追肥补充树体营养的短期不足。追肥一般使用速效性化肥，追肥时期、种类和数量应结合树体产量、生长情况灵活确定。

（2）追肥时期。成龄树追肥主要考虑以下几个时期：

①催芽肥（又称花前肥）。果树早期萌芽、开花、抽枝、展叶都需要消耗大量的营养，树体处于消耗阶段，主要消耗上一年的贮藏营养。促进春梢生长、提高坐果率和枝梢抽生的整齐度、促进幼果发育和花芽分化。以氮肥为主。

②花后肥（5月上中旬）。幼果生长和新梢生长期，需肥多，上一年的贮藏营养已经消耗殆尽，而新的光合产物还未大量形成。追肥以氮、磷、钾三元复合肥为主，以提高坐果率，并使新梢充实健壮，促进花芽分化。

③果实膨大和花芽分化期追肥。是追肥的主要时期。氮、磷、钾肥配合施用。

④壮果肥（果实膨大后期）。通常在果实迅速膨大、新梢第二次生长停止时施用，一般于7月进行。施肥的目的在于促进果实膨大、提高果实品质、充实新梢、促进花芽的继续分化。肥料种类以磷、钾肥为主。

⑤采后肥。通常称为还阳肥，为果实采收后的追肥。肥料种类以氮肥为主，并配以磷、钾肥。果树在生长期消耗大量营养以满足新的枝叶、根系、果实等的生长需要，故采收后应及早弥补其营养亏缺，以恢复树势。还阳肥常在果实采收后立即施用，但对果实在秋季成熟的果树，还阳肥一般可结合基肥一起施用。

（3）追肥方法。

①环状施肥法。先在树盘内，远离主干，在主枝 2/3 处挖环形施肥坑，深度 20~30cm，撒施肥料，然后结合与表土混匀后将肥料翻入土中。施肥后灌水促进肥料吸收。

②穴施法。在距树干 0.5m 以外，果树根系集中部位挖 4 条放射沟，内浅外深，深度 20~30cm，将肥料撒入沟内与表土混匀，施肥后灌水促进肥料吸收。

③根外追肥。又称为叶面施肥。将肥料配成一定浓度的溶液，直接喷洒到果树枝叶上。具有肥效快、节省肥料、施用方便等特点。但根外追肥不能代替土壤施肥，只是施肥的辅助手段之一，树体的营养绝大部分仍要靠土壤施肥来供给。

根外追肥应在阴天或晴天的早晚进行，浓度过大会引起药害。常见肥料的施用如表 4-1 所示。

表 4-1 常见肥料的施用

化肥名称	浓度（%）	施用时期	次数
尿素	0.3~1.0	花后至采收后	2~4
	2~5	落叶前1个月	1~2
	5~10	落叶前2周	1~2
过磷酸钙	1~3	花后至采收前	3~4
硫酸钾	1	花后至采收前	3~4
磷酸二氢钾	0.2~0.6	花后至采收前	2~4
硫酸镁	2	花后至采收前	3~4
硝酸镁	0.5~0.7	花后至采收前	2~3
硫酸亚铁	0.5	花后至采收前	2~3
	2~4	休眠期	1
螯合铁	0.05~0.10	花后至采收前	2~3
氯化钙	1~2	花后4~5周内	1~7
	2.5~6.0	采收前1个月	1~3
硝酸钙	0.3~1.0	花后至采收前	1~7
	1	采收前1个月	1~3
硫酸锰	0.2~0.3	花后	1
硫酸铜	0.05	花后至6月底	1
	4.0	花后至采收前	1
硫酸锌	0.05~0.1	花期落瓣前、萌芽前	1
	2~4	休眠期	1
硼砂	0.2~0.3	花期落瓣前后	1
钼酸铵	0.3~0.6	花后	1~3

任务三 水分管理

水是果树的重要组成部分，枝叶根等器官含水量约为总重的50%，新鲜果实为80%~90%。水是有机物合成的主要原料，也是植物体有机物、无机物运输的主要载体。果树一切生命活动都与水有密切的关系。

一、果树需水规律

果树树种、品种、树龄不同，抗旱能力不一（表4-2），枣、柿、板栗、杏抗旱力最强，核桃、葡萄次之，苹果、梨、桃、柑橘抗旱力较弱。不同果树耐涝力也不同，葡萄、枣耐涝力强，梨、苹果中等，桃、杏、李的耐涝力最差。

表 4-2 主要果树的需水量及耐旱、耐涝力

树 种	每667m² 需水量（m³）	耐旱、耐涝力
苹果	146~415	较耐旱
砂梨	404~564	耐涝
西洋梨	248~353	较耐旱
桃	369	较耐旱、极不耐涝
欧洲葡萄	113~502	较耐旱
欧亚葡萄	342~422	较耐旱、较耐涝
柑橘	292	较耐涝

几种主要的落叶果树需水量从大到小的排列次序：梨＞李＞桃＞苹果＞樱桃＞杏。不同品质种间的需水量也存在差别，一般来讲，晚熟品种的需水量要大于早熟品种（表4-3）。

表4-3 果树新梢停长和开始萎蔫的土壤含水量

果树种类	土壤含水量（%）	
	新梢停长	枝叶萎蔫
桃	20.4	18.7
葡萄	22.1	20.8
柿	23.1	21.7
梨	24.1	24.1

从水分对果树的产量和品质这两个主要方面的影响来考虑，桃、苹果这两种主要果树的需水关键时期如下：

1. 桃的需水量关键时期 花期及果实最后迅速生长期。

2. 苹果的需水量关键时期 果实细胞分裂期和果实迅速生长期。

需要强调的是，在果树生产对水分反应的某些敏感时期，栽培中必须维持较高的土壤供水能力，否则果树的产量或品质甚至二者均受影响。但是也不可提供过高的水分供应，如桃和苹果，早期过多的灌溉，会导致树体营养生长过旺，从而加剧树体营养生长和生殖生长对养分的竞争。

二、果园灌溉方法

绿色果园现代灌水方法主要有以下几种形式：

1. 喷灌 利用专门设备，将水压提到一定高度后射出来，如下雨一般均匀落在果树上。其优点是：节省用水，土壤结构破坏较少；可调节小气候，避免低温、高温、干热（旱）风对果树的危害；还可喷洒农药及叶面追肥，也可以在地形复杂的山地果园使用；工效高，省劳力，但投资较大。

2. 滴灌 是以水滴或细小水流缓慢灌入果树根系的一种灌水方法。特点是节省用水，比喷灌省水一半左右，提高产量，滴灌结合施肥，可以为结果树创造适宜的水、气、热、养分等条件；大幅度地提高旱地果园产量；适宜山地、丘陵地果园采用；省劳力，但投资较大。

3. 移动式灌溉系统 固定式喷灌设备网管投资多而应用较少。移动式喷灌主要在坡地等不平整土地果园上使用，具有省水、省工等优点。在密植平地果园，现在发展一种软管移动式微喷系统，很有推广前途。移动式喷灌系统，一般由水源、水泵、干管、支管、竖管和喷头组成（图4-5）。

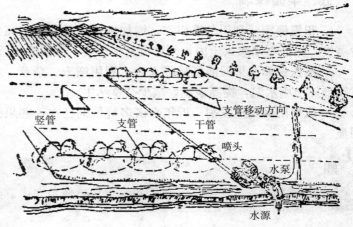

图4-5 喷灌系统

三、果园灌溉量的确定

一般最适宜的果园灌水量要求果树根系分布层内的土壤含水量达到田间持水量的70%~80%。苹果、梨等深根性树种,要求一次灌水浸润0.6m深的土层,桃等浅性树种可稍浅,一次灌水浸润0.4m深的土层。综上所述,灌溉量可用下式计算:

灌溉量(m^3/hm^2)=(田间持水量-土壤含水量)×灌水深度×$10000m^2$×土壤容重

以桃园为例,在中壤土条件下,假设其主要根系的分布深度为60cm,灌溉深度约为40cm,土壤含水量为15%,田间持水量为26%,土壤容重为1.3,那么每公顷灌溉量为:
灌溉量=(26%-15%)×0.4×10000×1.3=572(m^3/hm^2)。

四、果园灌水时期

灌水时期应根据果树在一年中各个物候期对水分的要求以及气候特点、土壤水分状况等来确定。果树生长前期,一般水分应充足,维持田间持水量的80%左右,以保证新梢生长、开花坐果。后期要适当控制水分,维持田间持水量的60%~70%,以保证新梢及时停长,使果树按时进入休眠,安全越冬。当田间持水量低于50%~60%时,一般应进行灌水,灌水大致分为以下几个时期:

1. 萌芽至开花前灌水 此期土壤水分充足,可以促进萌芽和新梢生长,使开花整齐,坐果率提高,同时还可以减轻春寒和晚霜危害。

2. 新梢生长和幼果膨大期灌水 此期果树的生理机能最旺盛,若水分不足,则叶片夺取幼果水分,使幼果膨大受影响。如果严重干旱,则影响根的吸收,导致生长减弱,产量显著下降,因此,雨水不足则必须灌水。

3. 果实迅速膨大期灌水 此期也是花芽大量分化期,及时灌水不但可以满足果实肥大对水分的要求,同时还可以促进花芽分化,为连年丰产创造条件。

4. 果实采收后和休眠期灌水 此期果树进入营养物质积累阶段,养分贮存的多少与来年生长结果有密切关系。这时结合秋耕、深翻、施基肥充分灌水,能促进肥料较快腐烂分解,有利根系吸收。土壤封冻前灌一次封冻水,能提高地温,减少冻害。

五、果园保墒

1. 积雪保墒 利用冬季积雪,增加土壤水分,可提高地温,果树根系免受冻害。为减少蒸发,保证雪水渗入土内,须将雪整平压实,待其溶化后供果树吸收利用。

2. 覆盖保墒 果园灌溉或降水后,利用细土、杂草、农膜进行树盘覆盖,减少水分蒸发,增加土壤水温,提高地温,减少杂草丛生。

3. 应用防蒸腾蒸发剂 近年来诸多抗旱剂已在一些果园中初步得到应用,其效果较为明显。

> **? 想一想**
> 当地果园灌水常用的方法有哪些?你认为哪种方法最好?

任务四　花果管理

花果管理，是指直接对花和果实进行管理的技术措施。其内容包括生长期中的花、果管理技术和果实采收及采后处理技术。花果管理是果树现代化栽培中的重要的技术措施。采用适宜的花果管理措施，是果树连年丰产、稳产、优质的保证。

一、保花保果

目前在果树生产中，果树单位面积产量低的主要原因之一是落花落果严重。引起落花落果的原因很多，例如春冻、雨涝、冷害、营养不良、缺乏授粉受精条件、本身的特性等都会影响坐果率，需要综合治理，才能达到提高坐果率、减少落果的目的。

（一）选好授粉树

合理搭配授粉树是果树保花保果关键，苹果、梨、大樱桃、李、杏等果树自花结实率低，建园时应合理配置授粉树。一般主栽品种与授粉品种按照（4～5）：1搭配比较适宜，授粉树要求花粉量大，与主栽品种花期相遇，亲和力强。

（二）加强果园管理

加强肥水管理，保证营养充分供给，使树体生长健壮，花芽分化及花器发育良好，为提高坐果率打下基础。

（三）辅助授粉

1. 人工授粉　在授粉品种缺乏或花期天气不良时，应该进行人工授粉。其常用的方法有以下几种：

（1）液体授粉。花期喷营养液，即初花期至盛花期8：00～10：00配喷0.3%硼砂+0.1%尿素+1%糖（最好蜂蜜）的混合营养液+花粉100g+4%农抗120水剂800倍液（预防霉心病）。配好后要在2h内喷完，喷的时间在主要花朵盛开时为好。

（2）高接花枝。当授粉品种缺乏或不足时，在树冠内高接授粉品种带有花芽的多年生枝，以提高坐果率。对高接枝在落花后进行疏果，否则常因坐果过多，当年花芽形成不好，影响来年授粉。

（3）花期人工点授。花前采集蕾期花朵，剥取花药阴干散出花粉后，将花粉于初开花1～2d 8：00～10：00人工点在雌蕊柱头上即可。具体实施步骤如下：

①花药采集。花药应在授粉前4～5d采集，主要采集大蕾期和初花期的花朵，此期，花粉含量高，为适宜采花期，而盛花后花粉含量开始降低。通常1 000m² 的果园需要采集花朵10 000～15 000个来提供花粉。

②花药的剥取与晾晒。若花朵量大可利用脱药机剥取花药；若花朵较少，用手搓下花药即可。将采集的花药在20～25℃条件下阴干24～48h，空气相对湿度保持60%～80%为宜。如果气温超过30℃将加快花粉死亡的速度。花粉囊自然破裂后，用小型磨粉机研磨2～3遍，可得到授粉用的纯花粉。

③花粉的配制。若直接点授纯花粉，花粉用量过大，同时授粉时花朵也不易辨认。果农在实践中采用了石松子花粉与苹果花粉混合授粉的方法，使苹果人工授粉花朵呈红色，易于辨认，使果农对授粉一目了然。石松子花粉在花期阴雨低温时，与苹果花粉的比例宜为（3～

5）：1；而在晴天温度适宜时，与苹果花粉的比例可加大到（11～15）：1，以节约苹果花粉。为保证柱头有效授粉受精，石松子与苹果花粉的安全比例为5：1左右。

④授粉的时间。一般在开花当天至第二天9：00～16：00，苹果柱头分泌旺盛，为授粉的最适时间。授粉时只给中心花授粉，以便生产果个较大的优质果实。边花不授。每蘸一次花粉（用羽状花粉刷）可点授30个左右的中心花朵为好，每667m^2点授2万～3万朵花。有条件的可重复点授。

2. 果园放蜂　苹果属虫媒花植物，果园放蜂可提高坐果率15%～20%，目前果园放的蜂主要有蜜蜂、壁蜂（角额壁蜂、凹唇壁蜂）、熊蜂、豆小蜂等，在现有授粉昆虫当中，由于壁蜂、熊蜂适应范围广，授粉效率高，将是未来授粉主要昆虫（表4-4）。

表4-4　不同授粉蜂类授粉效率比较

授粉蜂类名称	活动温度范围	成虫活动范围	授粉果树	授粉效率	每667m^2放蜂量
角额壁蜂	12～30℃	30～50m	有蜜源果树	每1h访花300～400朵	130～150只
熊蜂	8～35℃	5 000m	有无蜜源果树均可	每1h访花420～720朵	50～80只
蜜蜂	14～27℃		有蜜源果树	100%	50～100只

（四）提高坐果率的其他措施

加强病虫防治，特别是直接危害花器和果实的各种病虫害要及时防治。套袋可以减轻果实病虫危害，具有防落果的效果，同时还有防霜、防旱、防雨涝等作用。

二、疏花疏果

疏花疏果是人为及时疏除过量花果，保持合理留果量，以保持树势稳定，实现稳产、高产、优质的一项技术措施。

（一）合理确定负载量

合理的留果量，必须根据品种、树势、树冠大小和坐果多少及栽培管理水平等方面的情况来确定。由于不同树种、品种在栽培管理条件下成花和坐果能力差异很大，因此，很难确定统一的留果标准。目前确定适宜留果标准的方法主要有：

1. 间距法　梨、苹果等大型果一般25～30cm留1个果，中型果20cm选留1个果，小型果15cm选留1个果，按照间距选留，剔除主枝内膛与梢头果，重点选留树冠中上部优质果。

2. 枝果比　枝条数与果实数的比值，是用来确定苹果、梨等果树留果量普遍参考的指标之一。据调查树势稳定的盛果期苹果树，平均单枝叶片数为13～15，当枝果比为3：1时，叶果比为（39～45）：1；枝果比为5：1时，叶果比为（65～75）：1。在当前的生产条件下，小型苹果品种枝果比（3～4）：1，大果型品种枝果比（5～6）：1；枝果比比枝果比小1/4～1/3。小型梨品种枝果比3：1左右，大型梨品种枝果比（4～5）：1。

枝果比因树种、品种、砧木、树势以及立地条件和管理水平的不同而异，因此在确定留果量时应综合考虑，灵活运用。

3. 叶果比　指总叶片数与总果数之比，是确定留果量的另一个主要指标。每个果实都以其邻近叶片供应营养为主，所以每个果必须有一定数量的叶片生产出光合产物来保证其正常的生长发育，即一定量的果实，需要足够的叶片供应营养。对同一种果树、同一品种，在良好管理的条件下，叶果比是相对稳定的。如苹果的叶果比为：乔砧树、大型果品种为

（40～60）：1，矮砧树、中小型果品种为（20～40）：1，鸭梨叶果比（30～40）：1，洋梨（40～50）：1，桃（30～40）：1。根据叶果比来确定负载量，是相对准确的方法，但在生产实践中，由于疏果时叶幕尚未完全形成，叶果比的应用有一定困难，可参考枝果比、果间距等经验指标，灵活运用。

4. 干周留果法 根据果树的干周来确定果树负载量的方法。具体方法是在疏果前，用软尺测量树干距地面 20～30cm 处的周长，通过公式计算单株留果量。山东烟台市果树研究所提出苹果树干周法留果的公式：$Y=0.08AC^2$，式中 Y 为单株负载量（kg）；A 为每平方厘米干截面积应负载产量；C 为干周长（cm）。汪景彦（1986）提出了不同树势的苹果树干周留果法计算公式：

$$Y_{中}=0.025C^2;\ Y_{强}=0.025C^2+0.125C;\ Y_{弱}=0.025C^2-0.125C。$$

干周留果法简便易行，在良好的综合管理条件下，按干周法控制产量，可保证大小年幅度不超过 5%。

（二）疏花疏果

常言道："疏果不如疏花，疏花不如疏蕾，疏蕾不如疏芽"。这是因为疏除越早，树体贮藏营养的无效消耗越少，使所留花果获取更充足的营养，发育更好。但在实际操作时，不可一步到位，人工疏花疏果一般分四步进行：

第一步疏花芽，第二步疏花，第三步疏果，第四步定果。定果依据负载量指标（枝果比、叶果比、间距法、干周及干截面积法等）确定单株留果量，以树定产。一般实际留果量比定产留果量多 10%～20%，以防后期落果和病虫害造成减产。定果可在花后 1 周至生理落果前进行，一月内完成。

三、果实套袋

果实套袋是促进果实着色、改善果面外观，减轻农药、化肥及病虫污染，提高果园经济效益的有效措施之一。

不同果树套袋材料，套袋时期，套袋对象都不一样，为了提高套袋质量，发挥套袋效益，必须明确不同果树，不同品种套袋差异（表4-5）。

表 4-5 不同树种果实套袋一览表

树种	品种	套袋材料	套袋对象	套袋时期	除袋时期	备注
苹果	中早熟红色品种	单层遮光袋	秦阳、早红嘎啦、信浓红	5月10～15日	7月20～25日	陕西渭北南部地区
	中熟品种	单层、双层遮光袋	皇家嘎啦、丽嘎啦、金世纪、新红星	5月15～20日	8月1～5日	
	中晚熟易上色品种	两层三色或单层遮光袋	新世界、华冠、新红星、秋红嘎啦、弘前富士	6月5～10日	9月10～15日	
	晚熟难上色品种	两层三色遮光袋	富士系品种、元帅、北斗	6月20～25日	9月25日至10月5日	

（续）

树种	品 种	套袋材料	套袋对象	套袋时期	除袋时期	备 注
苹果	黄、绿色品种	石蜡单层袋 原色单层袋	王林、黄元帅 金矮生	花后10～30d	黄、绿色苹果可不除袋	黄元帅为了防锈可在花后10d进行套袋
梨	黄、绿、红色品种	黄、黑双层袋	砂梨、西洋梨品种	落花后20～30d	梨可不除袋	单果重大于250g选用单层袋，小于250g选用双层袋。
		黄、黑单层袋	白梨、秋子梨品种			
葡萄	欧美杂交种	白色、透明葡萄专用袋	巨峰系品种	花后2～3周	不除袋	
	欧亚种	白色、透明葡萄专用袋	红提、黑提、里扎马特、京秀、无核白鸡心等	花后2～3周	成熟前10～15d	黄、绿色品种可不除袋采收
桃	易着色油桃和不易着色桃	单层遮光纸袋	瑞光3号、秦光		采前4～5d	
	中熟着色品种	单层黄、橙色纸袋	北京八号、大久保、仓方早生	花后50～55d	采前6～7d	
	晚熟着色品种	双层深色纸袋	中华寿桃、寒露蜜、重阳红		采前10～15d	
猕猴桃	美味品种	单层米黄色薄蜡质木浆纸袋	秦美、海沃德、金香、徐香	花后35～40d	采前3～5d	

（一）果袋质量要求

优质果袋是实现套袋成功的基础。要选购有注册商标、优质名牌、有厂家担保、并在本地应用效果较好的果袋。

双层纸袋要求外袋纸质能经得起风吹、日晒、雨淋、透气性好，不渗水，遮光性好，纸质柔软，口底胶合好，内袋蜡好且涂蜡均匀，日晒后不易蜡化；袋口要有扎丝，内外袋相互分离。鉴别方法是：一看有无商标生产厂家。二看纸袋的抗水性和透气性，好的纸袋在水中浸泡8h以上揉搓不易破碎。三看纸袋规格，较理想的纸袋规格是外袋19.5cm×15cm，内袋16.5cm×14.5cm。四看纸袋的外观质量，不开胶，不掉丝，通气孔、排水口适中。

（二）套袋技术

1. 套袋时间 套袋在定果后进行，套袋期确定后还应掌握具体套袋时间，一般情况下，自早晨露水干后到傍晚都可进行。但在天气晴朗、温度较高和太阳光较强的情况下，以8：30～11：30和14：30～17：30为宜（图4-6）。这样可以提高袋内温度，促进幼果发育，并能有效地防止日烧。需要强调的足，早

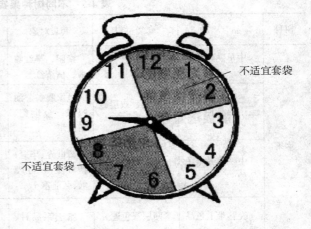

图4-6 适宜套袋时间

晨露水未干时不能套袋，否则，果实萼端容易出现斑点。因为露水通常具有一定的酸性，会增加药液溶解度，导致果皮中毒产生死斑点。同理，药液未干或下雨期均不能套袋。

2. 套袋方法

（1）消毒。套袋前应对果实全面喷施杀菌剂及杀虫剂1次，以清除果实上的病虫。

（2）纸袋套袋前浸水。用0.2％多菌灵液浸2min，袋口向下，在潮湿地方放置半天。

（3）持袋。左手掌心向上，两个手指夹住果袋，袋口向下与手腕平行。

（4）撑袋。左手拇指、食指和中指捏住袋角，撑开袋口，向袋中吹气，使袋膨开。

（5）推果。右手持袋，左手食指和中指夹住果梗，双手拇指伸入袋里，推果入袋。

（6）合拢袋口。折叠袋口，两手折叠袋口2～3折。

（7）封口。把袋口金属丝在袋长7/10的部位折叠成V形。

3. 除袋　苹果黄绿色品种的单层袋，可在采收时除袋；红色品种使用单层袋的，于采收前30d左右，将袋体撕开呈伞形，罩于果上防止日光直射果面，过7～10d后将全袋除去，以防止日灼，加速着色；红色品种使用双层袋的，于果实采收前30～40d，先摘外袋，外袋除去后经4～5个晴天再除去内袋。桃摘袋的时间在采收前30～35d一次去袋。梨、葡萄采收前不去袋。一天中适宜除袋时间为9:00～11:00，15:00～17:00，上午除南侧的纸袋，一定要避开中午日光最强的时间，以免果实受日灼。摘袋方法，摘除双层袋时先沿除袋切线撕掉外袋，待5～7d后再摘除内层袋；除单层袋时，首先打开袋底通风或将纸袋撕成长条，几天后即除掉。

4. 除袋后增色管理

（1）摘叶和转果。摘叶和转果的目的使果实全面着色。摘叶一般分几次进行，套袋果在除外袋的同时进行第一次摘叶，非套袋果在采收前15～20d开始，此次摘叶主要是摘掉贴在果实上或紧靠果实的叶片，采前5～10d再进行第二次摘叶。第二次主要是摘除遮挡果实着光的叶片。摘叶时期在果实刚上色时为宜，不可过早，两次摘叶量一般不超过全树总叶量的25％，否则影响树体光合作用，且会导致果实日烧发生。

转果在果实阳面均匀着色时。轻轻将果实阴面转向阳面，促使阴面着色，根据果实着色情况反复转动，促进果实全面着色，切记转果时动作要轻，以免果实脱落。为防止果实回转，可用透明胶带固定果实，促进果实稳定全面上色。

（2）铺反光膜。摘叶和转果只能解决果实正面和侧面的光照条件，但果实下部的光照很难解决。在树下铺反光膜，可显著地改善树冠内部和果实下部的光照条件，生产全红果实。铺反光膜一定要和摘叶结合使用，在果实进入着色期即开始铺膜。

想一想

保花保果的措施有哪些？疏花疏果的作用及意义。果实套袋的程序如何？

任务五　果实采收

采收是果园生产的最后工作，同时又是果品贮藏的开始，因此采收起到承上启下的作用，是果树生产的重要环节。如果管理不善，会使产量降低、品质下降，还会影响果实的贮藏性能，大幅度降低果园的经济效益。

一、采收前的准备

1. 估产 采收是时间性能很强的工作，特别是对一些核果类果树，其成熟速度快，适采时间短，必须及时完成，否则会造成不应有的损失。因此，在采收前需对果园的产量进行估测。然后根据估产的结果，合理安排劳力，准备采收前用具和包装材料等。

估产一般在全年进行两次，即6月落果后和采前一个月，后一次尤为重要。估产的方法是根据果园的大小，按对角线方式随机抽取一定数量的果树，调查其产量情况，再换算成全园的产量。抽样时应注意所调查的树应具有代表性，要避开边行和病虫害危害严重的树。调查时一般按每公顷10株抽样。

2. 采收工具的准备 估产后，应根据劳力状况合理安排采收进程，并准备采收用具。我国采收多用果筐，筐内应用柔软材料垫衬，以防止果实碰伤，国外采收用采果袋由金属和帆布做成，可减轻果实损伤。

除采收工具外，还必须根据估产结果，准备包装容器。包装容器不可有锐利边角。我国现在主要用纸箱。

二、采收期的确定

采收期的早晚对果实的产量，品质及耐贮性都有很大影响。采收过早，果实个小，着色差，可溶性固形含量低，贮藏过程中易发生皱皮萎缩；采收过晚，果实硬度下降，贮藏性能降低，树体养分损失大。

1. 果实成熟度 根据用途，果实成熟度可分为可采成熟度、食用成熟度和生理成熟度三种：

（1）可采成熟度。此时果实体积已达到可采收的标准，但并未完全成熟，其应有的风味还未充分表现出来，果肉硬度大，不适宜立即鲜食。需要远途运输、贮藏和加工成蜜饯的果实在此时采收。

（2）食用成熟度。此时果肉已充分成熟，并表现出该品种特有的色、香、味。果实内可溶性固形物含量达到最高，食用品质最佳。此时采收适用于当地销售、加工果酒、果酱、果汁等，但不适于长途运输和贮藏。

（3）生理成熟度。此时不但果实充分成熟，种子在生理上也达到充分成熟。此时果肉内有机物已开始水解，硬度下降，风味变淡，食用品质降低。但达到生理成熟度后，果实的种子饱满，贮藏营养充足。以种子为可食部位或育种时采种的果树，应在此时采收。

2. 成熟度的确定与果实采收 对于有些果实上述三种成熟度是一致的，有些则相差甚远。前者如就地销售的晚熟品种桃，采收时种胚已充分发育成熟，后者如西洋梨的绝大部分品种，采收后必须经过一段时间的后熟才可食用。在生产中应根据具体需要，在不同的成熟期采收果实。果实成熟的确定主要有以下几种方法：

（1）果实的色泽。大部分果实在成熟过程中果皮的色泽会发生明显的变化。如：果皮中叶绿素逐渐分解，底色中绿色减退，黄色增加，红色品种逐渐显现出其特有的色泽。对大多数品种来说底色由绿转黄是果实成熟的重要标志。目前我国大部分果园采用这种方法。此法的优点是简便易行，容易掌握。缺点是判断准确性差，缺少具体指标，主要靠经验。

(2) 根据盛花期后的天数。果实从坐果至成熟所需的发育天数，在一定的条件下是相对稳定的。因此可根据某一品种的果实盛花期后发育期的天数，来推算其成熟期。

(3) 含糖量（或可溶性固形物含量）。果实的含糖量也是果实成熟的标准之一。酿酒葡萄在采收时要求可溶性固性物含量达到17%~18%，红津轻苹果要求达到12%以上。

(4) 硬度。随着成熟度增加，果实的硬度逐渐降低，因此，根据果实的硬度可判断其是否成熟。金冠苹果适采时的果肉硬度约为6.8kg，元帅系为6.4~7.3kg。

(5) 碘—淀粉反应。一些树种的果实（如苹果）在成熟前，含有较多的淀粉。成熟后，果实中的淀粉被分解为糖。利用碘化钾与果实中的淀粉反应生成紫色的程度，可判断果实的成熟度。测定时将苹果横切两半，用5%的碘化钾溶液涂抹切面。根据染色体的面积，将其分为六级。

在判断果实成熟度时，不同的品种要求不同的反应指数，如津轻、元帅系品种一般要求在3.5级以下才能采收。

采收期的确定除要考虑果实的成熟度外，更重要的是要根据果实的具体用途和市场情况来确定。如不耐贮运的鲜食果应适当早采，在当地销售的果实要等到接近食用成熟度时再采收。如果市场价格高，经济效益好，应及时采收上市。相反，以食用种子为主的干果及酿造用果，应适当晚采，使果实充分成熟。有些树种的果实需经后熟后才可食用，如西洋梨、涩柿、香蕉等，这些果实在确定采收期时，主要根据果实发育期（表4-6）、果实大小等指标。

表4-6 苹果各品种采收期

品　　种	胶东地区	辽南辽西地区
辽伏	6月中旬	7月上旬
藤牧1号	7月中上旬	7月中旬
美国8号	8月上旬	8月中旬
津轻	8月中上旬	8月下旬
嘎啦	8月中旬	8月下旬
金冠、元帅	9月中旬	9月下旬
乔纳金	9月底	9月底
红将军	9月底	10月初
王林	9月底至10月初	10月上旬
华冠	9月底	10月初
寒富	10月初	10月上旬
华红	10月初	10月下旬
富士、国光	10月中旬	10月下旬

3. 采收方法　果实采收的方法，因树种不同而有很大差别。根据是否使用机械可分为

人工采收和机械采收两类。

(1) 采收的要求。果树的种类很多，果实形状千差万别，其采收的方法也各不相同，但采收的要求原则上是相同的。

采收时应尽量避免损伤果实，如压伤、指甲伤、碰伤、擦伤等，果实受伤后，病菌容易侵染果实，导致果实腐烂。受伤的果实即使不腐烂其贮藏性也降低。为减轻果实受到伤害，采收时最好戴手套，做到轻拿轻放。

一株树采收时应按先下后上、先外后内的顺序进行，以免碰伤和碰落果实。采收时还要注意避免碰伤枝芽，造成来年的产量损失。

对成熟度不一致的树种或品种应分期采摘，以提高果实的品质和产量。国外为了提高果实品质，在包括苹果在内的许多树种上均采用分期采收。

(2) 采收方法。对果柄与果枝易分离的树种，如核果类和仁果类果树可用手直接采摘，对于柑橘、葡萄等果柄不易脱落的果实，应用剪刀剪取果实或果穗，仁果类采收时用手轻握果实，食指压住果柄基部（靠近枝条处），向上侧翻转果实，使果柄从基部脱离。采收果实时注意要保留果柄，以免果实等级降低，造成经济损失。核果类中的桃、杏等果实果柄短，采收时不保留果柄。采收时应用手轻握果实，并均匀用力转动果实，使果实脱落。樱桃采收时应保留果柄。有些品种的桃果柄很短但梗洼较深，如部分蟠桃及圣桃等，在采收时近果柄处极易损伤。最好用剪刀带结果枝剪取果实。

4. 机械采收 机械采收效率高，可大幅度降低劳动强度与生产成本，是将来果树生产的发展方向。但现在采收机械还不十分完善，完全的机械采收主要用于加工果实，而鲜食果仍以人工采收为主。

国外机械采收主要有以下方式：

(1) 机械震动。这是目前国外使用最多的方法，对于大多数加工用果实。均可采用震动采收。震动采收机有很多种，但主要由振荡器和接果架两部分组成。振荡器上带有一个装着钳子的长臂。采收时振荡器伸现长臂，用钳子夹住树的主干摇动，把果实震动下来。下面用倒伞形的接果盘接住被震落的果实，然后用传送带将果实送到果箱中。

采收机震动的频率因果实的种类而不同。苹果的震动频率为 400 次/min，樱桃为 1 000～2 000次/min。

(2) 机械辅助采收。发达国家在鲜食采收时虽未实现完全机械化，但采用了较多的辅助机械。应用最多的是可移动式升降采收台。采收时人站在采收台上，可根据果实的部位调节采收台的高低。

任务六　果树整形修剪

一、果树整形

整形修剪包括整形和修剪两项密切关联的操作技术。"修"是修整树形的意思，"剪"是剪截枝条的意思，二者合起来就是整形和剪枝。在习惯上，常用整形和修剪两个名词。整形修剪是果园综合管理的一个环节，它与土、肥、水管理、花果管理和病虫草害防治等有密切相关，只有合理运用各种栽培管理措施，才能充分发挥整形修剪应有的作用和增产潜力。任何片面强调修剪技术的行为，都不能达到丰产优质栽培的目的。

（一）整形修剪的基本原则

果树整形修剪应遵循以下基本原则：

1. 因地制宜，因树选形　应根据果园立地条件、品种、砧木、密度树龄的不同，因地、因园、因树，选择合理树形，随枝做形，最大限度地利用空间，体现"形"的科学性。

2. 通风透光，增强树势　整形的目的就是实现产量和质量的有机统一。其核心是改"三密"（树密、枝密、果密）为"三稀"（稀植、稀枝、稀果），关键是解决果园通风透光、营养分配，调节树势，以"势"为基础，达到主从分明，通风透光。

3. 动态管理，灵活适度　树形随树龄的变化而变化。不同树龄阶段树形不一样，不同砧木树形不一样，树形在果树一生中始终处于动态变化阶段。

4. 简便易行，省工省时　树形确定后，整形修剪技术要趋于简单、易学、好懂、便于操作，省工省时，降低成本。

5. 统筹兼顾，四季修剪　现代果树整形修剪推行四季修剪，统筹兼顾，将整形修剪的工作重心放在春季、夏季、秋季三季修剪上，冬季修剪只是生长季修剪的补充环节，使果树促花保果环节与树势调控环节协调、统一。

（二）常见主要树形结构

1. 有中心干形

（1）疏散分层形。主枝 5～7 个，在中心干上分 2～3 层排列，一层 3 个，二层 2～3 个，三层 1～2 个，各层主枝间有较大的层间距，此形符合果树生长分层的特性。

（2）主干形。干高 0.7～0.9m，树高 3.5～4.0m，在中心干上着生 30～40 个大、中、小型枝组，枝组长度 0.7～1.2m，中心干上主枝层不明显，树形较高。

（3）自由纺锤形。干高 0.9～1.0m，树高 2.5～3.0m，冠径 3m 左右，在中心干四周培养 10～15 个长度小于 1.5m 的近水平主枝，不分层，全树主枝下长上短，呈纺锤形。

（4）细长纺锤形。干高 90～100cm，树高 2.5～3.0m，冠径 1.5～2.0m，树上均匀配备 14～15 个小主枝，插空排列，螺旋上升，间距 15cm 左右，开张角度 95°～100°，主枝长度 0.5～1.2m，全树上下短、中部略长，呈细纺锤形。

2. 无中心干形

（1）单层高位开心形。干高 0.6～0.7m，中心干高 1.6～1.8m，树高 3.0～3.5m，在中心干上或基轴上培养 10～12 个长放枝组。最上部 2 个枝组呈水平反弓弯拉向行间，各基轴与主干夹角 70°左右。最终使全树只有 1 层，叶幕厚度 2.0～2.5m。

（2）自然开心形。三个主枝在主干上错落着生，直线延伸，主枝两侧培养较壮侧枝，充分利用空间。此形符合桃等干性弱、喜光性强的树种，树冠开心，光照好，容易获得优质果品。缺点是初期基本主枝少，早期产量低。梨和苹果上也有应用，同样有利生产优质果实。

（3）开心形。干高（低干 1.0～1.2m，中干 1.5m 左右，高干 1.8～2.0m），在主干上保留 3～5 个永久性主枝，主枝向四周均匀分布，间距 40～60cm，主枝角度 50°～60°，每个主枝上各配 2～3 个大侧枝。

3. 篱架形　其特点是需设置篱架，以固定植株和枝梢，整形较方便。常用于蔓性果树。随着果树生产的发展，欧洲、澳洲和美国在苹果、梨等树种上广泛应用。如棕榈叶形、双层栅篱形、Y 形等（图 4-7）。

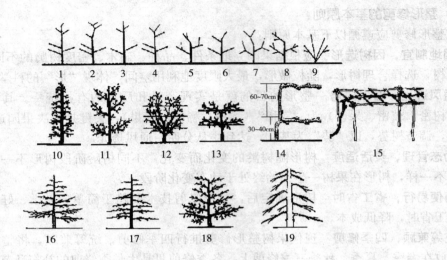

图 4-7 常见果树结构
1. 疏散分层形 2. 三主枝半圆形 3. 十字形 4. 自然圆头形 5. 三主枝开心圆头形
6. 多主枝自然形 7. 自然杯状形 8. 自然开心形 9. 丛状形 10. 圆柱形 11. 自然扇形
12. 棕榈叶形 13. 双层棚篱形 14. F形 15. 倾斜棚架形 16. 自由纺锤形
17. 细长纺锤形 18. 改良纺锤形 19. 主干形

二、修剪方法及作用

1. 常用修剪方法

(1) 春季。

①刻芽。可定向促发健壮发育枝,促发中短枝,增加枝量,有利于补空、成花。萌芽前到萌芽期,对2~4年生的中心干和多年生枝主枝两侧、中心干的光秃部位及衰弱枝组的基部,可定向于芽的上(前)方0.3~0.5cm处用小钢锯条、小手锯顺齿拉一道,伤及木质,长度为枝干周长的1/3~1/2,深度为枝干粗度的1/10~1/7。需抽生强枝者应按照"早、近、深、长"的要求;需抽生小弱枝者应按照"迟、远、浅、短"的要求。抽生骨干大枝宜在萌芽前7~10d进行,抽生中小枝宜在萌芽期进行(图4-8)。

②抹芽。萌芽后用手抹除或用刀削去嫩芽,留优去劣,减少枝量;调整分布,加快成形;减少伤口,节省养分。对主干上(全部)、延长枝头上(留一顶芽)、主枝背上及骨干枝基部20cm以内及剪锯口周围无空间的萌芽全部抹除。

(2) 夏季。

①摘心。摘除新梢顶端部分嫩梢称摘心。削弱顶端优势,

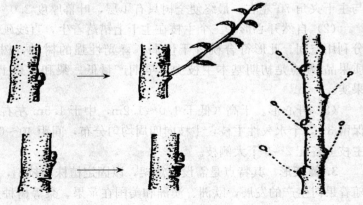

图 4-8 刻 芽

促生分枝，增加养分积累。生长旺盛的新梢于 15cm 处摘心，促生副梢；7 月中旬对部分强旺副梢再次摘心，形成短枝，部分可成花；当果台副梢长至 25cm 左右时，保留 8～10 片叶摘心，提高坐果，并促进幼果生长发育。

②扭梢。扭转枝梢下部，伤及皮层和木质部，改变枝向，削弱长势；改善光照，积累养分，促进成花。一般在春梢旺长期对中心干上过多新枝、主枝背上旺枝，当长至 15～20cm 时，用手指从基部 5cm 处扭转 180°，向缺枝的一侧补空。6 月上中旬对 2～3 年生长较强的营养枝从基部扭转半圈，使之呈斜生或下垂状态（图 4-9）。

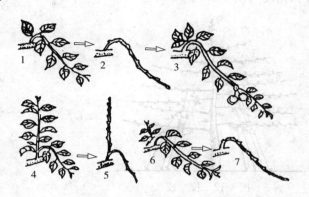

图 4-9 扭梢过程
1. 夏季扭梢 2. 当年顶端成花 3. 次年结果状 4、5. 扭梢枝二次梢未去除时，成花难 6、7. 扭梢枝二次梢去除后成花好

③拿枝。对旺梢自其基部到顶部用手揉挢 3～4 次，伤及木质部，折响而不断的称为拿（揉）枝。有缓和长势、积累养分的作用，对提高来年萌芽率、促生中短枝结果显著。夏季 6 月，当新梢长到 50cm 以上时，选 2～3 年生中庸枝进行（图 4-10）。

④环剥、环切。一般从 5 月中旬到 6 月下旬进行。对适龄不结果的旺树可采取主干环剥，宽度约为主干粗度 1/10～1/8（图 4-11），要求宽度均匀，并对各刀口用胶带或报刊纸包裹伤口，以利愈合；矮砧旺树和改形树仅对其强旺枝组和缓疏的大枝在基部 10cm 处环切 1～2 道，间隔 7～10d，再前移 10～20cm 环切 1～2 道，刀口用树叶包裹。

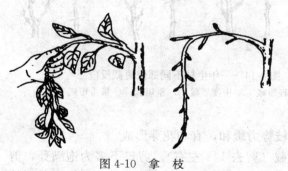

图 4-10 拿枝

图 4-11 主枝环剥
1. 环状剥皮 2. 带状剥皮 3. 半环对剥

（3）秋季。

①拉枝。用麻绳、铁丝、扎带将枝条人为地拉至整形要求的方位和角度，称为拉枝。有利于扩大树冠、加速成形；改善通风透光条件，促使成花，充分利用空间，实现立体结果。1～2 年生枝，秋季拉枝效果最好，拉枝后易固定，来年萌芽分布均匀，背上"冒条"少。一般采取"一推、二揉、三压、四固定"手法进行。

1～2 年生枝及未结果的多年生枝宜在 8 月中旬至 9 月上旬拉枝，骨干大枝和多年生强旺枝组宜在 5 月中下旬春梢旺长期进行。肥水条件好、不易成花的大冠品种，拉枝角度要大，拉至100°～120°为宜；矮砧、易成花的品种，拉枝角度宜小，拉至90°即可（图4-12）；红富士品种一般根据枝类需要分别拉至90°～115°。对于小主枝和结果枝组可用E形开角器开张角度（图4-13）。

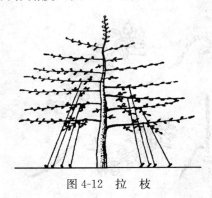

图4-12 拉　枝

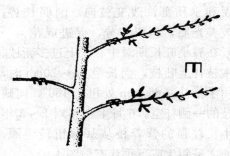

图4-13 E形开角器

②疏梢。将当年抽生枝梢剪除称疏梢。一般于果实成熟前20～30d，将内膛萌生枝和细弱枝外围遮光枝和较大枝组的两侧枝及强旺的果台副梢（去强留弱、去直留斜）进行剪除。

（4）冬季。

①短截。即剪去一年生枝条的一部分。短截的主要作用是刺激剪口下侧芽萌发和抽枝，剪口下第一芽受刺激作用最强，向下依次减弱。短截越重，刺激作用越强，但发枝不一定旺。因为发枝强弱还与剪口芽的质量有关。所以，短截部位不同，其反应不同（图4-14）。

②轻短截。只剪去枝条顶端一部分（1/4左右）。由于剪口下芽多为次饱满芽，剪后抽生的长枝较少，生长势弱，但发出的中、短枝多，全枝势力缓和，有利花芽形成。

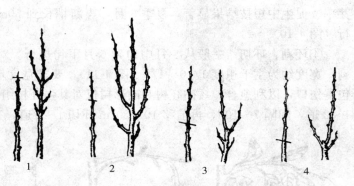

图4-14 一年生枝不同部位短截反应
1. 轻短截　2. 中度短截　3. 重短截　4. 极重短截

③中短截。在枝条春梢中上部饱满芽处剪截（剪去1/2左右）。剪口下多为饱满芽，剪后可抽生几个强旺枝条，中、短枝发生较少，成枝力强，单枝生长势强，此法多用于骨干枝延长头的修剪及培养大型枝组等。

④重短截。在枝条中下部次饱满芽处剪截（剪去1/4～1/3）。虽短截较重，但剪口下芽子质量较差，可抽生1～2个较强旺的长枝，成枝率较低，中、短枝抽生较少，不利于成花。重短截对局部的刺激作用较大，但对全枝有削弱作用。一般多用于培养枝组、改造徒长枝等。

⑤极重短截。在枝条基部留2～3个秕芽短截，也称为台剪。由于剪口下芽质量差，只能抽生1～3个中、短枝条，可降低枝位，缓和枝势，有利于形成果枝。但用在幼树和对修剪反应比较敏感的品种上，也能抽生出长枝。所以，应用时必须配合夏季扭梢、摘心或绿枝短截进行控制，才能取得良好效果。此法多用于对竞争枝的处理和培养靠近骨干枝的紧凑型枝组。

⑥戴帽短截。在枝条春、秋梢交界处（也称轮痕、盲节）短截，由于剪截部位不同，又分为"戴活帽"和"戴死帽"。

a. 戴活帽。在春、秋梢交界处以上留1~2个秕芽剪截。由于秕芽当头，剪口下可抽生1~2个中、长新梢，春梢部分的芽子萌发出短枝，有利于形成花芽。此法多用于较强旺的枝条。

b. 戴死帽。在春、秋梢交界处剪截。由于剪口处盲节（无明芽），因而抑制了顶端优势，刺激春梢部位的芽萌发出中、短枝，有利于形成花芽。此法多用于生长势较弱的枝条。

短截的方法较多，不同品种、树龄、树势对各种短截方法敏感程度各异，应用时必须灵活掌握。

⑦回缩。对二年生以上的枝进行剪截称为回缩，又称缩剪。回缩对局部生长有促进作用。一般主要用于回缩主枝延长头和主干延长头，控冠、控高。可改善通风透光条件，有利果实发育和花芽形成。但回缩对全树的生长有削弱作用，回缩越重，削弱也越大。

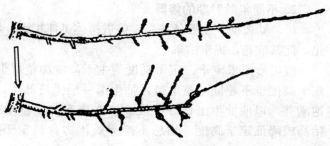

图 4-15 回 缩

回缩常用于衰弱枝组和骨干枝的更新复壮；对较大辅养枝的改造；对交叉重叠枝的清理；对骨干树角度的调整；对树冠的控制；解决通风透光和调整树势等，在冬季修剪中应用范围较广。具体运用时，一定要掌握好回缩部位和轻重程度，防止造成失误。更新性回缩必须缩到健壮部位，造伤过大时，要注意选留辅养枝，以免削弱带头枝的生长。旺树回缩不宜过多过重，以防刺激萌发大量旺枝，使树势更旺。

⑧疏枝。将枝条从基部剪除称为疏枝，也称为疏剪（图4-16）。疏枝可以改善树冠光照条件，提高叶片光合效能，增加营养积累，有利于花芽形成和果实发育。疏枝对伤口以上的枝条有削弱作用，而对伤口以下的枝条有促进作用，伤口越大作用越明显。疏枝对全树有削弱作用，削弱作用的大小决定于疏枝量和被疏枝的粗度。若去强留弱，疏枝量大，削弱作用就大；去弱留强，疏枝量小，养分集中，生长势相对增强。

⑨长放。对枝条不进行任何剪截，任其生长，称为长放，也称为甩放或缓放（图4-

图 4-16 疏 剪

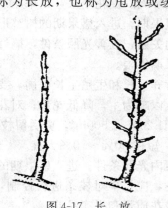

图 4-17 长 放

17)。由于长放枝条未经修剪刺激,枝条上留芽多,养分分散,长势缓和,萌芽率高,易形成中、短枝,停止生长早,有利于营养物质积累,花芽容易形成。

长放对象主要是中庸枝,过旺枝不宜长放,否则会引起徒长。过弱枝长放后效果不佳,也不宜长放。

? 想一想

1. 说说当地苹果、梨、桃都应用哪些夏剪方法,各有什么缺点。
2. 目前修剪手法有何趋势?

2. 不同年龄时期的修剪

(1) 幼树期。主要任务是:促进树体迅速扩大,增加枝量,提早成形;搞好辅养枝的转化,促其成花,提早结果。

按树形要求定干。定干高度为主干高度加整形带高度。不同树形主干高度不一,因此定干高度也不相同。整形带是抽生第一层主枝部位,在20~30cm整形带内应有8~10个饱满芽,以便抽生出良好分枝。如在规定高度整形带内没有足够数量的饱满芽,可适当抬高或降低定干高度。切忌不论芽质优劣盲目定干,强求一样高,以免影响基部主枝培养。

加速骨干枝培养。骨干枝培养要根据所选树形结构,确定其数目、方位、角度、长度、层次及层间距离等。对骨干枝要以促为主,使树冠迅速扩大,尽快增加枝量,为早期丰产奠定基础。对辅养枝要轻剪缓放,促发短枝,以利成花,提早挂果。

结果枝组的培养方法如下:

①小型枝组采用先放后缩法,即对一年生枝不剪长放,待成花结果后再回缩。此法在幼树和初果树上应用较多。

②大型结果枝组采用先截后放再缩法培养,即对一年生枝轻短截或戴帽剪,促发中、短枝,成花结果后,适当回缩,可形成中、小型枝组,但结果晚,在初果期不宜应用。

落头开心。完成整形任务后,要注意控制树冠高度在3.0~3.5m为好,对超高树必须及时落头开心。方法是:对准备去掉的一段中心干,在冬季修剪时只疏去旺枝而不短截,次春萌芽前,在预定落头部位,将中干上部揉拿拉平,插向空间,萌芽后及时抹除背上萌蘖,夏季环割或环剥,促花结果,以果压顶,控制树高。

(2) 盛果期。进入盛果期的树整形工作已经结束,修剪任务是:维持健壮树势,调节生长与结果的关系,改善光照条件,搞好枝组培养、调整和更新复壮,争取丰产、稳产、优质和延长盛果期年限。

调节营养生长和生殖生长平衡。要根据树体营养情况和花芽形成花情况确定修剪量,在花芽多时,以疏为主,降低花量;对花量少的树,采取环切,拉枝,变向等措施促花,使树冠体积达到1 200~1 500m³,剪后留枝量达到50 000~80 000,枝类比达到长枝10%~15%、中枝20%、短枝60%~70%为宜。

改善冠内光照条件。进入盛果期的树,因枝叶量大,常易使树冠郁闭,光照条件差,影响树体成花,应及早对枝条进行控制,以拉枝为主,控制新梢长度和粗度,结合疏枝,增光,提高成花质量和果实品质。

结果枝组修剪。结果枝应根据不同情况，采取合理的修剪措施，才能维持健壮长势和良好的结果性能。

强旺枝组，营养枝多而旺，长枝多，中、短枝少，花芽不易形成，结果不良。这类枝组应疏除旺长枝和密生枝，其余枝条尽量缓放。夏季加强捋枝，缓和长势，促进成花。

中壮枝组，营养枝长势中庸健壮，长、中、短枝比例适当，容易形成花芽，结果稳定。这类枝组要调整花、叶芽比例，按"三套枝"修剪法修剪。即对一部分形成花芽的果枝不剪，使其当年结果；另一部分轻剪或不剪，使其当年形成花芽，下年结果。其余枝条中短截，促其发枝，下年轻剪缓放，促生花芽，后年结果。这样轮换更新，交替结果，才能保持果枝连续结果能力。

衰弱枝组，一般中、短枝多长枝少，花芽多，坐果少。这类枝组应疏除大量花芽，减轻负担，采取去远留近、去斜留直、去老留新、去密留稀、去下留上的更新修剪，恢复枝组长势。

（3）衰老期。主要任务是：更新骨干枝和结果枝组，恢复树势，延长结果年限。

①更新。在衰老树上要提前培养徒长枝，然后对结果枝进行逐年更新，应分年疏除过多的短果枝，短截长果枝，减轻树体负担，增强生长势。若树势极度衰弱，主、侧枝的延长头很短，甚至不能抽生枝条时，要及时回堵换头，抬高枝头角度，恢复长势。后部潜伏芽发生的徒长枝，要充分利用，培养成新的结果枝组。

②复壮。要适当降低衰老树的产量，加强病虫害的防治，同时增施有机肥和氮肥，促进树势恢复，延长经济寿命。

3. 修剪的方法步骤

（1）修剪的方法。目前苹果主要修剪方法以刻芽、抹芽、疏枝、长放、拉枝、变向、环切等方法为主，扭梢、摘心、圈枝应用较少，不同品种修剪方法，差异变小，修剪方法趋向简单化、统一化。

（2）修剪步骤。

①确认品种、判断树势和花量。修剪之前，要分清品种，观察长势，了解花量。做到修剪前心中有数。然后根据不同品种，不同树势，不同花量确定具体的修剪方法。

②修剪操作原则。先剪大枝，后剪小枝；先剪上部、外部；后剪下部、内部，先剪衰弱病虫枝，后剪健康枝。

③调整骨架，处理大枝。主要以调整骨干枝的角度和从属关系为主。修剪时，先根据既定树形要求，调整骨干枝数量、角度、体积和从属关系。骨干枝尚未配齐者应继续选留培养。多余的骨干枝疏除，或重回缩改造成枝组。角度过小的应设法开张。体积过大，扰乱从属关系者，应回缩控制，使树体骨架良好，结构合理，从属关系明确。

④辅养枝修剪。检查辅养枝的着生位置、体积、长势和延伸方向等是否合适。对妨碍骨干枝生长、扰乱树形和影响通风透光的密生枝、交叉枝、重叠枝、竞争枝、病虫枝等辅养枝，应予以疏除。对所保留的辅养枝，注意控制体积，内大外小，对背上大枝疏除，背下较大的下垂枝回缩体积。达到枝条布局合理，通风透光良好。

⑤结果枝修剪。主要选留靠近主干，果台副梢多的水平枝或背下枝为好，要求枝长在5~15cm的中果枝结果为宜，短果枝多数，果形不正，长果枝所结果实偏小，均不宜多用。

⑥延长头修剪。对中心干、主枝及侧枝延长头剪截，应根据需要区别对待。凡需要继续扩冠者，在延长枝饱满芽处短截；不需要延伸或长势过旺者，长放不剪。中心干过强时，换头弯曲上升，树冠达到预定高度后，落头开心，使其不再长高。主枝延长头若与相邻树冠交接或长势衰弱者，应回缩换头。辅养枝枝头延伸方向应与主枝头相交错，不并列重叠，单轴延伸。

⑦枝组修剪。枝组应根据长势和花量进行细致修剪。强旺枝组，适当疏除密生枝、旺枝，其余缓放不剪，促进花芽形成。中庸健壮、结果良好的枝组，按"三套枝"法修剪，调整好花、叶芽比例，稳定结果能力。衰弱枝组，应疏去部分花芽，减轻负担，增加营养枝量，并适当回缩，更新复壮。主、侧枝背上直立大型枝组，要压缩控制，较长的下垂枝组应收缩紧凑，使各类枝组保持适宜的体积和长势。

⑧查漏补缺。修剪完成之后，将全树检查一遍，主要检查枝条分布，病虫枝处理的干净程度及骨干枝调整的合理性等。如果发现处理不当及时更正，以便提高修剪质量。

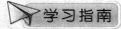

一、学习方法

本项目学习立足果园田间常规管理，按照农事季节分阶段实训，分段观察，借助录像，多媒体和生产实训反复观察训练果园土壤管理，施肥技术，花果管理，整形修剪等生产操作要领，在果树生产工人、技术人员指导下，现场操作，现场实训，现场分组讨论实训内容，最后老师点评，完成本项目学习任务。

二、学习网址

山东果树配方施肥技术 http：//www.fert.cn/news/2009
果树技术网 http：//www.guoshujishu.com/Article/putaoshujishu/
中国农科院郑州果树研究所 http：//www.zzgss.cn/
北京市果树产业网 http：//www.bjfruit.com/templet
果业快讯—现代果业网 http：//www.guoyetong.com/gyzx/gykx/

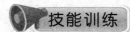

【实训一】落叶果树缺素症状的观察

实训目标

（1）了解果树几种缺素症的症状特点，熟悉缺素症状识别要领和方法。
（2）掌握果树不同缺素症鉴别方法，为果树的营养诊断提供依据。

实训材料

1. 材料 选定表现生长不正常，具有缺氮、磷、钾、铁、锌、硼、钙等症状的果树作为观察对象。

2. 用具 缺素症原色图谱和实物标本、记载用具等。

> 实训内容

1. 观察步骤和方法 生长期首先于田间观察植株发病时期和发病部位的主要特征，再采回少量的典型标本，对照缺素症原色图谱进行比较和鉴定，进一步巩固教学内容，认识几种缺素症的症状。

2. 几种缺素症的主要症状 着重从新梢和叶片的变化加以识别。

3. 几种缺素症检索表

A 初期症状表现在老叶上。
  Ⅰ 在新梢下部叶片显著出现变色和变形症状。
    ①叶黄绿色，先从老叶开始褪色，渐及幼叶。叶片变紫红色，再发展则枝硬化变细，
      变小。………………………………………………………………………………缺氮
    ②老叶青铜色或暗赭绿色，叶脉间出现淡绿色斑，叶缘呈现褐色坏死，幼叶（及其附近）叶仍暗绿色，
      茎和叶柄带紫色，再发展则新梢变细，叶形小（苹果），叶舌状（桃）。…………缺磷
  Ⅱ 在新梢下部叶片出现斑纹、斑点、黄化、烧边和枯死症状。
    ①叶组织枯死，先是出现斑点，严重时烧边，桃叶扭曲，茎常变细。
    ②先从老叶上出现黄褐色斑纹，由基部向上逐渐发展成花叶，严重时落叶。………缺镁
    ③叶小而窄，茎细，节间变短，从新梢基部向先端逐渐落叶。……………………缺锌
B 最初在幼叶上表现症状，从枝梢先端叶开始枯死。
    ①无老叶时，先端的嫩叶叶尖、叶缘和叶脉开始枯死，再发展则先端叶和茎枯死。
      ……………………………………………………………………………………………缺钙
    ②叶黄化而卷缩，渐变厚而脆，再发展枝梢和短枝枯死，果实出现缩果症状。……缺硼
    ③幼叶先变淡，叶脉仍绿色，多花叶状，再发展呈黄叶乃至白叶，最后叶缘先变褐乃至枯死落叶。
      ……………………………………………………………………………………………缺铁

4. 根据当地情况，区别几种缺素症状 描述所观察的果树是缺哪种元素，有何主要症状。

> 实训方法

（1）本实训一般在果树生长期、结果期进行。实训时间 4～6h。

（2）实训时，先由指导教师讲解和示范，然后再由学生分组实训。最后老师点评总结。

> 实训结果考核

1. 态度 不迟到、不早退，态度端正，遵守纪律，注意安全，保护树体（20 分）。

2. 知识 掌握果树缺素症状（25 分）。

3. 技能 能够正确进行操作，程序准确熟练（40 分）。

4. 结果 按时完成实训报告，内容完整，结论正确（15 分）。

【实训二】果园生草覆盖

实训目标

(1) 掌握草种识别与果园生草、覆盖技术。
(2) 了解绿色果品土壤耕作制度,为生产绿色果品创造条件。

实训材料

1. 材料 三叶草、紫花苜蓿、黑麦草等草种,杂草或麦草,秸秆。
2. 用具 锄头、镢头、工具车。

实训内容

果园生草覆盖是一项提高土壤肥力、改善生态环境、提高果实质量的土壤管理技术。是现行果园土壤管理制度的一种变革。果园生草一般采用行间生草,株间清耕的模式。在果园行间,留足树盘周围,其余地方进行生草播种,这种技术适合灌区果园和降水充足的地区施用。果园覆盖采取秸秆、杂草、麦草等于春、秋季覆盖果园行间,保护浅层根系,增加果园有机质含量,特别适合干旱少雨地区使用。

1. 实训时间 一般在春季 3~4 月和秋季 9 月种草,以条播或撒播为主。除去杂草,平整土地,然后播种草籽。夏、秋季进行株间覆盖,风大地区注意覆土压草,防止火灾发生,覆草厚度 20~30cm 为好。

2. 播种量 根据草类而定,黑麦草、羊茅草等每 $667m^2$ 播 2.5~3.0kg,白三叶、紫花苜蓿等豆科类每 $667m^2$ 播 1.0~1.5kg。

实训结果考核

1. 态度 不迟到、不早退,态度端正,认真、仔细,吃苦耐劳,遵守纪律(20 分)。
2. 知识 掌握不同草种特性,播种方法及适用范围,熟悉果园覆草时期与方法。(20 分)。
3. 技能 能够按照绿色果品生产要求正确完成果园生草覆盖任务,技术规范,操作熟练(40 分)。
4. 结果 生草覆盖时期得当,工作流程正确,技术规范,符合绿色果品生产要求,完成实训报告(20 分)。

【实训三】果实采收、分级和包装

实训目标

(1) 了解果实采收过程与分级标准。
(2) 掌握常见果品的采收、分级和包装的基本方法。

实训材料

1. 材料 当地主要果树的结果树。
2. 用具 采果梯（或采果凳）、采果袋（或篮）、采果剪、包装容器（果筐或果箱）、果实分组板、包果纸。

实训内容

1. 采收
(1) 果实成熟度鉴别。采收前观察待采果实处于什么成熟度，根据要求确定采收期。
(2) 采前估产。
(3) 采收方法根据果实种类确定。
(4) 采收顺序及注意事项。用手采收时，应先从树冠下部和外围开始，下部采完后再采内膛和树冠上部的果实，以免采收时碰落其他果实。

2. 分级 果实分级标准，按照果实大小、着色程度、病斑大小、虫孔有无以及碰压伤的轻重等进行分级。

3. 包装
(1) 包装容器一般内销果实多用条筐或竹筐，外销果实多用纸箱或木箱。
(2) 在装果前，容器内需放衬垫物，使果实不与内壁直接接触。
(3) 包装方法。

实训方法

(1) 实训前先选定采收品种、园片及准备好各种采收包装工具。实训时间2～3d。
(2) 实训时每小组5～10人为单位，轮流参加采收、分级和包装操作。

实训结果考核

1. 态度 不迟到、不早退，态度端正，遵守纪律，注意安全，保护树体（20分）。
2. 知识 能进行果实成熟度的判断，掌握果实的采收、分级和包装方法（25分）。
3. 技能 能够正确进行果实采收、分级和包装，程序准确，技术规范熟练（40分）。
4. 结果 按时完成果实采收、分级和包装报告，内容完整，结论正确（15分）。

【实训四】果树冬季修剪

实训目标

(1) 掌握不同果树种类所采用的树形，树体基本结构特点及整形的过程。
(2) 了解修剪对调节果树生长与结果关系的作用，学会因枝修剪、随树作形。
(3) 通过实际操作，掌握整形修剪技术和操作方法。

实训材料

1. 材料 苹果、梨、葡萄、桃的幼龄树、结果树、衰老树或放任树。
2. 用具 修枝剪、手锯、高梯（或高凳）、保护剂（接蜡、油漆等）。

实训内容

(1) 修剪的一般规则。修剪的顺序、一年生枝剪截、多年生枝缩剪、疏枝等。
(2) 苹果、梨、葡萄、桃的整形。
(3) 中心干和主侧枝培养，葡萄确定留枝量和留芽量。
(4) 枝组的培养，葡萄结果母枝剪留长度。
(5) 辅养枝的利用，葡萄的更新修剪。

实训方法

(1) 本实训一般在果树落叶 3 周后至次年树液流动前进行。冬季需埋土防寒的地区应在埋土前进行。实训时间 4～8d。
(2) 实训时，先由指导教师讲解和示范，然后再由学生进行分组操作训练。学生训练初期可按每组 2～3 人分组进行，随操作技能的提高，小组人数逐渐减少，最后独立操作，老师点评总结。

实训结果考核

1. 态度 不迟到早退，态度端正，遵守纪律，注意安全，保护树体（20 分）。
2. 知识 掌握常见果树休眠期修剪基本知识，并能陈述不同树种的修剪区别（25 分）。
3. 技能 能够正确进行各种树种冬季修剪，程序准确，技术规范熟练（40 分）。
4. 结果 按时完成各种果树冬季修剪报告，内容完整，结论正确（15 分）。

【实训五】果树夏季修剪

实训目标

(1) 明确果树夏季修剪的作用、目的和进行时期。
(2) 通过实际操作，掌握果树夏季修剪的方法。

实训材料

1. 材料 苹果、桃或葡萄植株。
2. 用具 修枝剪、芽接刀、塑料绳等。

实训内容

1. 苹果的夏季修剪

(1) 花前复剪。
(2) 疏枝。
(3) 短截或摘心。
(4) 手术措施。开张分枝角度;扭梢和拿枝;环剥及倒贴皮。

2. 桃树的夏季修剪
(1) 抹芽疏枝。
(2) 摘心和剪截。

3. 葡萄的夏季修剪
(1) 抹芽疏枝。
(2) 摘心。
(3) 副梢处理。
(4) 疏花序及掐花序尖。
(5) 除卷须与新梢引缚。
(6) 留萌蘖。

实训方法

(1) 夏季修剪是在整个生长季节中进行。实训时应尽量安排在 5～6 月,可做较多的树种、品种和夏季修剪内容。实训时间 2～3d。

(2) 实训时,先由指导教师讲解和示范,然后再由学生进行分组操作训练。学生训练初期可按每组 2～3 人分组进行,随操作技能的提高,小组人数逐渐减少,最后独立操作,老师点评总结。

实训结果考核

1. 态度　不迟到早退,态度端正,遵守纪律,注意安全,保护树体(20 分)。
2. 知识　能掌握各种果树夏季修剪时期以及夏季修剪方法,并能陈述各个果树的修剪区别(25 分)。
3. 技能　能够正确进行各种果树不同夏剪,程序准确,技术规范熟练(40 分)。
4. 结果　按时完成夏季修剪实训报告,内容完整,结论正确(15 分)。

【实训六】果树冻害调查

实训目标

(1) 了解各种果树冻害在不同部位的表现和当年冻害的程度、特点。
(2) 分析冻害发生的原因和规律,提出减轻和防止冻害的有效途径和措施。
(3) 掌握冻害调查的方法。

实训材料

1. 材料　冬季过后受严寒伤害的果树植株。

2. 用具 调查记载用具、笔、记事本等。

实训内容

（1）普遍观察各树种品种的越冬情况，检查树干、大枝、小枝、花芽、叶芽等各部分冻害程度，确定重点调查树种品种。

（2）在确定的树种品种中选择有代表性的典型植株，进行详细调查。选择调查植株时应注意，除了对比因子外，其他因子应力求一致，以便于分析和得出正确结论。

（3）根据当年冻害发生特点，确定重点调查项目，填写调查表格及统计百分数并作文字记载。各部分调查方法如下：

①枝干冻害。检查树干、大枝、一年生枝新的剪口或锯口，根据变色程度和范围确定冻害级别（冻害级别标准附后）。同时检查裂干情况（方向、部位、裂干长度、深度等），根颈冻害及植株死亡情况，抽条程度等，分别进行文字记载。填写表格及统计百分数（表4-7）。

表4-7 果树枝干冻害调查表

树种	品种	树龄	嫁接方式	冻害情况															
				全株死亡	主干裂口	大枝					一年生枝					抽条			
						0	1	2	3	4	0	1	2	3	4	0	1	2	3	4

注：0～4代表冻害级别，标准附后。

②在树冠的上、下、内、外和四周选择有代表性的主枝或侧枝，按顶花芽、腋花芽分别统计花芽受冻芽数，算出百分数（表4-8）。

表4-8 果树花芽冻害调查表

树种	品种	部位	花芽总数	顶花芽					腋花芽				
				总数	冻花芽				总数	冻花芽			
					0	1	2	3		0	1	2	3

实训方法

（1）本实训应在冬季及萌芽后至落花前进行。仁果类在严寒过后至芽萌动前调查一次，在花序露出至初花期调查一次。核果类可在萌芽前及萼片露出后进行。实训时间1～2d。

（2）实训时，先由指导教师讲解和示范，然后再由学生按5～6人一组分组进行调查。老师最后点评总结。

实训考核结果

1. 态度 不迟到、不早退，态度端正，遵守纪律，注意安全，保护树体（20分）。

2. 知识 能进行不同冻害类型的观察，掌握各种冻害的级别（25分）。

3. 技能 能够根据调查要求填写原始表格，自行设计整理表格，算出能代表冻害程度的数据和百分数；根据观察和调查资料，分析冻害与树种品种、嫁接方式、生长势、树龄、花芽着生部位、小气候及管理条件等方面的关系（可从中选择 2~3 项）（40 分）。

4. 结果 应用当地气象资料，分析该年冻害的主要原因和特点，提出防止措施和意见（15 分）。

• **附录 冻害调查记载标准**

一、枝干冻害

0 级（未受冻害）：各部分组织正常。

1 级（轻微冻害）：中心 1~2 轮木质部变黄褐色。

2 级（中等冻害）：中心木质部变褐色，外轮木质部有不同程度变褐色。

3 级（严重冻害）：木质部均变褐色。

4 级（死亡）：枝干变暗褐色、干枯。

二、一年生枝冻害

0 级（未受冻害）：髓部白色，木质部和韧皮部鲜绿色。

1 级（轻微冻害）：髓部变黄褐色，木质部和韧皮部鲜绿色。

2 级（中等冻害）：髓部变褐色，并已影响木质部。

3 级（严重冻害）：髓部褐色，木质部黄褐色。

4 级（死亡）：全枝变褐色，干枯。

三、抽条

0 级（未抽条）。

1 级（轻微抽条）：一年生枝上部未成熟部分抽干。

2 级（中等抽条）：一年生枝大部抽干。

3 级（严重抽条）：二年生枝以上枝条抽干。

4 级（死亡）：地上部全部抽干。

四、花芽冻害

0 级：未受冻害。

1 级：花序部分冻死，尚保留 2 个以上的正常花。

2 级：花序全部冻死，但枝叶尚能萌发。

3 级：花序冻死干枯，不再萌发。

项目小结

本项目主要介绍了果园田间常规管理技术，包括果园土、肥、水管理，花果管理，果实采收，整形修剪等内容。为学生掌握果园田间管理基本技术奠定了基础。

复习思考题

1. 简述果园生草技术。
2. 简述果园确定施肥量的依据与方法。
3. 绿色果园施肥有哪些规定和要求？
4. 成龄果园土壤应如何管理？

5. 说说果树叶面追肥应注意的事项有哪些。
6. 简述果园节水灌溉技术。
7. 讨论当地果树常用树形结构与特点。
8. 如何进行夏季修剪？
9. 如何进行果树冬季修剪？
10. 简述如何进行果树保花保果。
11. 如何进行果树疏花疏果？
12. 如何进行果实套袋？
13. 果树估产的方法有哪些？果实成熟度判断的方法有哪些？

项目五

苹果标准化生产

学习目标

知识目标
- 了解绿色果品苹果生产概况。
- 熟悉绿色果品苹果质量标准及生产要求。
- 掌握苹果树春、夏、秋、冬树体生长特点及关键生产技术。

能力目标
- 能够正确识别苹果主栽品种，选择优生环境，建立绿色果品生产示范园。
- 能够运用绿色果品苹果生产关键技术，独立指导果树生产。
- 会制订绿色果品苹果周年管理历。

学习任务描述

本项目主要了解苹果生物学特性，苹果安全生产的基本要求，苹果春季、夏季、秋季、冬季树体生长特点及综合管理技术，掌握苹果全年标准化生产技术。

学习环境

要完成本项目学习任务，必须具备以下条件：
- 教学环境　苹果幼园、成龄园，多媒体教室。
- 教学工具　修剪工具、植保机具、常见肥料、农药与病虫标本、苹果生产录像或光碟、挂图、多媒体课件、教案。
- 师资要求　专职教师、企业技术人员、生产人员。

相关知识

苹果是世界四大水果之一。2008 年全世界苹果栽培面积和产量分别为 484.76 万 hm^2 和 6 960.34 万 t，总面积和总产量仅次于柑橘（871.6 万 hm^2，12 208.8 万 t）。目前全世界共有 6 大洲 84 个国家生产苹果，其中产量最多的 5 个国家分别为中国、美国、波兰、伊朗和土耳其，五国的产量约占世界苹果总产量的 54.8%。中国是世界第一苹果生产大国，栽培面积和产量分别占世界总面积和总产量的 41.09% 和 42.88%，居世界首位。

目前我国苹果面积208万hm²，产量3 000多万t，主要集中在渤海湾（鲁、冀、辽、京、津）、西北黄土高原（陕、甘、晋、宁、青）、黄河古道（豫、苏、皖）及西南冷凉高地（云、贵）这四大产区，栽培面积占全国的95%。产量增幅前七位的省（区）依次为：陕西（43.94万t）、山东（38.25万t）、山西（35.61万t）、河南（22.06万t）、甘肃（21.71万t）、辽宁（19.43万t）、河北（13.71万t）。主要出口对象为东南亚、欧洲、中东、北美及南非等地区。主要加工品为果汁，以山东、陕西增长速度最快，2009年我国果汁出口量达70多万t，创汇5.6亿美元。目前苹果已成为世界上栽培面积广，经济效益高，市场消费量大，发展最快的树种之一。

任务一　观测苹果生物学特性

一、生长特性

1. 根系生长　根无自然休眠期，在温度适宜时可全年生长，根系生长一般比地上生长早，停止晚，幼树一年有三次生长高峰，并与地上根系生长高峰交替出现，根系生长主要取决于土壤理化性状和砧木类型，乔化砧根系深，主要根群垂直分布在土层20～60cm范围内，以20～40cm土层中居多。水平根分布范围大于树冠，可超过树冠2～3倍。但主要吸收根分布在树冠的2/3以外，是肥水的主要吸收部位。

春季苹果根系活动早于地上部分，当土温3～4℃时产生新根，7℃以上时生长加快，15～25℃时生长最适，超过30℃时根系停止生长，到了冬季，当地温下降到0℃时，根系被迫休眠。

苹果根生长与周围环境密切相关，要求最适宜的湿度为田间持水量的60%～80%，土壤空气中的氧气达到10%～15%时较好，降到3%以下时，根生长就会停止，同时，土壤肥力，酸碱度及树体营养等因素均会影响根的正常生长。

2. 枝条生长　苹果树枝条在一年之中有三个生长阶段，春季当日平均温度达到10℃时，叶芽萌动，此后全树的新梢都处于缓慢生长期，枝轴加长不明显，呈叶丛状态，此时称为叶丛期或新梢的第一生长期，这个时期短，一般仅7～10d。全年只进行第一期生长的枝为短枝或叶丛枝，由于停长早，营养积累充分，所以花芽质量高。

叶丛期过后，多数新梢进入旺盛生长期，直到5月下旬至6月上旬逐渐停止生长，这一阶段为新梢的第二生长期，这时形成顶芽不再生长的枝，多数为中枝；中枝叶片多，营养好，易成芽。经过第二期生长后，仍有部分停长的新梢又继续生长，一直持续到9月中下旬至10月上旬停止，为新梢第三阶段生长期，这次生长的新梢部分为秋梢，形成顶芽而又萌发生长的，由于芽鳞脱落，有明显的盲节，为春、秋梢的分界。

3. 树体生长　苹果是落叶乔木果树，通过根系生长和枝条发育，树冠扩展迅速，在自然情况下，树高可达8～14m。在栽培条件下，通过人为控制，高度为3～5m，树冠横径2.5～6.0m。树冠发育受砧木和品种双重因素制约，树冠大小一般表现为乔化砧＞短枝形＞矮化中间砧＞矮化砧＞自根砧。

二、结果特性

1. 结果年龄　苹果栽植后一般3～6年开始结果，品种不同，砧木不同，结果早晚也不同，如矮化秦冠、红香脆、粉红女士等易成花品种，栽后3年挂果，矮化红富士及短枝型品种栽后4年挂果，乔化红富士、王林、津轻、千秋等品种栽后4～6年挂果，苹果结果早晚除与不同品种、砧木有关外还与管理措施、立地条件有关，管理良好，水肥充足的果园，结果较早，否则较迟。

2. 结果枝类型 苹果树结果枝按其长度分为短果枝（长度≤5cm）、中果枝（长度在5～15cm）、长果枝（长度＞15cm）三种类型，以中短果枝结果为主，尤其以5cm左右结果枝结果品质较好，2～3cm结果枝所结果实存在果形不正现象，商品率较低，长果枝结果果形正，但果实偏小。幼旺树中长结果枝较多，果实偏小；进入盛果期后中短果枝结果较多，果实较大，商品率较高。

3. 花芽分化 苹果花芽分化分为生理分化、形态分化、性细胞成熟三个阶段，随着生长物候期不同，其生理分化由南向北多数在5月中下旬到6月上中旬进行，所有促花措施都在此时实施，形态分化主要集中在6～9月，在这段时期完成花芽分化任务的70%，到9月下旬至11月中旬进入花芽缓慢分化期，12月至翌年2月，苹果由于低温被迫进入休眠期，翌年春季萌芽后至开花前，完成性细胞的分化过程，从此完成整个花芽分化过程。

苹果花芽分化较难，除满足必要的环境条件以外，关键取决于自身营养的积累水平，短果枝停长最早，营养积累快，花芽分化早，花芽质量高，中果枝次之，长枝停长晚，花芽分化难，花芽质量差，因此，具备一定营养水平，是促进成花的关键因素。

4. 开花结果习性 苹果花芽为混合花芽，分为顶花芽和腋花芽，以顶花芽结果为好，花芽在春季绽放后，先在顶端抽生一段较短的新梢（长2～3cm），花序着生在结果枝顶端和侧面，一般选顶花芽抽生的花序结果（图5-1），疏除腋花序所结的果，每个花序开5～8朵花，中心花先开，结果最好。

苹果单花开放至谢落持续4～5d，一个花序花期从开放至谢落一般需5～8d，一株树花期需12～15d，开花后1～2d内，柱头分泌黏液较多，是人工授粉最佳期。

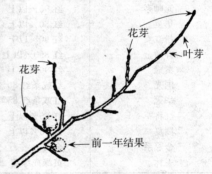

图5-1 苹果结果习性

苹果属典型的异花授粉果树，多数品种自花结实率较低，如红富士自花结实率仅为1.5%，常见的品种如乔纳金、秀水、新红星、秦冠、嘎啦等自花结实率在0～15%，因此，建园时一定要合理配置授粉树，使授粉树占全园总量的20%～30%为宜。

5. 果实发育

(1) 发育过程。苹果果实发育主要包括三个阶段，即细胞分裂期、细胞体积膨大期和果实成熟期。其中细胞分裂期又称幼果膨大期，受精后花托和子房同时加速细胞分裂，经3～4周或5～6周结束细胞分裂，这一阶段果实加长生长快于加粗生长，然后转向细胞体积膨大，这一阶段果实以加粗生长为主，果实由长形逐渐变为圆、椭圆或扁圆形，直至成熟期停止发育。

(2) 发育时期。一般早熟品种果实发育需70～110d，中熟品种120～150d，晚熟品种160～180d，同一品种成熟期在不同地区随物候期不同而不同。一般南部地区比北部地区早熟15～20d。

任务二 了解苹果安全生产要求

一、果品质量要求

苹果是我国目前规模大,产量高的主要水果之一,作为一种国内外主流商品水果,它的质量指标要求主要包括感官质量要求、理化质量要求和卫生质量要求三个方面:

1. 感官质量要求 苹果生产以绿色食品生产为主线,以生产安全、优质、富营养的果品为目标,产品质量要求必须符合《鲜苹果》(NY/T 10651—2008)标准及《绿色食品温带水果》(NY/T 844—2004)标准。绿色果品苹果感官指标主要指苹果的果形、色泽、果梗、果面缺陷、碰压伤、日灼、药害、裂果、裂纹、病虫果、果锈、网状浅层锈斑等质量指标,详见表5-1、表5-2。

表5-1 鲜苹果主要品种色泽等级指标要求

品 种	等 级		
	优等品	一等品	二等品
富士系	红或条红90%以上	红或条红80%以上	红或条红55%以上
嘎啦系	红80%以上	红70%以上	红50%以上
藤牧1号	红70%以上	红60%以上	红50%以上
元帅系	红95%以上	红85%以上	红60%以上
华夏	红80%以上	红70%以上	红55%以上
粉红女士	红90%以上	红80%以上	红60%以上
乔纳金	红890%以上	红790%以上	红50%以上
秦冠	红90%以上	红80%以上	红55%以上
国光	红或条红80%以上	红或条红60%以上	红或条红50%上
华冠	红或条红85%以上	红或条红70%以上	红或条红50%以上
红将军	红85%以上	红70%以上	红50%以上
珊夏	红75%以上	红60%以上	红50%以上
金冠系	金黄	黄、绿黄	黄、绿黄、黄绿
王林	黄绿或绿黄	黄绿或绿黄	黄绿或绿黄

表5-2 鲜苹果外观质量等级指标要求

项 目	等 级		
	优等品	一等品	二等品
果形	具有本品种应有特征	允许果形有轻微缺点	果形有缺点,但仍保持本品种基本特征,不得有畸形果
色泽	红色品种的着色面比例的规定参照NY/T 10651—2008中附录A,其他品种应具有本品种成熟时应有的色泽		
果梗	果梗完整(不包括商品化处理造成的果梗缺失)	果梗完整(不包括商品化处理造成的果梗缺失)	允许果梗轻微损伤
果面缺陷	无缺陷	无缺陷	允许下列对果肉无重大伤害的果皮损伤不超过4项
刺伤及划皮伤	无	无	无

项目五 苹果标准化生产

(续)

项 目		等 级		
		优等品	一等品	二等品
碰压伤		无	无	允许轻微碰压伤,总面积不超过1.0cm²,其中最大处面积不得超过0.3cm²,伤处不得变褐,对果肉无明显伤害
磨伤(枝磨、叶磨)		无	无	允许不严重影响果实外观的磨伤,面积不超过1.0cm²
日灼		无	无	允许浅褐色或褐色,面积不超过1.0cm²
药害		无	无	允许果皮浅层伤害,总面积不超过1.0cm²
雹伤		无	无	允许果皮愈合良好的轻微雹伤,总面积不超过1.0cm²
裂果		无	无	无
裂纹		无	允许梗洼或萼洼内有微小裂纹	允许有不超出梗洼或萼洼内有微小裂纹
病虫果		无	无	无
虫伤		无	允许不超过2处0.1cm²的虫伤	允许干枯虫伤,总面积不超过1.0cm²
其他小疵点		无	允许不超过5个	允许不超过10个
果锈		各本品种果锈应符合下列限制规定		
褐色片锈		无	不超出梗洼的轻微锈斑	轻微超出梗洼或萼洼之外的锈斑
网状浅层锈斑		允许轻微而分离的平滑网状不明显锈痕,总面积不超过果面的1/20	允许平滑网状薄层,总面积不超过果面的1/10	允许轻度粗糙的网状果锈,总面积不超过果面的1/5
果径(最大横切面直径)(mm)	大型果	≥70		≥65
	中小型果	≥60		≥55

2. 理化质量要求 绿色果品苹果理化质量指标应符合《绿色食品 温带水果》(NY/T 844—2004)中苹果理化指标要求,详见表5-3。

表5-3 13种温带水果理化指标要求

水果名称	指 标			
	硬度(kg/cm²)	可食率(%)	可溶性固形物(%)	可滴定酸(%)
苹果	≥5.5	—	≥11.0	≤0.35
梨	≥4.0	—	≥11.0	≤0.30
葡萄	—	—	≥14.0	≤0.70
桃	≥4.5	—	≥10.0	≤0.60
猕猴桃	—	—	生理成熟果≥6.0 后熟果≥14.0	≤1.50

(续)

水果名称	指标			
	硬度（kg/cm²）	可食率（%）	可溶性固形物（%）	可滴定酸（%）
樱桃	—	—	中国樱桃≥15.0 大樱桃≥14.5	≤0.60 ≤0.80
枣	≥5.0	≥93.0	≥25.0	≤1.00
杏	≥4.5	—	≥9.0	≤1.80
李	≥4.5	—	≥11.0	≤1.60
柿	—	—	普通柿≥18.0 甜柿≥16.0	—
草莓	—	—	≥8.0	≤0.80
山楂	—	—	≥9.0	≤2.0
石榴	—	≥85%	≥14.0	≤0.60

注：1. 表中各种水果理化指标，可参考附录中水果各品种的具体指标执行。
2. 猕猴桃果实的维生素C含量≥400mg/kg。

3. 卫生质量要求 绿色果品苹果卫生质量要求应符合《绿色食品 温带水果》（NY/T 844—2004）卫生指标要求，详见表5-4。

表5-4 温带水果卫生指标要求

序号	项目	指标（mg/kg）
1	砷（以As计）	≤0.2
2	铅（以Pb计）	≤0.2
3	镉（以Cd计）	≤0.01
4	汞（以Hg计）	≤0.01
5	氟（以F计）	≤0.5
6	铜（以Cu计）	≤10
7	锌（以Zn计）	≤5
8	铬（以Cr计）	≤0.5
9	六六六	≤0.05
10	滴滴涕	≤0.05
11	乐果	≤0.5
12	敌敌畏	≤0.2
13	对硫磷	不得检出（检出限≤0.001）
14	马拉硫磷	不得检出（检出限≤0.001）
15	甲拌磷	不得检出（检出限≤0.001）
16	杀螟硫磷	≤0.2
17	倍硫磷	≤0.02
18	溴氰菊酯	≤0.1
19	氰戊菊酯	≤0.2
20	敌百虫	≤0.1
21	百菌清	≤1

(续)

序号	项 目	指标（mg/kg）
22	多菌灵	≤0.5
23	粉锈宁	≤0.2
24	亚硝酸盐（以 NaNO$_2$ 计）	≤4
25	二氧化硫	≤50

注：1. 其他农药施用方法及其限量应符合 NY/T 393 的规定。
    2. 标准中未规定的其他温带水果可参照本表执行。

二、环境条件要求

绿色果品苹果生产对温度、光照要求同一般果树栽培，但对土壤、水分要求比较严格，必须符合《绿色食品　产地环境质量标准》（NY/T 391—2000）。

1. 温度　苹果属温带主要落叶树种之一，喜欢冷凉而干燥的气候，6～8月间平均气温15～22℃生长良好，26℃以上生长较差，12月至翌年2月平均气温-10～10℃，完成自然休眠，需≤7.2℃积温1 400h，苹果适宜在年平均温度7～14℃的地区栽培。根适宜生长的温度是20～24℃，当土温1℃时越冬的新根可继续生长，3～4℃时可发新根，当气温高于30℃或低于0℃时根系停止生长。苹果在深冬季节最抗冻，但在-30℃以下时会发生冻害，-35℃时会冻死，低于-17℃时根系会冻死，春季花蕾可耐-7℃低温，花期-3℃雄蕊受冻，-1℃雌蕊受冻，幼果-1℃时会有冻害发生。

2. 光照　苹果属喜光树种之一，一般要求年日照在1 500h以上，光照越充足，光照时间越长，树体生长越好，枝叶茂盛，花芽分化良好。目前，国内外著名苹果产区年日照均在2 000～2 500h，如日本长野为2 056.3h，意大利都灵为1 998h，美国加州为2 442h，法国里昂为2 018h，中国烟台为2 559.2h、洛川为2 520.8h，完全可以满足苹果生长需求。苹果光饱和点为18 000～40 000lx，在树冠内要使开花率＞50％，必须使透光率＞50％。花后7周内的光照对苹果花芽分化十分重要，如果缺光，花芽分化不良，后期难以补充。在果实成熟期，树冠内光照＞70％时，苹果着色良好，光照＜40％时基本不着色。

3. 水分　绿色果品苹果生产要求使用深井水或水库等清洁水源，水域或水域上游没有威胁苹果安全生产的污染源，灌溉水质需达到绿色果品对环境条件的要求。若4～10月降水总量达到300～600mm，月平均降水量达到50～150mm，就能基本满足苹果生长需求，我国苹果优生区年降水量多数在500～800mm，生育期降水在50～150mm，完全能够满足苹果正常生长需求。但全年降水量分布不均，主要表现为冬、春干旱，夏、秋多雨现象普遍，因此，要求果园要有排灌设施，做到旱能灌、涝能排。

4. 土壤　绿色果品苹果生产要求土壤肥力达到土壤肥力分级标准的1～2级，要求在未受到任何污染，土质疏松的中性至微酸性壤土或沙壤土中生长，良好的土壤环境可以充分满足苹果树对水、肥、气、热和生物五大因素的要求，促进新根生长和发育；苹果适宜的土壤酸碱度范围在pH5.3～6.8，土壤含氧量大于10％时最适宜苹果根系生长，低于2％根系将停止生长，土壤含水量以占田间持水量的60％～80％时为宜，若土壤含水量小于7.2％，根系就会停止生长，地下水位以1m以下为宜。

三、建园要求

(一) 园地选择要求

1. 苹果适宜生态指标要求 苹果环境生态指标是决定苹果是否适宜生长的关键指标之一。详见表 5-5。

表 5-5 苹果生态适宜指标

产区名称		主要指标				辅助指标			符合指标项数
		年均温(℃)	年降水量(mm)	1月中旬均温(℃)	年极端最低温(℃)	夏季均温(6~8月)(℃)	≥35℃天数	夏季平均最低气温(℃)	
最适宜区		8~12	560~750	>-14	>-27	19~23	<6	15~18	7
黄土高原区		8~12	490~661	-8~-1	-26~-16	19~23	<6	15~18	7
渤海湾区	近海亚区	9~12	580~840	-10~-2	-24~-13	22~24	0~3	19~21	7
	内陆亚区	12~13	580~740	-15~-3	-27~-18	25~26	10~18	20~21	7

2. 产地环境要求 绿色果品苹果生产基地要求选择空气清新,水质纯净,土壤未受任何污染的环境建园。以 A 级绿色果品为例,应符合以下条件:

①大气环境中二氧化碳、氮氧化物、总悬浮微粒、氟的浓度,不得超过国家标准 NY/T 391—2000 大气环境质量标准所规定的限值。

②农田灌溉水 pH、总汞、总镉、总砷、总铅、铬(六价)、氯化物、氟化物、氰化物的含量,不得超过国家标准 NY/T 391—2000 绿色果品对灌溉水质的要求。

③果园土壤条件,不同土壤类型 20cm 与 40cm 土层深度中的汞、镉、铅、砷、铬等含量,必须符合 NY/T391—2000 的要求。

④大气、水质、土壤的综合污染指数,A 级标准均不得超过 1。

⑤园地规模应达到 333hm^2 以上,便于商业化运作,规模化发展。

(二) 栽植管理要求

1. 优良品种选择 绿色果品苹果生产要求栽植良种必须选用国家或有关果业主管部门登记或审定的优良品种,目前,我国生产上栽培的苹果良种,主要分为鲜食品种与加工品种两类,详见表 5-6。

表 5-6 苹果主要栽培鲜食、加工品种一览表

品种名称	来源	平均单果重(g)	形状,色泽	成熟期	备注
泰山早霞	山东农业大学	238	果实宽圆锥形,底色淡绿,面色鲜红,条纹红	6月下旬(山东泰安)	结果早、品质优、丰产性强
秦阳	西北农林科技大学	200	果实近圆形,底色黄绿,面色鲜红	7月中下旬(渭北地区)	结果早、坐果高、较丰产、常温下贮藏期 15d
长果12	西北农林科技大学	200	圆锥形,果面浓红,带有条纹	7月上旬至8月上旬	早果丰产、果实常温下可贮藏 15~20d
金世纪	西北农林科技大学	210	果实长圆形、高桩,果个较大,底色黄,面色鲜红	8月上旬(渭北地区)	结果早,成熟不一致,宜在肥水条件较好的地区栽植
美国8号	美国	200	果实近圆形或短圆锥形,果皮底色黄白,面色鲜红带有条纹	8月上旬	结果早,丰产性好。成熟期不太一致,需分 2~3 次采摘

（续）

品种名称	来源	平均单果重(g)	形状，色泽	成熟期	备注
藤牧1号	美国	200	短圆锥形，底黄绿覆红霞和宽条纹	7月中旬至8月上旬	结果早、较丰产、采前落果、成熟不一致
红盖露	新西兰	190	圆锥形、果面全红，色泽艳丽	8月上旬	上色早、成熟期一致、无采前落果现象
玉华早富	日本	231	果实圆形到近圆形，底色黄绿或淡黄，着条纹状鲜红色	9月上旬	室温下可贮存至春节，可满足"双节"市场的需求，是目前富士系中最好的中熟品种之一
富红早嘎	西北农林科技大学	220	果实长圆锥形，五棱明显，果实鲜红	8月上旬	质优丰产、常温下可贮藏15d
红香脆	新西兰	228	果实近圆形，高桩、底黄黄绿、面色鲜红	9月上中旬	早果、丰产，常温下可贮存4~5个月品质不变
新嘎啦	新西兰	150	卵圆或短圆锥形，底黄绿着全面鲜红霞	9月中下旬	质好、耐贮藏，优系有烟嘎1号、烟嘎2号
千秋	日本	160	圆或长圆形，底黄绿覆鲜红霞和断续条纹	9月下旬	品质好、水分失调易裂果
华冠	郑州果树研究所	180	圆锥或近圆形，底黄绿覆鲜红霞和细条纹	9月下旬	结果早丰产、较耐贮
蜜脆	美国	330	果实圆锥形，果面着鲜红色条纹	9月上旬	果个大、极耐贮藏，常温下可放3个月以上
华帅	郑州果树研究所	210	圆锥形或近圆形，底黄绿、暗红色，间具深红条纹	9月下旬至10月初	果实不返沙，较元帅系品种耐贮
金冠	美国	200	圆锥形，金黄色	9月中下旬	早果丰产、品质好，易生果锈、易皱皮
新乔纳金	美国	220~250	圆锥形，底黄绿覆鲜红霞	10月上中旬	易成花丰产，有采前落果、三倍体品种
金晕	美国	170	圆锥形，底绿黄着橙红淡红晕	10月中旬	不生果锈、不皱皮
陆奥	日本	400	短圆锥形，底黄绿着淡红晕	10月上中旬	三倍体品种
长富2号	日本	274	长圆或近圆柱形，果面着鲜红条纹，颜色艳丽	10月中旬	果实硬度大、耐贮、风味好、深受市场欢迎
秦冠	西北农林科技大学	200~300	圆锥形、暗红色、果点大	10月下旬	适应性强、品质稍差
岩富10号	日本	210	果实圆形或长圆，全面着浓红或鲜红色，属着色Ⅰ系，即片红（晕）	10月上旬	适应性强、品质极上。是富士系全面着色最好的品种之一
王富	日本	200	果实椭圆形，底绿黄、浓红色条纹	10月中下旬	不裂果、易着色、不落果、耐贮藏
望山红	辽宁果树研究所	260	长圆或近圆柱形，果面着鲜红条纹，颜色艳丽	10月上旬	果实硬度大、耐贮、风味好、无锈斑
粉红女士	澳大利亚	160	果实近圆柱形，高桩、果面鲜红	11月上旬	早果、丰产、果实极耐贮藏，室温下可贮至翌年5月
澳洲青苹	澳大利亚	200~230	果实近圆形，果面翠绿	10月下旬至11月上旬	常温下，可贮到翌年4~5月。属国际鲜食、加工兼用优良品种

(续)

品种名称	来源	平均单果重(g)	形状,色泽	成熟期	备注
瑞丹	法国	120~160	果实近圆形,果实底色黄绿,果面3/4着红色条纹	9月中下旬	出汁率70.6%~73.4%,制汁专用品种
上林	法国	100~150	果实近圆形,果实黄色	10月下旬	出汁率为70%~75%,适宜制汁或制果泥
甜麦	法国	38~64	果实圆锥形,果实果面金黄着片红	11月上旬	出汁率为63%,制酒专用品种
甜格力	法国	50~70	果实圆锥形,果实皮黄有红晕	11月上旬	出汁率为65%,制酒专用品种

2. 栽植要求

①品种必须选用优质、丰产、抗病品种。

②苹果苗木必须符合《苹果苗木》(GB 9847—2003)标准。

③苹果树栽植密度:普通乔化园株行距(3~4)m×(4~6)m,短枝乔砧园株行距(2~3)m×(4~5)m,矮化砧园株行距(1.5~2.0)m×(4.0~4.5)m,矮化自根砧园株行距(1.5~2.0)m×(3.5~4.0)m。

④授粉树搭配主要以行列式与中心式为主,主栽品种与授粉树比例为(3~4):1。

3. 果园管理要求

①覆盖率。指果园内果树的总投影面积占果园面积的百分率。幼龄果园覆盖率要求达到40%~60%,成龄果园覆盖率要求达到60%~80%。

②透光率。指树冠下光斑占树冠投影面积的百分率,以15%~25%为宜。苹果喜光,树冠内低于30%光照的枝叶,其光合产物因呼吸消耗入不敷出,花芽难形成,从而出现寄生叶和无效枝叶。

③行间空带。以1.5~2.0m为宜,保证在一定阳光高度前提下,果树可接受直射光的要求。

④树高。要求不超过行距的2/3~3/4,树高和行距共同构成保证树体接受直射光的光照要求,适宜的树高是保证树体全面受光的重要因素之一。

⑤植株树相整齐度。是指一个果园中,树冠单株之间的整齐程度,这是绿色果品生产的重要参数之一。一般要求植株整齐度在90%以上。

⑥每667m^2留枝量。一般成龄园,每667m^2枝量要求达到30 000~50 000,每667m^2留果量为:大型果8 000~10 000个、中型果10 000~12 000个、小型果12 000~15 000个。保证每667m^2产量达到1 500~2 000kg的栽培目标。

⑦叶面积系数2.5~3.0;百叶鲜重发育枝120g以上,叶丛枝90g以上。

⑧全园优果率85%以上,9月底保叶率90%以上。

四、生产过程要求

苹果生产过程,黄土高原产区遵循《黄土高原苹果生产技术规程》(NY/T 1083—2006),渤海湾产区必须遵守《渤海湾地区苹果生产技术规程》(NY/T 1084—2006),农药、化肥使用完全按照《绿色食品 农药使用准则》(NY/T 393—2000)和《绿色食品 肥料使用准则》(NY/T 394—2000)要求执行,苹果采收遵循《苹果采摘技术规范》(NY/T 1086—

2006)。苹果生产过程严格按照苹果生产相关标准执行。

任务三　苹果标准化生产
工作一　春季生产管理

一、春季生产任务

春季生产任务主要有春季修剪：刮翘皮、花前复剪、刻芽、抹芽、拉枝、多道环切、嫁接。花果管理：花期防冻、疏花疏果、放蜂、人工授粉。土、肥、水管理：清园、追肥、灌水、种植绿肥、松土保墒。树体保护遮阳及病虫害防治等工作。

二、春季树体生长发育特点

早春，随着气温的升高，当根系分布层土壤温度达到 2.5~3.5℃时，根系开始活动并吸收养分，6℃以上时根系开始生长，随着根系生长，树液开始流动，树体枝芽萌动，枝梢也开始生长。在陕西渭北地区，一般在 3 月中下旬至 4 月上旬萌芽。4 月中下旬开花，5 月上旬后果实开始发育，随着气温逐渐升高，根系生长速度加快，新梢迅速逐渐加快。

三、春季生产管理技术

（一）地下管理

1. 春季追肥　进入春季后，随着气温上升，苹果春季根系开始吸收水分，枝叶开始生长，生长速度逐渐加快，因此，为了促进果树萌芽、开花，提高坐果率，必须在萌芽前追施一定量肥料。

（1）追肥方法。幼树主要采用环状施肥和穴施，成龄园主要采用全园撒施、放射状施肥，施肥后灌水。

（2）追肥时期。一般弱树在 3 月份萌芽前后施入，旺长树在开花后施肥，此时正值根系快速生长期，有利于根系吸收。施肥主要施入以氮为主的速效化肥。

（3）追肥量。主要根据树龄和结果量综合确定，宜选用磷酸二铵或多元复合肥，每 $667m^2$ 幼树施肥 20kg，成龄树施肥 50kg。

2. 春季耕翻　我国北方苹果产区春季普遍干旱，土质黏性强，耕性差，一般在土壤解冻后，进行果园耕翻，随后追肥，耕翻深度一般为 30cm，以消灭杂草，疏松土壤，促进根系生长。

3. 播种绿肥　春季 3~4 月份播种白花三叶草。在旱地果园，播前应细致整地，施足底肥，每 $667m^2$ 施入尿素 15kg、过磷酸钙 30kg，实行果园行间生草，株间清耕。每 $667m^2$ 行间播种量 0.3~0.5kg，以条播为主，播后种子覆土厚度为种子直径的 1~3 倍。

4. 覆膜　1~3 年生幼树需采取带状、块状地膜覆盖，增温保墒，增光灭草，提高成活，促进生长。

（二）地上管理

1. 刻芽　在萌芽前，对 2~4 年生的中心干和多年生枝主枝两侧、中心干的光秃部位及衰弱枝组的基部，可定向于芽的上（前）方 0.3~0.5cm 处用小钢锯条、小手锯顺齿拉一道，伤及木质，长度为枝干周长的 1/3~1/2，深度为枝干粗度的 1/10~1/7，促枝补空，需抽生强枝者应按照"早、近、深、长"要求刻芽；需抽生弱枝者应按照"迟、远、浅、短"要求刻芽。抽生大枝者需在萌芽前7~10d进行，抽生小枝者宜在萌芽期进行。

2. 抹芽 萌芽后用手抹除或用刀削去嫩芽，留优去劣，减少枝量；调整分布，加快成形；减少伤口，节省养分。对主干上（全部）、延长枝头上（留一顶芽）、主枝背上及骨干枝基部20cm以内及剪锯口周围无空间的萌芽全部抹除。

3. 多道环切 对萌芽率低的1~3年生强旺枝条每隔20~30cm环切一道，促进萌芽。

4. 剪病梢、刮翘皮 在苹果树开花前，结合苹果露红期，花芽数量及分布情况，再次进行修剪，调整花量及结果枝与营养枝布局，完成苹果花前复剪，同时剪去果树上的所有病梢、虫梢，老树还需要刮翘皮，消灭越冬病原菌及虫卵、幼虫等，降低越冬病虫基数。

5. 树体保护 春季3月下旬至4月初，及时收看、收听天气预报，在倒春寒来临前，采取树盘灌水、树冠喷1%石灰水或"富万稼"有机钾肥500倍液等措施，降低地温，推迟花期。降霜当晚22:00前后，在果园四周每隔20~30m堆放木柴、树叶、麦糠等，24:00后点燃，熏烟增温，化霜防冻。

冻害发生后加强肥水管理，冲洗被沙尘所糊枝芽，及时回剪受冻枝芽，延迟疏花定果，搞好病虫防治，尽快恢复树势。

6. 花果管理

（1）保花保果。

①授粉树调整。补栽、高接授粉树，使授粉树与结果树比例达到（3~4）:1。

②人工授粉。可提高坐果率70%~80%。是目前方便、安全提高坐果率的有效措施之一。

a. 花粉采集。在授粉前3~4d采集大蕾期和初花期的花朵，用手搓下花药即可。将采集的花药在22℃条件下阴干24~48h，空气相对湿度保持60%~80%为宜。花粉囊自然破裂后，用小型磨粉机研磨2~3遍，可得到授粉用的纯花粉。

b. 授粉时间。一般在开花当天的7:00~10:00，苹果柱头分泌旺盛，为授粉的最适时间。授粉时只给中心花授粉，边花不授。每蘸1次花粉（用羽状花粉刷）可点授20个左右的中心花朵为好，每667m^{2}点授20 000~30 000朵花为宜。

③果园放蜂。苹果属虫媒花植物，果园放蜂可提高坐果率15%~20%，目前果园放的蜂主要有：蜜蜂，壁蜂（角额壁蜂、凹唇壁蜂），熊蜂，豆小蜂等，苹果花期每公顷果园放蜂3箱，壁蜂每667m^2 100头。

④花期喷营养液。即初花期至盛花期7:00~10:00喷0.3%硼砂+0.1%尿素+1%糖（最好蜂蜜）+花粉100g+4%农抗120水剂800倍液（预防霉心病）。

国外科技瞭望

豆小蜂的利用

豆小蜂是一种野生蜂，大约在40年前，被日本青森县一个名叫竹岛仪助的果农发现，并开始饲养与开发，目前日本90%果园都在应用豆小蜂授粉，豆小蜂授粉技术已成为日本苹果生产中的一项非常重要的技术措施。

利用豆小蜂进行苹果授粉的技术,关键是调节豆小蜂的出蛰活动期。自然状态下,豆小蜂成虫活动和采集花粉的高峰期,比苹果花期早。为了使这两个时期相吻合,必须推迟豆小蜂成虫出蛰时期。方法是在早春把豆小蜂的苇管放入0~5℃的冷库内,待苹果花序分离、接近开花时,再将苇管从冷库中取出,按一定距离、一定方式摆设在果园内。成虫最佳活动范围为50m左右。蜂群的活动期为1个月左右。另外,使用豆小蜂授粉应特别注意,在花期和豆小蜂活动期,不要喷撒对其有杀伤作用的农药。

与蜜蜂相比,豆小蜂的授粉质量高、效果好。原因是豆小蜂以采集花粉为主,在花药与柱头上活动,因此容易授粉,授粉均匀充分;而蜜蜂主要以采集花蜜为主,主要活动在柱头下部的蜜盘部位,授粉的概率相对较低。

(2) 疏花疏果。疏花疏果是苹果生产的重要环节之一。极早疏除无用花果,减少树体营养无效消耗,促使所留花果迅速发育至关重要。但在实际操作时,不可一步到位,一般按以下程序进行:

①修剪时,将花、叶芽比例调整为1:(3~4)。

②疏蕾。在花序伸长至花序分离期进行。按留果距离(20~25cm)疏花序,多余者整序疏除,呈空台,仅保留莲座叶。保留的花序,一般整序保留。

③疏花。开花期进行,保留中心花和开花较早的1~2个边花,其余边花全部疏除。对管理优良、树势健壮、花芽饱满、分布均匀、授粉树配置合理的果园,可将所留花序上的边花全部疏除,仅留中心花,一次疏到位。此法称为以花定果,可节省劳动力,节约大量营养。有晚霜危害的地区和花期天气不好时,不能使用,以免造成减产。

④疏果。谢花后1周开始,4周内结束,主要疏除病虫果、畸形果、边果,保留中心果。在树体正常生长情况下,留果标准须达到初果期每$667m^2$ 2 000~3000个、盛果期每$667m^2$ 10 000~15 000个。

⑤留果量的确定。苹果留果量确定主要有以下方法:

a. 叶果比法。一般乔化砧、小果型品种的叶果比(30~40):1;大果型品种(50~60):1较适宜。短枝型品种和矮化砧叶功能较强,叶果比适当减少,前者30:1,后者(20~30):1为宜。

b. 枝果比法。一般树平均每个枝条有13~15片叶,按3~4个枝条留1个果,可保证每果占有40~60片,中、小果型品种枝果比(3~4):1,大果型品种(4~5):1较好。

c. 间距法。一般小型果如嘎啦每隔15cm选留1个果,中型果如黄元帅每隔20cm选留1个果,大型果如富士每25cm选留1个果。

d. 以产定果。根据产量指标推算出留果量,作为疏果的依据。如《陕西省优质苹果园栽培管理技术细则》规定,盛果期产量指标为每$667m^2$ 2 000~2 500kg。以红富士为例,优质果的单果重为250~300g,由此计算出不同密度条件下的单株留果量(表5-7)。

表5-7 盛果期富士园单株产量及留果量参考标准

株行距(m)	每$667m^2$株数(株)	株产量(kg)	单株留果量(个)
2×3	111	18~23	72~76
2×4	83	24~30	96~100
3×4	55	36~45	144~150

7. 春季病虫害防治

（1）萌芽至花芽萌动期（3月至4月上旬）。

①主要防治对象。主要防治腐烂病、干腐病、枝干轮纹病、白粉病、叶螨、蚜虫、康氏粉蚧、绿盲蝽、绵蚜和卷叶虫等。

②防治方法。在枝干上喷施：40%福星5 000倍液＋进口毒死蜱1 000倍液＋200倍渗透剂（或清园宝600倍液＋绵介净1 000倍液，或3~5波美度石硫合剂＋1 500倍中性洗衣粉）液。

花露红期：树上喷布1波美度石硫合剂（花前8d）或8 000倍福星＋绵停1 500倍液（吡虫啉3 000倍液）＋蜡死净2 000倍液＋花果保1 000倍液。为提高坐果率，预防花期冻害，花果卫士600~800倍，效果较好。

（2）开花期（4月下旬至5月上旬）。

①主要防治对象。霉心病、苦痘病、缩果病，金龟子、蚜虫等。

②防治方法。在初花和末花期可用扑海因1 000倍液＋花果保1 000倍液＋1%蔗糖液（或速硼钙2 000倍液或钙硼双补1 500倍液等）。

（3）谢花后至幼果套袋前（5月上旬至6月中旬）。

①主要防治对象。果实轮纹病、炭疽病、苦痘病、斑点落叶病、早期落叶病、潜叶蛾、红白蜘蛛、卷叶虫类和金纹细蛾、食心虫等。

②防治方法。谢花后连喷3遍药。

第一遍药在谢花后7~10d：可用75%猛杀生1 000倍液＋3%多氧清500倍液＋阿维高粉2 500倍液（或90%万灵3 000倍液）＋20%螨死净2 000倍液（或阿维菌素原粉5 000倍液）＋1 000倍液花果保（或钙硼双补1 500倍）液。

第二遍药在果毛脱除期（5月中旬）：70%甲基托布津800倍＋50%多菌灵800倍＋吡虫啉3 000倍＋阿维菌素原粉5 000倍＋速硼钙2 000倍液。

第三遍药套袋前（5月下旬）：68.75%易保1 500倍液＋70%甲基托布津1 000倍液＋20%的蛾螨灵可湿性粉剂2 000倍液（或阿维菌素粉5 000倍液）＋钙硼双补1 500倍（或花果宝1 000倍）液。

5月中旬地面防治桃小食心虫：在桃小食心虫出土盛期用进口毒死蜱1 500倍液喷洒树冠下地面，消灭越冬出土幼虫。

第三遍药后间隔1d可进行果实套袋，于上午无露水时段和15：00后套袋，避开中午高温时间。

套袋结束的果园可喷68.75%易保1 500倍液＋25%戊唑醇3 000倍液＋钙肥液，根据害虫、螨类发生情况，选混杀虫、杀螨剂。

工作二　夏季生产管理

一、夏季生产任务

夏季是苹果快速生长季节，主要任务是土、肥、水管理（追施花芽分化肥、中耕除草、果园覆盖）夏季修剪（摘心、扭梢、拿枝、拉枝、环剥）、花果管理（定果、果实套袋）、夏季病虫害防治（褐斑病、轮纹病、早期落叶病、食心虫、潜叶蛾、红白蜘蛛等）。

二、夏季树体生长发育特点

进入夏季以后，苹果树进入第二个生长高峰（6月上旬至7月上旬），果实正在膨大，花芽分化进入盛期（6～9月），同时此季气温高，日照时间长，空气干燥，苹果红蜘蛛、食心虫危害加重，褐斑病、白粉病开始侵染危害，另外梨星毛虫、卷叶虫、蚜虫随雨水增多也有加重危害趋势。6月上中旬苹果新梢封顶，根系活动旺盛，正是追施花芽分化肥的最佳时机，而6月下旬后新梢继续生长，果实迅速膨大，果实膨大与新梢生长交替进行。7月中下旬根系生长逐渐减弱，而果实进入快速生长期。到8月份，果实继续膨大，花芽分化进入关键时期，各种食叶害虫如舟形毛虫、卷叶虫、军配虫等进入危害盛期。

三、夏季生产管理技术

（一）地下管理

1. 追施花芽分化肥 5月下旬至6月上旬追肥，能有效地促进花芽分化，有利幼果生长发育，减少生理落果。肥料种类以磷、钾为主，主要用三元复合肥，每667m^2追肥量，初果期为20～25kg，结果期为50～70kg。施肥后灌水。

2. 夏季灌水 进入夏季，由于苹果枝梢与果实迅速生长，且苹果叶片大、蒸发量大，因而需水量较大，应结合追肥及时灌水。但5～6月，保持土壤适度干旱，有利于花芽分化，应少灌水。7～8月正值果实迅速膨大期，应适度灌水。使20～40cm土层中土壤含水量维持在60%～70%为宜。灌水方法与春季相同。

3. 中耕除草 北方地区夏季温度较高，园内杂草种类多、生长快，因此要及时中耕锄草，中耕时要注意翻压春播的绿肥。

4. 果园覆盖 夏季高温来临前，在树冠下覆盖杂草、秸秆、绿肥等，一般覆盖厚度为15～20cm。覆盖后，草上压土，以防风吹。覆盖可防旱保墒，降低地温，保护浅表层根系，增加土壤肥力，促进果树花芽分化。

（二）地上管理

1. 夏季修剪 夏季修剪主要任务是抹芽、摘心、拿枝、拉枝、疏梢、环剥等工作，通过夏剪控制树体旺长，解决树体通风透光，促进当年果实膨大和来年花芽分化。

（1）抹芽。新梢长到5cm时，疏去直立向上的徒长枝及过密枝，使新梢均匀分布。

（2）摘心。生长旺盛的新梢于15cm处摘心，促生副梢；7月中旬对部分强旺副梢再次摘心，形成短枝，部分可成花；当果台副梢长至25cm左右时，保留8～10片叶摘心，提高坐果率，并促进幼果生长发育。

（3）扭梢。一般在春梢旺长期对中心干上过多新枝、主枝背上旺长枝，当长至15～20cm时，用手指从基部5cm处扭转180°，向缺枝的一侧补空。6月上中旬对2～3年生长较强的营养枝从基部扭转半圈，使之呈斜生或下垂状态。

（4）拿枝。夏季6月，当新梢长到50cm以上时，选2～3年生中庸枝进行。

（5）环剥、环切。一般在5月中旬到6月下旬进行。对适龄不结果的旺树可采取主干环剥，宽度为主干粗度1/10～1/8，要求宽度均匀，并对各刀口用胶带或报刊纸包裹伤口，以利愈合；矮砧旺树和改形树仅对其强旺枝组和缓疏的大枝在基部10cm处环切1～2道，间隔7～10d，再前移10～20cm环切1～2道，刀口用树叶包裹。

(6) 拉枝。用麻绳、铁丝、扎带将枝条人为地拉至整形要求的方位和角度。加速扩冠、成形，一般采取"一推、二揉、三压、四固定"的手法进行。

5~6月主要拉2年生以上骨干大枝，8月中旬至9月主要拉1~2年生枝条。骨干大枝和多年生强旺枝，不易成花的大冠品种，拉枝角度要大，拉至100°~120°；矮砧、易成花的品种，拉枝角度宜小，拉至90°即可；红富士品种一般根据枝类需要分别拉至90°~115°。对于小主枝和结果枝组可用E形开角器开张角度。

2. 果实套袋 果实套袋能抑制叶绿素，促进花青苷和胡萝卜素形成，使果面干净、果点细小，防止果锈和裂果产生，降低农药污染和病虫危害，显著提高果实的品质，为提高套袋效果，应把好以下几关：

(1) 套袋前的果园管理。

①选好园、选良种、选壮树，选好果。套袋果园应选园貌整齐、综合管理水平高的果园。一般要求土壤比较肥沃、群体结构和树体结构较好，生长期树冠下透光率在18%以上，果园覆盖率在75%以下，花芽饱满，树龄较轻，树势健壮。主要套果形端正、果梗粗长、萼部突出的优质果。

②套袋前喷药。套袋前要细致喷布1~2次杀虫、杀菌剂，铲除果面病菌。喷药后3d内套袋。

(2) 套袋技术。

①袋种选择。根据果园生产实际，主要选择日本小林袋，中国台湾佳田袋等高质量纸袋，红色品种选遮光袋，绿色及黄色品种选择透光袋。生产优质果品应使用符合标准的双层纸袋，保证果袋质量。纸袋外层纸应有力度，耐拉耐雨，蜡纸层要薄，耐高温。

②套袋时期。红富士、粉红女士等晚熟苹果最佳套袋时间在定果后30~40d开始，金冠品种易生果锈，应早套，以花后15~20d开始套袋为宜。

③套袋方法。请参照项目四任务四花果管理中的套袋技术。

④套袋后管理。

a. 作好病虫防治。及时防治叶片病虫，特别要防治好炭疽病、斑点落叶病、霉心病及红蜘蛛、金纹细蛾、星毛虫、金龟子等虫。选用25%灭幼脲3号、10%世高、菌立灭、农抗120、甲基托布津、波尔多液等。

b. 及时灌水和施肥。天气长期干旱，果袋内温度过高，易产生果实烧伤，膜袋应适量减少环割次数。适量追施磷、钾肥料和微量元素，如果氨宝、芸薹素481、黄腐酸旱地龙、巨金钙、高效钙肥等。

c. 摘叶防虫。疏除树冠下部过密枝叶，保持冠下通风。定期检查套袋果实生长情况，对果实生长及病虫害情况进行调查记载，并及时采取相应对策。

3. 夏季病虫害防治

(1) 麦收后（6月下旬春梢停长期）主要防治对象有褐斑病、早期落叶病、轮纹病、苦痘病、斑点落叶病、食心虫、潜叶蛾、红白蜘蛛等。

防治方法：树上喷1:2:200波尔多液+阿维灭幼脲2 000倍液。

(2) 秋梢迅速生长期（7月上中旬）主要防治对象有斑点落叶病、红蜘蛛、绵蚜、潜叶蛾等。

防治方法：树上可喷40%福星8 000倍+1.8%阿维菌素乳油3 000倍+1 000倍果树渗透

剂液。

（3）果实膨大期（8月）主要防治对象：轮纹病，斑点落叶病，红、白蜘蛛，食心虫，潜叶蛾等可喷1∶2∶200波尔多液＋2 500倍卵蜡力打＋1 500倍猎食液。

斑点落叶病、褐斑病、红白蜘蛛、食心虫、潜叶蛾、苦痘病等树上可喷易保1 500倍液＋25%戊唑醇3 000倍液＋0.3%苦参碱1 000倍液＋15%哒螨灵2 000倍液（或25%三唑锡1 000倍液）＋钙硼双补1 500倍液（或速硼钙2 000倍液）＋渗透剂1 000倍液。

交替使用倍量式波尔多液和其他内吸性杀菌剂，每15d左右喷1次，防治各种病害，斑点落叶病较重的果园，结合防治轮纹病，喷布50%异菌脲悬浮剂1 500倍液或40%福星乳油6 000倍液防治。

工作三　秋季生产管理

一、秋季生产任务

秋季是苹果成熟季节，主要任务是秋施基肥、深翻改土、中耕除草、秋季修剪、果实采收、秋季病虫害防治。

二、秋季树体生长发育特点

进入秋季后，根系又继续加快生长，9月底至10月上旬出现第三次生长高峰，10月中下旬生长减弱，10月底至11月初停止生长，逐步进入休眠。进入秋季后新梢生长缓慢，直至停止生长，进入落叶期。

三、秋季生产管理技术

1. 追施果实膨大肥、营养积累肥

（1）果实膨大肥。7月中旬至9月上旬（中熟品种稍早，晚熟品种稍晚）追施，主要追施速效钾肥。肥料种类为硫酸钾、磷酸二氢钾等肥料。每667m^2追肥量，初果期为35~50kg，结果期为60~90kg。

（2）营养积累肥。中熟品种采后到10月底，早施为好。主要施复合肥，每667m^2追肥量，初果期为20~30kg复合肥，结果期为30~40kg复合肥，有利结果树的产后恢复，提高花芽质量，增加树体贮藏营养，有利来年果树的生长与结果。

2. 秋施基肥　基肥是苹果树全年所需营养的主要来源，70%以上营养来自基肥，因此基肥施用非常重要。

（1）施肥种类。重点施用腐熟的厩肥、堆肥、沤肥、沼肥、生物菌肥等。严格按照《绿色食品　肥料使用准则》（NY/T 394—2000）的规定执行。

（2）苹果树需肥特点。苹果幼树至初果期主要需求氮、磷等大量元素，氮、磷、钾比例为2∶2∶1，进入结果盛期后，需钾量迅速增加，氮、磷、钾比例变为2∶1∶2。

苹果树一般每生产50kg苹果，需从土壤中吸收纯氮102.9~110.8g、磷80.5~170.3g、钾114.6~161.9g，前期主要需氮。需氮高峰在6月之前，后期主要需钾，钾的吸收高峰主要在果实膨大期。苹果对磷的吸收全年比较稳定。有机肥施肥量达到每千克果1.5~2.0kg有机肥，无机氮∶有机氮小于1∶1为好。

（3）施肥方式。主要以配方施肥为主。各地区施肥方式均有差异，渤海湾及黄河故道地区苹果施肥的配方氮、磷、钾比例为：幼树期2∶2∶1或1∶2∶1（旺树），结果树2∶1∶2。以上比例说明幼树需氮、磷较多，以促进枝叶生长和根系发育；结果树需氮、钾较多，以维持营养生长，提高产量和品质。黄土高原地区土壤缺磷，一般结果树氮、磷、钾比例1∶1∶1或2∶1.5∶1较为合理。微量元素的使用，根据树体表现，结合营养诊断后土施或叶喷补充。

（4）施肥时期、用量及种类。基肥于9月上旬至10上旬，即晚熟品种采前、中熟品种采后施肥。

幼树1~4年生每667m²可施秸秆肥1 500~3 000kg、畜禽粪1 000~1 500kg、饼肥150~200kg。

结果树按每千克果0.75~1.00kg肥施入，一般每667m²施肥量须达到4 000~5 000kg，约占全年氮肥用量的70%，全年磷肥用量的100%，全年钾肥用量的40%。

以渭北黄土高原红富士为例，不同树龄施肥量详见表5-8。

表5-8　红富士不同树龄时期每667m²施肥标准

树龄（年）	产量（kg）	有机肥（kg）	硫酸铵（kg）	过磷酸钙（kg）	草木灰（kg）
1~4	—	1 000~1 500	15~30	25~50	—
5~7	500~2 000	1 500~2 000	60~140	60~140	60~120
8~16	2 500~3 000	3 000~4 000	160~220	160~220	150~180
16~20	约2 500	>3 000	100	180	约150
>20	>2 000	>3 000	80~90	140~160	120~130

3. 秋季深翻　秋季果实采收后，结合秋施基肥，进行果园耕翻，疏松土壤，促进新根产生，加速基肥吸收利用。

4. 增色管理　苹果上色环节主要任务是除袋、摘叶、覆反光膜。

（1）除袋。

①除袋时期。晚熟品种红富士，果实在袋内为90d，中熟品种金冠、津轻在袋内时间为70d左右，一般而言，早熟品种采前5~7d除袋，中熟品种采前10~15d除袋，晚熟品种采前15~30d除袋。除内袋时间在10月6日以后，同一品种在高海拔地区上色快，宜迟除袋，低海拔区上色慢，应早除袋。

②除袋方法。单层袋先从下向上撕成伞状，过3~5d后，于晴天16∶00~18∶00除去即可；双层袋，先除外袋，一般在8∶00~10∶00或者16∶00~18∶00除袋，外袋除去后3~5d后，再除内袋。

（2）除袋后的管理。主要任务是增加着色、预防病害。

①秋剪。通过疏除无用徒长枝及秋季萌发出的直立嫩梢等，改善光照条件，提高果实品质。

②摘叶转果。除袋后，首先摘除直接遮光的叶片，然后摘除果实周围挡光的叶片，主要摘除老叶片，摘叶量以不超过总叶量25%为宜。当果面着色达到30%时，开始转果，将果实着色面转向阴面，将阴面转向阳面，用透明胶布固定，每过7~10d转1次，反复转动，

促进上色。

③铺设反光膜。主要采取冠区外围覆膜，以树冠四周投影线为中心，在地面上铺1.0～1.5m宽的乳白色或银白色反光膜，促使果实全面着色。

④及时防治果实病害。除袋2～5d后喷1次对果面刺激性小的杀菌剂和600倍的钙宝，杀菌剂选用易保1 200～1 500倍、农抗120 500倍液等，保护好细嫩果面，防治套袋果实的黑红斑点病、轮纹烂果病，促进果实着色。

5. 果实采收

（1）采收期的确定。

①按果实外观标准。当果实充分发育，并已充分表现出该品种的固有大小、色泽和风味时，进行采收。

②按果实生育天数确定采收期。每一个苹果品种，都有一定的果实生长发育天数，果实生长发育时间一到，就进行采收。一般元帅系155d、金冠160d、乔纳金系165d、富士系180～190d、秦冠180d。

（2）采收方法。果实采收也是果实管理的一个重要环节，也是决定一年劳动收益的关键时期，采收不科学，好果也会变成烂果，因此，选择科学采摘方法十分重要。

①采前准备。果实采摘人员要剪手指甲，以免采摘时刺伤果面；盛放果实的器具如篮子、筐子应用柔软的物品铺垫，防止发生碰压伤、刺伤等，严禁用受到农药或其他有毒、有害物质污染的物品盛装果品。

②采摘顺序。按照从外向内、由下而上的顺序进行采摘。其方法是，用手托起果实底部，轻轻转动果柄，果实即带柄采下，切记不要硬拽。要随采随放，轻拿、轻放，减少人为损伤。

③采后装卸与运输。装卸要轻装轻卸，运输要缓慢行驶、冷链运输，提高运输商品率。

6. 分级包装 严格按照国家规定的标准和市场要求进行分级包装，包装时应防止碰伤、压伤。

7. 秋季病虫害防治 10月中旬前后进行秋季病虫害的防治。

（1）防治对象。腐烂病、轮纹病、炭疽病、红点病、黑点病、苦痘病及苹小卷叶蛾等。

（2）防治方法。树上可喷70%甲基托布津800倍液（宁南霉素800倍液）＋4.5%高效氯氰菊酯1 000倍液＋速硼钙2 000倍液。腐烂病严重果园，刮治腐烂病，涂抹50倍菌毒清液。

工作四　冬季生产管理

一、冬季生产任务

冬季是苹果树休眠季节，主要工作任务有：冬季修剪、灌封冻水、培土、冬季清园、树干涂白、冻害预防等工作。

二、冬季树体生长发育特点

苹果树冬季进入休眠状态，叶片脱落，枝条成熟，根系缓慢活动，树体发育缓慢，许多病虫害随气温降低，陆续停止了危害，在树皮、落叶、杂草、病疤等处越冬，树体抗寒能力增强,花芽分化活动仍在缓慢进行。

三、冬季生产管理技术

(一)地下管理

1. 灌封冻水 在秋、冬季干旱地区,在落叶后至土壤封冻前,应及时灌透水,可使土壤中贮备足够的水分,有助于肥料分解,有利于提高树体抗寒能力,从而促进翌年春季的生长发育。灌水深度一般浸湿土层达到80m左右,灌水量一般以灌后6h渗完为好。

2. 幼树培土 在冬季寒冷地区,为了预防幼树抽干,可在树根培土30cm加强果树根茎保护,提高栽植成活率,预防干腐病滋生。

3. 树干涂白 为了预防日烧及兽害,进行树干涂白,涂白剂配方为:水10份,生石灰3份,石硫合剂原液0.5份,食盐0.5份,动、植物油少许。

4. 清园 清扫落叶、烂果、虫苞、僵果、病枝、枯枝等集中深埋或烧毁,可结合施肥深翻树盘。

(二)地上管理

1. 整形修剪

(1)适宜树形选择。

①1~7年生。每667m² 44~56株的乔化园或半矮化果园宜选择自由纺锤形;每667m²栽67~76株的矮化或短枝型树的果园宜选择细长纺锤形。

②8~15年生。乔化、半矮化果园宜将栽植密度逐步降至每667m² 22~28株,树形应选用变则主干形,矮化园、短枝型果园仍保持细长纺锤形。

③16年生以上。乔化、半矮化果园应将变则主干形逐步改为小冠开心形,矮化园、短枝型果园仍保持细长纺锤形(图5-2)。

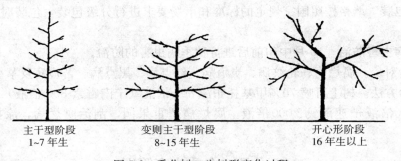

图5-2 乔化树一生树形变化过程

(2)树体结构。

①自由纺锤形。自由纺锤形属中小冠树形,定干高度80cm左右,特别粗壮的苗木也可不定干,这样发枝分散,不受剪口刺激,利于选留主枝。栽植密度越大,定干越高。在中心干上按一定距离(15~20cm)或成层分布10~15个伸向各方的小主枝,其角度基本呈水平状态。随树冠由下而上,主枝由大变小、由长变短,其上无侧枝,只有各类枝组。树高可达3.0~3.5m,该树形树体结构比较简单、

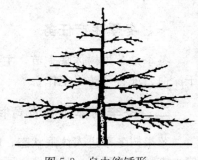

图5-3 自由纺锤形

成形快、易修剪、通风透光，易于管理（图5-3）。

②变则主干形。树高2.5~2.8m，干高1.0~1.2m，主枝数量6~8个，主枝上配备松散、下垂、均匀的小型结果枝组，是自由纺锤形与开心形的中间过渡树形。

③细长纺锤形。该树形适合667m²栽培66~83株[(2.0~2.5)m×4m]的矮化苹果园。树体干高90~100cm，树高2.5~3.0m，冠径1.5~2.0m，为行距的3/4。中心干直顺健壮，其上均匀配备14~15个小主枝，插空排列，螺旋上升，间距15cm左右，开张角度95°~100°，主枝长度由下向上逐渐减少，长度0.5~1.2m，中心干与小主枝粗度比为(3~4):1，小主枝两侧每隔15cm错落着生培养一个单轴呈下垂状的小枝或结果枝，主枝与枝组直径比为(4~5):1，树冠上、下部冠经小、中部冠经略大，呈细纺锤形（图5-4）。

④开心形。适用于树龄16年以上，每667m²栽56株以下乔化苹果园。或改造为其他树形较困难的无中心干、层间光秃、间距较大的小冠疏层形的树；开心形可分为低干、中干、高干开心形（图5-5）。

图5-4 细长纺锤形

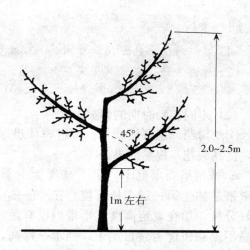

图5-5 低干开心形

a. 低干开心形。适合于山地果园。干高1.0~1.2m，树高2.0~2.5m，在主干1.0~1.6m保留3~5个永久性主枝，间距40~60cm，主枝角度50°~60°，每个主枝上各配2~3个大侧枝，侧枝之间用中小型结果枝组填充。主枝排列方位为东南方向处于低位，西北方向处于高位，结果枝组呈松散下垂状结果枝串，叶幕厚度2m左右，叶幕上部呈侧斜平面状态。

b. 中干开心形。适合于坡地果园。干高1.5m左右，结构同低干开心形。

c. 高干开心形。适合于平地灌区果园。干高1.8~2.0m，结构同低干开心形。

⑤高纺锤形。20世纪80~90年代北欧应用最多的树形，冠径0.8~1.2m，树高3m，干高0.7~0.8m（图5-6）。目前，苹果高纺锤形整形技术已在意大利、美国等苹果生产先进国家推广应用，我国陕西、河南一带经过树形试验，取得较好效果。

图 5-6　南欧苹果高纺锤形

想一想

1. 观察对比当地苹果主要树形有哪些。各有什么优缺点？
2. 讨论为什么日本苹果采用开心形。该树形的优点是什么？

（3）不同年龄时期的修剪。

①幼树期。主要任务是：促进树体迅速扩大，增加枝量，提早成形；搞好辅养枝的转化，促其成花，提早结果。

a. 按树形要求定干。定干高度为主干高度加整形带高度。不同树形主干高度不一。整形带是抽生第一层主枝部位，在20~30cm整形带内应有8~10个饱满芽，以便抽生出良好分枝。如在规定高度整形带内没有足够数量的饱满芽，可适当抬高或降低定干高度。切忌不论芽质优劣盲目定干，强求一样高，以免影响基部主枝培养。

b. 加速骨干枝培养。骨干枝培养要根据所选树形结构，确定其数目、方位、角度、长度、层次及层间距离等。对骨干枝要以促为主，使树冠迅速扩大，尽快增加枝量，为早期丰产奠定基础。对辅养枝要轻剪缓放，促发短枝，以利成花，提早挂果。

c. 结果枝组的培养。

Ⅰ. 小型枝组采用"先放后缩法"，即对一年生枝不剪、长放，待成花结果后再回缩。此法在幼树和初果树上应用较多。

Ⅱ. 大型结果枝组采用"先截后放再缩"法培养，即对一年生枝轻短截或戴帽剪，促发中、短枝，成花结果后，适当回缩，可形成中、小型枝组，但结果晚，在初果期不宜应用。

d. 落头开心。完成整形任务后，要注意控制树冠高度在3.0~3.5m为好，对超高树必须及时落头开心。方法是：对准备去掉的一段中心干，在冬季修剪时只疏去旺枝而不短截，次春萌芽前，在预定落头部位，将中干上部揉拿拉平，插向空间，萌芽后及时抹除背上萌蘖，夏季环割或环剥，促花结果，以果压顶，控制树高。

②盛果期。进入盛果期的树整形工作已经结束，修剪任务是：维持健壮树势，调节生长与结果的关系，改善光照条件，搞好枝组培养、调整和更新复壮，争取丰产、稳产、优质和延长盛果期年限。

调节营养生长和生殖生长平衡：要根据树体营养情况和花芽形成情况确定修剪量，在花芽多时，以疏为主，降低花量；对花量少的树，采取环切、拉枝、变向等措施促花，使每 $667m^2$ 树冠体积达到 $1\,200\sim1\,500m^3$，剪后每 $667m^2$ 留枝量达到 $30\,000\sim50\,000$ 条，枝类比达到长枝 $10\%\sim20\%$、中枝 20%、短枝 $60\%\sim70\%$ 为宜。

改善冠内光照条件：进入盛果期的树，因枝叶量大，常易使树冠郁闭，光照条件差，影响树体成花，应及早对枝条进行控制，以拉枝为主，控制新梢长度和粗度，结合疏枝，增光，提高成花质量和果实品质。

结果枝应根据不同情况，采取合理的修剪措施，才能维持健壮长势和良好的结果性能。

强旺枝组修剪：营养枝多而旺，长枝多，中、短枝少，花芽不易形成，结果不良。这类枝组应疏除旺长枝和密生枝，其余枝条尽量缓放。夏季加强捋枝，缓和长势，促进成花。

中壮枝组修剪：营养枝长势中庸健壮，长、中、短枝比例适当，容易形成花芽，结果稳定。这类枝组要调整花、叶芽比例，按"三套枝"修剪法修剪。即对一部分形成花芽的果枝不剪，使其当年结果；另一部分轻剪或不剪，使其当年形成花芽，下年结果。其余枝条中短截，促其发枝，下年轻剪缓放，促生花芽，后年结果。这样轮换更新，交替结果，才能保持果枝连续结果能力。

衰弱枝组修剪：一般中、短枝多，长枝少，花芽多，坐果少。这类枝组应疏除大量花芽，减轻负担，采取去远留近、去斜留直、去老留新、去密留稀、去下留上的更新修剪方法，恢复枝组长势。

③衰老期。主要任务是：更新骨干枝和结果枝组，恢复树势，延长结果年限。

a. 更新。在衰老树上要提前培养徒长枝，改造成新结果枝，逐年更新老结果枝，疏除过多的短果枝，短截长果枝，减轻树体负担，增强生长势。若树势极度衰弱，主、侧枝的延长头很短，甚至不能抽生枝条时，要及时回堵换头，抬高枝头角度，恢复长势。后部潜伏芽发生的徒长枝，要充分利用，培养成新的结果枝组。

b. 复壮。要适当降低衰老树的产量，加强病虫害的防治，同时增施有机肥和氮肥，促进树势恢复，延长经济寿命。

冬季整形修剪要注意保护伤口，剪口和锯口直径超过 1cm 的枝干要涂保护剂。常用的保护剂有：白乳胶漆、防水漆、石灰乳和 843 康复剂等。

2. 冬季病虫害防治 11 月至翌年 2 月的主要防治对象：腐烂病、干腐病、枝干轮纹病、斑点落叶病等越冬病病源和红蜘蛛、蚜虫、绵蚜、康氏粉蚧类、潜叶蛾类越冬虫螨。防治方法如下：

（1）彻底清园。结合冬剪，剪除病虫枝梢、清除枯枝落叶、病虫果及杂草，刮除老粗翘皮、病瘤、病斑等，集中烧毁或深埋。

（2）刮治和涂治。对腐烂病斑、轮纹病瘤进行刮治：将病斑坏死组织彻底刮除，并应刮掉一些好皮，用 $5\sim10$ 波美度石硫合剂进行伤口消毒。涂治：涂抹 500 倍福星＋200 倍果树渗透剂（或 $5\sim10$ 倍轮腐净或农抗 120 原液等）药液每周涂 1 次，共涂 3 次可治愈。亦可用

3倍浓碱水涂3～5遍，效果明显。

工作五　制订苹果周年管理历

苹果周年管理历是苹果周年生产操作技术规程，全国各地可根据当地具体情况参照绿色苹果生产技术规程执行。苹果产地环境须符合《绿色食品　产地环境质量标准》（NY/T 391—2000），农药使用必须符合《绿色食品　农药使用准则》（NY/T 393—2000）准则要求，肥料使用必须符合《绿色食品　肥料使用准则》（NY/T 394—2000）使用准则要求，果树栽植按照《苹果生产技术规程》（NY/T 441—2001）中的5.1至5.6执行，果实品质必须符合《绿色食品　温带水果》（NY/T 844—2004）。实现苹果产前、产中、产后全程质量控制，生产高质量的优质苹果产品。以下以我国苹果主产区陕西苹果周年生产为例，制订渭北绿色果品苹果周年管理历。

一、休眠期管理（11月下旬至翌年3月上旬）

1. 修剪　根据不同密度选用不同树形，每667m² 栽植55～44株的乔化果园，采用改良纺锤形；每667m² 栽培66～83株的矮化苹果园，采用细长纺锤形。

2. 清园　清除落叶、病果、僵果、病枝、杂草等，集中烧毁。

3. 树体保护　入冬时树干涂白，防治日烧、冻害及兽害。

4. 灌水　于11月下旬或12月中旬灌好封冻水。

5. 施肥　土壤解冻后，及时追肥补充营养。

二、萌芽前后管理（3月中下旬）

1. 刻牙　萌芽前7～10d，对长放主枝在缺枝处，芽的上方或下方1cm处刻芽，促其发枝。

2. 拉枝开角　对多年生枝于枝条萌芽后，拉到80°～105°，开张角度，缓和树势。

3. 病虫防治　喷5波美度石硫合剂或菌毒清500倍液，防治越冬病虫。同时刮治腐烂病疤，涂抹腐必清2～3倍液。

三、萌芽至花后管理（4月至5月上旬）

1. 追肥灌水　盛果树株施尿素0.3～0.4kg，幼果树为0.2kg，施肥后灌水中耕。

2. 花前复剪　剪除冬剪遗漏的病虫枝、干枯枝、冻害枝。调整树势，使花、叶芽比例达到中庸树1:3、弱树1:4、强树1:2。

3. 疏花疏果　花序分离期按果实大小，要求距离隔15cm、20cm、25cm留一花序，花后10d开始疏果，留中心果结果。每667m² 留果1.0万～1.5万个。

4. 果实套袋　苹果花后15～30d套袋，根据不同品种选用不同纸袋，早中熟品种花后15～20d套袋，晚熟品种采前30～40d套袋。

5. 病虫防治　此期主要喷施2 000倍液扫螨净或蛾螨灵加600倍农抗120液，重点防治红蜘蛛、星毛虫、卷叶虫、介壳虫等。

四、春梢速长期至麦收后管理（5月中下旬至6月下旬）

1. 定果　花后10d开始，到5月底、6月初结束，主要选留叶片多、果顶朝下、生长正常的优质结果枝上的中心果，剔除病虫果、侧向果等畸形果。

2. 夏剪 5月中下旬进行摘心、疏枝、拉枝、变向等改善通风透光条件，促进花芽形成。

3. 追肥 5月下旬至6月上旬，盛果树株施三元复合肥0.75～1.00kg，幼树株施0.50～0.75kg，以满足当年果实膨大和来年花芽分化。

4. 病虫防治 此期重点防治斑点落叶病、轮纹病、白粉病、炭疽病及红蜘蛛、桃小卷叶虫等，主要喷施：大生M-45、菌立灭2号、宝丽安等杀菌剂及绿色功夫、灭幼脲3号、蛾螨灵等杀虫剂。

五、果实膨大期管理（7～8月）

1. 夏剪 对当年新梢拿枝软化，改变方向；疏除内膛无用徒长枝，8月下旬对红富士进行戴帽修剪；撑吊结果过多的结果枝，增加光照，促进着色。

2. 肥水管理 1～7月幼树株施硫酸钾0.3kg、磷酸二铵0.2kg，盛果树株施分别为0.5kg和0.3～0.4kg，施肥后灌水。交替喷500倍液高美施、0.4％磷酸二氢钾、钙宝，促进果个增大。

3. 病虫防治 此期主要病虫害有炭疽病、黄叶病、食心虫、蝽象等，宜选用大生M-45、绿乳铜、多菌灵等杀菌剂以及果虫净、敌杀死、绿色功夫等杀虫剂进行防治。

六、果实着色至成熟期管理（9月至11月中旬）

1. 秋剪 疏除无用徒长枝、过密枝，摘叶、拉枝、吊枝，改善通风透光条件。

2. 覆膜 果实成熟前30～40d，在树盘下或行间覆膜，采收前将膜收起，洗净保存，待来年使用。

3. 除袋 红富士代表品种，苹果在袋内90d以上，中早熟品种苹果在袋内70d左右，采前10d除袋较好，晚熟品种采前25～30d除袋较好。

4. 病虫防治 采收前50d、30d和40d分别喷施0.5％硝酸钙防治水心病、苦痘病等。另外喷施多菌灵，甲基拖布津防治果实腐烂病，增强贮藏能力。

5. 施肥 结合深翻于9～10月份，施入有机肥，盛果树株施有机肥100～150kg、过磷酸钙3kg、尿素0.5kg，幼树株施有机肥40～50kg、过磷酸钙1.0～1.5kg、尿素0.25kg。

学习指南

一、学习方法

苹果是我国北方主要水果之一，学习本项目可以采取现场实训，按照苹果四季生产任务，分期组织学生到果园参加生产性实训项目，通过现场讲解，学生模拟操作，分组讨论，老师点评等环节完成每一项目实训任务。也可通过观看生产录像、果园技术人员讲解、现场操作、循环实训掌握苹果规范化生产技术。教学实训条件较好的院校也可通过学生承包果园、技能比武等形式让学生完成苹果树规范化生产管理技术。

二、学习网址

国家苹果工程研究中心 http：//apple.sdau.edu.cn/admin/read
莒南县农业局 http：//www.jnxagr.gov.cn/bencandy.php?fid=55&id=128
中国洛川苹果网 http：//www.lcapple.com/webcolumn/index.jsp
陕西苹果信息网.http//www.snsp.org.cn/pgwy/zcfg/zcfg.
北方绿色产业信息网 http：//www.bflch.com/syjspt.htm

技能训练

【实训一】果实套袋

实训目标

（1）掌握不同果树套袋类型，熟悉套袋对象，掌握果实套袋方法及套袋操作规程。
（2）能够完成常见果树套袋操作程序，生产安全放心绿色果品。

实训材料

1. 材料　当地栽培的果树（苹果、梨、桃或葡萄）其中之一，果袋。
2. 用具　果梯、修枝剪。

实训内容

（1）套袋前准备。选园、选树、选果、选袋种、喷药。
（2）果实套袋。用购置的专用纸袋或自制纸袋。套袋时，先用手将袋撑开，使袋口的纵向开口基部骑在果梗上，再将袋口左右横向折叠，最后将袋口处的扎丝弯成 V 形夹固袋口。纸袋应鼓起，幼果在袋内悬空，扎丝夹住纸袋叠层，不要扭在果梗上。
（3）本实训应结合生产安排在套袋的最佳时期（如苹果在花后 35～40d 进行、梨在花后 15～45d 进行）。时间 3～5d。
（4）采果前 20～30d，结合生产劳动安排一次除袋工作。

实训结果考核

1. 态度　不迟到、不早退，态度端正，认真、仔细，吃苦耐劳，遵守纪律（20分）。
2. 知识　掌握不同果实纸袋选择基本知识、套袋流程方法及步骤（20分）。
3. 技能　能够正确完成不同果实套袋任务，纸袋选择正确，套袋流程规范，套袋质量较高，符合绿色果品生产规范（40分）。
4. 结果　套袋商品率高，操作技术流程正确，技术熟练，操作迅速，符合绿色果品生产要求（20分）。

【实训二】苹果品质品评

实训目标

（1）培养学生对优质苹果鉴赏能力及评价能力，了解优质果品特征特性及描述方法。
（2）掌握当地苹果主栽品种的形态特征及分级方法，了解不同层次苹果主要区别。

实训材料

1. 材料 当地苹果主栽品种 5~6 个，每品种 30 个果实。
2. 用具 卡尺、天平、折光仪、硬度计、水果刀、记载表和记载用具。

实训内容

1. 外观品评 品种是否一致→看样品着色→果实大小→看果形指数，分部进行，逐项比较优劣。

（1）果个大小。平均果重、纵径、横径。
（2）果形指数。纵径/横径。
（3）果实形状。扁圆、卵圆、圆锥、短圆锥、椭圆、长椭圆、圆柱形等。
（4）果皮颜色。底色（绿、淡绿、绿黄、淡黄、黄、橙黄、褐色等）、面色（暗红、鲜红、淡红、浓红、粉红、紫红等）、色相（片红、条红）、着色指数（%）。
（5）果面。光滑度（光滑、粗糙）、果粉（多、中、少）、锈斑（片状、条状、无锈斑）、蜡质（多、中、少、无）、果点（多、中、少，大、中、小，凸、平、凹）。
（6）果梗。长度（长、中、短）、粗度（粗、中、细）。
（7）梗洼。深浅（深、中、浅、平、凸起）、宽窄（广、平、狭、隆起）、锈斑（有、无、片状、条状）、有无肉瘤。
（8）萼洼。深浅（深、中、浅、平、凸起）、宽窄（广、中、狭，皱状、隆起）。
（9）萼片。脱落或缩存，开张状（闭、半开、开、翻卷）。
（10）果皮。厚度（薄、中、厚）。

2. 内质品评

（1）果实硬度。用硬度计测定（kg/cm^2）。
（2）可溶性固形物含量。用折光仪测定（%）。
（3）果心。大小（大、中、小）、位置（近萼端、中位、近梗端）。
（4）果肉。颜色（白、乳白、绿白、黄白、淡黄、淡红等）、质地（粗、中、细，硬、脆、软，致密、疏松）、汁液（极多、多、中少）、风味（极甜、甜、淡甜、酸甜适中、微酸、极酸，味浓郁、淡、无味，有涩味、无异味）、香气（浓香、微香、无香气）、品质（极上、上、中、下、劣）。

3. 选择不同成熟期苹果品种进行 每年进行 2~3 次，室内果实性状鉴定，以小组为单位进行。先观察果实外部特征，再将其纵切，观察内部特征，并经过品尝鉴评果肉质地、风味等诸项内容，定量打分，确定优劣。

> **实训结果考核**

1. 态度　不迟到、不早退，态度端正，认真、仔细，吃苦耐劳，遵守纪律（20分）。
2. 知识　掌握不同苹果品种质量品评的基本知识，熟悉苹果质量评价方法及步骤（20分）。
3. 技能　能够正确完成苹果质量品评任务，品评结论正确，操作流程规范（40分）。
4. 结果　苹果品评操作流程正确、技术规范，符合绿色果品质量评价要求（20分）。

【实训三】果园施肥

> **实训目标**

（1）通过实训，使学生掌握果园施肥种类及土壤施基肥、追肥和果树叶面喷肥的方法与步骤。

（2）通过施肥过程训练，使学生进一步了解施肥方法、肥效与绿色果品质量的关系，为生产绿色果品提供营养保证。

> **实训材料**

1. 材料　幼龄及成龄果园，腐熟农家肥（厩肥、沤肥、堆肥、绿肥、饼肥、人粪尿等）、化肥和营养液肥。
2. 用具　镐、锹、锄头、水桶、喷雾器和运输工具等。

> **实训内容**

果树的施肥方法，应根据果树根系的分布、肥料种类、施肥时期和土壤性质等条件而定。

1. 土壤施肥方法

（1）环状施肥法。于树冠下比树冠大小略往外的地方，挖1个宽30～60cm、深30～60cm的环状沟。将肥料撒入沟内或肥料与土混合撒入沟内，然后覆土。此法适于根系分布较小的幼树。基肥、追肥均可采用。

（2）放射状施肥法。于树冠下，距树干约1m处，以树干为中心向外呈放射状挖4～8条沟。沟宽30～60cm、深15～60cm。距树干越远，沟要逐渐加宽、加深。将肥料施入沟内或与土拌和施入沟内，然后覆土。此法适用于成龄树施肥。

（3）条沟施肥法。以树冠大小为标准，于果树行间或林间开1～2条沟。沟宽50～100cm、深30～60cm。将肥料施入沟内，覆土。如果两行树冠接近时，可采用隔行开沟，次年更换的方法。此法可用拖拉机开沟，适用成龄果树施基肥。

（4）全国撒施法。先将肥料均匀撒于果园中，然后将肥料翻入土中，深度约20cm。当成龄果树根系已布满全园时，用此法较好。

（5）盘状施肥法。先在树盘内撒施肥料，然后结合刨树盘，将肥料翻入土中。幼树施追肥可用此法。

(6) 注入施肥法。即将肥料注入土壤深处。可用土钻打眼，深度钻到根系分部最多的部位，然后将化肥稀释后，注入穴内。适用于密植园。

(7) 穴施法。于冠下挖若干孔穴，穴深 20～50cm。在穴内施入肥料。挖穴的多少，可根据树冠大小及需要而定。此法适用于追施磷、钾肥料或干旱地区施肥。

(8) 压绿肥。压绿肥的时期，一般在绿肥作物的花期为宜。压绿肥的方法，可在行间或株间开沟，将绿肥压在沟内。一层绿肥，一层土，压后灌水，以利绿肥分解。

以上几种施肥方法的深度，在操作时要注意，基肥可深、追肥要浅。根浅的地方宜浅，根深的地方宜深，要尽量少伤根。施肥后必须及时灌水。

2. 根外追肥 将矿质肥料或易溶于水的肥料，配成一定浓度的溶液，喷布在叶面上，利用叶面吸收。一般矿质肥料、草木灰、腐熟的人尿、微量元素、生长素均可采用根外追肥。此法简单易行，用肥量少，发挥作用快，可随时满足果树的需要。还可与防治病虫的药剂混合使用，但要注意混合用后无药害和不减效。

(1) 根外追肥的使用浓度。应根据肥料种类、气温、树种等条件而定，在使用前可做小型试验。一般使用浓度为：尿素 0.3%～0.5%、过磷酸钙 1%～3% 浸出液、硫酸钾或氯化钾 0.5%～1.0%、草木灰 3%～10% 浸出液、腐熟人尿 10%～20%、硼砂 0.1%～0.3%。

(2) 根外追肥的时间。最好选择无风较湿润的天气进行，在一天内则以傍晚时进行较好。喷施肥料要着重喷叶背，喷布要均匀。

实训结果考核

1. 态度 不迟到、不早退，态度端正，认真、仔细，吃苦耐劳，遵守纪律（20 分）。

2. 知识 掌握不同果树施肥种类，施肥流程及施肥方法和步骤（20 分）。

3. 技能 能够按照绿色果品生产要求正确完成果树基肥、追肥、叶面喷肥追施任务，技术规范，操作熟练（40 分）。

4. 结果 施肥种类得当，施肥流程正确，技术规范，符合绿色果品生产要求（20 分）。

【实训四】果树人工授粉

实训目标

(1) 通过实训明确人工授粉作用，掌握人工授粉方法。

(2) 通过人工授粉技能训练，解决不同果树结果质量问题。

实训材料

1. 材料 苹果、梨或其他异花结实果树若干株。

2. 用具 塑料袋、小玻璃瓶、毛笔或橡皮头、干燥器、白纸、果梯、喷雾器。

实训内容

苹果或梨的人工授粉。

1. 花粉采集 选择与主栽品种亲和力强的品种作为采花授粉品种，采集花粉，使花粉在空气相对湿度为20%～70%、温度为20～25℃环境中,温度低时需加温,经过1～2d后阴干,花粉全部散出后,除杂包好备用。

2. 授粉方法 人工授粉、机械授粉、昆虫授粉。

实验提示:先由老师讲解,学生模仿实习,再由学生分步骤去做。

> 实训结果考核

1. 态度 不迟到、不早退,态度端正,认真、仔细,吃苦耐劳,遵守纪律(20分)。
2. 知识 掌握苹果夏季修剪特性,修剪方法及不同修剪方法适用范围(20分)。
3. 技能 能够按照授粉操作步骤完成果树人工授粉工作,技术规范,操作熟练。(40分)。
4. 结果 能够独立完成3～5个苹果、梨品种的授粉工作,操作迅速、准确,完成实训报告(20分)。

【实训五】果树疏花疏果

> 实训目标

(1) 通过实训,培养学生疏花疏果的意识,使其掌握技术要点和方法。
(2) 通过实训,使学生掌握常见果树负载调整方法和技巧,确保优质果品丰产、稳产。

> 实训材料

1. 材料 从当地主栽的果树(苹果、梨、桃等)中,确定一个树种,盛果期时选择花(果)量大的果树$1hm^2$左右。
2. 用具 疏花剪、疏果剪、计算用具等。

> 实训内容

(1) 熟悉疏花疏果的时间。先疏蕾,再疏花,后疏果。
(2) 确定花(果)留量。根据叶果比法、枝果比法、间距法、以产定果等方法确定花(果)的适宜留量。
(3) 掌握人工与化学药剂疏花疏果的方法。
(4) 本实训分2次进行。一次为疏花,一次为定果。也可结合其他实训或生产劳动完成。时间1～3d。
(5) 操作前,教师先讲解疏花疏果的方法和留果量确定法,然后分散独立操作。药剂疏花疏果分组进行。
(6) 留出少量对照植株,对比疏花疏果的作用。

> 实训结果考核

1. 态度 不迟到、不早退,态度端正,认真、仔细,吃苦耐劳,遵守纪律(20分)。

2. **知识** 掌握果树疏花疏果特点，疏花疏果方法及应用范围（20分）。
3. **技能** 能够正确完成果树疏花疏果工作，技术规范，操作熟练（40分）。
4. **结果** 能够独立完成苹果、梨负载调整工作，操作迅速、准确，技术规范熟练。完成实训报告（20分）。

【实训六】苹果休眠期整形修剪

实训目标

（1）通过实训，使学生掌握苹果整形修剪技术，掌握整形修剪的特点。
（2）通过实训，培养学生果树修剪基本功，为其他果树整形修剪打好基础。

实训材料

1. **材料** 苹果幼树、结果树及衰老树。
2. **用具** 修枝剪、手锯、高梯、保护剂（接蜡、铅油、松油合剂）。

实训内容

1. 幼树整形

（1）树形。目前在生产上采用的多为疏层形。小面积试验的尚有圆柱形、树篱形及有干自然形等。以疏层形为主，进行修剪。

（2）定干。新栽苗木，在预定的干高以上在留出15cm左右的整形带，进行剪截，剪口以下要有5~8个饱满芽。

（3）中心干。剪留60cm左右。但要考虑第二层和第三层主枝的位置。

（4）主枝。

①选择原则。选择基角较大、发育充实、方向适宜的3个分枝作为第一层主枝。层内距离40cm。若一年选不够，可分两年完成。

第二层主枝2个，第三层主枝1个，要上下层插空排列。并根据砧木种类和品种特性确定层间距，一般为80~100cm。

②修剪方法。主枝一般在一年生枝的饱满芽处短截，选留外芽作剪口芽。具体剪留长度，还要根据培养侧枝或大型枝组的位置灵活掌握，并把剪口下第三芽留在适宜的方向（一般留在背斜侧），以便抽生适宜的侧枝。剪口芽可根据延长枝需要延伸的方向留外芽、侧芽或里芽外蹬。距剪口较近的上位芽，应当除去。剪截之后，同层主枝头最好在一个水平面上。同时注意控制强枝，促使各主枝间的平衡生长。

整形带以下的分枝，一律不疏不截。个别角度小、生长旺的，可拿枝使其水平或下斜。

（5）侧枝。在主枝离主干60cm左右的地方，选留第一侧枝。第一层主枝的第一个侧枝应各留在主枝的同一侧，角度大于主枝，剪后的枝头低于主枝的枝头。

（6）枝组。

①配置原则。在主枝上两个同侧的侧枝之间和侧枝上培植侧生的、背斜的或背后的大型枝组，大型枝组的间距为60cm左右。大型枝组之间和靠近外层或内膛部位，可配置中型枝组。

小型枝组则见缝插针。根据各地情况，可以大、中型枝组为主，也可以中、小型枝组为主。

②枝组培养方法。可先截、后放或先放、后截。骨干枝上的直立枝，应先重截，再去强旺、留中庸，或去直立、留平斜，以控制其高度，培养成中、小型枝组。幼树、旺树可多采用先放、后截的方法。

(7) 辅养枝。不用作骨干枝和枝组的枝条，可作辅养枝处理。一般是缓放不截，仅将其角度扩大到比骨干枝更大一些。如有空间，个别也可短截，使其分枝后缓放。

(8) 直立枝和徒长枝如有空间，可拿枝缓放，促使其缓和生长，形成花芽并结果。如无空间，则应疏除。

2. 结果树的修剪 修剪之前，先观察树体结构，树势强弱及花芽多少等，抓住主要问题。确定修剪量和主要的修剪方法。

①辅养枝如过密过大的，则根据树势当年产量，分期、分批地疏除。一般应先疏除影响最大和光秃最重的大枝。

②中心干已达到预定高度，可在第五主枝的三叉枝处落头开心。如上强下弱，可用侧枝换头或疏去部分枝条，其余枝条缓放。如上弱下强，可将上层一部分一年生枝短截，增加枝量，促进其生长势。

③主枝和侧枝梢角度过小或过大的骨干枝，应利用背后枝或上斜枝换头，抬高或压低其角度。若与相邻树冠或大枝交叉，则将其适当回缩。

空膛严重的树，可将主枝回缩到第四或第三侧枝处，复壮内膛。

④外围枝和上层枝一般应采用疏放结合的修剪方法。疏枝的原则是：疏除强旺枝，保留中庸枝；疏除下垂瘦弱枝，保留健壮枝；疏除直立枝，保留斜生枝。留下的枝条缓放不截，以减少外围和上层的枝量，改善内膛光照条件，缓和外围和上层的生长势，扶持中下部的生长势，尤其是旺树和成枝力较强的品种，更应如此。外围枝先端已经衰弱的树，则应适当短截延长枝，加强其生长势。

⑤枝组。先疏去部分过密的枝组，以利于通风透光，再回缩过长的、生长势开始衰退的枝组。从全树讲，应分批分期进行，3~5年轮流回缩复壮一遍。对弱树，则早些回缩。回缩部位应在有较大的分枝处。对于无大分枝的单轴枝组或瘦弱的小型枝组，一般应先缓放养壮之后，再行回缩。

⑥直立枝和徒长枝可培养为枝组，填补空间，无用的应及时疏去。

3. 衰老树

(1) 骨干枝的更新。根据衰老程度，采取回缩复壮更新修剪的方法。适当回缩骨干枝，缩小冠幅，降低树高，建立树体地上部与地下部新的平衡。空膛较重的骨干枝回缩部位应在大分枝处。但为了保护新的骨干枝，则可在其上再留一个大、中型枝组。

(2) 多年生枝的更新。多年生枝先端的下垂部分，应当疏去，利用直立枝换头，抬高角度。

(3) 短果枝群和枝组的更新。应疏去其中过密和衰老的分枝，集中营养加以复壮。

(4) 徒长枝和直立枝的利用。应充分利用培养成新的骨干枝和枝组。

4. 修剪的注意事项

(1) 先处理大枝，后处理小枝；先疏枝，后短截。

(2) 按主枝顺序由外向内修剪。

(3) 大伤口应立即将伤口面修平，并涂抹保护剂。

（4）病株应最后修剪，并注意工具消毒。

实训结果考核

1. **态度**　不迟到、不早退，态度端正，认真、仔细，吃苦耐劳，遵守纪律（15分）。
2. **知识**　掌握苹果整形修剪方法，正确领会各种方法使用技巧（20分）。
3. **技能**　能够独立完成苹果整形修剪任务，技术规范、操作熟练。（40分）
4. **结果**　完成一份实训报告。通过修剪实践总结说明苹果的修剪特点，并完成修剪反应观察任务（25分）。

项目小结

本项目主要介绍了主要常见果树——苹果生物学特性，安全生产的基本要求，四季管理技术，系统阐述了绿色果品苹果周年规范化栽培技术，为绿色果品苹果的发展指明了方向。

复习思考题

1. 说说适合当地栽培的苹果优良品种有哪些。
2. 简述苹果树的结果习性。
3. 苹果树对环境条件有哪些要求？
4. 苹果园土壤管理制度有哪几种？各有什么优点？当地适合采用哪几种？
5. 苹果树追肥主要在什么时期？各用哪些肥料？有何作用？
6. 苹果树动态修剪的特点是什么？
7. 说明苹果不同年龄时期的修剪要点。
8. 苹果如何进行人工授粉？
9. 如何提高苹果的坐果率？
10. 苹果乔化园、矮化园如何进行整形？
11. 苹果主要病虫害有哪些？如何进行防治？
12. 提高苹果品质的措施有哪些？
13. 如何进行果实套袋？
14. 如何促进苹果着色？
15. 果园生草覆盖有什么好处？如何生草、覆盖？
16. 苹果树需肥特点是什么？怎样进行苹果树施肥？

项目六

梨标准化生产

学习目标

知识目标
- 了解梨生物学特性及安全生产的基本要求。
- 熟悉绿色果品梨标准化生产过程。
- 掌握梨生产技术，能独立指导梨园生产管理。

能力目标
- 能够识别梨常见品种、主要病虫害并掌握其防治技术。
- 能够运用绿色果品梨生产关键技术，独立指导生产。

学习任务描述

本项目主要任务是完成梨树认知，了解梨树生长发育特点及春季、夏季、秋季和冬季的生产任务与综合管理技术要点，全面掌握梨树土、肥、水管理技能，整形修剪技能，花果管理技能与病虫害防治技能。

学习环境

要完成本项目学习任务，必须具备以下条件：
- 教学环境　幼龄梨树园、成龄园、多媒体教室。
- 教学工具　修剪工具，植保机具、常见肥料与病虫标本、梨生产录像或光碟。
- 师资要求　专业教师、企业技术人员、生产人员。

相关知识

梨原产于我国，距今有2 500年以上的历史，梨在我国分布广泛，从南到北，从东到西，均有梨树栽培。目前全国有五大梨区：寒地梨区（内蒙古、辽宁）、西北高原梨区（新疆、甘肃、宁夏、青海、陕西）、渤海湾梨区（河北、辽宁、山东、北京、天津）、长江流域梨区（四川、湖北、安徽、江西、江苏）、西南高原梨区（云贵高原）。世界上梨生产国家有70多个，年总产量950万~1 300万t，其中产量在22万t以上的国家有11个，主产国有：中国、意大利、日本等。

截至 2011 年，中国梨产量达到 1 438.84 万 t，占世界梨果总产量的 65.68%（FAO，2010）。但出口量仅占生产总额的 6% 左右，占全球梨出口总额的 9.1%，主产省份有：河北、辽宁、山东、甘肃、陕西等省。主栽品种主要有：砀山酥、莱阳慈梨、河北鸭梨、雪花梨、黄金梨、水晶梨等。栽培趋势：品种名优化、多样化，技术省力化、简单化，生产标准化、安全化。

任务一　观测梨生物学特性

一、生长特性

1. 根　梨根系发达，一般情况下梨树根系垂直分布，深达 2~3m，以 20~60cm 土层中分布最为集中，80cm 以下很少。水平分布一般为冠幅的 2 倍左右，少数可达 4~5 倍。越靠近主干根系越密，树冠外根系少而细长，且分叉根也少。根系分布的深广度和稀密程度，受砧木、树种品种、土质、土层深度和结构、地下水位、地势、栽培管理技术等的影响较大。

梨树根系生长一般每年有两次高峰：第一次出现在新梢停止生长后，第二次出现在采果后。根系生长最适温度为 21~23℃。

2. 芽的类型与特性　梨芽的外部被覆着较多革质化的鳞片，芽个体发育程度高，芽体较大并与着生枝条形成分离状。梨树的枝条除基部有少量芽不萌发外，绝大多数当年都能萌发，萌发率很高。但一般梨树形成长枝的能力很低。梨树芽的异质性不明显，成龄梨树大部分品种当年新梢无二次生长，停止生长早，营养枝上除基部 3 个左右瘪芽外，中上部芽都表现比较饱满。在主芽两侧各生一个极微小、肉眼不易见的副芽，主芽萌芽抽梢后，鳞片脱落，副芽在枝条基部潜伏为隐芽。当主芽受损伤时，能萌发。

3. 枝条类型及特性　梨树体高大，秋子梨最高可达 30m，白梨次之，砂梨比白梨稍矮。梨的寿命长，砂梨比白梨寿命稍短。梨树枝叶量少，枝干加粗生长比较慢。顶端优势比苹果、桃等果树明显，由于梨树从幼龄起萌发的枝条多集中在顶部，因而形成一年一层向上生长特性，层性明显，树冠抱合。进入盛果期后，枝条生长势减弱，结果后主枝逐渐开张，树冠呈圆头形。

中国梨新梢只有春季一次加长生长，一般无秋梢。梨的新梢生长期短，长梢多在 6 月下旬、7 月上旬前停止生长，中短梢在 5 月中下旬前停止生长。所以，梨的新梢生长集中在萌芽后的 1 个月之内。

梨树叶片具有生长快，形成早的特点，5 月下旬以前形成的叶面积占全树的 85% 以上。梨树在展叶后的 25~30d 有一个亮叶期，亮叶期叶功能已经达到最强的时期，中、短梢顶芽鳞片形成，开始向花芽转化。

二、结果特性

梨树结果早晚依种类、品种而异。砂梨系统的梨品种结果较早，嫁接后 3~4 年就可结果；秋子梨系统的梨品种结果较晚，一般需 5~7 年才能结果。梨树进入盛果期一般在 10 年以后，密植栽培的梨树有的 4~5 年后也可进入盛果期。梨树适当控制顶端优势，开张角度，轻剪多留，加强肥水，可提早结果。

1. 结果枝　梨树一般以短果枝结果为主，中长果枝结果较差，也有腋花芽结果的，如京白梨、慈梨等。梨结果新梢极短，开花结果后，结果新梢膨大形成果台，果台上一般可发

1~2个果台副梢，条件好时，可连续形成花芽结果，果台副梢经多次分枝成短果枝群（图6-1）。一个短果枝群可结果2~6年，长的可达8~10年，随树龄增长，短果枝群的结果能力衰退。

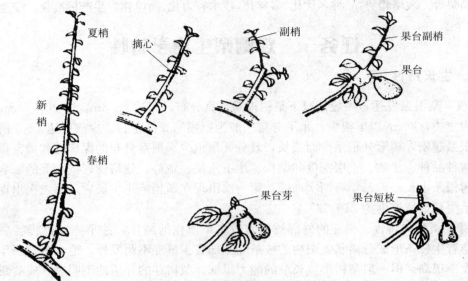

图6-1 梨的新梢、副梢和果台副梢

2. 开花习性 梨树花芽为混合芽，芽萌发后，由雏梢发育成结果新梢。梨花序为伞房花序，每花序有花5~10朵，边花先开，中心花后开，先开的坐果好。大部分品种可坐2果以上。梨的花芽多着生在中、短枝的顶端，部分品种中、长枝腋芽也可形成花芽。梨花芽分化一般在6月上旬至9月中旬，少数延迟到10月上旬。凡短枝上叶片多而大、枝龄较轻、母枝充实健壮、生长停止早的，花芽分化开始早，芽的生长发育也好。能及时停止生长的中长梢，顶花芽分化早于腋花芽。生长强壮，停止生长迟的旺枝，腋花芽分化又早于顶花芽。梨多数品种自花结实率很低，需要配置授粉品种。

3. 果实发育 梨的果实生长发育分为3个时期：

（1）果实迅速膨大期。种子增大，胚乳细胞、花托、果心部分细胞迅速增殖，幼果生长快，纵径生长比横径快。

（2）胚发育吸收胚乳期。果实增长缓慢。

（3）果实成熟期。为果实生长最快时期。此期，细胞迅速增大，是影响产量的重要时期。

4. 落花落果 梨树落花落果主要有3次。落花发生在花后7~20d，主要是没有授粉受精引起的，有些梨园落花严重者可达80%以上。落果发生在开花后30~40d，幼果在胚乳发育期，如果营养物质不足则胚乳停止生长发育，进而造成落果。梨树采收前也易出现落果，这与树势衰弱、早期落叶、食心虫危害以及大风等有关。

任务二 了解梨安全生产要求

一、果品质量要求

为了提高梨果食用的安全性，保护消费者身体健康，生产过程中使用的肥料和农药应完全按照《绿色食品　农药使用准则》（NY/T 393—2000）和《绿色食品　肥料使用准则》（NY/T 394—2000）执行。绿色食品梨是安全、优质、营养丰富的优质果品，产品质量必须符合《绿色食品　温带水果》（NY/T 844—2004）的规定，该标准从感官要求、理化要求和卫生要求3个方面对绿色食品梨的质量做出了专门规定。

1. 感官质量要求　具体的感官指标应符合表6-1的要求。

2. 理化质量要求　绿色食品梨的理化指标必须符合《绿色食品　温带水果》（NY/T 844—2004）中有关梨理化指标要求，详见表6-2。

表6-1　绿色果品梨果实感官质量要求

项　目	要　求
基本要求	各品种的鲜梨都必须完整良好，新鲜洁净，无不正常的外部水分，无异臭及异味，精心手采，发育正常，具有贮存或市场要求的成熟度
果　形	果形端正，具有本品种固有的特征，果梗完整
色　泽	具有本品种成熟时应有的色泽
果实横径（mm）	特大型果≥80，大型果≥75，中型果≥65，小型果≥55
果面缺陷	基本上无缺陷，允许下列不影响外观和品质的轻微缺陷不超过2项： 1. 碰压伤　允许轻微者1处，其面积不超过0.5cm²，不得褐变 2. 刺伤、破皮划伤　不允许 3. 磨伤（枝磨、叶磨）　允许轻微磨伤面积不超过果面的1/12，巴梨、秋白梨不超过果面的1/8 4. 水锈、药斑　允许轻微薄层，总面积不超过果面的1/12 5. 日灼　不允许 6. 雹伤　不允许 7. 虫伤　不允许 8. 病果　不允许 9. 虫果　不允许

表6-2　绿色果品鲜梨的理化指标要求

品　种	果实硬度 N/cm²（kg/cm²）	可溶性固形物含量（%）	总酸（%）	固酸比
鸭　梨	39～54（4.0～5.5）	≥10.0	≤0.16	≥62.5∶1
酥　梨	39～54（4.0～5.5）	≥11.0	≤0.16	≥110∶1
茌　梨	63.7～88.0（6.5～9.0）	≥11.0	≤0.10	≥110∶1
雪花梨	68.6～88.0（7.0～9.0）	≥11.0	≤0.12	≥92∶1
香水梨	58.8～73.5（6.0～7.5）	≥12.0	≤0.25	≥48∶1
长把梨	68.6～88.0（7.0～9.0）	≥10.5	≤0.35	≥30∶1
秋白梨	107.9～117.7（11.0～12.0）	≥11.2	≤0.20	≥56∶1
早酥梨	69.6～76.5（7.1～7.8）	≥11.0	≤0.24	≥46∶1
新世纪梨	54.0～68.6（5.5～7.0）	≥11.5	≤0.16	≥72∶1
库尔勒香梨	54.0～73.5（5.5～7.5）	≥11.5	≤0.10	≥115∶1

注：未列入的其他品种，根据品种特性参照表内近似品种的规定掌握。

3. 卫生质量要求　绿色果品梨的卫生指标应符合《绿色食品　温带水果》（NY/T 844—2004）卫生指标要求，详见表5-4。

二、环境条件要求

梨树在我国分布广泛,最主要的栽培区在辽宁、河北、山东、黄河故道、晋中南及关中平原地区,不同地区的气候条件差别较大,不同种类的梨对环境条件的要求也不同。

1. 温度 秋子梨、白梨喜干燥冷凉的气候,抗寒力较强,其中秋子梨最为抗寒,可耐 -35~-30℃的低温,白梨能耐 -25~-23℃的低温。砂梨喜温暖湿润气候,抗寒力较弱。西洋梨喜夏季干燥气候而不耐夏湿,抗寒力也较差。梨树开花要求 10℃以上的气温,开花最适温度 14~15℃。梨的花芽分化以 20℃左右的温度为好。梨树根系在土壤温度达到 0.5℃时开始活动,而新根的生长在土温升至 5~7℃时才开始。在梨果成熟过程中,昼夜温差较大的地区,有利于着色和糖分积累,所产果实品质优良,耐贮运。

2. 光照 梨树喜光,年需日照在 1 600~1 700h。梨树光合作用的光补偿点为 800lx,在 1d 内应有 3h 以上的直射光,这些指标对于确定梨树栽培密度、树冠高度、枝叶留量都非常重要。成龄梨园每 667m^2 的枝量以 8 万~10 万条为宜,叶量 450 万片,叶面积系数 3~4 为宜。

3. 水分 砂梨需水量最多,在年降水量 1 000~1 800mm 地区,仍生长良好。白梨、西洋梨主要产在 500~900mm 雨量地区,秋子梨最耐旱,对水分不敏感。但总的来说,梨树对水分供应要求较高,需水量大于苹果。梨每平方米叶面积日蒸发水分 40g 左右。梨树比较耐涝,素有"涝梨"之称。但是如果土壤中水分过多,则会因氧气不足影响根系的生长、呼吸和吸收功能,长期积水还会导致根系腐烂死亡。

4. 土壤 梨对土壤要求不严,沙土、壤土、黏土都可栽培,但仍以土层深厚、土质疏松、排水良好、地下水位不太高的沙壤土为好。梨喜近中性的土壤,pH 在 5.8~8.5 均可生长良好。不同砧木对土壤的适应性不同,砂梨、豆梨喜欢偏酸土壤,杜梨喜欢偏碱土壤。梨较耐盐,但土壤含盐量达 0.3% 时,即受害。杜梨比砂梨、豆梨耐盐力强。

三、建园要求

1. 优良品种选择 梨属植物有 35 种,主要原产于地中海、高加索及我国。我国梨的主要种类有秋子梨、新疆梨、麻梨、西洋梨、木梨、白梨、砂梨、杜梨、豆梨、褐梨等,其中主要的栽培种类是秋子梨、白梨、砂梨及西洋梨。梨主要优良品种如表 6-3 所示。

表 6-3 梨主要优良品种

种类	品种	产地	成熟期	单果重(g)	果实品质	贮藏期
秋子梨	红南果梨	燕山、辽宁	9月下旬	112	柔软多汁、芳香浓郁、品质极上	可贮存 1~3 个月
秋子梨	京白梨	北京、昌黎	8月中下旬	93	汁多、味甜、有香气、品质上等	贮存 20d
白梨	鸭梨	河北泊头、山东阳信	9月中下旬	150~200	汁多、味甜、有香气、品质上等	可贮存至翌年 2~3 月
白梨	雪花梨	河北赵县	9月上中旬	300	脆而多汁、味甜、微香、品质上等	可贮至翌年 2~3 月

（续）

种类	品种	产地	成熟期	单果重(g)	果实品质	贮藏期
白梨	酥梨	黄河故道	9月上旬	270	肉稍粗、但酥脆爽口，品质上等	可贮至翌年2~3月
	茌梨	山东莱阳	9月中下旬	220~280	味浓甜、微香，品质上等	可贮存至翌年1~2月
	库尔勒香梨	新疆库尔勒地区	9月下旬	90	质脆、汁多、香气浓郁，品质极上	可贮存至翌年4月
	苹果梨	辽宁	10月上旬	250	肉质细脆、甜酸适度，品质中上	可贮存至翌年5~6月
	早酥	山东	7月下旬	200~250	果心较小，质极细、酥脆，汁特多，味甜稍淡，品质上等	室温下可贮存20d左右
	红香酥	河南郑州	9月中下旬	220	果皮绿黄色，向阳面红色。肉质细脆致密，石细胞较少，汁多，味香甜，品质极上	可贮存至翌年3~4月
	中华玉梨（中梨3号）	河南郑州	9月下旬至10月上旬	250	果心小，肉质细嫩松脆，石细胞极少，汁多，甜酸爽口，品质极上	可贮存至翌年3~4月
	玉露香	晋中地区	8月下旬至9月上旬	250	果皮薄，果心小，肉质细，汁液多，石细胞极少，味甜具清香，品质极上	土窑可贮存至翌年2~3月
	黄冠	河北昌黎	8月下旬	250	肉质细嫩多汁，石细胞少，味酸甜，香味浓，品质上	常温下可贮存20d
砂梨	沧溪梨	四川	8月下旬至9月上旬	300~500	质脆，汁多味甜，品质中上	可贮存至翌年1~2月
	丰水	四川	7月中旬	253	肉质细脆、柔软多汁味甜品质上等	不耐贮存
	爱宕	河南	9月上旬	450	果面光滑，果皮褐色，石细胞少，肉质细腻，甜脆多汁	耐贮存
	新高	胶东地区	10月中下旬	450~500	果面较光滑，果肉乳白色，致密多汁，无残渣，味甜	常温下可贮存3~4周
	金二十世纪	山东	8月下旬	300	肉质细，汁多，风味浓甜，品质特优	极耐贮存
	七月酥	河南郑州	7月上旬	210	肉质细嫩而松脆，汁多，味甘甜香味浓郁，品质极上等	可贮存15d
	中梨1号（绿宝石）	河南郑州	7月中旬	220	果心中等偏小，肉质细嫩，汁多，石细胞少，味香甜，品质极上	常温可贮存20d
	圆黄	河南西华	8月上中旬	380	肉质细嫩，石细胞少，果心小，汁多，有香味，品质佳	常温可贮存20d
	黄金梨	山东惠民	9月上中旬	300	果肉细嫩，石细胞极少，汁多味甜，有香气，品质极上	常温可贮存15~20d
	满天红	河南郑州	9月下旬	280	肉质酥脆，汁多，味酸甜适口，香气浓，果心小，石细胞少	较耐贮运

（续）

种类	品种	产地	成熟期	单果重(g)	果实品质	贮藏期
砂梨	美人酥	河南郑州	9月中下旬	275	果肉细嫩，酥脆多汁，风味酸甜，略有涩味，品质上	较耐贮运，贮后风味、口感更好
砂梨	红酥脆	河南郑州	9月上中旬	260	果心极小，肉质细嫩酥脆，汁多，石细胞很少，味甘甜，略有清香，品质上	较耐贮存
西洋梨	红巴梨	胶东半岛、辽宁大连	8月下旬至9月上旬	250	肉质柔软、味浓甜、有芳香，品质极上	不耐贮存
西洋梨	早红考密斯	陕西	7月下旬	280	肉质细，柔软，汁多，酸甜具浓香，采后经10d左右后熟食用最佳，品质上	常温下可贮存30d
西洋梨	日面红	山东青岛	8月下旬	208	肉质柔软多汁、味浓，品质中上	不耐贮藏

? 想一想

当地梨还有哪些野生种类和优良品种，其主要特性是什么？

2. 园地选择要求 绿色果品梨建园环境必须符合《绿色食品 产地环境质量标准》（NY/T 391—2000）的要求，同时要求栽培区年平均气温、生长季有效积温、年日照时数、年降水量、土壤条件等适宜梨树的生长发育。

3. 栽植要求 栽植时期分为秋栽和春栽两个时期。秋栽从落叶起至封冻前都可进行；春栽在春季土壤解冻后至梨树萌芽前进行。温带、旱温带落叶果树带以秋栽为宜，干寒落叶果树带以春栽为宜。目前梨园多采用株行距（2.0～2.5）m×（4～5）m，每公顷栽植750～1 200株，主栽品种和授粉品种的比例一般为4∶1或5∶1。

四、生产过程要求

绿色果品梨标准化生产过程要符合绿色果品生产要求，生产过程中使用的肥料和农药完全按照《绿色食品 农药使用准则》（NY/T 393—2000）和《绿色食品 肥料使用准则》（NY/T 394—2000）执行，生产出生态、安全、优质、营养的梨产品。

任务三 梨标准化生产
工作一 春季生产管理

一、春季生产任务

春季生产任务主要有：春季修剪（拉撑开角、撑梢、环剥、摘心、除萌），花果管理

（疏花疏果、放蜂、人工授粉），土、肥、水管理（追肥、灌水、松土保墒），病虫害防治等工作。

二、春季生产管理技术

（一）地下管理

1. 春季追肥 萌芽前追肥可促进萌芽、开花、坐果和新梢的前期生长。此期以速效性氮肥为主。结果树每 $667m^2$ 追施尿素 20~30kg。也可根据结果量确定追肥量，已结果的梨园一般每生产 100kg 果实，全年需追施尿素 0.5~1.0kg 或硫酸铵 1~2kg，也可追施碳酸氢铵 1.5~3.0kg；此外还需追施过磷酸钙 1~2kg、硫酸钾 0.5~1.0kg。幼树及初果期，可根据树体大小每株施尿素 0.1~0.5kg。

2. 春季翻耕 春季耕翻一般在土壤解冻后趁墒及时进行。耕翻深度 10~20cm，耕翻后耙平，春季翻耕有利于增温保墒，可促进根系生长和春梢生长，能提高坐果率。

3. 春季灌水

（1）萌芽前灌水。北方梨区春季干旱，而此时正是果树萌芽、抽梢、开花期，需水较多，灌水后松土保墒。

（2）落花后灌水。此时新梢迅速生长，幼果发育，需水量较大。灌水后中耕。

（二）地上管理

1. 春季修剪

（1）拉撑开角。对角度过小的大枝可采用拉、撑等方法开角。

（2）摘心。摘心具有促生分枝、加速整形、培养枝组、调节生长势和促进花芽形成的作用，是幼旺树夏剪的主要措施。

（3）拿枝软化。是幼树控势、开角变向的主要方法。主要对象是一年生至二年生的直立枝、竞争枝和角度过小的辅养枝。

（4）环剥和环割。此法是幼旺树促花、控冠的有效措施，环剥或环割的时期因目的不同而异。以促花为主要目的时，在 5 月下旬至 6 月上旬进行为宜；为提高坐果率则以盛花期为宜。剥口宽度为枝干直径的 1/10 左右。梨树环割一般只环割 1 圈，不适合搞多道环割，当环割效果不明显时，可进行多次单道环割。

（5）除萌和疏枝。在剪锯口及变向枝背上的极性位置处会长出很多萌蘖，它们影响树形和正常的生长发育，应通过除萌和疏枝的方法加以控制。如有空间可通过摘心、拿枝变向加以利用。对枝头竞争枝、背上直立枝、内膛徒长枝应根据其能否被利用而对其进行控制、培养或疏除。

2. 花果管理

（1）人工放蜂。梨花为虫媒花，花期放蜂有利于梨树授粉并提高坐果率。一般每 0.5~1.0 hm^2 放 1 箱蜂即可。花期放蜂的果园，应禁止在花期喷药。

（2）人工授粉。在花处于气球期时进行采粉。将采下的花朵带回室内取出花药，将花药放于光滑的纸上，摊成薄薄的一层，在 18~25℃ 条件下自然干燥，1~2d 后花药即开裂散出花粉，过细筛去除花药壁、花丝等杂质（人工点授可不过筛）。收集花粉装在洁净、干燥的小瓶内，放于低温干燥处贮藏。授粉分为人工点授、机械喷粉和液体授粉，一般机械喷粉效率高，但花粉用量大。喷粉时一般 1 份花粉加入 200~300 倍填充剂，混合后宜在 4h 内喷完。液体授粉是将花粉混入糖液中于50%花朵开放时于中午用喷雾器喷洒到花朵上,但不宜喷至花朵滴水。花粉液的配制方法是:干花粉25g、白糖0.5kg、水10kg、硼酸10g和尿素30g,花粉液要随配随用。

梨树是严格自花不实植物,要保证授粉受精,关键是在建园时合理配置授粉品种,其次,要采用果园放蜂、人工授粉等技术,严防花期前后用药,创造洁净环境,确保蜜蜂授粉。

(3) 疏花疏果。

①疏花。在花序分离期进行,每花序保留2~3朵发育最好的边花即可,如果花序过密亦可疏除一部分,花序间距保持15cm左右比较适宜。首先疏除弱花序、弱枝组上的花序、枝杈间的花序、梢头上的花序、腋花序以及过密的花序。疏花序后使花序间距控制在15~25cm。小型果距离小些。大型果距离大些。留下的花序将中心花去掉,只留边缘的1~3朵花。疏花序时注意要保留果台莲座叶。

②疏果。在第一次落果后至生理落果前均可进行,其间早疏比晚疏好,可减少贮藏营养消耗,最迟也应在6月上旬完成;留果量多采用平均果间距法,一般大果型品种如雪花梨、酥梨等果间距应拉开30cm以上;中、小果型品种,果间距可缩至20cm左右。于脱萼品种脱萼时或宿萼品种生理落果后进行。一般疏果要在5月底前完成。根据生产经验,华北梨区在叶面积系数为4时,其适宜的叶果比,鸭梨、香水梨等中型果品种为(15~20):1,茌梨、晚三吉等大型果品种为25:1。枝果比一般中型果品种3:1,大型果品种(4~5):1。一般每平方厘米干截面积负载量为1kg左右。

(4) 果实套袋。套袋可有效地改善梨果的外观品质并提高市场竞争力,套袋宜在落花后25~30d内完成。套袋前喷1遍杀虫和杀菌剂。套袋时用手把袋撑开,将果实套入袋内,将袋口叠起用卡子或铁丝封口。注意不要扭伤果柄,以防脱落。

3. 春季病虫害防治 我国北方梨园春季易发生病害及防治方法详见表6-4。

表6-4 梨春季病虫害防治一览表

物候期	防治对象	防治措施	注意事项
萌芽前后 (3月)	黑星病 黑斑病 腐烂病 梨木虱 红蜘蛛 黄粉蚜	1. 梨树萌芽前喷3~5波美度石硫合剂,或用硫酸铜10倍液进行淋洗式喷洒,或在梨芽膨大期用0.1%~0.2%代森铵溶液喷洒枝条 2. 2.5%的高效氯氰菊酯1500倍液或48%的乐斯本1500倍液,防治梨大食心虫、梨木虱、介壳虫和椿象等害虫 3. 于地面喷50%的辛硫磷200倍液可有效杀死梨实蜂幼虫和正在出土的成虫以及梨小食心虫的幼虫、金龟子和草履蚧等多种越冬害虫	
开花前后 (4月)	黑星病 黑斑病 腐烂病 轮纹病 褐斑病 梨木虱 梨星毛虫	1. 花序分离期或落花2/3时喷40%的福星乳油8000倍液,防治梨黑星病 2. 4月下旬芽萌动至花前喷药杀死越冬螨,落花后喷药杀死嫩叶上的瘿螨 3. 锈病严重的果园可在梨树展叶后10d和20~25d各用1次药。常用药剂有20%的粉锈宁2000倍液、20%的萎锈灵400倍液 4. 梨落花70%~90%时喷施10%吡虫啉可湿性粉剂2500倍液防治梨木虱,可兼治梨大食心虫、黄粉蚜、天幕毛虫和星毛虫等	

(续)

物候期	防治对象	防治措施	注意事项
幼果期 (5月)	黑星病 黑斑病 轮纹病 炭疽病 梨木虱 梨网蝽 桃小食心虫	1. 落花后10d左右用第一次药,以后每隔15～20d用药1次,常用药剂有甲基托布津、多菌灵、疫菌灵等,可防治黑斑病、锈病、褐斑病、炭疽病等 2. 5月上旬花后10～15d是防治梨木虱第一代成虫的关键时期 3. 梨果实长到拇指大小时用菊酯类农药可防治梨大食心虫幼虫,可结合梨木虱的防治一次用药	桃小食心虫5月下旬开始出土,土壤含水量大时有1个出土高峰,及时用药

工作二 夏季生产管理

一、夏季生产任务

主要任务是土、肥、水管理(夏季追肥、夏季灌水、中耕除草、果园覆盖、排水、遮阳),夏季修剪(拉枝、疏枝、回缩),夏季病虫害防治。

二、夏季生产管理技术

(一)地下管理

1. 夏季追肥 6月正值幼果发育和花芽分化期,需大量营养物质,5月末追肥的梨园应在此期追肥。果实膨大和花芽分化时需肥量较大,此时追肥以磷、钾肥为主,若基肥中磷肥充足可只追钾肥,氮肥不足的树可加施少量氮肥。磷、钾肥用量一般为全年用量的1/3～2/3。

2. 夏季灌水 此时气温高,叶片蒸腾量大,应根据土壤墒情灌1～2次水。7月正值北方的雨季,一般不需灌水,但若土壤干旱,要及时灌水。

3. 中耕除草 麦收前杂草还未结籽时是中耕除草的关键时期,中耕深度5～10cm。

4. 果园覆草 果园覆草在春、夏季均可进行,一般在麦收后雨季来临前果园覆草。

5. 雨季翻压绿肥 进入雨季后,绿肥植物生长迅速,营养含量高,翻压后易腐烂分解,是翻压绿肥的好时机,人工种植的绿肥作物和野生的杂草、荆条、紫穗槐等植物均可作为翻压材料。

(二)地上管理

1. 夏季修剪 夏季修剪主要任务是摘心拉枝、疏枝等工作。

(1)摘心。对结果枝和营养生长旺盛的新梢进行摘心,控制旺长,促进营养积累和花芽分化。

(2)拉枝。对幼龄树长度在60cm以上枝条进行拉枝,控制直立生长,调整生长方向,根据树冠空间进行整形。

(3)疏枝。成龄大树适度疏除枝头竞争枝、背上直立枝、内膛徒长枝和过密枝,抹除剪口萌蘖枝,控制营养生长。

2. 夏季病虫害防治 夏季高温多雨,果树长势强旺,病虫害发生严重。防治技术详见表6-5。

表 6-5 梨夏季病虫害防治一览表

月份	防治对象	防治措施
6月	白粉病 黑星病 炭疽病 卷叶蛾	1. 6月下旬开始每隔15～20d喷1次25%的粉锈宁1 500～2 000倍液，连续喷2～3次，可有效防治白粉病 2. 每隔15～20d喷1次70%的代森锰锌1 000倍液，或75%百菌清可湿性粉剂800倍液。用药1～2次可防治黑星病、轮纹病等病害 3. 6月中下旬，用性诱剂诱杀桃小食心虫的成虫
7月	黑星病 轮纹病 黑斑病 梨星毛虫 梨网蝽 黄粉蚜	1. 雨季来临后，高温、高湿有利于黑星病的传播、侵染，可用内吸性杀菌剂和保护性杀菌剂交替使用 2. 70%的甲基托布津1 200～1 500倍液加90%的乙膦铝800倍液可防治轮纹病、炭疽病、白粉病、霉心病等 3. 7月下旬园内用糖醋液、性诱剂或黑光灯诱蛾并结合查卵预测梨小食心虫的虫情，卵果率0.5%～1.0%时，可喷2.5%的溴氰菊酯2 000～2 500倍液 4. 7月可人工摘除叶背面产卵的树叶防治梨星毛虫
8月	褐斑病 白星金龟子 梨木虱	1. 90%疫霉灵700倍液可有效防治疫腐病，对干基疫腐病可进行刮治，刮后涂抹200倍90%的乙磷铝 2. 摘除被害梨果、虫叶，拣拾落地病虫、果集中处理，消灭幼虫 3. 糖醋液诱杀梨小食心虫和白星金龟子，人工捕捉天牛和吉丁虫幼虫

工作三 秋季生产管理

一、秋季生产任务

此时梨晚熟品种开始采收，主要任务有秋施基肥、深翻改土、中耕除草、果实采收、灌冻水、秋季病虫害防治。

二、秋季生产管理技术

（一）地下管理

1. 秋施基肥

（1）施肥时期。从果实采收后到土壤冻结前均可施基肥。但9月中下旬晚熟品种采收前后施肥最好。

（2）施肥量。基肥以有机肥，如圈肥、厩肥和秸秆等为主，还应与此配合施入一定量的速效性化肥。一般幼树为每667m²施用1 000～2 000kg；初果期用量随产量增加而增加；盛果期多按"斤果斤肥"或"斤果1.5斤肥"施用，一般每667m²施用量为3 500～5 000kg。速效性化肥的用量视有机肥用量的多少而定，一般速效性化肥的用量为全年用量的1/3～1/2。对于缺素症严重的果园，可在施基肥的同时加施微量元素肥料，如硫酸锌、硫酸亚铁和硼砂等。

（3）施肥方法。梨园施基肥的方法主要有环状沟施、条状沟施、穴施和全园施肥，也可结合秋季深翻进行。施基肥后应立即灌水沉实。

2. 秋季耕翻 果实采收后耕翻树盘或全园耕翻，以利根系更新、扩大吸收范围，可改善冬、春季土壤水分和通气状况，能减少宿根杂草和果树根蘖，还可消灭地下害虫。秋季耕翻深度为20cm左右。

3. 灌冻水 梨树秋后灌冻水一般应在10月下旬至11月上旬及早进行,也可结合秋施基肥进行。

(二) 地上管理

1. 秋季修剪 对生长过强的树,疏除少量新梢和徒长枝,对长度在80cm以上枝条拉枝剪梢、变向,控长促花,按规定树形整形。

2. 果实管理 秋季果实管理主要任务有除袋和果实采收两项工作。

(1) 除袋。着色品种应于采收前25d除袋,其他品种可在果实采收前15~20d除袋,或采收时连同果袋一起采下。

(2) 果实采收。

①适时采收。长途运输和长期贮藏的梨果应适当早采,鲜食果和就地销售的果可适当晚采。采收时宜在晨露已干、天气晴朗的午前和16:00以后,不宜在有雾、露水未干和降水时采收。

②采前准备。采果篮的底部和四周用麻袋片、软布或旧编织袋铺衬好,防止果实被压伤、刺伤。购置采收手套等采收用品。

③采收方法。目前主要是手工采收。用手托住果实,偏转角度,再用拇指或食指去顶果柄。采摘时避免抓住梨果强拉,以防果柄和果枝拉伤或折断。无果柄的果实不符合商品要求,并且易因感染病害而腐烂。采收时轻采、轻放,避免碰伤。倒筐、倒堆时要逐个拣拾,禁止倾倒。采下梨果后及时剔除病虫果、畸形果、碰刺伤果。此时气温较高,采后应就近入冷库贮存或销售。

④采后增色。有些梨的品种,如鸭梨和香水梨等,由于在树上时光照不足,采收时底色重而面色不足,可人工增色。方法是选择地势高燥、排水良好的树行或空地,先在地面铺3cm厚的细河沙,摆上果实,白天见光,晚上放露。如果晚上露水较少,可在傍晚洒水,使果面布满水珠。为防止日烧,可在晴天10:00后用纸、苇席或杂草等覆盖,16:00后揭去继续见光,一般经过4~5d即可达到应有的着色度。

3. 秋季病虫害防治 秋季阴湿多雨,温度逐渐走低,病虫害易发,发生的主要病虫害及防治方法见表6-6。

表6-6 梨秋季病虫害防治一览表

物候期	防治对象	防治措施	注意事项
果实采收期 (9月)	黑星病 轮纹病 疫腐病 白星金龟子 红蜘蛛	1. 采前10~15d喷1次广谱内吸性杀菌剂防治黑星病、轮纹病 2. 诱杀或震树捕捉白星金龟子果实采收后于树干下部绑草把儿,诱引越冬雌螨及其他越冬害虫 3. 拣拾病虫落果、摘除虫果后及时处理	雪花梨园要注意选择防治黑斑病的有效药剂
越冬保护期 (10、11月)	腐烂病 梨木虱	1. 采收后,腐烂病有1个侵染发病高峰,要及时查治 2. 梨木虱严重的果园,采果后喷1~2次药进行防治,兼治其他害虫 3. 成虫上树产卵期(10月上中旬)喷布杀虫剂,消灭浮尘子成虫 4. 清除落叶、杂草和病虫落果,集中处理	一般不再用化学农药

工作四 冬季生产管理

一、冬季生产任务

冬季是梨树休眠季节，主要工作任务有：冬季修剪，树体保护，减轻越冬伤害，休眠期病虫害防治等。

二、冬季生产管理技术

（一）冬季整形修剪

1. 梨树冬剪的时期 从正常冬季落叶后至春季萌芽前均可进行，以冬季严寒期至春季树液流动之前整形修剪最好，树体营养损失最少。

2. 梨树常用树形的结构特点

（1）单层高位开心形。适用于株距 2～3m，行距 4～5m，每 667m² 45～83 株的密植梨园。干高 60～70m，中心干高 1.6～1.8m，树高 3.0～3.5m，在中心干上均匀培养枝组基轴或枝组，不配置侧枝。基轴长度 30cm 左右，在中心干上或基轴上培养 10～12 个长放枝组。最上部 2 个枝组呈水平反弓弯拉向行间，各基轴与主干夹角 70°左右。最终使全树只有一层，叶幕厚 2.0～2.5m，如图 6-2 所示。

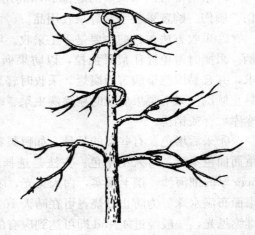

图 6-2 单层高位开心形

（2）疏散分层形。疏散分层形又称主干疏散分层开心形，适宜于栽植密度为每 667m² 33～42 株的梨园。干高 60～70cm，主枝分 2～3 层排列于中心干上，第一层主枝 3～4 个，第二层主枝 2 个，第三层主枝 1～2 个。第一、第二层的层间距为 80～100cm，第二、第三层的层间距 60～80cm。第一层主枝上配备 3～4 个侧枝，第二层主枝上配备 2～3 个侧枝，第三层上配备 1～2 个侧枝或不留侧枝。下层主枝的角度大于上层主枝的角度。一般幼树期主枝角为 30°～45°，结果期的主枝角度为 60°～70°。

此外，在梨树生产中应用较多的树形还有适宜大冠稀植树的主干双层形、适宜密植的纺锤形和适宜中等密度的三主枝开心形。

3. 不同年龄时期梨树的修剪特点

（1）幼树期。主要任务是培养强壮的骨架和骨干枝，配置主、侧枝，调节各类枝的开张角度和方位角，迅速扩大树冠，后期注意培养结果枝组。对有生长空间的辅养枝应继续保留，如妨碍骨干枝生长或生长势已缓和，并形成大量短果枝时，可适当回缩，用以结果，或从基部疏除。对竞争枝的修剪，主要根据主枝与竞争枝的生长情况而定，如竞争枝的生长势、着生方向、角度都比较合适，可用竞争枝代替原主枝。无法利用的竞争枝及早疏除。

(2) 初果期。主要修剪任务是继续整形，培养骨干枝，保持树势平衡，管理好辅养枝，培养结果枝组，继续处理好竞争枝。

(3) 盛果期。修剪任务是维持树势，调节结果和生长的平衡，及时更新复壮。一般轻剪1~2年或2~3年后，当植株生长有转弱趋势时，就应及时加重修剪，促使树势复壮。树势复壮后，再适度轻剪。树势再转弱时，再行重剪复壮。这就是轻重结合，适度修剪。对开张角度较大的骨干枝，尤其是先端已下垂的大枝，可行较重的回缩。对于交叉枝及重叠大枝，适当疏剪或回缩。在盛果期，树冠内枝条数量多，徒长枝一般应疏除。盛果后期内膛枝逐渐衰亡，使骨干枝下部光秃，此时骨干枝上萌发的徒长枝应适当保留，利用其培养成结果枝组充实内膛。对于结果枝组，要注意修剪和更新复壮，以保持其较强的结果能力。

(4) 衰老期。此期修剪的主要任务是更新复壮，增强树势，促发新枝，少留花果，充分利用徒长枝和背上直立枝更新大枝和枝组，以充实树冠，维持结果能力，延长经济寿命。

(二) 树体保护

1. 树干涂白 一般在入冬前给主干和大枝干涂白，可减轻冬季和早春枝干的日灼、冻害和霜冻。涂白液的配法有以下两种：①水10份，优质生石灰3份，石硫合剂原液0.5份，食盐0.5份，动、植物油少许。②水15份，优质生石灰6份，食盐1份，豆浆或600倍6501展着剂0.5份。

2. 剪、锯口的保护 为防止剪、锯口感染病害及失水抽干和促进伤口愈合，一般在修剪后对较大的剪、锯口及时涂抹保护剂。常用的保护剂有以下几种：①清油铅油合剂。清油3份、白铅油1份，混合均匀即成。②桐油铅油合剂。桐油3份、白铅油1份，混合均匀即成。③液体接蜡。松香8份、油脂1份、酒精3份、松节油0.5份，混匀即成。④直接用防水漆。

(三) 休眠期病虫害防治

(1) 清扫果园。

(2) 刮树皮。

(3) 剪除病虫枝。

(4) 药剂防治。冬剪结束后，全园喷布4~5波美度石硫合剂或喷100~300倍的五氯酚钠溶液，铲除多种越冬病菌和越冬害虫。梨圆蚧等害虫较重的果园，可喷1遍5%的柴油乳剂。腐烂病、轮纹病较重的果园，要刮除病斑，刮除后涂抹40%的福美砷50倍液。

工作五 制订梨园周年管理历

生产案例 河北省梨周年管理历

1. 3月（惊蛰、春分）

(1) 预防幼树抽条。可于3月初及早进行树盘地膜覆盖。树上于3月上旬再喷涂1遍抑蒸保护剂，早春早灌解冻水。

(2) 春耕。早春土壤解冻后即可耕翻土壤，深度以10~20cm为宜，耕翻后耙平，多风地区还要镇压。

(3) 施肥。萌芽前成龄树每株施尿素1~2kg,未施基肥的可再加过磷酸钙1kg、硫酸钾0.75kg。幼树按树龄大小的不同每株追施尿素0.1~1.0kg。

(4) 病虫害防治。梨树萌芽前全园喷布3~5波美度石硫合剂,或用也可喷1遍5%的柴油乳剂或3.5%煤焦油乳剂喷洒,可防治多种病害及虫害。也可于地面喷50%的辛硫磷200~400倍液可杀死多种越冬害虫。

2. 4月(清明、谷雨)

(1) 疏花。人工疏花:首先疏除弱、弱枝组上、枝杈间、梢头的花序,腋花序及过密花序,疏后花序间距在15~25cm;化学疏花:在盛花末期进行,药剂有40~80mg/kg的萘乙酸、0.1~0.2波美度石硫合剂等。

(2) 防霜。花前灌水、枝干涂白、熏烟可防霜。

(3) 提高坐果率。花期放蜂,一般每0.5~1.0hm^{2}放1箱蜂即可;人工授粉;花期喷肥和应用生长调节剂:喷布0.3%的硼砂、0.3%的尿素、40mg/kg的赤霉素。

(4) 地下管理。梨树萌芽前未追肥的树可在花前或花后追肥,已结果树每公顷追施尿素300kg、过磷酸钙150kg,追肥后灌水,水渗后中耕除草。

(5) 病虫害防治。此期注意梨黑星病、褐斑病等病害,梨木虱、梨实蜂、梨二叉蚜、金龟子、梨大食心虫等虫害的防治。

3. 5月(立夏、小满)

(1) 疏果。于脱萼品种脱萼时或宿萼品种幼果明显膨大时进行,叶果比为(15~25):1,枝果比(3~5):1。

(2) 果实套袋。套袋前喷1遍杀虫和杀菌剂,套袋在落花后25~30d内完成。

(3) 肥水管理。于5月下旬幼果期进行土壤追肥,追肥量为全年计划施氮量的1/3左右,可配合一定量的磷、钾肥。花后每隔15~20d于叶面喷1次0.3%的尿素和0.3%的磷酸二氢钾,连续喷3~4次。落花后及时灌水,灌水后中耕除草,中耕深度5~10cm。

(4) 修剪。此期注意拉、撑开角,拿枝软化、环剥、摘心、除萌和疏枝。

(5) 病虫害防治。病害主要有黑星病、黑斑病、轮纹病、炭疽病和锈病等,从落花后7~10d开始喷药,每隔15d喷1次,常用药剂有甲基托布津、多菌灵、波尔多液等。主要害虫有梨木虱、梨茎蜂、桃小食心虫等,可喷10%吡虫啉可湿性粉剂1 500~2 000倍液+20%速灭杀丁乳油1 500倍液防治。

4. 6月(芒种、夏至)

(1) 果园覆草。麦收后雨季来临前覆草。

(2) 施肥、灌水和除草。6月上旬正值幼果发育和花芽分化期,需大量营养物质和水分,要保证肥水的供应。6月份气温高,叶片蒸腾量大,应根据土壤墒情灌1~2次水。麦收前杂草还未结子时是中耕除草的关键时期,中耕深度5~10cm。6月应继续进行叶面喷肥。

(3) 病虫防治。病害主要有白粉病、黑星病、轮纹病。可从6月下旬开始,连续喷布2~3次杀菌剂进行防治,每隔15~20d喷1次。虫害主要有桃小食心虫、梨木虱、梨星毛虫等,常用农药可参考5月的用药。

5. 7月（小暑、大暑）

①追肥。此期追施磷、钾肥，用量一般为全年用量的 1/3～2/3。

②雨季翻压绿肥。

③病虫害防治。病害主要有黑星病、腐烂病、轮纹病等，可用 70% 甲基托布津 800～1200 倍液加 90% 的乙膦铝 800 倍液；主要害虫有梨小食心虫、梨星毛虫、梨木虱，可用 2.5% 的溴氰菊酯 2000～2500 倍液喷雾。

6. 8月（立秋、处暑）

①夏季修剪。对幼树进行秋季拉枝，控制、利用竞争枝和直立旺枝，调整生长方向和角度进行整形。成龄大树疏除或改造枝头竞争枝、背上直立枝、内膛徒长枝和过密枝，回缩交叉重叠枝，改善光照条件。

②早熟品种采收。

③病虫害防治。此期病害主要有黑星病、轮纹病、炭疽病、疫腐病、褐腐病、黑斑病等，防治可参见 7 月份内容；主要害虫有梨小食心虫、黄粉虫、梨木虱、梨椿象、金龟子等，可摘除被害梨果、虫叶，捡拾落地病虫果并集中处理，用糖醋液诱杀梨小食心虫和金龟子等，人工捕捉天牛和吉丁虫幼虫进行人工防治，药剂防治参见 6、7 月用药。

7. 9月（白露、秋分）

①晚熟品种果实采收，采收时宜在晨露已干、天气晴朗的午前和 16：00 以后。

②秋施基肥。果实采收后到土壤冻结前可采用条沟施肥、环状沟施肥或全园施肥，也可结合秋季深翻进行，施基肥后应立即灌水沉实。

③采收前 10～15d 应喷 1 次杀菌剂防治黑星病、轮纹病、褐斑病、黑斑病。主要害虫有黄粉虫、梨小食心虫、桃小食心虫、红蜘蛛等，可采用人工防治和药剂防治相结合。

8. 10月至11月（寒露、霜降、立冬、小雪）

①秋季耕翻，深度为 20cm 左右。

②采果后根外追肥，以速效性氮肥为主，可配合喷施磷酸二氢钾及微量元素肥料，肥液浓度为 0.5%～3.0%。

③在 10 月下旬至 11 月上旬及早灌封冻水。

④病虫害防治：采收后，腐烂病有 1 个侵染发病高峰，要及时查治，在浮尘子成虫产卵期喷布杀虫剂，消灭成虫。清除落叶、杂草、病虫落果，集中处理。

9. 12月至翌年2月（大雪、冬至、小寒、大寒、立春、雨水）

①冬季整形修剪。幼树期梨树主要任务是培养树形骨架，加速扩冠。对初果期梨树主要是继续整形，培养强壮稳定的骨干枝，保持树势平衡及主从分明。对盛果期梨树应保持树势中庸健壮，生长与结果平衡，枝组年轻化，改善光照，使树冠内外上下结果稳定。对衰老期果树进行更新复壮。

②树干涂白保护树体，同时注意剪锯口的保护，可用松香 8 份、油脂 1 份、酒精 3 份、松节油 0.5 份混合制成液体接蜡，也可直接用防水漆保护剪据口。

③病虫害防治。首先保持果园卫生，冬剪结束后，全园喷布 3～5 波美度石硫合剂，也可喷一遍 5% 的柴油乳剂或 3.5% 煤焦油乳剂。腐烂病、轮纹病较严重的果园要刮除病斑，刮后涂抹 50% 菌毒清乳油 50 倍液。

学习指南

一、学习方法

要把实习实训贯穿整个学习过程,通过实践加深对理论知识的理解。除了课堂教学之外,要充分利用课外时间以多种形式学习,多深入田间地头。比如:在课下组织第二课堂活动,5~6人一组到实习基地调查、认知、参与生产管理等;常到周围农民果园向果农学习、请教,学习他们的生产经验,同时也把课堂上学到的理论知识传授给农民。

二、学习网址

国家精品课程资源网 http：//www.jingpinke.com/
中国农业网 http：//www.zgny.com.cn
中华梨网 http：//www.pearchina.cn
中国梨网 http：//www.chinapear.com
中国新梨网 http：//www.newpears.cn
山东省农业网 http：//www.sd.zgny.com.cn/

技能训练

【实训】梨树冬季修剪

实训目标

了解梨树生长特性,掌握梨树冬季修剪方法及技巧。

实训材料

1. 材料　几种树形不同的梨幼树、结果树。
2. 用具　修枝剪、手锯、梯子、磨刀石等。

实训内容

1. 树形观察分析　观察和分析生产上常见的树形。
2. 修剪反应观察　观察上年修剪的反应,观察内容包括被剪枝条的生长势、角度的调节、枝条着生方位、采用的修剪方法及其程度,成花结果情况,提出改进措施。
3. 修剪技能训练　对不同树龄、不同树形、不同品种进行修剪。

实训方法

(1) 为使学生从梨树动态生长的角度掌握修剪技能,可先让学生观看相应的影视教学片,并采用室内板图演示、现场模拟教学、示范修剪等形式,使学生形成系统的修剪概念和综合技能。

（2）实训时，先由指导教师讲解和示范，然后再由学生进行分组操作训练。学生训练初期可按每组 6 人分组进行，以便共同讨论，尽快入门。随操作技能的提高，小组人数逐渐减少，最后独立操作，老师点评总结。

实训结果考核

1. **态度** 不迟到、不早退，态度端正，认真、仔细，遵守纪律（20 分）。
2. **知识** 掌握常见梨树休眠期修剪基本知识（25 分）。
3. **技能** 能够进行梨树冬剪，程序正确，技术规范熟练（40 分）。
4. **结果** 按时完成梨树冬季实训修剪报告，内容完整，结论正确（15 分）。

项目小结

本项目主要介绍了梨的生物学特性、安全生产要求及梨四季管理的配套生产技术，系统介绍了梨生产的全过程，为学生全面掌握梨安全生产技术奠定坚实基础。

复习思考题

1. 调查了解我国北方梨主要栽培品种的特征、特性。
2. 简述梨树开花结果特性。
3. 梨树肥水管理要点有哪些？
4. 简述梨树疏花疏果的技术要领。
5. 目前生产上常用的梨树树形有哪些，它们各有哪些优、缺点？

项目七

桃标准化生产

学习目标

知识目标
- 了解桃质量标准及安全生产的基本要求。
- 熟悉桃标准化生产过程与质量控制要点。
- 掌握绿色食品桃生产关键操作技术。

能力目标
- 能够运用绿色果品桃生产关键技术，独立指导生产。

学习任务描述

本项目主要任务是完成对桃的认知，了解桃安全生产要求、四季生产任务与安全生产技术要点，全面掌握桃土、肥、水管理技能、整形修剪技能、花果管理技能与病虫害防治技能。

学习环境

要完成本项目学习任务，必须具备以下条件：
- 教学环境　桃幼园、成龄园，多媒体教室，桃生产录像或光碟。
- 教学工具　修剪工具，植保机具，常见肥料与病虫标本。
- 师资要求　专职教师、企业技术人员、生产人员。

相关知识

桃原产于我国，迄今已有4 000多年历史，在河南南部、云南西部、西藏南部均发现原始野生桃林，在我国丝绸之路的甘肃河西走廊一带，自古就有李光桃、寿桃、仙桃之说。桃主要分布在南北纬25°～45°，属温带主要落叶果树。在我国，北起黑龙江，南到广东，西至西藏、新疆，东到沿海各省均有分布。截至目前，全国桃面积突破60万 hm^2，产量突破40万 t，居世界第一位。

2006年世界桃产量1 750.22万 t，主要分布在中国、意大利、西班牙、美国、日本等国家。中国产量达821.47万 t，占世界总产量的46.94%。

我国的桃大多通过丝绸之路传入欧美、日本等国家和地区，且形成了许多新的品系，丰富了桃品种资源。水蜜桃占总量的60%～70%，油桃占20%～30%，蟠桃占5%～10%。今后桃发展方向：品种名优化、上市周年化、栽培省力化，栽培品种向个大、色艳、肉黄、味浓的外向型品种发展，逐渐与国际需求接轨。

任务一 观测桃生物学特性

一、生长特性

1. 根 桃为浅根性果树。垂直根不发达，垂直分布主要在10～40cm土层中，水平根较发达，分布范围为冠径的2～3倍，但主要分布在树冠外围附近。

在年周期中，桃根在早春生长较早，地温在0℃以上，根就能顺利地吸收并同化氮素，5℃左右即有新根开始生长，在7.2℃时营养物质可向上运输。一年中根有两次生长高峰。桃耐涝性差，根系呼吸旺盛，需氧量比其他果树多，土壤含氧量保持在10%左右，根才能正常生长，土壤田间持水量超过饱和度且持续时间较长则造成缺氧。

2. 芽的类型与特性 桃芽按性质分为花芽和叶芽。按萌发时间，分为早熟性芽和潜伏芽。

叶芽外有鳞片，比较瘦小，着生在枝条顶端或叶腋处，当年形成后进入休眠，第二年萌芽后抽生枝叶。桃树的各类枝条的顶芽都是叶芽。但在长势强的新梢上，有的叶芽无鳞片，随着新梢的生长而萌发，这种芽即为早熟性芽。花芽为纯花芽，外有鳞片，芽体饱满，着生于新梢叶腋间，多数是一芽一花。桃枝条基部瘪芽在第二年如不萌发，则进入潜伏状态，成为潜伏芽。

桃枝条一个节上如果只着生1个芽，称为单芽，单芽又有单花芽和单叶芽。如果一个节上着生2个以上的芽称为复芽，复芽实际上是短缩枝。常见的复芽为一个叶芽和一个花芽的双芽并生和两侧为花芽、中间为叶芽的三芽并生（图7-1）。花芽充实，着生部位低，排列紧凑，复花芽多是桃树的丰产性状表现。

早熟性芽当年形成、当年萌发的现象称为芽的早熟性，这是桃树一年发生多次副梢的基础。

3. 枝条类型及特性 桃树干性弱，枝条生长量大。幼树生长旺盛，一年中可有2～3次生长高峰，形成2～3次副梢，树冠形成快。盛果期树势缓和。

桃树除多年生骨干枝构成树体骨架外，按性质和功能，可将一年生枝分为生长枝和结果枝。生长枝按其生

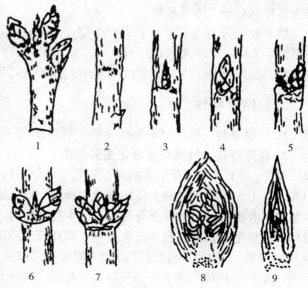

图7-1 桃芽的类型
1. 短果枝上的单芽 2. 隐芽 3. 单叶芽 4. 单花芽
5～7. 复芽 8. 花芽剖面 9. 叶芽剖面

长强弱，又分为徒长枝、发育枝和叶丛枝。粗度2cm左右，长度80cm以上，生长过旺而节间长、组织不充实的生长枝为徒长枝。徒长枝常发生在树冠内膛和剪锯口附近。发育枝生长强旺，长度60cm左右，粗度1.5～2.5cm，其上多为叶芽，有少量花芽，有大量副梢。叶丛枝是只有一个顶芽的极短枝，长约1cm，生长势弱，寿命短，但在营养、光照好的条件下，能诱发壮枝。

结果枝按长度，分为徒长性果枝、长果枝、中果枝、短果枝和花束状果枝（图7-2）。徒长性果枝生长较旺，长60cm以上，粗度1.0～1.5cm，有少量副梢，有复芽，花芽质量较差，坐果率低，但有的品种结实较好。长果枝生长适度，长30～60cm，一般无副梢，复芽多，花芽比例高、充实，坐果能力强，是多数品种的主要结果枝。中果枝长15～30cm，单芽、复芽混生。短果枝长5～15cm，顶芽为叶芽，其余多为单花芽。花束状果枝，长度小于5cm，顶芽为叶芽，其余均为单花芽，结果后发枝能力差，易于衰亡，多在老弱树上发生。

桃叶芽萌芽展叶后，经过约1周的缓慢生长期（叶簇期），即进入迅速生长期。生长弱的枝停止生长早；生长中庸的枝有1～2次生长高峰；生长强旺的枝，有2～3次生长高峰。同时，旺长枝的部分侧芽萌发形成副梢（二、三次枝），早期副梢亦能形成花芽。

桃干性弱，树冠开张。幼树生长旺盛，枝条生长量大，使树冠形成快。盛果期树势缓和。桃成枝力高，且南方品种群高于北方品种群。

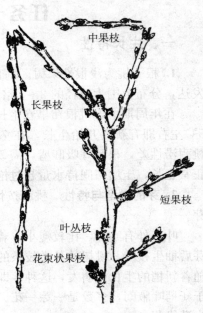

图7-2 桃结果枝类型

桃的枝组分为大、中、小三个类型。大型枝组，有10个以上的结果枝，长度≥50cm，结果多，寿命长；中型枝组，有5～10个结果枝，长度30～50cm，一般7～8年后衰老；小型枝组，结果枝少于5个，长度≤30cm，结果少，寿命短，一般3～5年后衰老。

二、结果特性

1. 结果年龄 桃树属早果性树种，栽后2～3年结果。

2. 花芽分化 桃树花芽分化主要集中在7、8、9三个月，一般花芽分化到雌蕊原基形成需要1～2个月，花芽形成的全过程需8～9个月，桃树花芽形成有两个集中期，即6月中旬和8月上旬，与桃树两个新梢缓慢生长期一致。桃树要形成花芽首先要具备足够的树体营养积累，其次必须使枝叶充分受光，减少过度修剪，重施磷肥、钾肥，适度控水，达到树体健壮，树势平稳，才有利于花芽分化，提高花芽质量。

3. 开花 花开放经过花芽膨大→露萼→露红（露瓣）→蕾期→初花→盛花→谢花等物候期。花芽比叶芽萌动早，当气温稳定在10℃以上时桃树开花，适宜花期温度为12～14℃。

4. 授粉受精 桃除雌能花品种外，多数自花结实率高，但异花授粉可提高坐果率。通常柱头在开花1～2d内分泌物最多，是授粉的最适时期，雌蕊保持授粉能力的时间，一般可延续4～5d。如花期遇干热风，柱头在1～2d内即枯萎，失去授粉能力。

5. 果实发育 果实的生长发育过程可分为三个时期：

（1）第一期。幼果迅速生长期。从子房膨大至果核开始木质化前。一般持续36～40d，此期果实体积和重量迅速增加，果核也相应扩大，不同品种增长速度大致相似，在北方地区大约在5月下旬或6月上旬结束。

（2）第二期。果实缓慢生长期（硬核期）。从果核开始木质化到胚乳消失、子叶达应有大小、果核完全硬化为止。此期持续时间各品种之间差异很大，早熟品种2～3周，中熟品种4～5周，晚熟品种6～7周或更长。子叶达到一定大小、果核坚硬为结束此期的标志。

（3）第三期。果实迅速膨大期。从果实第二次迅速生长开始到果实成熟。持续时间因品种而异，约为35d。果重增加量占总果重的50%～70%。成熟前7～14d，果实横径增长迅速，并随着内含物、硬度、色泽等变化，果实逐渐成熟。

任务二 了解桃安全生产要求

一、果品质量要求

1. 感官质量要求 绿色果品桃产品质量必须符合《绿色食品 温带水果》（NY/T 844—2004）要求，绿色果品鲜桃感官指标见表7-1。

表7-1 绿色果品桃感官质量要求

项　　目	指　　标
基本要求	果实充分发育，新鲜清洁，无异常气味或滋味，不带不正常的外来水分，具有适于市场或贮存要求的成熟度
果形	果形具有本品种应有的特征
色泽	果皮颜色具有本品种成熟时应具有的色泽
横径（mm）	极早熟品种≥60，早熟品种≥65，中熟品种≥70，晚熟品种≥80，极晚熟品种≥80
果面	无缺陷（包括刺伤、碰压、磨伤、雹伤、裂伤、病伤）
容许度	产地验收（%）≤3，发货站验收（%）≤5

注：某些品种果形小，如白凤桃，横径等级的划分不按此规定。

2. 理化质量要求 绿色果品桃理化指标主要指桃可溶性固形物、总酸、固酸比等指标要求，必须符合《绿色食品 温带水果》(NY/T 844—2004)中有关桃理化指标的相关规定，详见表5-3。

3. 卫生质量要求 绿色果品桃的卫生指标应符合《绿色食品 温带水果》(NY/T 844—2004)卫生指标要求，详见表5-4。

二、对环境条件要求

1. 温度 桃以冷凉、温和气候生长最佳。我国主要桃产区，南方品种群适栽地区年平均温度为12～17℃，北方品种群8～14℃，相比之下，南方品种群更耐夏季高温。

桃的生长适温为18～23℃，果实成熟适温24.5℃。温度过高，果顶先熟，味淡，品质下降，枝干也易灼伤。夏季土温高于26℃，新根生长不良。

冬季严寒和春季晚霜是桃栽培的限制因子，一般品种在−25～−22℃可能发生冻害。桃花芽萌动后，-6.6～-1.7℃即受冻，开花期-2～-1℃、幼果期-1.1℃受冻。

2. 光照 桃喜光，对光照反应敏感。光照不足，树体同化产物减少，根系发育差，枝叶徒长，花芽分化少、质量差，落花、落果严重，果实品质差，内部小枝迅速枯死，树冠内部光秃，结果部位上移、外移。

3. 水分 桃耐旱忌涝。桃树对水分反应敏感，尤其早春开花前后和果实第二次迅速生长期必须有充足的水分。适宜的土壤含水量为60%～80%。桃不耐涝，在桃园中短期积水，叶片就会变黄，落叶，甚至死亡。

4. 土壤 桃适宜在土质疏松排水良好的沙壤土或沙土地上栽培。要求土壤含氧量在10%～15%，过于黏重和肥沃土壤，容易徒长和患流胶病。在pH4.5～7.5范围内生长良好，最适pH为5.5～6.5。

三、建园要求

1. 优良品种选择 桃生产要求栽植良种必须选用国家或有关果业主管部门登记或审定的优良品种。目前，栽培上按形态、生态和生物学特性分为五个品种群：北方品种群、南方品种群、黄肉桃品种群、蟠桃品种群和油桃品种群。桃品种按果面茸毛有无，分为普通桃（有毛）和油桃（无毛）。按果实用途，分为鲜食和加工品种。按果皮与果肉的黏离度分为离核、黏核和半黏核品种。按肉质特性分溶质、不溶质和硬肉桃三个类型。按果肉颜色主要有白肉、黄肉、红肉三类。按果实成熟期分极早熟（果实发育期≤60d）、早熟（61～90d）、中熟（91～120d）、晚熟（121～160d）、极晚熟（≥161d）品种。主要优良品种见表7-2。

表7-2 桃优良品种

类型	品种名称	育成单位或主产地	果实形状	单果重(g)	果实颜色	果实品质	果实成熟期	产量
普通桃	春蕾	上海园艺所	卵圆	70～90	乳白顶尖红	上	5月下旬	丰产
	雨花露	原中国农业科学院江苏分院	长圆	125	乳黄果顶红	中上	6月中旬	中等
	庆丰	北京农林科学院	长圆	130～150	黄绿阳面红	上	6月下旬	丰产
	早凤王	河北固安	近圆	300	粉红	上	6月底	丰产
	大久保	北京地区	近圆	150	淡绿带红	上	8月初	丰产
	21世纪	河北职业技术师范学院	圆	350	鲜红	上	8月下旬	丰产
	新川中岛	日本长野	圆	260～350	鲜红	极上	7月底	丰产
	重阳红	河北昌黎	近圆	300	粉红	上	8月下旬	丰产
	徐蜜	江苏徐州	近圆	197.3	乳白有红晕	上	8月下旬	丰产
	寒公主	吉林公主岭	圆	180	红	上	9月中旬	丰产
	肥城桃	山东肥城	近圆	300	黄白	上	9月上旬	丰产
	深州蜜桃	河北深县、束鹿	长圆	200	黄白有紫红	上	8月下旬	中等
	中华寿桃	山东莱西	近圆	277	鲜红	极上	10月下旬	丰产
	冬雪蜜	山东青州	近圆	120	淡绿带红	上	11月初	丰产
油桃	华光	郑州果树所	椭圆	100	玫瑰红	极上	5月底	丰产
	曙光	郑州果树所	近圆	122	浓红	极上	6月初	丰产
	瑞光3号	北京林果所	近圆	135	紫红	上	6月中旬	丰产
	秦光	陕西果树所	圆	119	鲜红	上	7月上旬	丰产
	霞光	山西果树所	近圆	123	鲜红	上	7月下旬	丰产
	早红珠	北京植保所	近圆	90～100	鲜红	上	6月中旬	丰产

(续)

类型	品种名称	育成单位或主产地	果实形状	单果重(g)	果实颜色	果实品质	果实成熟期	产量
蟠桃	早硕蜜	江苏园艺所	扁平	95	乳黄有红晕	上	6月初	丰产
	早魁蜜	江苏园艺所	扁平	130	乳黄有红晕	上	6月底	丰产
	撒花红蟠桃	江苏、浙江	扁圆	125	黄白带红	上	7月中旬	丰产
	香金蟠	大连农科所	扁平	132	橙黄带暗红	上	8月上旬	丰产
	瑞蟠4号	北京林果所	扁平	221	黄白带暗红	上	8月底	丰产
加工桃	紫胭桃	甘肃敦煌、临泽	倒卵	200～300	黄绿	上	8月中旬	丰产
	丰黄	大连农科所	椭圆	160	橙黄带暗红	上	8月上旬	丰产
	黄露	大连农科所	椭圆	170	艳黄	上	8月上旬	丰产

2. 园地选择要求 桃喜欢疏松透气的沙壤土，一般土壤均可建园。土壤黏重的丘陵坡地应开沟建园，避免土壤下层积水。要避免老园地重茬栽植。

3. 果树栽植要求 栽植时期分为秋栽和春栽两个时期。一般平地株行距4m×5m，山地株行距（3～4）m×（4～5）m。

四、生产过程要求

桃生产过程，要求加强土、肥、水管理，推广配方施肥，注意防涝。采用开心树形，密植园可用有主干树形。推行一年四季修剪，合理负载。按照《绿色食品 农药使用准则》（NY/T 393—2000）和《绿色食品 肥料使用准则》（NY/T 394—2000），生产生态、安全、优质的产品。

任务三 桃标准化生产

工作一 春季生产管理

一、春季生产任务

春季生产任务主要有清园、刮树皮、追肥、灌水、中耕、抹芽、放蜂、疏花疏果、套袋、病虫害防治等。

二、春季树体生长发育特点

桃树根系在早春生长较早。根系生长的同时开始萌芽，桃树的花芽早于叶芽萌动，随后花芽逐渐膨大、开绽，4月上旬开花，盛花期为7～10 d。经过授粉受精，子房迅速膨大，在花后3～4周逐渐缓慢下来，幼果完成第一生长发育期。早、中、晚熟品种的幼果发育时间差异不大。落花后叶芽萌发、展叶，新梢开始生长。经过约1周的缓慢生长（叶簇期）后，随着气温升高新梢进入迅速生长期。花芽开放后叶芽萌动、展叶，开始新梢生长。

三、春季生产管理技术

（一）地下管理

1. 清园 对剪掉的病虫枝、刮掉的老树皮和果园中的残枝败叶要及时清理出果园，消灭越冬病虫源。

2. 土壤管理 清耕管理的桃园，春季灌水后进行中耕，中耕深度20cm，以消灭杂草，松土保墒，提高地温促进根系生长。覆草管理的桃园进行补草，覆草厚度常年保持在20cm左右。幼龄园进行间作。土壤水分条件较好的桃园可以实行生草法。

3. 追肥灌水 春季追肥1~2次，分别在萌芽前和开花前，每株追施硫酸铵0.5~1.0kg，或尿素0.5kg。采用环状沟施肥、穴施等施肥法。施肥后灌水。也可采用灌溉式施肥。开花期喷0.3%的硼砂，可提高坐果率。

春季灌水2~3次，萌芽前、开花前和开花后。主要灌水方法有沟灌、穴灌、滴灌、喷灌等。

（二）地上管理

1. 春季修剪 萌芽后，在叶簇期进行抹芽、疏梢等。根据树形要求和树体生长空间，除去过密的、无用的、内膛徒长的、剪口下竞争的芽或新梢；选留、调整骨干枝延长梢；对冬剪时留的长结果枝，前部未结果的缩剪到有果部位；未坐果的果枝疏除或缩剪成预备枝。

2. 辅助授粉 利用蜜蜂传粉，一般3 000m^{2}桃园放置1箱蜜蜂可满足授粉需要。人工授粉，在主栽品种初花期至盛花期进行人工点授或装入纱布袋内在树上抖动。

3. 人工疏花 疏花在大花蕾期至初花期进行。疏花时首选疏除早开的花、畸形花、瘦小花、朝天花和梢头花。然后按长果枝留6~8个花蕾，中果枝留4~5个花蕾，短果枝或花束状果枝留2~3个花蕾，预备枝不留花蕾处理。长、中果枝疏花时，疏除结果枝基部的花，留下枝条中上部的花，中上部的复花芽可双花留一，并保持花间距离合理均匀，疏花量一般为总花量的1/3。

4. 疏果定果 桃疏果分两次进行。第一次疏果在花后2周左右进行，留果量是最后留果量的3倍。第二次疏果或者说是定果在落花后4~6周（硬核期前）结束。疏果前先确定当年留果量，再将留果量分解到各主枝上。定果可根据结果枝类型进行，一般长果枝上大型果留2个，中型果留2~3个，小型果留4~5个。中果枝上大型果留1个，中型果留1~2个，小型果留2~3个。短果枝上大型果每2~3个果枝留1个，中型果1~2个果枝留1个，小型果1个果枝留1~2个。花束状果枝上，一般可留1个果或不留果。预备枝上不留果。留果量也可根据叶果比来确定，30~50片叶可留1个果。也有根据果间距进行留果的，依果实大小，将果间距控制在15~20cm。

根据品种特点和果实成熟期，通过整形修剪、疏花疏果等措施调节产量，一般每667m^{2}控制在1 250~2 500kg。

5. 果实套袋 在完成定果后于当地主要蛀果害虫开始蛀果危害以前完成套袋工作。一般中、晚熟品种和易裂果的品种宜套袋。套袋材料选用单层木浆纸桃果专用袋为好。

套袋前喷洒1次杀虫、杀菌剂，待药液干后，用桃专用果袋（不宜用旧报纸）套袋，将果袋通过袋口的铅丝扎在结果枝上即可。

6. 病虫害防治

（1）伤口保护。对修剪造成的伤口直径在1cm以上的要涂抹保护剂，防止剪锯口抽干。

（2）刮树皮。对盛果期大树应在萌芽前对主干和主枝的老翘皮进行一次刮除，可消灭在粗树皮上的越冬害虫。一般天敌开始活动的时间早于害虫，为了保护老树皮中越冬的天敌，应适当晚些刮树皮。

(3) 药剂防治。芽萌动前喷布3~5波美度石硫合剂。对介壳虫发生较重的个别植株和枝干,可人工用洗衣粉水刷除。展叶后每10~15d喷1次70%代森锰锌可湿性粉剂500~600倍液或70%甲基硫菌灵1 500倍液,防治细菌性穿孔病、炭疽病等。花后喷10%吡虫啉4 000~5 000倍液,或0.3%苦参碱水剂800~1 000倍液防治蚜虫。

工作二 夏季生产管理

一、夏季生产任务

主要任务有夏季修剪,控制新梢旺长,改善光照条件,加强肥水管理,促进果实膨大和花芽分化。

二、夏季树体生长发育特点

桃不同成熟期品种果实,进入膨大期的早晚差别很大。早熟品种只有1~2周(硬核期)即进入果实膨大期,而晚熟品种要到6~7周才能进入果实膨大期。这样早熟品种的果实膨大与新梢生长的第一个迅速生长期相重叠。一般在6月下旬以后新梢生长趋于缓和,开始加粗生长和木质化。大多数中短梢停止生长后,花芽分化开始。长枝、强旺枝持续生长,多从中部开始抽生二次枝,进入第二次旺长期。树体进入旺盛生长期,易发生缺素症状。

三、夏季生产管理技术

(一) 地下管理

1. 土壤管理 清耕管理的果园要及时中耕锄草。进入果实发育硬核期以后宜浅耕,约5cm,尽量少伤新根。除草最好雨季前进行,进入雨季只除草,不松土。

果园覆盖是一种较好的土壤管理制度,一般覆盖厚度为15~20cm。土壤深翻时,可将已腐烂的杂草、秸秆与土壤混合均匀后埋入土壤中,增加土壤有机质含量。

2. 夏季追肥 夏季追肥2~3次,花后追施壮果肥,一般在谢花后1周施入,以速效氮肥为主,施肥后灌水。在硬核期进行1次追肥。这次追肥应氮、磷、钾肥配合施用,以磷、钾肥为主。还可喷0.3%尿素和0.2%磷酸二氢钾2~3次。出现缺素症状时,喷施相应的微量元素。

3. 夏季水分管理 夏季果实发育期,要满足水分供应。灌水要看天、看地、看树,土壤含水量低于60%时即考虑灌水。

桃耐涝性差,夏季多雨时要注意排水,在暴雨来临前及时疏通果园内外的排水沟渠,做到沟沟相通,及时排除园区内积水。雨后适时中耕,松土降湿。

(二) 地上管理

1. 夏季修剪 桃夏季进行两次修剪。5月份,在新梢迅速生长期,对主侧枝进行摘心或剪梢,留副梢,缓和生长势,开张或抬高枝头角度。对竞争枝或徒长枝,在有空间的情况下可剪留1~2个副梢,培养成结果枝组。如无副梢则在30cm左右处短截,促发新梢。对处于有空间位置的强壮新梢可摘心处理,促发分枝培养结果枝组。其他枝条凡长到30~40cm的都要摘心,使营养集中到果实的生长发育上去,防止6月落果。

6~7月份夏季修剪,主要是控制旺枝生长,对竞争枝、徒长枝在上次修剪的基础上,继续改造培养枝组。如过密则疏除,改善光照条件。对树姿直立或角度较小的主枝进行拉枝开角,同时对负载大的主枝和枝组进行吊枝或撑枝,防止果枝压折。由于已经进入生长中后期,修剪不宜过重。

2. 病虫害防治 在果实硬核期喷布20%蛾螨灵可湿性粉剂2 000～3 000倍液,防治食心虫、介壳虫、椿象、卷叶蛾等。

桃果实膨大期(新梢旺长期),每10～15d喷1次杀菌剂,防治褐腐病、黑星病、炭疽病等。对山楂叶螨和二斑叶螨可喷1%阿维菌素乳油5 000倍液防治。

工作三 秋季生产管理

一、秋季生产任务

主要任务有控制新梢旺长,加强肥水管理,防治病虫害,促进花芽分化和果实着色,提高果实品质,适时采收。

二、秋季树体生长发育特点

进入秋季后,根系又加快生长,出现一次生长高峰。果实进入成熟采收期,果实在大小、色泽和风味等方面逐渐表现出品种固有的特征。大部分新梢停止生长,花芽分化进入高峰不断膨大。同时,树体进入营养积累的时期。随后,叶片自下而上开始衰老,功能逐渐减退。

三、秋季生产管理技术

(一) 地下管理

1. 追肥灌水 在果实成熟前20～30d,追施催果肥,以钾肥为主,配合氮肥,提高果实品质和花芽分化质量。可追施磷酸二氢钾或草木灰,也可叶面喷施。但距果实采收期20d内停止叶面追肥。也不宜灌大水,以免造成裂果。

2. 中耕除草 果实采收后,结合施肥,对全园进行一次中耕,中耕深度10～15cm,避免伤主根。

3. 施基肥 施基肥一般不宜晚于9月份,早熟品种可在8月下旬进行。基肥以腐熟的农家肥为主,成龄树每666.7m²施入4 000～5 000kg,过磷酸钙150kg。还可根据树体营养状态,同时加入适量的速效化肥,如尿素10～15kg以及微量元素肥料,如硫酸亚铁2～3kg等。秋施基肥后要灌1次水。采收后喷施0.3%～0.4%的尿素可提高叶片的光合功能,延长叶片寿命,有利于营养积累。秋施基肥参见表7-3。

表7-3 各地成龄桃树经验施肥量

地 点	单位	施肥种类和数量
北京平谷	667m²	农家肥5 000kg、过磷酸钙150kg。桃树专用肥84～140kg(含氮、磷、钾分别为10%、10%和15%)。喷施0.4%尿素和0.3%磷酸二氢钾各1次
山东肥城	株	有机肥100～200kg、豆饼2.5～7kg
江苏	株	饼肥5kg或猪粪60kg、磷矿粉5kg、尿素1.5kg。

4. 深翻改土　深翻时间以采果后结合秋施基肥进行效果最佳,深翻的深度常以主要根系分布层为准。一般 30~40cm。方法主要有深翻扩穴、隔行深翻等。

(二) 地上管理

1. 修剪　秋季修剪主要是对没有停止生长的新梢进行摘心或剪梢。对没有控制住的旺枝可从基部疏除。新长出的二、三次枝可从基部疏除。对骨干枝角度小的进行拉枝开角。

在果实着色期间可疏除部分过密背上枝和内膛徒长枝,改善树冠内光照条件,促进果实着色。也可将果实附近叶片摘掉,使果面均匀着色。

2. 果实管理　秋季果实管理主要任务有除袋和果实采收两项工作。

套袋的鲜食果实应于采收前 10~20d 将袋撕开,使果实先接受散射光,再于采收前 3~5d 逐渐将袋体摘掉。不易着色的品种应早些摘袋,如中华寿桃宜在采收前 2 周左右摘袋。果实成熟期雨水集中的地区、裂果严重的品种也可不解袋。罐藏桃果采前不必摘袋,采收时连同果袋一起摘下。

在果树行间地面上铺反光膜可促进果实着色,每 $667m^2$ 需用反光膜 300~400m^2。

桃果实的成熟度判断在生产上分以下等级:七成熟,果实充分发育,果面基本平整,果皮底色开始由绿色转黄绿或白色,茸毛较厚,果实硬度大。八成熟,果皮绿色大部褪去,茸毛减少,白肉品种底色绿白色,黄肉品种呈黄绿色,彩色品种开始着色。九成熟,绿色全部褪掉,白肉品种底色乳白色,黄肉品种呈浅黄色,果面光洁、充分着色,果肉弹性在,有芳香味。十成熟,果实变软,溶质桃果肉柔软多汁,硬溶质桃开始发软,不溶质桃弹性减小。

桃果的色、香、味等品质主要在树上发育形成,采后几乎不会因后熟而增进,应适时采收。一般就地鲜销果宜八九成熟采收,远地运输宜七八成熟采收。硬桃、不溶质桃可适当晚采,溶质桃,尤其是软溶质桃必须适当早采。罐藏硬肉桃宜七八成熟采收,罐藏软肉桃宜八九成熟采收。果实成熟不一致的品种,应分期采收。

3. 病虫害防治　进入果实成熟期一般不宜采用化学防治方法,以免造成果实农药残留超标。可采用黑光灯诱杀、糖醋液诱杀和性外激素诱杀方法,防治桃蛀螟、卷叶蛾、桃小食心虫、桃潜叶蛾等害虫。对红颈天牛可人工捕捉,并挖其幼虫。

果实采收后,重点保护好叶片,可喷施 26% 扑虱灵可湿性粉剂 1 500~2 000 倍液,防治一点叶蝉和蟥象。用 25% 灭幼脲 3 号悬浮剂 2 000 倍液防治潜叶蛾。在主干和主枝上绑草绳或草把,诱集害虫,晚秋或早春取下烧死害虫。

工作四　冬季生产管理

一、冬季生产任务

休眠期主要管理任务是整形修剪、清理桃园、树体保护、防止冻害等以及制订桃园年度管理计划,准备生产用肥料和农药等物资。

二、冬季树体生长发育特点

枝条成熟,叶片脱落,树体进入休眠期。

三、冬季生产管理技术

(一)地下管理

灌越冬水。灌水时间以水能完全渗透下去,不在地表结冰为宜。

(二)地上管理

1. 涂白　树干涂白可减轻枝干冻害,可按生石灰：水：食盐：石硫合剂原液=1：3：0.1：0.1配制；再加适量动、植物油或豆浆作展着剂,在桃树落叶后涂抹,涂白部位是主干和主枝基部,要求涂刷均匀。

2. 幼树防寒　在冬季比较寒冷地区,为了防止桃树抽条,可在秋季落叶后及时将树干埋土防寒或用稻草捆绑树干。也可喷布具有防越冬抽条效果的保护剂,如纤维素高质膜,防止幼树抽条。

3. 整形修剪

(1) 常用树形及整形过程。桃树采用的丰产树形,主要有自然开心形、纺锤形、圆柱形等。

①自然开心形。通常留3个主枝,不留中心干,又称三主枝开心形。具有整形容易,树体光照好,易丰产等特点。

基本结构:干高30～50cm。主干以上错落着生3个主枝,相距15cm左右。主枝开张角度40°～60°,第一主枝角度大些,可开张60°,第二主枝略小,第三主枝则开张40°左右。三个主枝水平夹角120°,第一主枝最好朝北,其他主枝也不宜朝正南。主枝直线或弯曲延伸。每主枝留2个平斜生侧枝,开张角度60°～80°,各主枝上第一侧枝顺一个方向,第二侧枝着生在第一侧枝对面,第一侧枝距主枝基部50～70cm,第二侧枝距第一侧枝50cm左右。在主、侧枝上培养大、中、小型枝组(图7-3)。

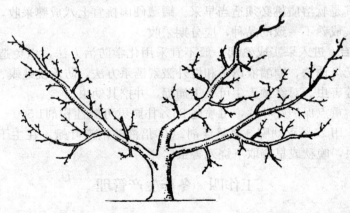

图7-3　桃树自然开心形

整形过程:定干高度60～80cm,整形带15～30cm,带内有5个以上饱满芽(图7-4)。

春季萌发后抹去整形带以下的芽,在整形带内选留4～5个新梢。当新梢长达30～40cm时,选3个生长健壮,相距15cm左右,方位、角度符合树形对主枝要求的3个新梢作为主枝培养。其他枝拉平缓放,辅养树体。

当主枝生长到60～70cm时进行摘心,在促发的副梢中,顶端选择健壮外芽新梢做主枝

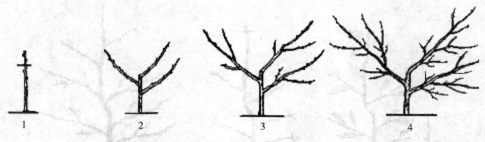

图 7-4 桃树自然开心形整形过程
1. 定干 2. 选留 3 个主枝 3. 选留第一侧枝 4. 选留第二侧枝

的延长梢，同时在延长梢下部选择方位、角度合适的新梢培养第一侧枝。

主枝的延长梢生长到 60~70cm 时再次摘心，在促发的二次副梢中，顶端选择健壮外芽新梢做主枝的延长梢，同时在延长梢下部选择方位、角度合适的新梢培养第二侧枝。第一侧枝生长到 40~50cm 时进行摘心，在促发的二次副梢中，顶端选择健壮外芽新梢做侧枝的延长梢，其余新梢培养为结果枝。栽植当年根据长势，多次摘心，依次培养各级骨干枝，最后一次摘心时间，以保证落叶时骨干枝延长梢成熟，长度不小于 80 cm。

冬季修剪时，主枝延长枝剪留 50~70 cm，侧枝剪留 40~50 cm。在整形过程中，除主枝外其余枝培养为大、中、小型枝组或结果枝，枝条过密时，适当疏除。

②纺锤形。适合高密度栽培和设施栽培，需及时调整上部大型结果枝组，切忌上强下弱。

基本结构：干高 50cm 左右，有中心干，在中心干上着生 8~10 个主枝，基部主枝稍大，长 0.9~1.2m，基角 55°~65°，往上主枝长度渐短（70~90cm），基角渐大（65°~80°）。主枝在中心干上均匀分布，间距 25~30cm，同方向主枝间距 50~60cm。结果枝组直接着生在主枝和中心干上。树高 2.5~3.0m。如果栽植密度加大，中心干上主枝上下相差不多，则为细纺锤形（图 7-5）。

整形过程：定干高度 80~90 cm。春季萌芽后在剪口下 30 cm 处选留新梢培养第一主枝，剪口下第三芽梢培养第二主枝，顶芽梢直立生长培养中心干。当中心干延长梢长到 60~80 cm 时摘心，利用下部副梢培养第三、四主枝。各主枝按螺旋状上升排列。第一年冬季修剪时，所选主枝尽可能留长，一般留 80~100 cm。第二年冬季修剪时，主枝延长枝不再短截。在生长季将主枝拉至 70°~80°。一般 3 年后可完成 8~10 个主枝的选留，整形过程结束（图 7-6）。

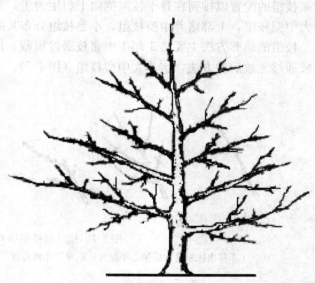

图 7-5 桃树纺锤形

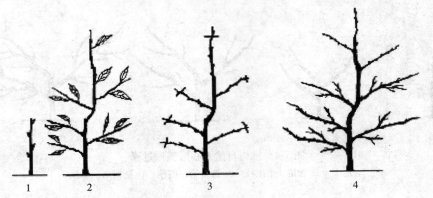

图 7-6 桃树纺锤形整形过程
1. 定干　2. 选留基部主枝　3. 摘心　4. 培养上部主枝

（2）结果树修剪。

①骨干枝修剪。主侧枝延长枝一般栽后第一年剪留 50 cm 左右，第二年剪留 50~70 cm，盛果期剪留 30 cm 左右。侧枝延长枝的剪留长度为主枝延长枝的 2/3~3/4。当树冠达到应有大小的时候，通过缩放延长枝头的方法进行控制树冠大小和树势强弱。

骨干枝的角度可通过生长季拉枝、用副梢换原头等方法进行调整。

②结果枝组修剪。结果枝组修剪原则是培养与更新相结合。结果枝组在主枝上的分布要均衡，一般小型枝组间距 20~30 cm，中型枝组间距 30~50 cm，大型枝组间距 50~60 cm。结果枝组的配置以排列在骨干枝两侧向上斜生为主，背下也可安排大型枝组。主枝中下部培养大中型枝组，上部培养中型枝组，小型枝组分布其间。

枝组的培养方法主要是 1 年生中庸枝通过短截，促进分枝，培养中小型枝组。也可将强壮枝通过先放后截方法，培养大中型枝组（图 7-7）。

图 7-7 桃结果枝组培养过程
1. 1 年生枝短截　2. 第二年修剪　3. 第二年修剪后　4. 第三年修剪　5. 第三年修剪后

枝组更新方法是：壮时放，弱时缩，放缩结合，维持结果空间。具体更新方法有单枝更新和双枝更新两种基本形式。单枝更新即在同一枝条上"长出去、剪回来"，每年利用比较靠近母枝基部的枝条更新。双枝更新即在一个部位留 2 个结果枝，修剪时上位枝长留，以结果为主；下位枝适当短留，以培养预备枝为主。

③结果枝修剪。以长果枝结果为主的品种，如南方品种群，结果枝一般以短截为主；以短果枝结果为主的品种，如北方品种群，以轻剪为主。

幼树，初果期的长、中果枝多，花芽着生节位偏高，偏稀，应轻剪长留、多留，以缓和树势。幼树可利用副梢、二次副梢结果。

结果枝的修剪有两种情况：一是短截修剪，对结果枝一般都进行短截。北方品种群，长果枝或花芽节位高的枝，剪留7~10节或更长，中果枝5~7节，短果枝不动。南方品种群，长果枝剪留5~7节，中果枝4~5节，短果枝不动或疏剪。留枝数量以果枝间距10~15cm，伸展方向互相错开。

二是长放修剪（长梢修剪技术），仅采用疏剪、缩剪和长放的方法。在骨干枝和大型枝组上每15~20cm留1个结果枝，保留的结果枝长度为45~70cm，总枝量为短截修剪的50%~60%。更新方式为单枝更新，果实使枝条下垂，极性部位转移，使枝条基部发生1~2个较长的新梢，靠近母枝，冬剪时把已结果的母枝回缩至基部的健壮枝处更新。

4. 清园 结合冬季修剪，剪除病虫枝，刮去树干老翘皮，并清除田间枯枝、落叶、烂果，铲除杂草一同带出果园集中烧毁或深埋，同时，全园喷洒2~3波美度石硫合剂1次，减少越冬病虫基数。

工作五　制订桃周年管理历

1. 休眠期（12月至翌年3月）

（1）冬季修剪。幼树期以整形为主，主枝一般留50cm剪截，结果枝适当长留，疏除无用的徒长枝。初结果树继续扩大树冠，注意选留侧枝，培养枝组。盛果期结果枝宜短留，多留预备枝，注意枝组的更新复壮，疏去无用徒长枝，平衡树势。衰老期以后，对骨干枝、枝组更新复壮。注意剪除病虫枝、僵果，锯口要涂漆保护。

（2）清洁桃园。把冬剪的残枝及园内落叶、杂草等清除，集中烧毁。

（3）涂白。对主干、主枝涂白，在12月下旬前进行。

（4）病虫害防治。2月下旬至3月上旬刮除流胶病斑，涂抹5波美度石硫合剂和全树喷5波美度石硫合剂+70%甲基托布津1 000倍液，防治褐腐病、介壳虫等。

（5）施肥灌水。3月上中旬（发芽前），株施硫酸铵0.5~1.0 kg或尿素0.5 kg，并结合灌水，随后中耕保墒。

2. 发芽至落花期（3月下旬至4月下旬）

（1）授粉。对花粉少或没有花粉的品种，特别是阴雨天，要进行人工辅助授粉，并在花期喷0.3%的硼砂，提高坐果率。

（2）夏剪。对以前的剪口、锯口处及根部发出的无用芽要及时抹掉。

（3）疏花疏果。先疏坐果率高的品种，自花结实率低的品种可不疏或少疏，待分清果实大小时一次定果。花落后（10d）疏果；定果时，留果形稍长的幼果，除去畸形果、病虫果和球形果。

（4）病虫害防治。

①开花前喷27.5%油酸烟碱乳油500倍液或0.30%印楝乳油1 500倍液，或50%硫黄胶悬剂防治苹毛金龟子和桃畸果病。

②花期将敌敌畏100倍液用注射管注入天牛虫洞，然后用豁泥封严。

③花后用72%农用链霉素3 000倍液+50%多菌灵600倍液+0.3%硫酸亚铁防治褐腐病、细菌性穿孔病、黄化病。用50%硫黄胶悬剂100倍液防治桃畸果病。

3. 硬核期（早熟品种，5月上中旬）

（1）追肥。对早熟品种追施氮、磷、钾肥，株施三元复合肥0.5kg。中晚熟品种，以氮为主；对结果多、生长弱的树进行条施，株施尿素或硝酸铵0.5kg。

（2）夏剪。调节好骨干枝方位角度，均衡树势，抑强扶弱，控制徒长，改善树体通风透光条件。缩剪果枝及预备枝。除去双芽留1芽，剪除病芽。

（3）病虫害防治。

①5月上旬防治红蜘蛛、蚜虫、潜叶蛾、桃小食心虫等，选择药剂有：2 000倍液蛾螨灵、25%灭幼脲3号2 500倍液、蚜虱净等杀虫剂。

②5月中旬用大生M-45 800倍液或多菌灵防治炭疽病、疮痂病、花腐病等。

（4）果实套袋。5月中下旬果实套袋，套袋前要全园喷药。

4. 果实膨大期（早熟品种）**和硬核期**（中晚熟品种）（5月下旬至6月上旬）

（1）病虫防治。5月下旬开始防治桃小食心虫、蚜虫类、介壳虫、红蜘蛛、卷叶虫、蟥象类、大青叶蝉，药剂有克螨特、Bt乳油500倍液、螨死净3 000倍液、克蚜灵1 000倍液，连续防治2次。

（2）追肥灌水。早熟品种。追肥以钾肥为主，配合氮、磷肥，并结合灌水。促进果实膨大和花芽分化。

5. 硬核期（6月中旬至7月上旬）

（1）早熟品种采收。

（2）病虫害防治。

①6月中旬用72%农用链霉素3 000倍液防治细菌性穿孔病；防治红蜘蛛、桃小食心虫、大青叶蝉、叶蛾类害虫，选择药有：螨死净、蛾螨灵、杀灭菊酯等，也可与防病药剂混合喷布。

②6月下旬用敌敌畏注射天牛虫洞，然后用泥黏封严。

③根腐病防治采用澳甲烷深施60cm熏蒸，并采用50%多菌灵500倍液灌根。

（3）夏剪。利用副梢调节主枝延长枝角度。对膛内无空间的徒长枝疏去，有空间生长的改造成枝组。对树冠外围直立枝利用副梢开张角度。疏除过密枝、无用枝。对尚未停止生长的新梢和副梢摘心，剪去1/5～1/4。

（4）施肥灌水。以钾肥为主，株施硫酸钾和三元复合肥各0.2～0.3kg，同时灌水。灌水后或在大雨后抢墒覆草，厚度20cm左右。

6. 果实膨大期（7月中旬至8月上旬）

（1）采收。7月下旬中熟品种可分批采收。

（2）病虫害防治。

①7月中旬开始防治以桃蛀螟、红蜘蛛为主的害虫，药剂有：敌杀死、万灵2 000倍液、灭幼脲3号1 500倍液。

②桃果采收前10d，喷70%甲基硫菌灵或50%多菌灵液，防治褐腐病、疮痂病等。

（3）夏剪。对又萌发出的一次和二次副梢长达15～20cm时剪截，控制生长。

7. 采收期（晚熟品种，8月中下旬）

（1）采收。晚熟品种分批采收。

（2）补肥。对中、晚熟品种进行补肥，以氮肥为主，也可采用叶面喷施0.3%～0.5%

尿素水，恢复树势。

（3）病虫害防治。桃果采收后，主要有细菌性穿孔病、褐腐病、疮痂病、红蜘蛛、桑白介壳虫等病虫害。选择杀菌剂有：72％农用链霉素、70％甲基托布津、多菌灵；杀虫剂有40％速扑杀、死净、克蚧灵、蛾螨灵、皂素烟碱、油酸烟碱等。

8. 花芽分化期（9月中下旬）

（1）夏剪。为充实枝条，促进花芽分化，提高越冬能力，要剪去枝条顶端不充实的幼嫩部分，剪时注意保留老叶。控制不住的徒长枝从基部疏除。

（2）病虫害防治。

①防治腐烂病，刮除病疤后涂3～5倍的菌立灭2号。

②注意其他病虫害防治。

9. 落叶前后

（1）施基肥。9月下旬至10月上旬为最佳期。按1 kg果施2 kg厩肥或株施厩肥50～100 kg、过磷酸钙1～2 kg。

（2）深翻。最好是结合施基肥，同时进行。树干100cm范围内浅翻。100cm外可深翻。

（3）灌水。灌冻水，水量要充足，以湿透干土层为宜。秋季雨水过多时，也可少灌水或不灌水。

学习指南

桃是栽培范围最广、面积最大的核果类果树，在核果类果树中具有代表性；建议作为重点学习，以带动其他核果类果树的学习。

本项目实践性较强，桃的生产管理季节性强，建议采用项目教学法，选取典型的实践内容，在不同的季节进行学习。

技能训练

【实训一】桃冬季修剪

实训目标

了解桃冬季修剪手段、修剪方法和步骤，掌握冬季修剪的技术要领。

实训材料

1. **材料** 整形方式不同的桃幼树和结果树。
2. **用具** 修枝剪、手锯、梯子等。

实训内容

1. **修剪的一般规则** 修剪顺序、一年生枝剪截、多年生枝缩剪、疏枝等。
2. **自然开心形整形** 主侧枝选留与剪截。
3. **结果枝组修剪** 结果枝组培养、修剪和更新。

4. 结果枝修剪　确定短截剪留长度,确定缓放修剪及留枝数量。
5. 更新修剪　结果枝单、双枝更新及多年生枝更新。

实训方法

（1）本实训一般在桃落叶3周后至次年树液流动前进行。

（2）实训时,先由指导教师讲解和示范,然后再由学生进行分组操作训练。学生训练初期每组2~3人分组进行,随操作技能的提高,小组人数逐渐减少,最后独立操作,老师点评总结。

实训结果考核

1. 态度　不迟到、不早退,态度端正,认真、仔细,遵守纪律（20分）。
2. 知识　掌握桃休眠期修剪基本知识,并能陈述桃短截修剪与缓放修剪的区别(25分)。
3. 技能　能够正确进行桃冬剪,程序准确,技术规范熟练（40分）。
4. 结果　按时完成桃冬季修剪报告,内容完整,结论正确（15分）。

【实训二】桃夏季修剪

实训目标

了解桃生长季修剪手段、修剪方法和步骤,掌握冬季修剪的技术要领。

实训材料

1. 材料　生长正常的桃幼树或初结果树。
2. 用具　卷尺、卡尺、修枝剪、标签、铅笔、调查表。

实训内容

1. 修剪方法实训　先在教师指导下,分别进行拧枝、扭梢、疏枝、重短截、中短截、摘心、缓放等处理方法训练,掌握生长季修剪的方法,理解生长修剪的作用和原理。

2. 修剪方法应用　分组对树体进行修剪,如疏除徒长枝、过密枝、延长梢轻剪等,对树形进行调整,使树体比较规范。对未坐果的枝梢疏除、结果枝摘心、竞争枝重短截等,调整生长与结果的关系。掌握生长季修剪方法的应用和作用原理,学会生长季修剪时期和修剪量的控制。

3. 修剪反应调查　在整形修剪的同时,分组分别进行拧枝、扭梢、重短截、中短截、摘心、缓放（可1组选择1项调查）,并编号挂牌,测量其长度和粗度。秋季新梢停长后调查新梢长度、粗度、节数、成花节数和数量以及发生副梢的数量、长度和花芽数量等。

实训方法

实训时,先由指导教师讲解和示范,然后再由学生进行分组操作训练。学生训练初期可每组2~3人分组进行,随操作技能的提高,小组人数逐渐减少,最后独立操作,老师点评总结。

实训结果考核

1. **态度** 不迟到、不早退,态度端正,认真、仔细,遵守纪律(20分)。
2. **知识** 掌握桃生长期修剪基本知识,并能陈述采用方法的原因和作用(25分)。
3. **技能** 能够正确进行桃冬剪,程序准确,技术规范熟练(40分)。
4. **结果** 按时完成桃冬季修剪报告,内容完整,结论正确(15分)。

【实训三】桃、杏、李的生长结果习性观察

实训目标

了解桃、杏、李的生长结果习性,明确桃、杏、李生长结果习性的异同点,学会观察记载核果类果树结果习性的方法。

实训材料

1. **材料** 桃、杏、李的正常结果树。
2. **用具** 卷尺、放大镜,记载和绘图用具等。

实训内容

1. 观察树体形态与结果习性 树形、干性强弱、分枝角度、极性表现、生长特点。发育枝及其类型、结果枝及其类型与划分标准。各种结果枝的着生部位及结果能力。多年生枝、二年生枝、一年生枝和新梢、副梢及发枝情况,一年多次分枝与扩大树冠、提早结果的关系。花芽与叶芽以及在枝条上的分布及其排列方式,单芽与复芽分布及其排列方式,副芽、早熟性芽、休眠芽着生部位。花芽内的花朵数。叶的形态。

2. 调查萌芽和成枝情况 各树种选择长势基本相同、中短截处理的二年生枝10~20个,分别调查总芽数、萌芽数,萌发新梢或一年生枝的长度。

实训方法

(1) 本实训一般在生长季、枝叶花果比较齐全时进行,亦可休眠期、生长期分别进行。
(2) 在休眠期集中安排1次,以便于观察和调查树形、枝条类型和花、叶芽类型与分布等。在开花期和新梢生长期安排学生课外实践,观察开花结果习性。
(3) 实训宜2~3人一组,便于观察记录和互相讨论学习。

实训结果考核

1. **态度** 不迟到、不早退,态度端正,认真、仔细,遵守纪律(20分)。
2. **知识** 掌握桃、杏、李的生长结果习性,并能陈述三者生长结果习性的异同点(25

分)。
3. **技能**　能够现场准确熟练地指明桃、杏、李枝、芽、叶的各种类型和特性（40 分）。
4. **结果**　按时完成实训报告，内容完整，结论正确（15 分）。

项目小结

　　本项目介绍了桃的生物学特性、安全生产要求及四季管理的配套生产技术，为学生全面掌握绿色果品桃生产奠定了坚实基础。

复习思考题

1. 你所在地区桃的主栽品种有哪些？这些品种有什么优势和不足？
2. 以成龄桃树为例，按绿色果品生产要求，设计一个全年施肥方案。
3. 桃树休眠期修剪有哪些主要任务，怎样进行？
4. 桃树生长期修剪主要有哪几次，每次主要解决什么问题？
5. 不同年龄时期的桃树在修剪上各自有什么特点？
6. 绿色果品桃的感官质量要求有哪些？根据这些要求在生产过程中要注意什么问题？

项目八

杏标准化生产

学习目标

知识目标
◇ 了解杏生物学特性及杏安全生产的基本要求。
◇ 熟悉标准化生产过程与质量控制要点。
◇ 掌握绿色果品杏生产关键技术。

能力目标
◇ 能够运用绿色果品杏生产关键技术，独立指导生产。

学习任务描述

本项目主要任务是完成杏认知，了解杏生产要求、生产良种及春季、夏季、秋季和冬季的生产任务与操作技术要点，全面掌握杏土、肥、水管理技能、整形修剪技能、花果管理技能与病虫害防治技能。

学习环境

要完成本项目学习任务，必须具备以下条件：
◇ 教学环境　杏幼园、成龄园，多媒体教室。
◇ 教学工具　修剪工具，植保机具、常见肥料与病虫标本、杏生产录像或光碟。
◇ 师资要求　专职教师、企业技术人员、生产人员。

相关知识

杏为李属李亚属植物，原产于我国，全世界杏属植物分为6个地理生态群和24个区域性亚群，共有10个种。其中我国就有9个种：普通杏、西伯利亚杏、辽杏、紫杏、志丹杏、政和杏、李梅杏、藏杏、梅杏。栽培品种近3 000个，普通杏种分布最广。在东北、华北、西北各地均有分布。其中以河北、山东、山西、河南、陕西、甘肃、青海、新疆、辽宁、吉林、黑龙江、内蒙古、江苏、安徽等地较多，以黄河流域各省最为集中，秦岭、淮河以南栽培较少，长江流域有但零星稀少。我国杏种植面积18 730hm²，产量7.3万t，居世界第三位。全国著名杏品种有河北巨鹿串枝红杏、山东招远红金榛杏、张家口大扁杏、北京水晶杏、山东崂山关爷脸杏、河南渑池仰韶红杏、陕西华县大接杏、甘肃敦煌李广杏等。

杏在全世界集中分布在东亚、中亚、小亚细亚以及地中海沿岸各国。以鲜食杏为主，加工品不多，主要加工产品是杏浆、杏干、冷冻杏丁和罐头。杏浆主要作为饮料的原料，60%用于做果汁。全球杏制品主要供应地为土耳其、中国及中东地区，主要消费地为欧美、日本等发达国家，土耳其是最大的杏制品生产国。全球产量在6万～7万t，贸易量4万t左右。

任务一　观测杏生物学特性

一、生长特性

杏树的树冠大，根系深，寿命长。在一般管理条件下，盛果期冠高达6m以上，冠径在7m以上。寿命为40～100年，甚至更长。

1. 根　杏树根系强大，能深入土壤深层，水平根伸展范围一般可超过冠径2倍。不同树龄时期根系的生长特点不同。嫁接苗自定植后的第一、第二年，根系的垂直生长超过水平生长。自第二年至第三年以后，水平根的延伸速度逐渐超过垂直根的延伸长度。4～5年生的杏树，一般可以达到最大的垂直深度。此后，主要是水平根迅速向四面伸展。树龄达到20年以后，水平根的延伸速度减慢，到40～50年以后，根的水平延伸能力已很弱。

2. 芽　杏树与桃树一样，叶芽具有早熟性，副梢上也可形成花芽。根据这种特性，可以在幼树、高接树或更新树上利用副梢进行整形，有选择地培养副梢作骨干枝或结果枝组。

杏树的新梢有自枯现象，顶芽为伪顶芽。新梢每节叶腋有侧芽1～4个，为并列复芽。潜伏芽寿命较长，一般可达10～20年。大部分品种顶端优势弱，干性弱，自然生长成的树冠，多为无主干的圆头形。

杏潜伏芽寿命很长，在受到重刺激时常可萌发，形成徒长枝，可利用潜伏芽对树冠和枝组进行更新。

杏休眠期较短，较早解除休眠状态，春季萌芽、开花比桃、李等早，易遭晚霜危害。要注意防止晚霜和低温危害。

3. 枝　杏树生长势次于桃，但在幼树期生长也很快，新梢年生长量可达2m。随着树龄的增长，生长势渐弱，一般新梢生长量30～60cm。

杏树的萌芽率和成枝力在核果类果树中是比较低的。剪口下一般可抽生1～3个长枝，2～7个中短枝。萌芽率40%～70%，成枝力20%～65%。如果修剪稍重，萌芽率和成枝力均可达到80%以上。

二、结果特性

1. 结果年龄　杏树定植或高接后2～4年开始结果，6～8年进入盛果期。在适宜条件下，盛果期比桃树长，10年生以上的大树一般单株产量在50kg以上。

2. 结果枝　杏树结果枝同桃一样，分为长果枝、中果枝、短果枝和花束状果枝。杏树大多数品种以短果枝和花束状果枝结果为主，但寿命短，一般不超过5～6年。由于花束状果枝较短，且节间短，所以结果部位外移比桃树慢。

3. 花芽分化　杏花芽为纯花芽，较小，单生或2～3芽并生成复芽。每花芽开一朵花。

在一个枝条上,上部多为单芽,中下部多为复芽。单生花芽坐果率不高,开花结果后,该处光秃。复芽的花芽和叶芽排列与桃相似,中间多为叶芽,两边为花芽,这种复芽一般坐果率高。

杏较容易形成花芽,1~2年生幼树即可分化花芽,开花结果。据观察,兰州大接杏的花芽分化开始于6月中下旬,这时气温较高,果实已经成熟或即将进入成熟期,7月上旬花芽分化达到高峰,9月下旬所有花芽进入雌蕊分化阶段。

4. 果实发育　杏的果实发育快,而发育期短。杏果实生长发育曲线呈双S形,可分为三个时期,第一期为果实迅速生长期,这一时期幼果的大小为采收时果实大小的30%~60%。第二期为硬核期,这一时期持续的长短品种间差异不大,一般早、中熟品种4月下旬果核开始发育,5月中旬形成,5月下旬木质化。硬核期持续10d左右,晚熟品种持续15d左右。第三期为果实第二次迅速生长期,此期果实增重占总果重的40%~70%。这一时期持续长短品种间差异较大,早熟品种18d左右,中熟品种28d左右,晚熟品种40d左右。

多数杏树落花落果较为严重,落花落果一般有3个时期,即落花、生理落果和采前落果。

任务二　了解杏安全生产要求

一、果品质量要求

1. 感官质量要求　绿色果品杏产品质量要求必须符合《绿色食品　温带水果》(NY/T 844—2004)标准,绿色果品杏感官指标如表8-1所示。

表8-1　绿色果品杏感官质量要求

项　目	要　求
基本要求	果实充分发育,新鲜清洁,无异常气味或滋味,不带不正常的外来水分,具有适于市场或贮存要求的成熟度
果形	果形端正,具有本品种的固有特征
色泽	果皮色泽具有本品种成熟时应有的色泽,着色程度达到本品种应有着色面积的3/4以上。
硬度(N/cm^2)	≥44
可溶性固形物(%)	≥9.0
可滴定酸(%)	≤1.80

2. 理化指标要求　绿色果品杏理化指标必须符合《绿色食品　温带水果》(NY/T 844—2004)中有关杏理化指标要求,详见表5-3。

3. 卫生质量要求　绿色果品杏卫生指标应符合《绿色食品　温带水果》(NY/T 844—2004)卫生指标要求,详见表5-4。

二、对环境条件要求

杏对环境条件的适应性极强。在我国普通杏从北纬23°~48°,海拔3 800 m以下都有分布。

1. 温度　主产区的年平均气温大致为6~14℃。杏休眠期间能抵抗-40~-30℃的低温,杏的适宜开花温度为8℃以上,花粉发芽温度为18～21℃。早春萌发后,如遇-5～-2℃低温持续3h就受冻害,受冻花雌蕊败育的比例较高,在中国杏的主产区花期经常发生晚霜危害。杏果实成熟要求18.3～25.1℃。生长期也耐高温,如在新疆哈密市,在夏季平均最高气温为36.3℃,绝对最高气温达43.9℃条件下,杏树都能正常生长和结果。

2. 光照 杏为喜光树种,光照充足,生长结果良好,果实着色好,含糖量高,品质好。光照不良则枝叶徒长,雌蕊败育花增加,严重影响果实的产量和品质。

3. 水分 杏抗旱力较强,但在新梢旺盛生长期、果实发育期仍需要一定的水分供应。杏树极不耐涝,如果土壤积水1～2d,会发生早期落叶,甚至全株死亡。

4. 土壤 杏树对土壤要求不严,平原、高山、丘陵、沙荒、轻盐碱土壤均能正常生长,但适于排水良好、较肥沃的沙壤土或砾质壤土。

三、建园要求

1. 优良品种选择 按照起源、形态及生物学特性,杏栽培种分为6个品种群。按用途,分为鲜食、鲜食与制干兼用、仁干兼用和仁用四种类型。主要优良品种见表8-2、表8-3。

表8-2 鲜食杏优良品种

名称	原产或育成地	单果重(g)	品质	核仁	成熟期	产量	用途
兰州大接杏	甘肃临夏、兰州	79～85	上	甜	6月下旬	丰产	鲜食
华县大接杏	陕西华县	54～84	极上	甜	6月上旬	极丰产	鲜食
仰韶黄杏	河南渑池	69～88	极上	苦	6月中旬	丰产	鲜食、加工
沙金红杏	山西清徐	58～74	上	苦	6月下旬	丰产	鲜食、制干
串枝红	河北邢台	54～79	上	苦	6月中旬	丰产	鲜食、加工
红玉杏	山东历城、长清	70～80	上	苦	6月上旬	丰产	鲜食、加工
克孜尔库曼提	新疆库车	27.8	上	甜	6月下旬	丰产	制干、鲜食
龙王帽	河北涿鹿、涞水	20～25	难食	甜	7月上旬	丰产	取仁
莱西金杏	山东莱西	85.3	上	甜	6月下旬	极丰产	鲜食
寿光玉榛杏	山东寿光	107	极上	甜	6月上旬	丰产	鲜食
金银杏	河南虞城	80.9	上	苦	7月上旬	丰产	鲜食
骆驼黄	辽宁果树所	49.5	上	苦	6月中旬	丰产	鲜食
金皇后	陕西果树所	81	上	苦	7月初	丰产	鲜食
牡红杏	黑龙江园艺所	50	上	甜	7月下旬	丰产	鲜食
早美红	河北农林科学院	55	上	苦	6月上旬	丰产	鲜食
红丰	山东农业大学	56	上	苦	5月下旬	丰产	鲜食
新世纪	山东农业大学	68	上	苦	5月下旬	丰产	鲜食
金太阳	美国	66.9	上	苦	5月下旬	丰产	鲜食
凯特杏	美国	105.5	上	苦	6月中旬	极丰产	鲜食

表8-3 仁用杏品种

名称	原产或育成地	单果重（g）	杏仁品质	核仁	果实发育期（d）	杏果产量	出仁率（%）	适宜地区
龙王帽	河北涿鹿、涞水	17.4	上	甜，略有余苦	90	较丰产	37.6	华北、西北、东北地区
一窝蜂	河北涿鹿、蔚县	14.5	上	甜	90	丰产	36.0	华北、西北、东北地区
白玉扁	北京市门头沟地区	20	上	甜且香	88	丰产	30.0	西北、华北、东北地区
超仁	河北涿鹿，龙王帽的株选优系	16.7	上	甜，略有余苦	83	极丰产	39.0~41.1	华北、西北、辽宁等地
丰仁	河北涿鹿，一窝蜂的株选优系	13.2	上	甜香	90	极丰产	39.1	华北、西北、辽宁等地
国仁	河北涿鹿，一窝蜂的株选优系	14.1	上	甜	90	丰产	37.2	华北、西北、辽宁等地
油仁	河北涿鹿，一窝蜂的株选优系	13.7	上	甜	90	丰产	38.7	华北、西北、辽宁等地

2. 园地选择要求 杏树建园时要考虑花期的晚霜危害，因此在山地建园要避开风口和谷地，选择在坡度25°以下，土层较厚，背风向阳的南坡或半阳坡为宜。在平地建园要避开低洼地，排水不良和土壤黏重地不宜建杏园。避开种植过核果类果树的地段建园，以免发生再植病。

3. 果树栽植要求 栽植时期分为秋栽和春栽两个时期。秋栽从落叶起至封冻前都可进行；春栽在春季土壤解冻后至萌芽前进行。新建杏园以株行距（2~3）m×（5~6）m为宜，仁用杏以株行距（2~3）m×（4~5）m为宜。

大多数杏品种的自花结实率很低，需配置授粉树，可按（3~4）：1配置授粉树。

四、生产过程要求

杏生产过程，要求选用优良品种，加强土、肥、水管理，合理整形修剪，注意防治自然灾害。执行《绿色食品　农药使用准则》（NY/T 393—2000）、《绿色食品　肥料使用准则》（NY/T 394—2000），生产生态、安全、优质的产品。

任务三　杏标准化生产
工作一　春季生产管理

一、春季生产任务

春季生产任务主要有清园、追肥、灌水、中耕、放蜂、人工辅助授粉、疏花疏果、防霜冻、和防治病虫害等。

二、春季树体生长发育特点

春季根系先于芽的萌动而开始活动，吸收水分和养分，供树体生长发育。杏树的花芽早于叶芽萌动，随后花芽逐渐膨大、开绽。花芽开放后叶芽萌动、展叶，即先开花后展叶。开花后坐果，进入果实发育期。

三、春季生产管理技术

（一）地下管理

1. 清园 对剪掉的病虫枝、刮掉的老树皮和果园中的残枝败叶要及时清理出果园，消灭越冬病虫源。

2. 土壤管理 清耕管理的杏园，春季灌水后进行中耕，中耕深度15～20cm，以消灭杂草，松土保墒，提高地温促进根系生长。覆草管理的杏园进行补草，覆草厚度常年保持在15～20cm。幼龄园进行间作。

3. 追肥灌水 春季追施速效氮肥尿素等，分别在萌芽前和开花前，幼树每株0.10～0.25kg，成龄树0.5～1.0kg，提高坐果率，促进新梢生长。施肥沟施、穴施均可。追肥后有条件的灌1次水，没有灌溉条件的可采用穴贮肥水法解决肥水问题，保证开花和坐果对水分的要求。

春季灌水2～3次，分别在萌芽前、开花前和开花后。主要灌水方法有沟灌、穴灌、滴灌、喷灌等。

（二）地上管理

1. 防治霜冻 花期霜冻是杏栽培的主要限制因子。常用防霜措施有：喷水、灌水以及在花芽露白期喷石灰浆（生石灰与水为1：5），以降低温度，推迟物候期，使开花期躲避晚霜；熏烟法、喷水法防止霜冻发生。

2. 整形修剪 整形期间，萌芽前刻芽，促进萌发，以培养骨干枝，增加枝量。抽生新梢后，及时抹除竞争枝、剪锯口处萌发的嫩芽或新梢。

3. 提高坐果率 杏树的自然坐果率极低，人工辅助授粉是提高产量的重要措施。大面积授粉时可采用液体喷雾法授粉。

花期放蜜蜂和角额壁蜂，角额壁蜂具有活动要求温度较蜜蜂低、授粉效率比蜜蜂高的优点。

据试验，在杏树盛花期喷布50mg/kg赤霉素、1 200倍稀土、0.3%硼砂、0.3%磷酸二氢钾，可明显提高坐果率。

4. 疏果定果 杏树疏果可在花后25～30d一次完成。一般短枝留1个果，中枝留2～3个果，长枝留4～5个果。也可按距离进行，即小型果间距7cm，中型果间距10cm，大型果间距13cm。鲜食杏的产量控制在每667m² 1 000～1 500kg为宜。

5. 防治病虫害 成龄大树每隔1～2年在萌芽前刮1次树皮，即可防治病虫害，也能促进树体生长。萌芽前喷施3～5波美度石硫合剂。

萌芽开花期注意防治杏星毛虫、杏象鼻虫等害虫危害，在做好刮树皮、早春翻树盘和树干涂白的基础上，尽可能人工捕杀。

幼果长到豆粒大小时，喷洒杀虫剂防治杏仁蜂等食心害虫。

6. 改接换头 在萌芽前后，对于一些不良品种或缺乏授粉树的低产杏园，可采用高接办法更换品种和改接授粉树。采用劈接或皮下接方法高接。

我国华北、东北和西北广大地区，有较丰富的野生山杏资源，可以利用现有山杏树改接栽培品种建园，尽快取得经济效益。可在春季萌芽时将山杏自地面 10～15cm 处锯断，在其上进行劈接或皮下接。在干旱和多石砾的山坡上则宜采用根劈接法进行嫁接，即将山杏的根颈部刨出，自分生侧根部位以下将主根锯断，在根上进行劈接。具有嫁接成活率高，埋土方便，不易被风吹断等优点。

工作二　夏季生产管理

一、夏季生产任务

主要任务有中耕锄草、施肥、灌水、修剪、病虫害防治、果实采收等。

二、夏季树体生长发育特点

杏的果实发育快，而发育期短，早、中、晚熟品种的幼果发育时间差异不大，果实成熟早。幼果发育与新梢生长在营养竞争上矛盾较大，芽当年形成后，如果条件适宜，特别是幼树或高接枝上的芽，很容易萌发抽生副梢，形成二次枝、三次枝。成龄树新梢多一次生长。

三、夏季生产管理技术

（一）地下管理

1. 中耕锄草　夏季温度较高，清耕管理的果园要及时中耕锄草。

2. 施肥灌水　果实发育期可追施 2 次肥料。在幼果膨大期追施 1 次氮、磷、钾复合肥，在果实生长后期追 1 次磷、钾肥。施肥后灌水。

（二）地上管理

1. 修剪　6 月份以后对幼龄树和初结果树的骨干枝进行拉枝开角。对徒长枝、强旺枝及背上直立枝新梢长至 30～50cm 摘心，一年可进行 2～3 次，通过摘心，促发分枝，培养结果枝组。对于生长过旺的大枝可在新梢进入旺长期前，采取环剥和绞缢方法进行控制。

2. 病虫害防治　果实发育期内每半个月喷洒 1 次甲基托布津、多菌灵等杀菌剂，防治杏褐腐病、疮痂病等。间或喷洒中生菌素或硫酸链霉素防治细菌性穿孔病。

3. 采收　杏果的成熟正值天热季节，果实柔软多汁，采收技术非常重要。一是采收成熟度要控制好，鲜食杏外运以七八成熟为宜。制作糖水罐头和杏脯的杏果，应在绿色褪尽、果肉尚硬，即八成熟时采收。仁用杏应在果面变黄，果实自然开口时采收。

工作三　秋季生产管理

一、秋季生产任务

主要任务有秋施基肥、保护叶片等。

二、秋季树体生长发育特点

进入秋季后，各类新梢的加长生长停止，枝条自下而上开始成熟，树体进入营养积累期。花芽继续分化发育，不断膨大。叶片自下而上开始衰老，功能逐渐减退。

三、秋季生产管理技术

1. 地下管理 施基肥。对杏园立地条件不好的,可结合秋施基肥进行扩穴深翻。同时按每 667m² 3 000~4 000kg 施入有机肥,再加复合肥 80kg。施肥结束后,要修好树盘以积蓄冬季雪水。

2. 地上管理 防治病虫害。果实采收后加强对叶片的管理,防止因病虫危害造成落叶,影响花芽分化和树体营养积累。

落叶后将病枝、病叶、病果及果核残体集中销毁或深埋,减少病虫基数,对杏疗病、杏仁蜂等病虫害防治效果好。对树体主干和主枝进行涂白防护。

工作四 冬季生产管理

一、冬季生产任务

杏树休眠期管理主要有:灌越冬水、整形修剪、清洁果园、喷施石硫合剂和施肥、灌水等任务。

二、冬季树体生长发育特点

枝条成熟,叶片脱落,树体进入休眠期。

三、冬季生产管理技术

(一)地下管理

1. 灌越冬水 入冬前充分灌水,灌水时间以田间能完全渗透下去,不在地表结冰为宜。

2. 清理果园 土壤解冻后,彻底清理果园,将病残枝叶集中烧灭,浅耕一次树盘,有利于提高地温和保持土壤水分。

(二)地上管理

主要工作为整形修剪。

1. 常用树形及整形过程 杏树树形目前采用较多的是小冠疏层形、自然圆头形、杯状形和开心形。辽宁省果树所研究试验结果表明,仁用杏采用五主枝杯状形和延迟开心形树形栽培效果好。

杯状形树体结构:干高 30~50cm,主干上有 3~5 个主枝。主枝单轴延伸,没有侧枝,在其上直接着生结果枝组。主枝开张角度为 25°~35°,枝展直径为 1.0~1.5m。

杯状形整形过程:定植后在 50~70cm 处定干。从剪口下新梢中选留 3~4 个生长健壮、方位角度适宜的新梢,作为主枝培养。其余枝条通过拉枝、扭梢拉平后缓放,避免与主枝竞争。第一年冬季修剪时,主枝剪留 60cm 左右,其余枝依据空间的大小适当轻剪或不剪。翌年春季,在剪口下新梢中继续选留主枝延长枝培养,通过摘心、扭梢等方法控制住竞争枝和其他旺枝,也可重短截促发分枝培养结果枝组。其他枝轻剪缓放,促进花芽形成。第二年按上年修剪原则操作,至第三年基本完成树形。

自然开心形树体结构:主干高度 50cm 左右,主干上着生 3~5 个主枝,主枝均匀错开排列,基角 40°~50°。每个主枝上着生若干侧枝,沿主枝左右排开,侧枝的前后距离 50cm

左右，侧枝上着生短枝和结果枝组。

2. 休眠期修剪 休眠期修剪的原则是"粗枝少剪，细枝多剪；长枝多剪，短枝少剪。"幼树以整形为主，主要作业是短截主、侧枝的延长枝，一般剪去1年生枝的1/4~1/3为宜。少疏枝条，多用拉枝、缓放方法促生结果枝，待大量果枝形成后再分期回缩，培养成结果枝组，修剪量宜轻不宜重。盛果期修剪主要作业是延长枝剪去1/3~1/2。中果枝剪去1/3，短果枝剪去1/2，疏除部分花束状结果枝。对生长势减弱的枝组回缩到抬头枝处，恢复生长势，改善光照条件。骨干枝衰老后，可按照粗枝长留，细枝短留原则，剪留1/3~1/2。在干旱山区要配合施肥灌水，以免达不到更新效果，甚至造成树体衰亡。

工作五　制订杏周年管理历

杏周年管理历是栽培技术和生产操作技术规程在果园管理中的具体体现。各地可根据当地具体情况制订。

1. 3月（萌芽前期） 主要工作：整地、排灌设施整修、刨树盘、追肥、病虫害防治。①土壤解冻后修整梯田、排灌设施，修树盘。追施速效氮肥（尿素或碳酸氢铵），幼树（2~3年生）150g/株，成龄树250~300g/株，穴施或沟施。结合施肥灌解冻水（有晚霜危害的地区灌水可推迟花期1周左右）。②萌芽前刮治介壳虫，并喷3~5波美度石硫合剂或5%柴油乳剂（一定要喷到虫体上）。地面喷50%辛硫磷乳油300~400倍液，防治地老虎等越冬虫。③花前、萌芽前各喷0.1%~0.3%的食盐水，增强抗冻能力，减轻花器冻害。④4~6年生树，萌芽前对辅养枝和准备培养结果枝组的旺枝进行芽上刻伤，促进萌发短枝条。⑤杏树开花前喷2.5%鱼藤酮乳油500倍液，或3%的除虫菊素乳油1 000倍液控制桃蚜危害。

2. 3月下旬至4月上旬（花期） 主要工作：花期防冻、喷施硼肥、花前花后追肥。①花前，注意天气情况变化，如有晚霜可提前灌水或熏烟减轻花期冻害。②花前追施速效氮肥，补充树体贮藏营养不足，提高坐果率，一般6~10年生树施尿素0.5kg/株。③盛花期喷0.2%~0.3%硼砂或硼酸。④花后施速效氮肥，幼树150g/株，成龄树250~350 g/株；4年生以上大树需施过磷酸钙1kg/株，硫酸钾0.5kg/株。⑤花前花后15d各喷1次0.3%尿素＋0.2%过磷酸钙＋0.3%硫酸钾或过磷酸钾混合液，促进果实细胞分裂。⑥花后喷50%多菌灵500倍液＋三氯杀螨醇500倍液，防治红蜘蛛。⑦新梢长至5cm时，疏除背上枝，对于盛果末期大树可适当选留作为更新复壮枝。

3. 4月中旬至5月下旬（果实发育期） 主要工作：疏果、病虫害防治。①落花后向树上喷施20%速灭杀丁乳油或20%杀灭菊酯乳油3 000倍液，消灭成虫，防止产卵。②坐果过多，可在花后10d进行疏果，先疏除弱果、小果、虫果、病果和畸形果，然后按枝条长势留果，长果枝（长30cm）留6~8个果，中果枝（长15~30cm）留4~5个果，短果枝（长5~15cm）留2~3个果，花束状果枝留1~2个果，同一枝条上的果实间距以10~15cm为宜，并保证每个果实有8~10片功能叶。③5月上旬，桑白蚧卵孵化初期，喷0.3波美度石硫合剂。④5月中旬，球坚蚧虫体软化时，喷速蚧克1 000~1 500倍液。⑤果实膨大期视土壤含水状况，适当施肥灌水，追施以速效钾肥为主的肥料，忌尿素、氨水、碳酸氢铵等速效氮肥。⑥定植当年幼树，在新梢长至20~30cm时，选留3~4个方位较好的作为主枝，其余枝条摘心促进萌发2次枝作为辅养枝。⑦结果期杏树内堂枝干背上中庸枝，在长至30~40cm长时，摘心促发2次枝形成花芽。⑧4月末至5月中旬，喷14.5%多效灵1 000倍液，防止疮痂病、细菌性穿孔病。喷50%多霉清1 200~1 500倍液,防治褐腐病、炭疽病。

4. 5月底至6月初(果实采收期) 主要工作:病虫害防治、果实采收。①用10%扑蚜虱3 000倍液防治蚜虫。25%灭幼脲3号胶悬剂2 000~2 500倍液或5%杀铃脲乳油5 000倍液防潜叶蛾。树干上有孔洞,大多为红颈天牛危害,将0.25g磷化铝塞入孔内,用黏土堵杀天牛幼虫。②果实适时采收。同一株树成熟期不一致可以分期、分批采收。

5. 6月中旬至8月 主要工作:追肥、病虫害防治。①果实采收后及时追肥促进花芽分化,施速效磷、钾肥或三元复合肥,盛果期杏树每株施肥150~200g。②喷康菌灵600~700倍液或苹腐速克灵400~600倍液防流胶。50%多霉清1 200~1 500倍液,防治细菌性穿孔病。喷辛脲乳油1 500~2 000倍液防治小蠹虫。人工捕杀天牛。③麦收后,可进行杏园覆草,覆盖厚度15~20cm。④7月中旬和8月中旬,分别在桃小食心虫第一代和第二代成虫发生盛期喷10%氯氰菊酯乳油2 000~4 000倍液。⑤8月中旬喷速蚧克1 000~1 500倍液杀桑白蚧若虫。

6. 9~10月(新梢停长期) 主要工作:病虫害防治、施基肥。①9月上旬对未停长的枝条全部摘心,促进枝条充实、芽体饱满。②9月中下旬,施基肥,以有机肥为主,配合施入少量磷肥,大树施有机肥40kg/株(鸡粪10~15kg/株),磷肥500g/株,缺铁时,基肥中加入0.8~1.0kg/株硫酸亚铁;幼树(1~3年生)株施有机肥15~20kg/株,磷肥250g/株,施肥后灌透水。也可结合果园深翻进行施肥。③9月中旬,拉枝促进树体养分回流,为第二年生长发育奠定基础。④10月上旬喷50mg/L赤霉素,可提高第二年坐果率,并有利于推迟落叶。

7. 11月至翌年2月(休眠期) 主要工作:树干涂白、清理果园、冬季修剪。①树干涂白。②12月土壤封冻前灌1次大水。③12月初,清理果园树上树下的虫果、僵果,以达防治杏仁蜂的目的。④剪除病枝,彻底清除果园内落叶,收集烧毁或深埋。及时处理杏园周围杂草,以减少越冬病虫源。剪掉天幕毛虫卵环,收集烧毁。⑤用硬毛刷刷掉介壳虫壳体。刮除流胶病块,涂抹3~5倍康菌灵,或2~5倍苹腐速克灵。⑥整形修剪。为提高空间利用率和早期产量,多用自然开心形。

学习指南

本项目实践性较强,杏的生产管理季节性强,建议采用项目教学法,选取典型的实践内容,在不同的季节进行学习。

技能训练

【实训】杏冬季修剪

实训目标

了解杏冬季修剪手段、修剪方法和步骤,掌握冬季修剪的技术要领。

实训材料

1. 材料 整形方式不同的杏幼树和结果树。

2. 用具 修枝剪、手锯、梯子等。

实训内容

1. **修剪的一般规则** 修剪的顺序、一年生枝剪截、多年生枝缩剪、疏枝等。
2. **自然开心形或杯状形整形** 主侧枝的选留与剪截。
3. **结果枝组修剪** 结果枝组的培养、修剪和更新。
4. **结果枝修剪** 确定短截剪留长度，确定缓放修剪及留枝数量。
5. **更新修剪** 结果枝的单、双枝更新及多年生枝的更新。

实训方法

（1）本实训一般在杏落叶3周后至翌年树液流动前进行。

（2）实训时，先由指导教师讲解和示范，然后再由学生进行分组操作训练。学生训练初期可按每组2~3人分组进行，随操作技能的提高，小组人数逐渐减少，最后独立操作，老师点评总结。

实训结果考核

1. **态度** 不迟到、不早退，态度端正，认真、仔细，遵守纪律（20分）。
2. **知识** 掌握桃休眠期修剪基本知识，并能陈述桃短截修剪与缓放修剪的区别（25分）。
3. **技能** 能够正确进行桃冬剪，程序准确，技术规范熟练（40分）。
4. **结果** 按时完成桃冬季修剪报告，内容完整，结论正确（15分）。

项目小结

本项目主要介绍了杏生物学特性、安全生产要求及四季管理的配套生产技术，为学生全面掌握绿色食品杏生产奠定坚实基础。

复习思考题

1. 以成龄树为例，按绿色果品生产要求，设计一个全年施肥方案。
2. 杏树花期冻害的防治措施有哪些？你认为采用哪些新的技术能解决这个问题？

项目九

李标准化生产

学习目标

知识目标
◇ 了解李生物学特性及李安全生产的基本要求。
◇ 熟悉李标准化生产过程与质量控制要点。
◇ 掌握绿色果品李生产关键操作技术。

能力目标
◇ 能够运用绿色果品李生产关键技术，独立指导生产。

学习任务描述

本项目主要任务是完成李认知，了解李优良品种生产要求及四季生产任务与操作技术要点，全面掌握李土、肥、水管理技能，整形修剪技能，花果管理技能与病虫害防治技能。

学习环境

要完成本项目学习任务，必须具备以下条件：
◇ 教学环境　李幼园、成龄园、多媒体教室。
◇ 教学工具　修剪工具、植保机具、常见肥料与病虫标本、李生产录像或光碟。
◇ 师资要求　专职教师、企业技术人员、生产人员。

相关知识

李原产于我国长江流域，至今已有3 000年以上的历史。据《西京杂记》记载，汉代修上林苑，收集到李品种有15个之多，宋代仅洛阳一带栽培的品种就达27个，到明代已有近百个。李是世界性水果，现有80多个国家和地区栽培。其主要生产国有中国、意大利、伊朗、塞尔维亚、美国、德国等。到2005年，世界李栽培面积已达984.3万hm^2，总产量984.3万t。平均单产4 009kg/hm^2，单产最高的国家是斯洛文尼亚，为22 727.3kg/hm^2。目前世界各地栽培的李大都属于原产我国的中国李。

李在我国的分布很广，除青藏高原地区和海南省以外，各省（自治区、直辖市）均有栽培。20 世纪 80 年代以前，我国李的主要产区是南方的广东、广西、福建、江西、湖南等五省（区）和东北三省，华北、西北和中原地区较少。现在山东、陕西、山西、河南、江苏、四川等省发展较快。到 2005 年，全国栽培面积 160.4 万 hm^2，总产 463.6 万 t。目前，我国李的栽培水平和世界先进国家相比相对较低，平均单产仅为世界平均单产的 72.1%，是世界单产最高国家斯洛文尼亚共和国的 12.7%，因此，我国李的增产潜力巨大。

任务一　观测李生物学特性

一、生长特性

李为小乔木。中国李一般高 4~5m，树势较强，枝条较开张，幼树生长迅速，呈圆头形或圆锥形，随着年龄的增长，树冠逐渐开张，寿命 30~40 年或更长；欧洲李树势旺，枝条直立，树冠较密集；美洲李树体较矮，枝条开张角度大。美洲李和欧洲李寿命 20~30 年。

1. 根　李树根系分布较广而浅，须根发达，主要吸收根分布在 20~40cm 土层，水平分布范围常为冠径的 1~2 倍。

2. 芽　李树枝条顶端均为叶芽，上下两端多为单叶芽，中部为复芽。复芽中花芽、叶芽数目和排列规律同桃相似。萌芽率高，一般可达 90% 以上。潜伏芽寿命较长，极易萌发，衰老期更为明显。

3. 枝　成枝力中等，且所抽长枝都集中在剪口下，层性比较明显。幼树期生长旺盛，一年可抽生新梢 2~3 次，年生长量达 1m 以上。

二、结果特性

1. 结果年龄　幼树生长迅速，3~4 年开始结果，6~8 年进入盛果期。

2. 花芽分化　花芽分化期在 6 月底至 9 月初，6 月中旬至 7 月上旬开始，延续到 9 月中旬至 10 月中下旬，集中分化期在 7~8 月。

3. 结果枝　结果枝类型同桃，但长、中果枝较少，结果能力也低，短果枝和花束状果枝较多。中国李以花束状果枝和短果枝结果为主，美洲李和欧洲李则以中、短枝为主。

花束状果枝结果当年，顶芽向前延伸很短，形成新的花束状果枝，长度仅 1~2cm，如此可连续结果 4~6 年，因此结果部位外移较慢，也不易隔年结果。一般以 2~4 年生果枝结实力最高，结果 4~5 年后，生长势逐渐缓和。基部潜伏芽常萌发，形成花束状果枝群，这是李丰产的象征（图 9-1）。

任务二　了解李安全生产要求

一、果品质量要求

1. 感官质量要求　绿色果品李产品质量必须符合《绿色食品　温带水果》（NY/T 844—2004）标准，绿色果品杏感官指标要求，详见表 9-1。

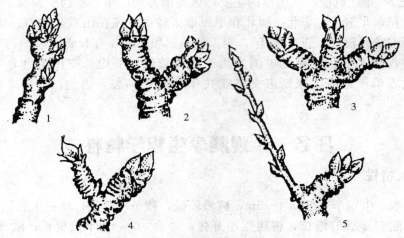

图 9-1 李花束状果枝
1. 花束状果枝 2. 二花束状果枝并生 3. 三花束状果枝并生
4. 花束状果枝与叶丛枝并生 5. 花束状果枝与短果枝并生

表 9-1 绿色果品李感官质量要求

项目	要求
基本要求	果实完整良好，新鲜清洁，无果肉褐变、病果、虫果、刺伤，无不正常外来水分，充分发育，无异常气味和滋味，具有可采收成熟度或食用成熟度，整齐度好
果形	果形端正，具有本品种的固有特征
色泽	果皮色泽具有本品种成熟时应有的色泽
硬度（N/cm²）	≥44
可溶性固形物（%）	≥11.0
可滴定酸（%）	≤1.60

2. 理化质量要求 绿色果品李理化指标应符合《绿色食品 温带水果》(NY/T 844—2004) 中李理化指标要求，见表 5-3。

3. 卫生质量要求 绿色果品李卫生指标应符合《绿色食品 温带水果》(NY/T 844—2004) 卫生指标要求，见表 5-4。

二、对环境条件要求

1. 温度 李对环境条件适应性强，南北各地都有分布。抗寒、耐热性因种类和品种而异。乌苏里李抗寒性最强，美洲李较强，欧洲李较弱，中国李居中。中国李北方有的品种可耐 $-40 \sim -35℃$ 的严寒，但长期生长在南方的品种则不耐低温。李树花期最适温度为 $12 \sim 16℃$，临界温度花期、蕾期为 $-0.5℃$；开花期为 $-2.7℃$，幼果期为 $-1.1℃$ 即受冻害。

2. 水分 中国李对水分的适应性较强，在干旱和潮湿地区均能生长，欧洲李和美洲李对空气湿度要求较高。共砧抗旱性差，山杏砧抗旱性较强，毛樱桃砧不耐涝。

3. 光照 对光照的要求不如桃严格，阳坡和阴坡均生长良好。但也是喜光树种，光照好，果实着色好，品质佳。

4. 土壤 对土壤要求不严，各种李均以土层深厚的沙壤土至中性壤土栽培表现好。对盐碱土的适应性也较强，在瘠薄土壤上亦能有相当产量。中国李对土壤的适应性强于欧洲李和美洲李。

三、建园要求

1. 优良品种选择 中国李约有800多个品种。根据果皮和果肉的颜色可分为红皮李类和黄皮李类。根据果实的软硬可分为水蜜李类和脆李类。欧洲李约有950多个品种，根据果皮颜色分为绿皮或黄皮李、黑紫或蓝皮李、微红或微红紫皮李3类。主要优良品种见表9-2。

2. 园地选择要求 李树在园址选择上不是很严格，选择品种则应根据果品销售途径、当地气候条件选择优良品种。

3. 果树栽植要求 栽植时期分为秋栽和春栽两个时期。秋栽从落叶起至封冻前都可进行；春栽在春季土壤解冻后至萌芽前进行。同时选择适宜授粉树，并按主栽品种与授粉品种(4~5)∶1配备。株行距以(2~3)m×(4~5)m为宜。

表9-2 李优良品种

名 称	原产或育成地	果形	单果重(g)	果 色	果肉及风味	品质	果实发育天数(d)
大石早生	日本	心脏	52	鲜红	淡黄细、甜香	上	60
早生月光	日本	卵圆	69.3	粉红	黄、味甜、香	上	85
西安大黄李	陕西西安	扁圆	53	米黄	橙黄、酸甜	上	90
槜李（醉李）	浙江桐乡等地	扁圆	45~48	暗紫红	橙黄、甜、浓香	极上	110
朱砂红李	山东鄄城	近圆	48	朱砂红	淡黄、甜酸、香	中上	110
长李15	长春市农科所	扁圆	35.2	鲜红	浅黄、酸甜、香	上	70
玉皇李	山东聊城等地	近圆	60	黄	黄、甜酸、浓香	上	100
红良锦	日本	卵圆	75	紫红	淡黄、甜酸	上	90
济源黄甘李	河南济源	近圆	34.1	紫红	黄、酸甜、浓香	极上	100
黑琥珀	美国	扁圆	101.6	紫黑色	淡黄、甜酸	中上	95
莫尔尼特	美国	近圆	74.2	紫红	淡黄、酸甜	中上	68
美丽李	辽宁盖县	圆	87.5	鲜红	细软、浓香	极上	85
晚红	北京等地	卵圆	30.6	紫红	黄、甜酸、香	中上	115
绥棱红	黑龙江绥棱	圆	48.6	鲜红	黄、甜酸、浓香	上	80
龙园秋李	黑龙江园艺所	扁圆	76.2	鲜红	橙黄、酸甜、香	上	115
黑宝石	美国	扁圆	72.2	紫黑	乳白细脆、甜	上	135
秋姬	日本	扁圆	127.5	鲜红色	橙黄、味甜、香	上	150
理查德早生	美国	长圆	41.7	蓝紫色	绿色、酸甜微香	中	110
安哥诺	美国	扁圆	102	紫黑	淡黄甜、浓香	极上	160~170
女神西梅	欧洲李	椭圆	120~200	紫黑	淡黄甜，浓香	上	145~150

四、生产过程要求

李生产过程，要求选用优良品种。加强土、肥、水管理，合理整形修剪，提高坐果率。不施用任何有害的化学制剂包括化肥、农药和一切形式的植物生长助剂，不使用基因工程生物及其产物，执行《绿色食品 农药使用准则》(NY/T 393—2000)和《绿色食品 肥料使用准则》(NY/T 394—2000)，生产生态、安全、优质的产品。

任务三 李标准化生产

工作一 春季生产管理

一、春季生产任务

春季生产任务主要有修剪、清园、追肥、灌水、中耕、提高坐果率、疏花疏果和防治病虫害等。

二、春季树体生长发育特点

春季根系先于芽的萌动而开始活动,吸收水分和养分,供树体生长发育。李树芽萌动后,开花坐果,果实发育,叶芽萌发后新梢生长。

三、春季生产管理技术

(一) 地下管理

1. 清园 对剪掉的病虫枝、刮掉的老树皮和果园中的残枝败叶要及时清理出果园,消灭越冬病虫源。

2. 土壤管理 春季浇水后进行中耕,以消灭杂草,松土保墒,提高地温促进根系生长。

3. 追肥灌水 春季追施速效氮肥、尿素等,每株 0.25～0.50kg,提高坐果率,促进新梢生长。沟施、穴施均可。追肥后有条件的灌水 1 次。

春季灌水 2～3 次,萌芽前、开花前和开花后。主要灌水方法有沟灌、穴灌、滴灌、喷灌等。

(二) 地上管理

1. 整形 萌芽前刻芽,促进萌发,以培养骨干枝,增加枝量。抽生新梢后,及时抹除竞争枝、剪锯口处萌发的嫩芽或新梢。

2. 提高坐果率 李树花期放蜂、喷施生长调节剂、花期环剥可提高坐果率。适当疏果可以提高坐果率,增大果实,提高质量。

3. 疏花疏果 疏果可在花后 15～20d 进行,但早期生理落果严重的品种,应在花后 25～30d,确认已经坐住果后一次完成。据试验,每果需 16 片叶以上才能保证果实的正常发育,可作为留果标准的依据。生产上可根据果实大小、果枝类型和距离留果。小型果品种,一般花束状果枝和短果枝留 1～2 个果,果实间距 4～5cm;中型果品种每个短果枝留 1 个果,果实间距 6～8cm;大型果品种,每个短果枝留 1 个果,果实间距 10～15cm。除短枝外中果枝留 3～4 个果,长果枝留 5～6 个果。试验研究提出(杨建民),大石早生李盛果期树每 667m^2 产量应控制在 1 500～2 000kg。生产实践表明,黑宝石李盛果期每 667m^2 产量应控制在 3 000～4 000kg。

4. 病虫害防治 萌芽前喷施 3～5 波美度石硫合剂。

谢花后,喷 10%吡虫啉可湿性粉剂 3 000 倍液+75%百菌清可湿性粉剂 800 倍液或 65%代森锌可湿性粉剂 600 倍液,防治蚜虫、疮痂病、炭疽病等病虫害。

4 月上旬,喷 0.3%苦参碱乳油 1 000 倍液+50%腐霉利可湿性粉剂 1 000～2 000 倍液,防治疮痂病、穿孔病、蚜虫，人工剪除蚜虫危害枝梢。4月下旬，喷48%毒死蜱乳油1 500倍液＋25%扑虱灵可湿性粉剂1 000倍液＋多霉清1 500倍液，防治介壳虫、黄刺蛾、黑斑病、穿孔病等。

工作二　夏季生产管理

一、夏季生产任务

主要任务有中耕锄草、施肥、灌水、整形修剪、病虫害防治、果实采收等。

二、夏季树体生长发育特点

进入夏季，花芽开始分化。7～9月份为花芽分化盛期。花芽分化的特点是分化早，延续时间长，各时期均有重叠。6月底至7月上中旬，根系进入第二次旺盛生产期。7～8月份，果实迅速膨大、花芽分化和新梢生长三者处于养分竞争时期，要加强肥水管理，保证三者均衡健壮生长。

三、夏季生产管理技术

（一）地下管理

1. 中耕锄草　夏季温度较高，清耕管理的果园要及时中耕锄草。

2. 施肥灌水　李树追肥可在花后、果实硬核期和果实开始着色时进行。前期以氮、钾肥为主，后期以磷、钾肥为主。一般认为李树最佳氮、磷、钾比例为1∶0.5∶1，土壤、品种不同，比例有所差异。追肥量可按每667m^{2}追施尿素25～30kg、钾肥20～30kg、磷肥40～60kg，分2～3次进行。施肥后灌水。

（二）地上管理

1. 整形修剪　对需扩大树冠的骨干枝延长梢，可在新梢长到所需长度时进行摘心，增加分枝，一年内可摘心2次，但不要晚于7月下旬，以免发出的新梢不充实。对其他强旺枝可在长到10～15cm时连续摘心，促发分枝，培养枝组。对角度小的枝条可在5月上中旬至6月上中旬拉枝，改善树体光照条件，缓和枝条长势，培养结果枝组。

2. 病虫害防治　5～9月，使用1.8%阿维菌素乳油4 000倍液＋10%吡虫啉可湿性粉剂5 000倍液＋25%灭幼脲3号可湿性粉剂2 000倍液＋10%农用链霉素可湿性粉剂1 000倍液，防治各种蛾类、蚜虫、金龟子等虫害，若发现根癌病，则用0.1%高锰酸钾液灌根。果实成熟前20d，喷5.7%百树得可湿性粉剂1 500倍液，可防治各类吸果夜蛾。

3. 果实采收　中国李成熟期不一致，应分批采收。采收时期因用途而异，鲜食用的在接近完熟时采收，长途运输、制干用果在七八成熟时采收，酿造用的在充分成熟时采收。采收宜人工采摘，注意保护枝叶，鲜食用品要保护好果粉。

工作三　秋季生产管理

一、秋季生产任务

主要任务有秋施基肥、秋季修剪、保护叶片等。

二、秋季树体生长发育特点

进入秋季后,各类新梢的加长生长停止,枝条自下而上开始成熟,树体进入营养积累期。花芽继续分化、发育。叶片自下而上开始衰老,功能逐渐减退。根系出现第二次发根高峰,但这次高峰不明显,持续时间也不长。

三、秋季生产管理技术

1. 地下管理 施基肥。果实采收后及时追施有机肥,可按每 $667m^2$ 产果 $600\sim1\,000kg$,施有机肥 $2\,000\sim2\,500kg$,过磷酸钙、骨粉、复合肥等也可作基肥深施。通常结合果园深翻或深耕施用。

2. 地上管理 防治病虫害。果实采收后加强对叶片的管理,防止因病虫害危害造成落叶,影响花芽分化和树体营养积累。

落叶后将病枝病叶和病果及果核残体集中销毁或深埋,减少病虫基数。

工作四　冬季生产管理

一、冬季生产任务

休眠期管理主要任务有整形、修剪、清洁果园、喷施石硫合剂和施肥、灌水等。

二、冬季树体生长发育特点

枝条成熟,叶片脱落,树体进入休眠期。但根系生理活力还在缓慢进行,树体内一系列生理活动如呼吸、蒸腾仍在持续。树体抗寒能力增强。

三、冬季生产管理技术

(一) 地下管理

1. 灌越冬水 入冬前灌越冬水的灌水时间以田间能完全渗透下去,不在地表结冰为宜。

2. 清理果园 土壤解冻后,彻底清理果园,将病残枝叶集中烧灭,浅耕一次树盘,有利于提高地温和保持土壤水分。

3. 施肥灌水 萌芽前对树体贮存营养不足的李树每株追施 $0.25\sim0.50kg$ 的尿素氮肥,提高坐果率,促进新梢生长。追肥后灌 1 次水。

(二) 地上管理

主要工作为整形修剪。

1. 常用树形 根据品种特性和栽植密度确定树形,树冠开张的用自然开心形,直立的用主干疏层形和纺锤形,栽植密度大时可用圆柱形。

自然开心形,主干高 $40\sim50cm$,错落着生 3~4 个主枝,每个主枝上有 1~2 个侧枝,全树有骨干枝 6~7 个。骨干枝单轴延伸,直接着生结果枝组和结果枝。

主干疏层形,以两层主枝为宜,第一层 3 个,第二层 2 个,以上落头开心。

自由纺锤形,树高 3.5m 左右,干高 $50\sim60cm$,小主枝 10~12 个,同侧主枝间距不小于 50cm,交错着生在主干上。下层主枝长 1.5m 左右,向上逐渐缩短。

李树的萌芽率高，1年生枝不短截可以形成很多短果枝和花束状果枝。整形修剪过程中，除骨干枝适当短截外，其余枝可用轻剪长放促生大量短果枝与花束状果枝，连续结果3~4年后，及时更新复壮。

2. 整形修剪 李树直立枝和斜生枝多而壮，下垂枝和背后枝少而弱。幼树期以轻剪缓放为主，对于骨干枝适度轻截，促进分枝，以便培养侧枝和枝组。有适当的外芽枝也可换头开张角度。盛果期骨干枝放缩结合，维持生长势。上层和外围枝疏、放、缩结合，加大外围枝间距，以保持在40~50cm为宜。对树冠内枝组疏弱留强，去老留新，并分批回缩复壮。中国李的潜伏芽易萌发，花束状果枝受到刺激也能抽生长枝，对多年生长枝进行回缩后都能达到复壮目的。

工作五　制定李周年管理历

周年管理历是栽培技术和生产操作技术规程在果园管理中的具体体现。各地可根据当地具体情况制订周年管理历。

1. 1月至2月中旬

（1）冬季修剪。

①幼树的整形修剪。李树的树形，为多主枝疏散开心形，层间距为1m左右。一般幼树生长旺盛，干性强，中心干主枝生长良好。因此，幼树整形常用多主枝分层形的整形修剪方法，当李树干性衰弱时，再逐步改为开心形。

多主枝分层形的整形修剪法是：栽植后，定干高度80cm。当年冬季修剪时，根据主干上枝条的间隔、角度，留3~5个主枝；若是大冠型的品种，如水果李，则留3~4个主枝；若是冠形小的品种，如小核李，一般留4~5个主枝。根据主枝的强弱，决定它的剪留长度，一般强旺的主枝可留50cm以上，较弱的留40cm左右。留有中心干的，中心干的剪留长度要比主枝长10~15cm。以后根据生长情况和树形要求，选留各层主枝，配备侧枝。对其他发育枝，在不影响主枝、侧枝生长的情况下进行疏剪和短截。

因李树定植3年就开始见果，故此时对下部的辅养枝应适当缓放，以促使它提早多结果。

②结果树的修剪。李树定植后7~8年即进入盛果期，对其主枝延长枝和永久性侧枝的修剪要注意方向、角度，要达到主从分明。对挂果多的树，要注意适当抬高其角度；对它的发育枝可以轻剪缓放，使其多结果，待结果后再及时回缩，以免树的下部光秃。还要注意培养侧枝上的枝组，除结果外，要在下部留预备枝，以控制或调节枝组的结果范围，也有利于更新。一般预备枝的剪留长度为7~15cm，内膛枝组的高度以50cm左右为宜。

③结果枝的修剪。李树有时一年生的枝条不能形成花芽，有时有花但不易坐果，第二年才能开花坐果。因此，对当年枝应轻剪长放，有花后再回缩。李树的短果枝，一般可结果3~5年，待其逐渐衰弱时再利用附近生长充实的新枝进行更新。对于花束枝，可使其尽量结果，待其衰老时再进行更新。

（2）清洁果园。凡剪、锯下来的树枝，均应及时清除出园。

（3）剪口保护。凡剪口、锯口较大的，应及时涂保护剂，如清油铝油合剂、桐油铝油合剂、豆油蓝矾石灰合剂等。

2. 2月中旬至3月中旬

(1) 调制农药。熬制石灰硫黄合剂,其配合量为生石灰2.5kg、硫黄粉5kg、水20～25kg。

(2) 肥料准备。将堆好的厩肥、圈肥运到树下。

(3) 施基肥。对上一年秋天没施基肥的树,应于本月土壤解冻时立即补施。一般结果树(株产50kg以上)每株施圈肥100kg左右,幼树每株施25～30kg。施肥量,一般应随树龄的增长而逐渐增加。施肥方法,可在树冠外缘挖宽30～50cm、深25cm左右的施肥沟,将肥料施入即可。

(4) 修渠埂。整修好灌水渠道,以防跑水。

(5) 灌水。结合施基肥,及时灌1次透水,水量以渗入土层60cm为宜。

3. 3月下旬

(1) 中耕。灌水后,待土不黏可以下地时进行松土,松土深度为5cm。

(2) 喷药。树芽膨大时,开始喷3～5波美度石硫合剂,以防治越冬害虫。要求将整个树体全面喷布,要使支芽全沾上药。

4. 4月

(1) 病虫害防治。李树开花前,为防治金龟子等害虫,应该喷1次杀虫剂。4月中旬李树落花后,可根据发生的病虫害再补喷1次农药。盛花期,可喷1次0.3%磷酸二氢钾溶液。

(2) 花前复剪。这次复剪的主要内容是:调整冬剪后剪口芽的方向;疏去过密枝,短截过长枝;疏剪或短截过多、过长的果枝。

5. 5月

(1) 追肥。用沟施法追施化肥,沟深10cm、宽15cm。盛果期平均每株树追施硫酸铵1.0～1.5kg。施肥后及时覆土。

(2) 灌水。追肥后灌水1次,并在灌水后及时松土保墒。

(3) 疏果。对落果不严重的品种,如一串铃等进行疏果。留果的距离,按照果形大小,以互不影响而能错开生长为标准。以一串铃为例,50cm长的结果枝上留果6个左右。对落果较严重的品种,如牛心李、小核李等,应在看出大小果之后再进行疏果。要求50cm长的果枝上留果6个左右。注意要先疏果形不正、有伤的果,预备枝上不要留果,疏果要细致、周密,不要漏疏。

(4) 病虫害防治。在树体枝干上发现天牛幼虫的排粪孔时,要及时进行刮治。在树干上涂白,防止吉丁虫产卵。根据树体发生的病虫害,喷相应的农药防治。

(5) 修剪。膛内直立的壮枝,可留7～10cm高,将其上部剪去,促使它萌发副梢并形成花芽。枝条过密处,应疏去一部分以利于通风透光。

(6) 除草。人工除草或使用化学除草,将杂草除净。

6. 6月

(1) 追肥。要先为早熟品种追肥,后为晚熟品种追肥,对弱树、挂果多的树多施肥,对壮树要少施肥;平均每株李树可施硫铵0.5～1.0kg、过磷酸钙和钾肥各0.25～0.50kg。

(2) 灌水。追肥后及时灌水1次,待土不黏时,结合除草进行中耕松土。

(3) 防治天牛。发现蛀食木质部的天牛,可灌注石硫合剂原液,或用铁丝深扎蛀孔,均能使幼虫致死。

(4) 采收。早熟如平顶香、离核李等开始成熟。要求在果实七成熟时开始采收。

7. 7月

(1) 防治天牛。人工捕捉天牛成虫。

(2) 中耕除草。7月中旬以前,要将果园内杂草除净,并将杂草用于沤肥。

(3) 采收。此时,各品种的李相继成熟,要求果实的上色面达到2/3,即达七成熟时进行采收。

(4) 夏剪。第一次摘心后新生的副梢长到60cm左右时摘心。发育枝长到80~100cm时摘心,或留至副梢处;没有副梢的,可以轻剪,以充实枝条,如过多则应疏去一部分;如果枝条不过密,不妨碍膛内通风透光,则应尽量少疏、多控制。

8. 8月

(1) 采收。晚熟品种的李成熟,要陆续采收。

(2) 中耕除草。李采收完之后,要将园内杂草除净,并运至园外沤肥。

(3) 病虫害防治。继续防治天牛幼虫,可采取刮皮或向蛀孔内灌药的办法。

9. 9月

(1) 修剪。将后期生长旺盛的枝条上部组织不充实的部分剪去,要注意多保留老叶片。

(2) 清洁果园。修剪下来的枝、叶清理干净并运至园外。此时正是浮尘子产卵期,要注意观察和防治。

10. 10月
追肥。新梢完全停止生长时,可以平均每株追施硫酸铵1kg左右、磷肥1.0~1.5kg。

11. 11月

(1) 施基肥。方法、数量均同春施基肥。

(2) 灌越冬水。施基肥后要及时灌1次透水。

12. 12月

(1) 树体保护。刮皮、涂白,防治越冬的病虫害。

(2) 冬剪开始。同1月份修剪方法。

学习指南

本项目实践性较强,建议采用项目教学法,选取典型的实践内容,在不同的季节进行学习。

技能训练

【实训一】 李冬季修剪

实训目标

了解李冬季修剪手段、修剪方法和步骤,掌握冬季修剪的技术要领。

实训材料

1. **材料** 整形方式不同的李幼树和结果树。
2. **用具** 修枝剪、手锯、梯子等。

> 实训内容

1. **修剪的一般规则** 修剪顺序、一年生枝剪截、多年生枝缩剪、疏枝等。
2. **整形** 主侧枝的选留与剪截。
3. **结果枝组修剪** 结果枝组的培养、修剪和更新。
4. **结果枝修剪** 确定短截剪留长度,确定缓放修剪及留枝数量。
5. **更新修剪** 结果枝的单、双枝更新及多年生枝的更新。

> 实训方法

(1) 本实训一般在李落叶 3 周后至翌年树液流动前进行。
(2) 实训时,先由指导教师讲解和示范,然后再由学生进行分组操作训练。学生训练初期可按每组 2~3 人分组进行,随操作技能的提高,小组人数逐渐减少,最后独立操作,老师点评总结。

> 实训结果考核

1. **态度** 不迟到、不早退,态度端正,认真、仔细,遵守纪律(20 分)。
2. **知识** 掌握李休眠期修剪基本知识,并能陈述李短截修剪与缓放修剪的区别(25 分)。
3. **技能** 能够正确进行李冬剪,程序准确,技术规范熟练(40 分)。
4. **结果** 按时完成李冬季修剪实训报告,内容完整,结论正确(15 分)。

【实训二】李夏季修剪

> 实训目标

了解李生长季修剪手段、修剪方法和步骤,掌握冬季修剪的技术要领。

> 实训材料

1. **材料** 生长正常的李幼树或初结果树。
2. **用具** 卷尺、卡尺、修枝剪、标签、铅笔、调查表。

> 实训内容

1. **修剪方法实训** 先在教师指导下,分别进行疏枝、摘心、缓放等处理方法训练,掌握生长季修剪的方法,理解生长修剪的作用和原理。
2. **修剪方法应用** 分组对树体进行修剪,如疏除徒长枝、过密枝、延长梢剪梢等,对树形进行调整,使树体比较规范。对未坐果的枝梢疏除、结果枝摘心、竞争枝重短截等,调整生长与结果的关系。掌握生长季修剪方法的应用和作用原理,学会生长季修剪时期和修剪量的控制。

3. 修剪反应调查 在整形修剪的同时，分组分别进行短截、摘心、缓放（可1组选择1项调查），并编号挂牌，测量其长度和粗度。秋季新梢停长后调查新梢长度、粗度、节数、成花节数和数量以及发生副梢的数量、长度和花芽数量等。

实训方法

实训时，先由指导教师讲解和示范，然后再由学生进行分组操作训练。学生训练初期可按每组2~3人分组进行，随操作技能的提高，小组人数逐渐减少，最后独立操作，老师点评总结。

实训结果考核

1. **态度** 不迟到、不早退，态度端正，认真、仔细，遵守纪律（20分）。
2. **知识** 掌握李生长期修剪基本知识，并能陈述采用方法的原因和作用（25分）。
3. **技能** 能够正确进行李冬剪，程序准确，技术规范熟练（40分）。
4. **结果** 按时完成李冬季修剪报告，内容完整，结论正确（15分）。

项目小结

本项目主要介绍了李的生物学特性、安全生产要求及四季管理的配套生产技术，为学生全面掌握绿色果品李生产奠定了基础。

复习思考题

1. 你所在地区李的主栽品种有哪些？这些品种有什么优势和不足？
2. 李树休眠期修剪有哪些主要任务，怎样进行？
3. 李树以什么类型的结果枝结果为主？根据这一特点，在整形修剪上要注意哪些问题？

项目十

大樱桃标准化生产

学习目标

知识目标
- 了解大樱桃绿色果品质量标准与生产要求。
- 熟悉大樱桃标准化生产过程与质量控制要点。
- 掌握绿色果品大樱桃周年关键生产操作技术。

能力目标
- 能够识别大樱桃主要病虫害并掌握其防治方法。
- 能够独立指导绿色果品大樱桃生产。

学习任务描述

本项目主要任务是完成对大樱桃认知,了解大樱桃生物学特性及安全生产要求。掌握大樱桃四季生产任务与操作技术要点,全面掌握大樱桃土、肥、水管理技能、整形修剪技能、花果管理技能与病虫害防治技能。

学习环境

要完成本项目学习任务,必须具备以下条件:
- 教学环境　大樱桃幼园、成龄园,多媒体教室。
- 教学工具　修剪工具、植保机具、常见肥料、农药与病虫标本、挂图、多媒体课件、教案、大樱桃生产录像或光碟。
- 师资要求　专职教师、企业技术人员、生产人员。

相关知识

樱桃属蔷薇科(Rosaceae)李属(Prunus L.)果树,樱桃类有120种以上。作为果树栽培的主要有中国樱桃、欧洲甜樱桃、欧洲酸樱桃和毛樱桃4个种。其中后两种果实小,品质一般或较差,通称为小樱桃。前两种的栽培品种果实大、肉质丰满、品质佳,通称为大樱桃。供作砧木用的有马哈利樱桃、考特、山樱桃、沙樱桃、青肤樱、吉塞拉、ZY-1等。

大樱桃又称甜樱桃,原产欧洲里海沿岸和亚洲西部地区。早在2 000年前已开始人工栽培，现在伊朗、外高加索、小亚细亚、印度北部、乌克兰等地森林中均可见到大片野生甜樱桃林。植株健壮，树高可达 30m 以上，树干直径可达 60cm。随着航海事业的发展和文化交流的日益频繁，甜樱桃 18 世纪引入美国，19 世纪 70 年代引入日本和中国，我国大樱桃约于 1871 年开始烟台试栽。经过世界各国园艺学家的不懈努力，已培育出 2 000 个以上的栽培品种，逐步形成几大特色产区：北美产区、西欧产区、东欧产区、西亚产区、东亚产区、大洋洲产区。

我国现有甜樱桃栽培面积约 3 万 hm^2，主要栽培区有 4 个：环渤海栽培区、陇海铁路东段沿线早熟栽培区、西南高海拔特早熟栽培区和其他栽培区。山东、辽宁、陕西、四川、北京、河南、河北、甘肃、山西、云南等省栽培面积较大，最集中的栽培区为山东烟台。

任务一 观测大樱桃生物学特性

一、生长特性

1. 根 樱桃的根系主根不发达，主要由侧根向斜侧方向伸展，一般根系较浅，须根较多，但不同种类有一定差别。用作甜樱桃砧木的马哈利樱桃、考特和山樱桃根系比较发达。砧木繁殖方法不同，根系生长发育的情况也不同。播种繁殖的砧木，垂直根比较发达，根系分布较深。用压条等方法繁殖的无性系砧木，一般垂直根不发达，水平根发育强健，须根多，固地性强，在土壤中分布比较浅。

2. 芽 芽分为叶芽和纯花芽。枝条顶芽都是叶芽；腋芽单生，只形成 1 个叶芽或花芽。欧洲甜樱桃萌芽率较低，但隐芽寿命长，容易更新。樱桃芽也有早熟性。欧洲甜樱桃休眠期很短，早春气温回升后易于萌动。

3. 枝 成枝力的高低常因种类、品种、树龄而不同。甜樱桃栽培品种中，大紫、红灯、芝罘红等成枝力较强，那翁、滨库等成枝力弱。

叶芽萌动后新梢有一短促的生长，长成具 6～7 片叶、长 5cm 左右叶簇状新梢，开花期间几乎无加长生长，谢花后进入迅速生长期。

二、结果特性

1. 结果年龄 欧洲甜樱桃栽后 4～5 年开始结果，15 年左右大量结果，盛果期延续约 20 年，寿命 80～100 年。密植丰产栽培结果期提前，其结果年限相应缩短。

2. 结果枝 欧洲甜樱桃大部分品种以花束状果枝结果为主，少数品种中、长果枝多。欧洲甜樱桃的花束状果枝，年生长量一般为 1.0～1.5cm，呈单轴延伸，寿命长，在树冠中所占空间小，分布密度大，坐果率高，结果部位外移慢，产量高而稳定。

3. 花芽分化 腋芽单生，只形成 1 个叶芽或花芽。幼树和强旺枝上的腋芽多为叶芽，成龄和衰老树的腋芽多为花芽。

樱桃具有花芽分化时期集中，分化过程迅速的特点，果实成熟后，40～50d 花芽分化完成。前期长出的叶簇新梢基部各节腋芽多能分化为花芽，而花后长出的新梢顶部各节，多不分化为花芽。

4. 果实发育 樱桃为伞形花序，花朵为子房下位花。雌能败育的花朵柱头极短，矮缩于萼筒之中，花瓣未落，柱头和子房已黄萎，完全不能坐果。樱桃为自花不孕果树，某些甜樱桃品种虽有自花结实能力，但坐果率很低，必须搭配授粉品种。

从开花到果实成熟时间短，仅30～50d。第一次迅速生长期结束时，果实大小为采收时果实大小的53.6%～73.5%，硬核期果实的增长量占采收时的3.5%～8.6%，第二次迅速生长期果实生长量占采收时的23.0%～37.8%。果实在成熟前遇雨容易发生裂果。

> **? 想一想**
>
> 当地适合大樱桃栽植吗？讨论大樱桃应如何科学建园和管理。

任务二　了解大樱桃安全生产要求

大樱桃俗称春来第一果，是一种深受市场欢迎的时令水果，大樱桃质量要求主要包括感官质量要求、理化质量要求和卫生质量要求三个方面：

一、果品质量要求

1. 感官质量要求　大樱桃生产以绿色果品生产为主线，以安全、营养丰富的优质果品生产为目标，产品质量要求必须符合《绿色食品　温带水果》（NY/T 844—2004）标准。绿色果品大樱桃感官指标主要指果实的外形、色泽、肉质、风味等指标，详见表10-1。

表10-1　绿色果品大樱桃感官质量要求

项　目	指　标
新鲜度	新鲜清洁，无异常气味或滋味，无不正常外来水分
果　形	果实充分发育，具有本品种的基本特征
色　泽	具有本品种成熟时固有的色泽。红、紫色品种100%着色，黄色品种80%着色
风　味	具有本品种特有的风味，无异常气味
果面缺陷	无缺陷（包括刺伤、碰压、磨伤、霉伤、裂果、病虫伤）
腐　烂	无
果肉变质	无
整齐度	单果重差异不超过平均值的5%
成熟度	具有适于市场销售或贮藏要求的成熟度
允许误差	3%～5%

2. 理化质量要求　大樱桃理化质量要求主要指大樱桃可溶性固形物、总酸、固酸比等指标要求，须符合《绿色食品　温带水果》（NY/T 844—2004）中大樱桃理化质量要求，详见表5-3。

3. 卫生质量要求　大樱桃卫生质量主要指大樱桃受重金属污染和农药残留污染的基本情况，与猕猴桃、苹果、梨等水果共同遵守《绿色食品　温带水果》（NY/T 844—2004）卫生质量要求，详见表5-4。

二、环境条件要求

大樱桃在我国分布较广，但其比较密集的分布区域集中在辽宁大连、山东烟台以及陇海沿线经济栽培区。环境条件是影响大樱桃栽培的主要因素，这些条件主要包括温度、光照、水分、土壤等。

1. 温度 樱桃喜温，耐寒力弱，要求年平均气温12～14℃。一年中，大樱桃要求大于10℃的时间在150～200d。中国樱桃在日平均7～8℃，欧洲甜樱桃在日平均10℃以上开始萌动，15℃以上时开花，20℃以上时新梢生长最快，20～25℃果实成熟。冬季发生冻害的温度为－20℃左右，而花蕾期气温－5.5～－1.7℃，开花期和幼果期－2.8～－1.1℃即可受冻害。通过测定，一般甜樱桃需冷量为2 007～2 272h，酸樱桃为2 566～2 787h。

2. 水分 大樱桃是喜水果树，既不抗旱，也不耐涝。适于年降水量600～800mm的地区。樱桃果实发育的第三期，春旱时偶尔降水，往往造成裂果。果实发育硬核期的末期，旱黄落果最易发生。

3. 光照 樱桃是喜光树种。光饱和点为（40～60）×10³ lx，光补偿点400 lx左右。在良好的光照条件下，树体健壮，果枝寿命长，花芽充实，坐果率高，果实成熟早，品质好。

4. 土壤 土壤未受污染，符合绿色果品生产要求，欧洲甜樱桃要求土层厚，通气好，有机质丰富的砂质壤土和砾质壤土。土壤pH在6.0～7.5条件下生长结果良好。耐盐碱能力差，忌地下水位高和黏性土壤。

5. 其他 大樱桃有三喜（喜温暖、喜肥、喜光）和三怕（怕旱、怕涝、怕强风），应选背风向阳、气候温暖、雨量充足、水源充足、灌排方便、土层深厚的地方建园。建园前先深翻，使土层深达50cm以上，同时，绿色果品大樱桃生产大气、水质、土壤还必须满足《绿色食品　产地环境质量标准》(NY/T 391—2000)的基本要求，这是绿色果品生产的前提条件之一。

三、建园要求

（一）优良品种选择

绿色果品大樱桃生产要求栽植良种必须选用国家或有关果业主管部门登记或审定的优良品种，目前，我国生产上栽培的大樱桃良种，主要有中国大樱桃、欧洲大樱桃等系列品种，详见表10-2和表10-3。

表10-2　中国樱桃主要优良品种简介

名　称	产　地	果实主要性状
大紫樱桃	安徽太和	较大，卵圆形，紫红色。柄细长。肉黄白色，品质上。5月上旬成熟。丰产
垂丝樱桃	江苏南京	重2.14g，鲜艳。柄细长下垂。肉质细腻，汁多味甜，品质极佳。早熟。丰产
东塘樱桃	江苏南京	圆形，紫红色。5月上旬成熟。丰产
大窝娄叶	山东枣庄	较大，圆或扁圆形，暗紫红色。肉淡黄色，甜微酸，有香气，品质上。丰产
崂山樱桃	山东青岛	重2.5g，心脏形，橘红色。肉淡黄色，多汁，甜酸适口。5月中旬成熟
短柄樱桃	浙江诸暨	果实大。品质上。4月下旬成熟

大樱桃常用砧木有：大樱桃树体生长旺盛，要进行省力化栽培需采取矮化或半矮化砧木，下面介绍几种适宜大樱桃栽培的几种矮化、半矮化砧木：

1. ZY-1 郑州果树研究所从意大利引进的樱桃半矮化砧木。自身根系发达，萌芽率、成枝率均高，分枝角度大，树势中庸，嫁接亲和力强，成活率高，结果早；具有明显的矮化性状，幼树生长成型较快，进入结果期长势显著下降，适合于密植，株行距2.5m×3m。

表 10-3 欧洲甜樱桃主要优良品种简介

名 称	原产或育成地	果 形	单果重(g)	果色	果 肉	品质	成熟期（西安地区）
秦樱1号	陕西果树所	心形	8	紫红	浅红，硬，酸甜适中	上	5月上旬
大紫	原苏联	心形	5～7	紫红	浅红，软，甜	上	5月中旬
砂蜜豆	加拿大	长心形	12～13	紫红	红白，质地硬脆	上	5月下旬
红手球	日本	宽心形	9.8	暗红	浅黄脆硬，甜	上	5月中旬
雷尼	美国	心形	8～9	黄	硬，耐贮	上	5月上旬
红灯	大连农科所	宽心形	9.6	紫红	肥厚硬，多汁	上	5月中旬
佳红	大连农科所	宽心形	9.6	鲜红	浅黄肥厚，脆	上	5月下旬
巨红	大连农科所	宽心形	10.3	鲜红	浅黄肥厚，脆	上	5月下旬
龙冠	郑州果树所	宽心形	6～9	宝石红	红，汁中多	上	5月上旬
芝罘红	山东烟台	心形	6	鲜红	粉红多汁，硬	上	6月上旬
斯坦勒	加拿大	心形	7.1	紫红	淡红，致密	上	6月中旬
艳阳	加拿大	圆形	13.1	红紫	果肉硬、脆甜	上	6月上旬
拉宾斯	加拿大	近圆形	7～8	紫红	肥厚、硬、脆	上	6月中旬
萨米脱	加拿大	长心形	11～12	粉红	红色、肉硬、脆	上	6月下旬
先锋	加拿大	肾形	7～9	紫红	深红、硬、脆	上	6月上旬
佐藤锦	日本	短心形	6～7	鲜红	肥厚	极上	6月上旬

2. 马哈利 C500 陕西果树研究所从马哈利砧木中选取的实生种，可作为秦樱2号的基砧，该砧木根系发达，抗旱抗寒，抗根癌病，早果性强，早丰产，无根蘖苗，适宜于密植栽培。

3. 秦樱2号 GDR-2 矮化中间砧 陕西省果树研究所培育，抗旱、抗根癌，矮化效果达60%，早果、早丰产，适宜于密植。

4. 吉赛拉 6 由山东果树研究所从德国引进，为欧洲酸樱桃与毛樱桃的杂交后代，树形自然开张，分枝角度较大，早果性好，适于黏土较重地区，不适于沿山沙壤土地区。

？想一想

当地大樱桃还有哪些优良品种？授粉树是如何进行搭配的？

（二）园地选择要求

绿色果品大樱桃建园环境必须符合《绿色食品 产地环境质量标准》（NY/T 391—2000）的要求，同时要求栽培区年平均气温12℃以上，生长期内≥10℃的时间150～200d，年日照2 600～2 800h，年降水量600～800mm，土壤以轻壤土和沙壤土为好，园地避风向阳，远离公路、厂矿500m以上，风大地区要建立风障或防风林带。

（三）果树栽植要求

栽植时期分为秋栽和春栽两个时期。秋栽从落叶起至封冻前都可进行；春栽在春季土壤解冻后至萌芽前进行。

栽植苗木要求须根3条以上，苗木高度80cm以上，直径0.8cm以上，砧穗愈合良好，整形带30cm以内有3个分枝，嫁接芽饱满，品种与砧木纯度应达到95%以上，且通过检疫合格。

甜樱桃大多数品种自花不实或自花结果率较低，栽植时必须配置授粉树，一般栽植小区须栽植2个以上品种，相互授粉，授粉树一般应达到20%～30%为宜，授粉树搭配形式见图10-1和表10-4，栽植密度详见表10-5。

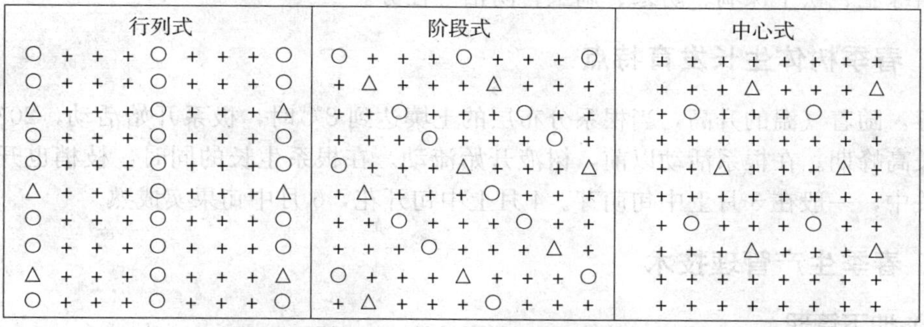

图 10-1　樱桃授粉树的配置

＋ 为主栽品种，○ △ 为授粉品种

表 10-4　大樱桃主要品种的适宜授粉品种

主栽品种	适宜授粉品种	主栽品种	适宜授粉品种
5-106	红灯、红艳、佳红、8-129	雷尼尔	宾库、斯坦勒、那翁
莫莉	那翁、红灯、先锋	红艳	宾库、斯坦勒、那翁
红灯	大紫、那翁、巨红	佳红	宾库、斯坦勒、那翁
大紫	雷尼尔、佳红	萨米脱	宾库、斯坦勒、那翁
芝罘红	红丰、芝罘红、那翁	8-129	红灯、雷尼尔、红艳
先锋	大紫、那翁、红灯	龙冠	先锋

表 10-5　大樱桃栽植密度一览表

果园立地条件	株距（m）	行距（m）	每公顷栽植株数
山坡、坡地无水灌	2	3	1 665
缓坡地无水灌	3	4	1 140
平地、滩地有水灌	4	5	495

四、生产过程要求

大樱桃生产过程，要求选用优良品种和适宜砧木，通过抹芽、刻芽、摘心、拿枝、短截等修剪措施和施用 PP_{333}、CCC 等生长抑制剂控制树冠，促进成花，农药、化肥施用严格按照《绿色食品　农药使用准则》(NY/T 393—2000) 和《绿色食品　肥料使用准则》(NY/T 394—2000) 执行，田间灌溉用水及土壤环境严格遵守《绿色食品　产地环境质量标准》(NY/T 391—2000)，加强大樱桃产前、产中、产后全程质量控制，生产生态、安全、优质的大樱桃产品。

任务三　大樱桃标准化生产

工作一　春季生产管理

一、春季生产任务

春季生产任务主要有春季修剪、抹芽、刻芽、疏花疏果、放蜂、人工授粉、追肥、灌水、种植绿肥、松土保墒、防寒、病虫害防治等任务。

二、春季树体生长发育特点

早春，随着气温的升高，当根系分布层的土壤达到8℃时，根系开始活动，20℃时根系进入生长高峰期。在根系活动以前，树液开始流动。在根系生长的同时，枝梢也开始生长。在陕西关中，一般在3月上中旬萌芽。4月上中旬开花，6月中旬果实成熟。

三、春季生产管理技术

（一）地下管理

1. 春季追肥　进入春季，随着根系的生长，大樱桃先后萌芽、开花、坐果，新梢开始快速生长，因此，必须有大量的肥水供应，必须追施一定量肥料。

追肥方法：主要有环状施肥、穴施、全园撒施、灌溉式等施肥方法。追肥时期主要抓好萌芽期、花期前后、果实膨大期、采后4个时期：

（1）萌芽期追肥。此期追肥可以追施尿素或果树专用肥，或氮、磷、钾三元复合肥等为主，每次施肥量为幼树0.1~0.2kg/株，成龄大树0.25~0.30kg/株，施肥后灌水。

（2）花期前后追肥。盛果期每次施果树专用肥或三元复合肥1.0~1.5kg/株，在盛花期喷施0.3%尿素+0.2%硼砂+600倍磷酸二氢钾液，促进坐果。幼树0.1~0.2kg/株，促进生长。

（3）采果后追肥。樱桃采果后追施人粪尿、猪粪尿、豆饼水、复合肥等速效性肥料。

2. 春季灌水　大樱桃对水分要求敏感，既不抗旱，也不耐涝，要注意适时灌水，特别是谢花后到果实成熟前是需水临界期，更应保证水分的均衡供应。一般大樱桃每年春季要灌4次水：

（1）花前水。3月中下旬进行，主要是满足展叶、开花的需求，灌水要足，促进枝叶正常生长。

（2）硬核水。4月底至5月初，这一时期灌水要适量，灌小水以防裂核。

（3）采前水。5月中下旬，是果实迅速膨大期，水分对果实产量和品质影响极大，是防止采前遇雨裂果的一项措施。灌水要适量为宜，采前10d要控制灌水，提高果实品质。

（4）采后水。果实采收后，正值树体恢复和花芽分化的重要时期，此时应结合施肥进行灌水，为来年丰产打下基础。

3. 春季翻耕　我国北方地区春季普遍干旱，大樱桃园在春施萌芽肥后，对全园及时耕翻1遍，耕深5~10cm，以消灭杂草，疏松土壤，促进根系生长。

4. 播种绿肥　绿肥多于春季播种，夏季翻压。播种时期为3~4月，播种种类主要为黄豆、绿豆、蚕豆等豆科植物，提高大樱桃园土壤肥力。

播种绿肥时，先将土地整好，绿肥要求离开树干50~100cm播种，绿肥种在两行大樱桃的正中央，有利于优先熟化树盘附近的土壤。绿肥播后如未下雨，则需灌水1次，有利于提高绿肥的出苗率，另外须注意防鼠、鸟危害。

5. 春季防寒　大樱桃春季最易受冻，因此，第一，抓好树干培土，在大樱桃定植以后即在樱桃树基部培起30cm左右的土堆，防止幼树抽干。第二，准备好麦糠、杂草等熏烟材料，在霜冻来临之前，进行早春灌水，在霜冻前1~2h喷水、熏烟等方法进行晚霜冻害的预防。第三，喷施天达2116等有防冻效果的药剂，增强树体抗旱能力。

（二）地上管理

1. 春季整形修剪 春季整形修剪主要任务是根据栽植密度选用丰产树形：主干疏层形、小冠疏层形、纺锤形、V形和丛状形等。

（1）修剪方法。短截、疏除、长放、回缩、刻芽、抹芽、摘心、拉枝等。

（2）幼树修剪。主要通过短截、刻芽、长放、疏除、摘心、扭梢等方法培养丰产树形，扩大树冠。

（3）成龄树修剪。主要通过短截、疏除、长放、拉枝、回缩、摘心等方法控制树体生长，促进花芽形成，提高树体通风透光条件。

（4）短截。发芽前1个月内主要对主枝延长头两侧的旺枝、竞争枝和中后部的直立旺枝。保留2～3芽进行极重短截，促发中庸枝条，培养结果枝组。

（5）疏除。主要针对分枝较多，生长较旺，继续生长空间不足的枝条。可根据情况适当疏除部分枝条，保证选留枝条合理分布。

（6）刻芽。主要针对前一年较旺新梢，通过刻芽分散极性，平衡枝势，促进营养生长向生殖生长转化。

（7）摘心。对中心干延长头每延长40cm，摘取半木质化部位10cm，促发结果枝组；主枝延长头每延长20 cm，摘取10cm，控长促花，侧枝延长头每5cm，轻轻摘取生长点，促发短枝结果。

2. 春季花果管理

（1）保花保果。大樱桃自花结实率低，为了提高坐果率，主要采取以下措施：

①人工授粉。生产上常采用球式授粉器，即在一根木棍上的顶端，缠绑一个直径5～6cm的泡沫塑料球或洁净纱布球，用其在授粉树上及被授粉树的花序之间，轻轻接触花，达到既采粉又授粉的目的。

②放蜂授粉。在花期每公顷投放15～30箱中华蜜蜂，或在花前1周左右每公顷投放4 500～7 500头角额壁蜂，可明显提高坐果率。

（2）疏花疏果。

①疏花。在大樱桃开花前或花期进行，主要是疏去树冠内膛细弱枝上的花及多年生花束状果枝上的弱质花、畸形花。一般在4月上旬进行，每个花束状短果枝留2～3个花序。

②疏果。一般在大樱桃生理落果结束后进行。每个花束状短果枝留3～4个果。疏去小果、畸形果以及光线不易照到、着色不良的内膛果和下垂果，保留横向及向上的大果。

（3）防止裂果。预防和减轻裂果，可以采取选择抗裂果品种、稳恒土壤水分状况、采收前喷布钙盐和架设防雨篷帐等技术措施。干旱时需要灌水，应小水勤灌，严禁大水漫灌，以防裂果。谢花后至采果前，叶面喷施2～3次200倍氨基酸钙液，增加果肉硬度，减轻裂果。架设防雨篷帐还能防止鸟害。采收前3周，喷1次18mg/L的GA_3，可极显著地增大果个及果实硬度。

（4）着色管理。促进果实着色的方法包括摘叶和铺设反光材料。摘叶在果实着色期，将遮挡果实浴光的叶片摘除，摘叶切忌过重。果实采收前10～15d，在树冠下铺设反光膜，可增强光照，促进果实着色。

3. 春季病虫害防治 春季是病虫害防治的关键环节，主要任务有：清园、喷石硫合剂等。农药使用必须符合《绿色食品 农药使用准则》(NY/T 393—2000)的规定。主要防治对象：

桑白蚧、穿孔病、刺蛾、绿盲蝽、潜叶蛾、红蜘蛛、白蜘蛛以及生理病害。

春季修剪结束后，对果园的落叶进行集中清理，深埋树下，修剪下来的枝条带出园外，既可减少病虫源，又可将落叶逐步转化为肥料。

春季病虫害防治详见表10-6。

表10-6 大樱桃春季病虫害防治一览表

物候期	防治对象	防治措施	注意事项
萌芽前（3月）	桑白蚧 小白蛾 潜叶蛾	1. 用硬毛刷刷去枝干的害虫 2. 喷5波美度石硫合剂，防治介壳虫 3. 小白蛾、潜叶蛾发生时，喷48%毒死蜱乳油1 000倍液，混加20%除虫脲悬浮剂5 000倍液，或25%灭幼脲3号悬浮剂1 500倍液进行防治	
花期前后（4月）	穿孔病 叶斑病 蝽象类 金龟子 介壳虫	1. 细菌性穿孔病发生时，可用农用链霉素3 000倍液、Bt乳油500液防治。对真菌性褐斑穿孔病，可用70%甲基托布津可湿性粉剂1 000倍液喷雾防治 2. 叶斑病发生时，苏云金杆菌（Bt）乳油500倍液喷雾防治 3. 2.5%功夫乳油2 000倍液喷雾防治杀蝽象类、金龟子 4. 用95%机油乳剂50～200倍液喷雾，杀灭介壳虫等	花期不能喷药
果实膨大期（5月）	卷叶蛾 金龟子 蝽象类 褐斑病 根癌病	1. 卷叶蛾、食心虫和金龟子等可用糖醋液诱杀 2. 金龟子可通过人工捕捉，各种蛾类成虫可采用频振式杀虫灯诱杀 3. 5月份可用70%代森锰锌可湿性粉剂500倍液，或75%百菌清可湿性粉剂800倍液防治叶斑病 4. 根癌病在4～5月发病初期，发现病瘤立即切除，伤口处用5波美度石硫合剂或52%克菌宝500倍液涂抹保护，最后每株灌K84杀菌剂30倍液	

工作二 夏季生产管理

一、夏季生产任务

夏季是大樱桃快速生长季节，主要任务是土、肥、水管理（夏季追肥、夏季灌水、中耕除草、果园覆盖）、夏季修剪（摘心、拉枝、剪梢）、病虫害防治。

二、夏季树体生长发育特点

进入夏季以后，大樱桃果树进入快速生长期，此期果实已经采收，新梢生长加快，来年花芽开始分化，如何控制新梢旺长，促进成花已成为这个时期的关键。

三、夏季生产管理技术

（一）地下管理

1. 夏季追肥 大樱桃采后，每株初结果树可施磷酸二铵1kg左右，也可结合喷药加喷300倍尿素或磷酸二氢钾，幼树此期，可株施三元复合肥0.1～0.2kg，施肥后灌水，加强中耕，促进树体生长。

2. 夏季灌水 进入夏季，由于大樱桃枝梢迅速生长，且大樱桃叶片大、蒸发量大，因而需水量较大，应及时适量灌水。

3. 中耕除草 北方地区夏季温度较高，园内杂草种类多、生长快，因此要及时中耕锄草，中耕时要注意翻压春播的绿肥。

4. 果园覆盖 在树冠下覆盖杂草、秸秆、绿肥等，一般覆盖厚度为15～20cm。覆盖后可减少地面径流，防止水土流失，减少蒸发，防旱保墒，缩小地温的季节和昼夜变化幅度，避免夏季高温和冬季低温对根系的不良影响，增加土壤肥力。土壤深翻时，可将已腐烂的杂草、秸秆与土壤混合均匀后埋入土壤中，增加土壤有机质含量。

（二）地上管理

1. 夏季修剪 夏季修剪主要任务是抹芽、摘心等工作，通过夏剪控制树体旺长，解决树体通风透光，促进当年果实膨大和来年花芽分化。

（1）抹芽。新梢长到5～8cm时，疏去直立向上的徒长枝及过密枝。

（2）剪梢。5月以后，将过长营养枝和徒长性结果枝进行中度短截，或留三叶修剪，控制背上枝旺长，促进结果枝组形成。

（3）摘心。继续按照春季摘心方法进行，控制树冠，促发短枝结果。

（4）拉枝。主要针对前一年秋季未拉枝或拉枝不到位的果园。在修剪后，对主枝延长头和向上生长的偏旺枝条进行拉枝。主枝控制的角度：基部枝条，基角90°、梢角80°；中部枝条拉平；上部枝条基角可到90°以上，梢头向下，以控制和平衡整体树势。

2. 夏季病虫害防治 夏季高温多雨，大樱桃长势强旺，多数病虫害都在这个时期发生，主要病虫害有叶斑病、桑白蚧、卷叶蛾、蚜虫等，防治技术详见表10-7。

表10-7 大樱桃夏季病虫害防治一览表

物候期	防治对象	防治措施
幼果期 （6～7月）	红蜘蛛 卷叶蛾 潜叶蛾 蚜虫 流胶病 早期落叶病	1. 桑白蚧、红蜘蛛、卷叶蛾、潜叶蛾、蚜虫类等害虫，可喷10%浏阳霉素乳油1 500倍液，或25%灭幼脲3号悬浮剂2 000倍液进行防治 2. 6月流胶病出现后，刮除流胶后，涂抹21%菌之敌（过氧乙酸）水剂2～5倍液 3. 早期落叶病发生时，可喷800倍的大生M-45防治 4. 人工除虫 6～7月，天牛和金缘吉丁虫对樱桃树体危害相当大，可人工捉拿成虫、挖除幼虫
（8月）	螨类 绿盲蝽 桑白蚧 叶斑病	1. 蛾类害虫可用2.5%敌杀死4 000倍液喷雾防治 2. 绿盲蝽、桑白蚧等害虫可用48%乐斯本乳油1 200倍液防治 3. 螨类害虫可用1.8%阿维菌素乳油4 000～5 000倍液、27.5%油酸烟碱乳油500～1 000倍液喷雾防治 4. 叶斑病在发病前用1∶0.7∶200波尔多液进行防治 5. 桑白蚧8月下旬可用0.3波美度石硫合剂防治；红蜘蛛可用20%哒螨灵可湿性粉剂1 500倍进行防治

工作三 秋季生产管理

一、秋季生产任务

秋季大樱桃生产主要任务是：秋施基肥、深翻改土、拉枝开角、控旺促花、病虫害防治。

二、秋季树体生长发育特点

进入秋季后,根系又加快生长,9月底至10月上旬出现一次生长高峰,10月中下旬生长减弱,10月底至11月初停止生长,逐步进入休眠。新梢生长逐渐缓慢,与根系同时停止生长,进入落叶期。

三、秋季生产管理技术

(一) 地下管理

1. 秋施基肥 大樱桃秋施基肥的时间以9~10月早施为好。基肥以腐熟的畜禽粪、饼肥以及堆肥、沼渣、秸秆肥等有机肥为主,采用条状和放射状沟施。施肥量以30~60t/hm^{2}为宜。

2. 落叶期追肥 为了提高大樱桃树体内贮藏营养的积累量和浓度,可在落叶前1周叶面喷施0.5%的尿素。

3. 防秋涝 地势低洼的大樱桃园,遇连阴雨要及时利用行间的土进行树盘培土,使水从行间及时排走。

4. 深翻改土 深翻时间以采果后结合秋施基肥(10~11月)进行效果最佳,深翻的深度常以主要根系分布层为准。一般60~80cm。幼树定植后,可逐年深翻,深度逐年增加。开始深翻40cm,然后60cm,最后到80cm深。深翻方法主要有扩穴、隔行深翻2种。

(二) 地上管理

1. 秋季修剪

(1) 剪嫩梢。9月以后,大樱桃新梢缓慢生长,但生长基本上处于半停止状态,树体对修剪的反应不敏感,新梢顶部的嫩绿部分还在继续生长,不断消耗老叶制造的养分。此时,可剪掉当年生枝的嫩绿梢部,促进枝条自身及花芽和叶芽发育充实。

(2) 疏枝。对幼旺树要适时疏除背上的直立枝、过密枝、过旺枝,改善内膛光照,促进花芽分化。

(3) 拉枝开角。大樱桃秋季拉枝开角比春季拉枝效果好。拉枝以第一层主枝基角约80°,梢角65°~70°,辅养枝拉枝开角80°~90°为宜,拉枝开角时要注意及时移动拉绳或坠物,防止梢角向心生长。

2. 秋季病虫害防治 秋季阴湿多雨,温度逐渐走低,发生的主要病虫害有:绿盲蝽、桑白蚧、红蜘蛛、叶斑病等病虫害,详见表10-8。

表10-8 大樱桃秋季病虫害防治一览表

物候期	防治对象	防治措施
生长后期 (9~10月)	绿盲蝽 桑白蚧 红蜘蛛 叶斑病	1. 喷25%灭幼脲3号1 500倍液防治蛾类 2. 绿盲蝽、桑白蚧等害虫可用48%乐斯本乳油1 200倍液防治 3. 叶斑病可喷1:0.7:200波尔多液1~2次,间隔25d进行防治 4. 桑白蚧9月中旬可喷0.3波美度石硫合剂进行防治;红蜘蛛可喷20%哒螨灵可湿性粉剂1 500倍液进行防治

(续)

物候期	防治对象	防治措施
落叶期 （11月）	越冬病虫	1. 清园：清扫残枝落叶，剪除病枝、虫枝、枯枝。集中深埋或烧毁 2. 树干涂白：涂白剂配方水10份、生石灰3份、石硫合剂0.5份、食盐0.5份、油脂少许 3. 全园喷3～5波美度石硫合剂淋洗式喷雾，杀菌消毒

工作四　冬季生产管理

一、冬季生产任务

冬季是大樱桃休眠季节，主要生产任务有：冬季修剪、灌封冻水、冬季清园、树干涂白、冻害预防等工作。

二、冬季树体生长发育特点

大樱桃冬季进入休眠状态，叶片脱落，枝条成熟，根系缓慢活动，树体外表活动几乎停止，但体内一系列生理活动如呼吸、蒸腾、根的吸收与合成等仍在持续，树体抗寒能力增强，花芽分化活动缓慢进行。

三、冬季生产管理技术

（一）地下管理

1. 清园　冬季及时清扫落叶，收集病果、病枝等，并集中烧毁或深埋，有利于消灭越冬病源，减少次年病虫害发生。

2. 培埂覆膜　冬季低温对甜樱桃的影响较大，-15℃的温度条件，对发育不充分的新梢和生长较弱的幼树，会造成枝干干枯。为保证安全越冬，对1年生的幼树，在树北面50cm处培月牙埂，埂长1.5～2.0m，高0.5m，埂前覆地膜，起挡风、防寒、护根、防抽条的作用。2年生幼树，对生长较弱的做埂覆膜，生长正常的可不做埂，只覆地膜。随着树龄的增长，可取消培月牙埂和覆膜。

3. 灌好封冻水　11月中旬开始灌封冻水，要灌透灌足，保证冬、春季对水分的需要，防止冬旱和冻害。

4. 树盘覆草　对3年生以上的幼树，为减少冻土层厚度，推迟翌年萌动期，预防晚霜危害，可在树盘周围覆草（麦秸、稻草、杂草等），厚度为10～15cm，覆草后。围绕树冠边缘处压土，以防风刮导致覆草散失。

（二）地上管理

1. 冻害预防　大樱桃容易受到冻害，预防措施如下：

①建园时，应根据大樱桃对生态条件的要求，选择不易遭受霜冻危害的地块或区域栽培大樱桃。

②加强肥水管理，特别是加强生长后期的管理。增施有机肥，早秋施基肥，增加树体营养储备。保护好叶片。加强排涝、防涝工作，提高树体抗冻能力。

③冬季用10%的石灰水喷洒全树或涂抹大枝，或在树体休眠期和花期前后分别喷施2~3次冻害必施500~600倍液，保护树体。

2. 病虫害防治　冬季危害大樱桃树体的多数病菌及害虫均以不同方式或形态潜伏越冬。这个时期的病虫害防治的主要任务是：清园、树干涂白、冻害预防，结合冬季修剪杀虫灭菌，降低或铲除越冬病虫基数，为翌年病虫害防治做好准备。

（1）冬季清园。结合冬季修剪，剪除病虫枝，刮去树干老翘皮，并清除田间枯枝、落叶、烂果，铲除杂草一同带出果园集中烧毁或深埋，同时，全园喷洒2~3波美度石硫合剂一次，减少越冬病虫基数。

（2）树干涂白。树干涂白可避免或减少冻害和日灼病，还可以消灭树干和树皮缝内潜伏越冬的病虫。树干涂白与11月上旬进行。涂白剂原料为石灰、盐、石硫合剂、水，其配比为12∶1∶2∶40。

（3）果园松土，刮除翘皮。浅刨果园，消灭土壤表层越冬害虫，同时刮除果园翘皮，集中烧毁，消灭越冬病源。

（4）对症防治，控制危害。介壳虫发生较重的园片，冬季用钢丝刷子刷越冬介壳虫。草履介壳虫发生较重的园片，在树下堆40cm的沙堆，阻止其上树危害，并集中诱杀。根癌病较重的树，可挖开根茎凉根，用30倍K84灌根，用量可根据树龄大小灌1~3kg。

工作五　制订大樱桃周年管理历

大樱桃周年管理历是大樱桃周年生产操作技术规程，全国各地可根据当地具体情况参照绿色果品大樱桃生产技术规程或《绿色食品　猕猴桃生产技术规程》（DB51/T 463—2004）执行，重点抓好农药、化肥污染控制，实现大樱桃生产过程质量控制，生产高质量的优质大樱桃产品。

生产案例：陕西铜川大樱桃周年管理技术，详见表10-9。

表10-9　陕西铜川大樱桃周年管理历

物候期	管 理 措 施
休眠期	1. 喷保护剂　防治冻害和抽条现象的发生，每月各喷1次250~300倍羧甲基纤维素进行保护 2. 整形修剪　轻剪长放，疏间密集的中小型枝，细弱冗长枝回缩到壮枝、壮芽处；树液流动后拉枝，剪锯口涂油漆保护 3. 喷药　萌芽前，喷3~5波美度石硫合剂，要均匀喷到 4. 施肥、灌水　灌返青水，地表稍干时中耕浅锄，以利保墒和提高地温。萌芽前追施氮肥，一般每株初结果期每株施尿素1~2kg。追肥后结合灌水，满足开花的需要 5. 刻芽　萌芽前，在侧芽以上0.2~0.3cm处刻芽，刺激其促发短枝 6. 花前复剪　对花量大的树及时进行复剪、调整花、叶、芽比例，疏掉过密过弱、畸形花
开花坐果期	1. 捉虫、喷药　早晚人工振树，铺塑料布捉拿金龟子，也可在盛花期喷1次杀虫剂进行防治 2. 授粉　花期可用鸡毛掸子在不同品种树间互相滚动，以利传粉；在果园内放蜂，传粉效果更好 3. 喷激素　于盛花期、盛花后10d连续2次喷2~8mg/L的GA_3，提高花朵坐果率 4. 叶面施肥　喷300倍尿素和300倍磷酸二氢钾液 5. 追肥　坐果后配方施肥，每生产100kg樱桃，施氮1.2kg、五氧化二磷0.6kg、氧化钾1.2kg、施腐熟鸡粪，4~5年生结果树每株25kg

（续）

物候期	管理措施
果实发育期	1. 喷药　防治桑白蚧、红蜘蛛、卷叶蛾、潜叶蛾、蚜虫类等，喷5%尼索朗乳油1 500倍液，或25%灭幼脲3号胶悬剂2 000倍液 2. 灌水　硬核期灌水，有利于果实膨大，一般可增产20%~30% 3. 铺反光膜　树下铺银色反光膜，能促进果实着色均匀，增加其鲜艳度，提高其商品品质 4. 夏季修剪　对中心干延长头每延长40cm，摘取半木质化部位10cm，促发结果枝组；主枝延长头每延长20 cm，摘取10cm，控长促花，侧枝延长头每5cm轻轻摘取生长点，促发短枝结果 5. 防鸟害　喜鹊、乌鸦、麻雀等鸟类往往在果实成熟时喜啄食果实，可埋设假人或人工驱赶 6. 摘叶　在果实着色期，将遮挡果实的叶片摘掉 7. 防治流胶病　一般从6月开始发生流胶病，应及时人工刮治 8. 采收　5~6月采收，要轻采、轻放、避免损伤果实，应分期分批采收。避免损伤花束状果枝，以免影响下年产量
生长后期	1. 追肥　采收后，每株初结果树可施磷酸二铵1kg左右，也可结合喷药加喷300倍尿素或磷酸二氢钾液 2. 灌水、排涝　6月下旬以后视墒情及时灌水，防止干旱。进入雨季后，保持水土防涝害，注意排水防涝 3. 喷药　6月下旬防治穿孔病，喷700倍甲基托布津，或600倍代森锰锌；1 000倍齐螨素防治红蜘蛛、潜叶蛾，800倍的大生防治早期落叶病。7月中旬喷药，主要防治叶螨、潜叶蛾、穿孔病、早期落叶病等。8月下旬喷0.3波美度石硫合剂，防治桑白蚧；喷20%哒螨灵可湿性粉剂1 500倍液防治红蜘蛛 4. 人工除虫　6~7月，天牛和金缘吉丁虫对樱桃树体危害相当大，可人工捉拿成虫、挖除幼虫 5. 清园　10月落叶后，及时清扫果园，将落叶、残枝搜集一起，集中深埋或烧毁，以消灭越冬病虫害 6. 施基肥　9月秋施基肥，每株结果树施40kg鸡粪，有利于花芽的继续分化和安全越冬，可环状沟施，也可隔行施肥 7. 秋剪梢　9月后可剪掉当年生枝的嫩绿梢部，促进枝条自身及花芽和叶芽发育充实 8. 灌封冻水　土壤结冻前灌1次透水，以满足冬、春季结果树对水分的需要，防止冻害的发生

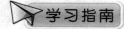

一、学习方法

　　大樱桃是我国北方成熟比较早的时令水果之一，学习本项目可以采取深入大樱桃生产基地现场观察实训，分组讨论大樱桃生长结果习性，在果园技术人员指导下，分季节完成春、夏、秋、冬生产实训任务，保持树体健康生长，早果丰产。

二、学习网址

　　大连市植保站 http：//www.njzx.dl.gov.cn/ShowInfo.asp? ID=368
　　滕州大樱桃管理技术要点 http：//www.tengzhou.gov.cn/zjbmdt/t20070723_153168.htm
　　天水大樱桃无公害生产技术 http：//www.fruit8.com/? action-viewthread-tid-70732
　　临朐县大棚果服务网 http：//www.lqdpg.com/admin/News_View.asp?NewsID=1380

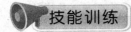 技能训练

【实训】大樱桃夏季修剪

实训目标

掌握大樱桃生长季修剪的技能,加深对生长季修剪重要性的认识和理解。

实训材料

1. **材料** 当地栽培的管理较好的各个年龄时期的大樱桃树。
2. **用具** 修枝剪、手锯、开张角度用具、果梯等。

实训内容

1. **基本情况观察** 了解大樱桃树品种、树龄、树势、管理水平、产量、树形,进行修剪反应调查,做到心中有数。
2. **修剪方法实训** 在教师指导下,分别进行疏枝、短截、摘心、扭枝、开张角度等处理方法训练,掌握生长季修剪的方法。
3. **修剪方法应用** 分组对进行修剪。根据树龄、树势、树形等,首先调整骨干枝,如树形调整、开张骨干枝角度、延长梢短截等。然后进行其他枝修剪,如疏除徒长枝、过密枝等。

实训结果考核

1. **态度** 不迟到、不早退、态度端正、认真、仔细、吃苦耐劳、遵守纪律(15分)。
2. **知识** 掌握大樱桃生长结果习性,修剪原则正确,领会各种方法使用技巧(20分)。
3. **技能** 能够独立完成大樱桃夏季修剪任务,动作规范,技术熟练(40分)。
4. **结果**

①每人撰写1份实训报告。操作程序正确、效果良好(15分)。
②能够说明大樱桃与桃、杏、李修剪异同点(5分)。
③能够根据调查结果,比较桃、杏、李、樱桃的萌芽率和成枝力(5分)。

项目小结

本项目主要介绍了大樱桃生物学特性、安全生产要求及大樱桃四季管理的配套生产技术,系统介绍了大樱桃绿色果品生产的全过程,为学生全面掌握绿色果品大樱桃生产奠定坚实基础。

复习思考题

1. 调查了解目前大樱桃栽培品系,有哪些新品种?适应当地的砧木有哪些?
2. 比较桃与大樱桃生长结果习性的异同点。
3. 简述大樱桃春季和夏季管理技术要点。
4. 简述大樱桃秋季果园管理技术要点。

项目十一

葡萄标准化生产

学习目标

知识目标
◇ 了解葡萄生物学特性及安全生产的基本要求。
◇ 熟悉葡萄标准化生产过程与质量控制要点。
◇ 掌握绿色果品葡萄生产关键技术。

能力目标
◇ 能够识别葡萄主要病虫害并掌握其防治技术。
◇ 能够运用绿色果品葡萄生产关键技术，独立指导生产。

学习任务描述

本项目主要任务是完成葡萄认知，了解葡萄生产要求、优良品种及四季的生产任务，全面掌握葡萄的土、肥、水管理，整形修剪，花果管理和病虫害防治等技能。

学习环境

要完成本项目学习任务，必须具备以下条件：
◇ 教学环境　葡萄幼龄园、成龄园，多媒体教室。
◇ 教学工具　多媒体设备、葡萄生产教学录像或光碟、修剪工具、植保机具、常见肥料与病虫标本等。
◇ 师资要求　专业教师、企业技术人员、生产人员。

相关知识

葡萄是世界上最古老的果树之一，已有5 000～7 000年历史，我国是葡萄属植物原产地之一，早在2 000多年前已引入欧亚种进行栽培，栽培历史悠久。目前全国葡萄栽培面积55.2万 hm^2，产量843万 t，居世界第五位。目前已经形成吐鲁番、和田、黄河故道、胶东、清徐、沙城、北京、天津、江苏、浙江等重点产区，主产地主要有：新疆、山东、河北、河南、辽宁五省（自治区），葡萄种植面积与产量分别占全国70%和80%以上。

目前欧洲的葡萄从面积和产量上均居世界首位，分别占55%和50%以上，是酿制葡萄酒的主产区。亚洲居第二，占15%以上，以鲜食和制干为主。

目前我国葡萄面积和产量列世界第五位，鲜食葡萄生产规模居世界首位。我国葡萄酒的产量增长到40万t，但出口量仅居世界第13位，葡萄酒和葡萄干出口很少。目前世界鲜食葡萄出口国主要有美国、日本等发达国家，葡萄酒出口国主要有法国、西班牙、南非、智利等国。

任务一　观测葡萄生物学特性

一、生长特性

1. 根　扦插或压条法繁殖的葡萄根系为须根系，无真根颈和主根，只有根干及根干上发出的水平根和须根。

葡萄的根富于肉质，能贮藏大量的营养物质。根系垂直分布集中在30～80cm的土层内，水平分布随架式不同。棚架葡萄根系分布有不对称性，棚架下分布密度大，范围宽，一般架下的根量约占2/3。

葡萄根系一年中有两次生长高峰，分别出现在夏初至盛夏前期（6～7月），其次是秋季果实采收后。

葡萄根系导管粗，根压大，在春季萌芽期，地上部新剪口处易出现伤流。伤流的出现标志着根系已经开始活动。伤流液中只含有很少量的营养物质，因此正常的伤流一般对树体无明显影响。伤流过重时，会使树体流失一定的营养，并且剪口下部的芽眼经伤流液浸泡后往往延迟萌发，甚至引起发霉，因此应尽量避免在伤流期修剪葡萄树。

2. 茎　葡萄的茎按树体结构可分为主干、主蔓、侧蔓、一年生枝和新梢等（图11-1）。

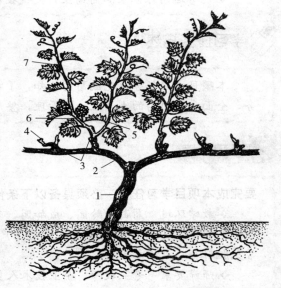

图11-1　葡萄植株各部分的名称
1. 主干　2. 主蔓　3. 结果枝组　4. 结果母枝
5. 新梢（生长枝）　6. 新梢（结果枝）　7. 副梢
（张玉星．2003．果树栽培学各论）

从地面发出的单一的树干称为主干，主干上再分生主蔓。需埋土越冬的地区一般不留主干，主蔓直接从地表附近长出。侧蔓有无因整枝形式而异，主蔓上着生侧蔓，有的主蔓上直接着生结果枝组。一年生枝上的芽萌发后，带花序的新梢称为结果枝，无花序的新梢称为营养枝（生长枝）。新梢秋季落叶后到第二年发芽前称为一年生枝。着生混合芽的一年生枝称为结果母枝。

葡萄的茎细而长，髓部大，组织较疏松，节部膨大，节内有横隔膜，可增加贮藏养分和加强枝条牢固性，冬季修剪时在节部剪截能够减少枝条水分散失。

葡萄的新梢生长量大，开花前是葡萄新梢生长的第一次高峰，主要是主梢的生长；第二次生长高峰在7~8月，为副梢大量发生期。

枝蔓的成熟程度受夏、秋季降水量、地下水位高低、后期氮肥施用量、架面枝条密度、结果量、病虫危害等因素的影响。枝条的成熟度越好，其越冬时抗寒力就越强；反之抗寒力较差。

3. 叶 叶片的光合能力与叶片大小、叶色、叶龄有关，单叶的光合能力随叶片的生长而增强，又随叶片的衰老而减弱。一般认为，幼叶生长到正常叶片大小的1/3以前，其光合作用制造的碳水化合物尚不能自给自足，展叶后30d左右叶片的光合能力最强。叶片过多或过少，对产量和品质都不利。据李道德调查，在一般管理水平的葡萄园，叶面积系数为2.013时，每平方米叶片可负担浆果1.153kg，叶面积系数过大时，叶片的生产能力就会下降。

葡萄叶片的大小、形状、裂片多少、裂刻深浅、叶柄洼的形状、锯齿大小、茸毛多少等，是鉴别品种的重要依据。

4. 芽 葡萄新梢每一节的叶腋内有两种芽，即冬芽和夏芽。

冬芽也称为芽眼，是几个芽的复合体，内含1个主芽和3~8个副芽（预备芽），主芽发育最好，副芽一般有2~3个发育较好，其他发育较差（图11-2）。在自然情况下，冬芽一般经越冬休眠至次年春季才萌发，如果夏季新梢处理过重，冬芽受到刺激也会在当年萌发，影响下一年葡萄的正常生长和结果。大多数情况下一个冬芽内的主芽萌发而副芽不萌发，有时也会有1~2个副芽与主芽同时萌发，这时需要进行抹芽。

冬芽在落叶前已进入自然休眠，打破休眠要求一定时间的低温。若自然休眠不足，则植株表现萌芽延迟、萌芽不整齐、花序分化不良等。通过自然休眠所需要的低温（一般按0~7.2℃计）累计小时数，称为需冷量。大部分栽培品种的需冷量为800~1 200h。

春季未萌发的冬芽及已萌发芽眼内的副芽，形成葡萄的潜伏芽。葡萄的潜伏芽多而且寿命长，可利用其进行枝蔓更新。

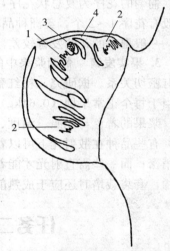

图11-2 葡萄冬芽解剖结构
1. 主芽　2. 预备芽
3. 花序原基　4. 叶原基

夏芽为裸芽，属早熟性芽，当年随新梢的生长而自然萌发。由夏芽萌发长出的新梢称为夏芽副梢。夏芽一次副梢的叶腋间同样还有1个冬芽和1个夏芽，还可以再抽生二次副梢，因此，葡萄的枝条生长量很大，生产上可利用夏芽副梢加速幼树整形，提高前期产量，同时还可以利用夏芽副梢结二次果。

二、结果特性

1. 花芽 葡萄的花芽为混合芽，即分化出花序原基的冬芽。其花芽分化一般在花期前后开始，随着新梢的生长，新梢上各节的冬芽由下向上依次分化，但基部1~3节的分化较迟，6~8月份为花芽分化盛期。在生产上，为促进葡萄的花芽分化，应在开花前对主梢摘心，并适当控制副梢的生长。

2. 花和花序　葡萄的花器有三种类型，即两性花、雌能花和雄能花。大多数品种的花为两性花，少数品种为雌能花。两性花即正常花，其雌蕊和雄蕊发育都正常；雌能花的雌蕊正常，雄蕊发育不良，花丝短，花粉无生活力，如罗也尔玫瑰；雄能花的雌蕊退化，但雄蕊及花粉发育正常，一般为雌雄异株，如山葡萄。

两性花的品种可以自花授粉结实，雌能花品种在建园时必须配置授粉树。

大多数品种是在花冠脱落后完成授粉、受精，但也有些品种在开花前已完成授粉、受精，这种现象称为闭花受精，这种自然授粉的情况受花期外界因素影响较小。

当日平均温度达到20℃时，葡萄开始开花。花后1～2周，未受精的子房及受精不良的幼果会自行脱落，形成生理落花落果。一般欧亚种品种的自然坐果率较高，能满足生产要求；而巨峰、京亚等欧美杂交种品种往往坐果率较低，落花落果较严重。造成这种现象的原因除与品种有关外，主要还有：①树体贮藏营养不足，花器发育不良。②树势过旺，新梢生长消耗大量营养，与开花坐果形成竞争。③枝梢过密，架面通风透光不良。④不良的天气条件，如花期低温、阴雨、大雾、高温、干旱等均影响葡萄的授粉受精过程。

葡萄的花序为复总状花序，一般着生在结果枝的第三至八节上。欧亚种品种每个果枝上一般有花序1～2个，美洲种品种往往有3～4个，欧美杂交种一般有2～3个。在一个花序上，一般穗尖的花蕾发育较差，坐果率较低。

3. 果实发育　葡萄浆果中的糖来源于叶片的光合作用，故叶面积和浆果的含糖量及品质有密切关系。据研究，粉红葡萄要达到良好着色，每生产1g浆果需叶面积11～14cm^2，相当于每个正常果穗（0.64kg）需22～26片正常叶。

浆果的着色与光照、温度、肥水等环境因子及叶面积、产量、品种等因素均有密切关系。有些品种在散射光下可以着色，如玫瑰露、罗也尔玫瑰、康可、京亚等，架面的枝叶可以稍密；而一些需直射光才能着色良好的品种，如玫瑰香、黑汉、红地球等，架面的枝叶宜稍稀，套袋栽培时还应于成熟前2周去袋。

任务二　了解葡萄安全生产要求

葡萄是一种深受消费者欢迎的时令水果，它的商品质量指标要求主要包括葡萄的感官质量要求、理化质量要求和卫生质量要求三个方面。

一、果品质量要求

1. 感官指标要求　绿色果品葡萄是安全、优质、营养丰富的优质果品，产品质量必须符合《绿色食品　温带水果》（NY/T 844—2004）的规定，详见表11-1。

表11-1　绿色果品葡萄感官指标要求

项　目	指　标
果穗	典型而完整
果粒	大小均匀，发育良好
成熟度	充分成熟，表现本品种的固有色泽，着色品种的单穗着色果粒达80%以上
破损粒、日烧粒	≤3%
病虫果粒	≤3%

2. 理化指标要求 绿色果品葡萄理化质量必须符合《绿色食品 温带水果》(NY/T 844—2004)中有关葡萄的理化指标要求，详见表11-2。

表11-2 绿色果品葡萄理化指标要求

项 目	指 标
可溶性固形物含量	≥20%
总酸（以柠檬酸计）	≤0.7%
固酸比	≥28

3. 卫生质量要求 生产出的葡萄果实卫生指标要符合《绿色食品 温带水果》(NY/T 844—2004)卫生指标的相关指标要求，详见表5-3。

二、环境条件要求

1. 温度 葡萄一般在春季昼夜平均气温达到10℃左右时开始萌发，而秋季气温降到10℃左右时营养生长即停止，因此葡萄栽培上把10℃称为生物学零度。一个地区一段时间内≥10℃的温度总和称为活动积温。不同的品种从萌芽至果实完全成熟所需的活动积温差异较大，详见表11-3。

表11-3 不同成熟期的葡萄品种对活动积温量的要求

（孔庆山.2004.中国葡萄志）

成熟期	从萌芽至成熟的活动积温量（℃）	生长日数（d）	代 表 品 种
极早熟	2 100～2 300	＜120	莎巴珍珠、郑州早红
早熟	2 300～2 700	120～130	乍娜、凤凰51号、郑州早玉
中熟	2 700～3 200	130～150	巨峰、白香蕉、里扎马特、霞多内
晚熟	3 200～3 500	150～180	意大利、牛奶、红地球、赤霞珠
极晚熟	＞3 500	＞180	大宝、秋黑、龙眼、木纳格

葡萄不同物候期对温度的要求是：萌芽期日均温度10℃适宜，开花期日均温度20℃为宜，新梢生长和花芽分化适温为20～30℃，浆果成熟期适温为28～32℃。

成熟枝蔓休眠期耐受低温能力为：欧洲种－18～－16℃、美洲种－22～－20℃、山葡萄－50～－40℃。根系休眠期耐受低温的能力为：欧洲种－7～－5℃、美洲种－12～－11℃、山葡萄－16～－14℃。一般认为冬季绝对最低气温低于－15℃的地区，葡萄越冬时需埋土防寒。

2. 光照 葡萄是喜光植物，对光照反应敏感。光照条件差时，花芽分化不良，易落花落果，果实品质差，枝条细弱、节间长、成熟度差，越冬时易受冻害。因此，栽培时要选择和确定适宜的架式、行向和株行距，并做好架面管理工作，保证通风透光良好。

3. 水分 葡萄的根系既耐涝又耐旱，但幼树抗性较差。在萌芽期、新梢旺长期、浆果膨大期需水较多。花期阴雨会影响授粉受精，造成落花落果。长期干旱后突降大雨或灌水，容易造成裂果。夏季雨水多，会加重病害，枝条成熟度差，抗寒能力弱。汛期园地淹水1周，会使根系窒息、叶片黄化脱落，甚至造成死亡，因此低洼地块要注意排水。

4. 土壤 葡萄对土壤的适应性强，除极黏重土壤、强盐碱土壤外，一般土壤均可种植，但以疏松肥沃的沙壤土和壤土最好。葡萄适宜的土壤pH为5.0~8.0，在pH为6.0~7.5时生长发育最好。土壤的地下水位应在1.0m以下。

三、建园要求

1. 优良品种选择 世界各地栽培的葡萄优良品种很多，这些品种主要来源于欧洲种、美洲种及欧美杂交种。如果按有效积温和生长日数分，可分为极早熟品种，早熟品种、中熟品种、晚熟品种及极晚熟品种。如按用途分，可分为鲜食品种、酿酒品种、制干品种、制汁品种、制罐品种和砧木品种等。实际上类与类之间很难截然分开，往往可以兼用。有的鲜食品种也可以酿酒（如龙眼）或制汁（巨峰），无核白品种除制干外，还可用于生食和酿酒。园地选好后，选择适当的品种，搞好早、中、晚品种搭配。要选择适应当地条件、早果、高产、优质、抗病、易管理的优良品种。实行规模化栽植的，要特别注意早、中、晚熟品种搭配，以利合理安排劳力，并要选择耐贮藏运输的品种。另外还要考虑主栽品种不能太单一，有利于异花授粉，提高坐果率。

目前，北方果区主要栽培的鲜食、加工优良品种见表11-4、表11-5和表11-6。

表11-4 优良鲜食葡萄品种

品种名称	品种类群	成熟期	产地	果实特点	丰产性	其他
夏黑	欧美杂种	7月中旬	张家港	穗重415g，粒重3.5g，蓝黑色，无核，品质上	丰产	适应性强，抗病力强
无核白鸡心	欧亚种	8月中下旬	沈阳	穗重620g，粒重5g，黄绿色，品质极上	较丰产	生长势强，适应性较强，易感黑痘病和白腐病
无核白	欧亚种	8月下旬	吐鲁番	穗重337g，粒重1.6g，黄白色，品质上，适宜制干	丰产	适合干燥地区，抗病力较弱
红脸无核	欧亚种	9月中下旬	沈阳	穗重650g，粒重3.8g，鲜红色，品质上	极丰产	抗寒力和抗病力中等
克瑞森无核	欧亚种	9月中下旬	郑州	穗重500g，粒重4g，紫红色，品质极上	丰产	生长势极强，适应性和抗病性较强
维多利亚	欧亚种	7月中下旬	郑州	穗重630g，粒重9g，绿黄色，品质上	极丰产	适合干旱、半干旱地区，抗病力中等
矢富罗莎	欧亚种	7月下旬	郑州	穗重800g，粒重8g，鲜紫红色，果肉硬，不落粒，品质上	丰产	适应性较广，抗寒力较弱，抗病力中等偏强
里扎马特	欧亚种	8月上旬	济南	穗重800g，粒重11g，玫瑰红或紫红色，品质上	丰产	适合干旱、半干旱地区，抗病力较弱
京玉	欧亚种	8月上旬	北京	穗重658g，粒重6.5g，绿黄色，品质上	较丰产	抗湿性强，抗旱性较差，易感炭疽病
美人指	欧亚种	8月下旬	郑州	穗重600g，粒重12g，鲜红色或紫红色，品质极上	中等	适合干旱、半干旱地区，抗病力弱
和田红	欧亚种	9月中旬	新疆鄯善县	穗重680g，粒重3.8g，黄绿色微红，品质中上	丰产	适合干燥地区，抗病力较弱
红地球	欧亚种	9月中旬	郑州	穗重800g，粒重13g，紫红色，果肉硬，不落粒，品质上	丰产	生长势强，适合气候干燥地区，抗病力较弱
瑞必尔	欧亚种	9月中下旬	沈阳	穗重500g，粒重9g，紫황色，果肉较硬，不落粒，品质上	极丰产	适合我国中部以北及西部地区，抗病力中等

（续）

品种名称	品种类群	成熟期	产地	果实特点	丰产性	其他
红木纳格	欧亚种	9月底	新疆鄯善县	穗重620g，粒重8g，绿黄色带红晕，耐贮运，品质上	丰产	适合高温、干燥地区，抗病力较弱
牛奶	欧亚种	9月下旬	张家口	穗重535g，粒重8.3g，黄白色，品质极上	丰产	适合凉爽、干燥、昼夜温差大的地区，抗病力弱
秋黑	欧亚种	10月上中旬	锦州	穗重720g，粒重9.5g，蓝黑色，果肉硬，不落粒，品质上	极丰产	适合华北、西北及西南地区，易感黑痘病
圣诞玫瑰	欧亚种	10月上旬	沈阳	穗重882g，粒重7.3g，深紫红色，果肉硬，不落粒，品质上	极丰产	适合华北、西北地区，易感黑痘病
红双味	欧美杂种	7月中旬	济南	穗重660g，粒重7g，紫红色至紫黑色，品质上	极丰产	适应性和抗病力均较强
京亚	欧美杂种	8月上旬	北京	穗重478g，粒重10.8g，蓝黑色，品质中上	丰产	适应性和抗病力均强
巨玫瑰	欧美杂种	9月上旬	大连	穗重675g，粒重10.1g，紫红色，香味浓，品质上	丰产	抗病力较强，南、北方均可栽培
巨峰	欧美杂种	8月中下旬	郑州	穗重400g，粒重10g，紫黑色，品质中上	丰产	抗病力较强，南、北方均可栽培
藤稔	欧美杂种	8月上中旬	郑州	穗重400g，粒重15g，紫红或紫黑色，品质中上	极丰产	抗病力较强，南、北方均可栽培

表 11-5 酿酒优良葡萄品种

品种名称	成熟期	产地	穗重(g)	粒重(g)	含糖量(%)	含酸量(%)	出汁率(%)	备注
霞多丽	9月上旬	青岛	142	1.4	20.1	0.75	72.5	适应性强，抗病性中等，适于酿制白葡萄酒
赤霞珠	10月上旬	济南	175	1.3	19.4	0.71	62	适应性、抗病性均较强，适于酿制干红葡萄酒
梅鹿辄	9月中旬	济南	190	1.8	20.8	0.71	74	适应性、抗病性均较强，适于酿制干红葡萄酒和佐餐酒
白羽	10月上旬	兴城	180	3.1	18.3	0.88	73~78	抗病性较强，耐旱。适于酿制佐餐葡萄酒和干白葡萄酒
白诗南	9月中旬	烟台	315	1.3	17.3	0.99	72	适应性强，抗病性中等，适于酿制干白葡萄酒、香槟酒等
佳利酿	10月初	烟台	340	2.7	19	1.2	85	适应性和抗病性均较强，适于酿制佐餐酒
意斯林	9月上旬	烟台	134	1.5	18.5	0.8	68~76	抗病性较强，适于酿制干白葡萄酒

表 11-6 葡萄砧木品种

品种	原产地	特性
山葡萄	中国	抗寒力极强，枝条可耐-40℃低温，根系可耐-15℃低温。为我国寒地葡萄砧木，多用实生砧
贝达	美国	抗寒力极强，枝条能耐-30℃低温，根系可耐-11℃，抗根癌病，用扦插繁殖，主要在我国东北、西北、华北地区应用

(续)

品　种	原产地	特　　　性
华佳8号	中国	与欧美杂交种藤稔、先锋等嫁接亲和性好，能增强嫁接品种的长势，较抗黑痘病，抗湿，耐涝，土壤适应性强，在上海、江苏、浙江等地有应用
SO4	德国	生长势极强，适潮湿黏土，不抗旱，抗线虫，抗石灰性土壤，抗盐能力为土壤NaCl含量小于0.4%，产条量大，扦插易生根，嫁接亲和性好
110R	法国	抗旱，抗石灰性土壤，抗根瘤蚜，嫁接亲和性好，但生根率低
3309C	法国	抗根瘤蚜，抗石灰性中等，适宜当土壤盐NaCl含量小于0.4%的土壤，不耐旱也不耐涝，易生根，易嫁接

> **？ 想一想**
> 当地葡萄还有哪些优良栽培品种和野生种？其特点如何？

2. 园地选择要求　选择葡萄园地时，首先要保证当地的年活动积温量能满足品种要求（表11-3），还要考虑某些灾害性自然因素（如大风、冰雹、洪涝等）出现的频率和强度，并采取相应的减灾和避灾措施。同时，绿色果品葡萄生产建园环境条件如大气、水质、土壤必须满足《绿色食品　产地环境质量标准》（NY/T 391—2000）的要求。

3. 苗木质量　标准化建园时，要采用优质壮苗，苗木质量标准见表11-7。

表11-7　葡萄壮苗质量标准

扦　插　苗		嫁　接　苗	
侧根数	>6条	砧木高度	15~20cm
侧根长度	20cm	接口愈合情况	完全愈合
侧根直径	>0.4cm	其他	与扦插苗相同
侧根分布	分布均匀，不卷曲，须根多		
茎基部直径	>1.0cm		
冬芽质量	饱满健壮		
机械损伤	无		
检疫性病虫	无		

4. 葡萄架的设立　葡萄的架式主要有单篱架、双篱架、宽顶篱架、倾斜式小棚架、屋脊形小棚架、大棚架等（图11-3）。架材可采用木柱、石柱、钢筋混凝土柱等做支柱，一般每4~6m立一支柱，用8号、10号或12号铁丝牵拉，边柱采用锚石牵拉或斜支柱支撑。篱架的行距与苗木栽植的行距一致（表11-8），采用南北行向。倾斜式小棚架及大棚架的跨度与苗木栽植的行距相等，采用东西走向，坡面朝阳。屋脊式小棚架，沿棚架的两边各栽一行，采用南北走向（图11-3）。

5. 苗木栽植　可在春、秋两个季节栽植葡萄树。秋栽从落叶至土壤封冻前都可进行；春栽在春季土壤解冻后至芽萌前进行。栽植架式与密度参考表11-8。

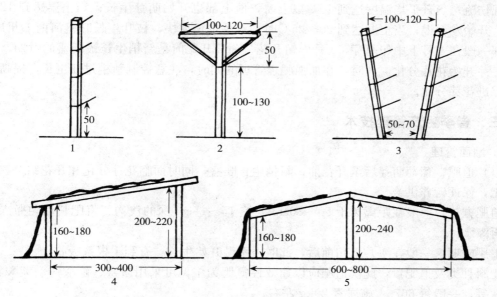

图 11-3 葡萄的常见架式（单位：cm）
1. 单篱架 2. T 形架 3. 双篱架 4. 倾斜式小棚架 5. 屋脊式小棚架

表 11-8 葡萄栽植的架式和密度

架 式	行距（m）	株距（m）	架 式	行距（m）	株距（m）
单篱架	1.5～2.5	1.0～2.0	棚篱架	3.5～4.0	1.0～2.0
单篱架（高宽垂栽培）	2.5～3.5	1.5～2.0	倾斜式小棚架	4.0～6.0	1.0～2.0
双篱架	2.5～3.5	1.0～2.0	大棚架	8～10	0.8～1.0

四、生产过程要求

绿色果品葡萄标准化生产过程，要求采用有机肥为主、配方施肥、定量挂果、果实套袋、生物防治病虫害、果园生草等先进技术，生产过程中使用的肥料和农药完全按照《绿色食品　农药使用准则》（NY/T 393—2000）和《绿色食品　肥料使用准则》（NY/T 394—2000）执行，生产出生态、安全、优质、营养的葡萄产品。

任务三　葡萄标准化生产

工作一　春季生产管理

一、春季生产任务

春季生产任务主要有：抹芽、定枝、绑梢、新梢摘心、副梢处理；花期放蜂、人工授粉、疏花序和花序整形；追肥、灌水、种植绿肥、松土保墒；春季病虫害防治等。

二、春季树体生长发育特点

早春，当土温达到 6.0～6.5℃时，欧亚种葡萄的根系开始活动，随之地上部剪口处开始出现伤流；当日平均温度达到10℃以上时，地上部也开始萌芽生长；当土温达到12℃左右时，开始发新根；当土温达到20~25℃时，根系生长加快，枝叶生长旺盛河南郑州地区，地上部一般在4月上中旬萌芽，5月中旬开花。葡萄开花前是新梢生长最旺盛的时期，主梢上的冬芽开始花芽分化。此时，在加强肥水管理的同时，注意控制新梢过旺生长，提高坐果率，促进花芽分化。

三、春季生产管理技术

1. 地面管理

（1）追肥。葡萄萌芽后至开花前，新梢生长旺盛，同时面临花芽分化和开花结果，需适时追肥，保证营养供给。

追肥方法：一般在距离树干50~80cm处挖15~25cm深的浅沟，将肥料均匀撒入后覆土，再灌水。

追肥时期：一般在4月上旬前后，此时根系已开始生长，有利于根系吸收。

肥料种类及追肥量：此次追肥应以速效性氮肥为主，可采用尿素、硫酸铵、碳酸氢铵、人粪尿等，一般每667m^2施尿素20kg左右。

另外，为提高葡萄的坐果率，还应在开花前、花期和花后喷施0.2%~0.3%尿素+0.2%~0.3%的硼砂混合液，每两次的间隔时间为5~7d。

（2）春季耕翻与种植绿肥。结合施催芽肥，应对全园及时耕翻，消灭杂草，疏松土壤、保墒，促进根系生长，深度15~25cm。耕翻后在行间种植绿肥作物，适合在春季播种的绿肥作物有绿豆、美国苜蓿、白三叶草、毛叶苕子等，到夏季进行翻压。

（3）春季灌水。主要有两个灌水时期：①催芽水。在施入催芽肥后立即进行，灌水量以水分浸透50cm深度的土层为宜，过多则影响地温回升。②花前水。在开花前灌水，时间在花前1周进行，灌水量应控制在能浸透60cm深度的土层为宜。开花期一般不再灌水，以免造成枝条旺长，降低坐果率。

2. 架面管理

（1）出土上架和枝蔓引缚。埋土防寒地区的葡萄枝蔓要在伤流期出土上架，具体的出土时间可凭往年的经验判断。出土时要谨慎操作，不要碰伤枝蔓或冬芽。

为了使枝蔓上的冬芽萌发整齐，枝蔓出土后不要立即上架，要先在地面上放几天，等到冬芽开始萌动时再谨慎上架。上架后根据树形及空间要求，将枝蔓固定在葡萄架的铁丝上，棚架的龙干可吊在铁丝上，使主蔓悬于架面下，以便于冬季下架埋土防寒，但结果母枝要位于铁丝上面。

（2）抹芽和定梢。从萌芽后到展叶期，将多余无用的萌芽抹掉，即为抹芽。主要有三种情况：一是抹掉主干、主蔓基部的萌芽和不需要留梢部位的芽；二是对于一个芽眼萌发出2个以上新梢的，选留1个壮芽，其余抹掉；三是枝蔓上有些部位芽子过密，也要间隔抹掉一些，保证留芽均匀、留壮芽。

定梢是指新梢长度达15~20cm、能够分辨出有无花序时，对其进行选择性的去、留，使架面上达到合理的留梢密度。一般情况下，棚架每平方米架面留10~12个新梢，单篱架上新梢间距保持10cm左右，T形架及双篱架上的新梢间距保持15cm左右（单侧），同时注意留下的新梢生长势要基本整齐一致。

(3) 新梢摘心。开花前新梢生长很旺盛，通过对新梢实施摘心，可暂时抑制顶端的营养生长，提高坐果率，促进花芽分化。

摘心的方法：①结果枝摘心。一般在开花前3～5d，在结果枝的花序上方留4～6片已达正常叶1/3大小的叶片摘心。摘心时还要考虑枝条的长势，长势偏旺则摘心程度适当重一些，反之则摘心轻一些。②营养枝摘心。摘心时间与结果枝基本一致，一般留10～12片叶摘心，长势旺可适当提前些，长势弱则推迟摘心。③主蔓延长梢摘心。可根据当年预计的冬季修剪剪留长度和当地的生长期长短进行摘心。在北方地区，应在8月上中旬以前摘心。在南方地区，应在9月上中旬以前摘心，以促使延长梢组织充实。

(4) 副梢处理。主梢摘心后会促进副梢的生长，因此要及时对副梢加强管理，防止架面郁蔽，通风透光不良。

副梢处理常用方法：①主梢顶端的1～2个副梢留3～4叶反复摘心，果穗下部的副梢全部从基部抹除，其余副梢留1叶"绝后摘心"，此种方法前期留叶片较多，较适合幼树。②主梢顶端的1～2个副梢可保留4～6叶进行摘心，其余副梢从基部抹除，以后产生的二、三次副梢等，始终保留顶端的1个副梢留2～3叶反复摘心，其他的二、三次副梢彻底抹除，此种方法管理省工，较适合结果树。

(5) 绑梢和除卷须。引绑新梢时，尽量使新梢在架面上均匀分布，同时注意使新梢保持一定的倾斜度，不要直立引绑，以削弱顶端优势。绑绳打结时尽量打成"猪蹄扣"，防止新梢在架面上随风移动。同时，随手掐掉无用卷须。

(6) 疏花序和花序整形。为使葡萄树合理负载和提高果实品质，在开花前应进行疏花序。一般在开花前7d左右进行较合适，对中、大穗型的鲜食品种，中庸壮枝每枝留1个花序，个别强旺枝和小穗型品种每枝可留2个花序，细弱枝不留花序。最后还要根据该品种的平均穗重、单位面积限载量（一般要求每公顷结果22 500 kg以内）来确定最终的留花序个数。实际操作时，应比预计产量多留20%，生理落果结束后再做适当调整。

花序整形包括掐穗尖、除副穗和修剪花序分枝等，可与疏花序同时进行。一般将花序尖端掐去1/5～1/4，花序上过长的分枝要将尖端掐掉一部分，对于

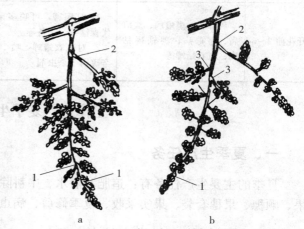

图11-4　掐穗尖和花序整形
a. 玫瑰香葡萄　b. 巨峰葡萄（日本做法）
1. 掐穗尖　2. 掐副穗　3. 掐小穗
（贺普超，罗国光．1994．葡萄学）

一些果穗较大、副穗明显的品种要除掉副穗。日本在巨峰葡萄上除了掐掉副穗之外，还将靠近花序基部的几个小穗分枝去掉，只保留花序中下部的10～15个小穗（图11-4）。通过花序整形，可以提高坐果率，使果穗紧凑、穗型整齐一致，增强商品性。

(7) 辅助授粉。辅助授粉的常用方法有人工辅助授粉和蜜蜂辅助授粉。

①人工辅助授粉。在花期，抖动两性花品种的新梢使花粉飞扬，增加授粉的机会；或戴

上棉线手套，先轻轻拍摸两性花品种的花序，再拍摸雌能花品种的花序，达到人工授粉的目的。

②蜜蜂辅助授粉。在初花期之前，就应将蜂箱放置于葡萄园的固定位置，一般1箱蜜蜂可保证1 500m² 葡萄园的授粉。

3. 病虫害防治 葡萄园的病虫害防治见表11-9。

表11-9 春季葡萄病虫害防治

物候期	防治对象	防治措施	注意事项
萌芽前（3月）	黑痘病、炭疽病、短须螨、锈壁虱（毛毡病）、介壳虫等	1. 剥去枝蔓上的老翘皮 2. 清园，彻底清除枯枝、落叶、病僵果等，查杀葡萄架及树体上的斑衣蜡蝉卵块 3. 全园喷一次4～5波美度的石硫合剂	
绒球期	黑痘病、霜霉病、红蜘蛛等病虫	喷3波美度的石硫合剂＋200倍五氯苯酚钠或50～100倍的索利巴尔液	
展叶2～3片时	黑痘病、白粉病、红蜘蛛、锈壁虱、绿盲蝽等	1. 往年黑痘病严重者，喷必备、退菌特 2. 往年白粉病严重者，喷三唑类杀菌剂 3. 对绿盲蝽、红蜘蛛，可喷歼灭等	根据病虫发生的种类，选择用药
花序分离期（开花前15d）	灰霉病、黑痘病、炭疽病、霜霉病、穗轴褐枯病、斑衣蜡蝉、绿盲蝽等	1. 一般可喷78％科博800倍液 2. 有斑衣蜡蝉、绿盲蝽时，可喷科博800倍液＋10％歼灭3 000倍液	
开花前2～3d	灰霉病、黑痘病、炭疽病、霜霉病、穗轴褐枯病、斑衣蜡蝉等	1. 对病害，可喷多菌灵、甲基硫菌灵、代森锰锌、必备等 2. 对斑衣蜡蝉，喷10％氯氰菊酯、50％辛硫磷等杀虫剂	根据病虫发生的种类，选择用药

工作二 夏季生产管理

一、夏季生产任务

夏季的主要生产任务有：追肥和灌水、中耕除草、果园覆盖、翻压绿肥、排水、疏花疏果、顺穗、果穗套袋、果实采收、夏季修剪、病虫害防治等。

二、夏季树体生长发育特点

夏季由于高温多雨，副梢生长旺盛，果实迅速膨大，花芽不断分化，主梢开始成熟，因此夏季是葡萄植株消耗土壤养分最多的时期。同时，由于高温高湿的气候条件，也是葡萄病害的高发期。

三、夏季生产管理技术

1. 地面管理

（1）追肥。生理落果结束后的1周之内，每667m² 施尿素30kg、过磷酸钙30kg、氯化钾或硫酸钾20kg；或每667m² 施复合肥30kg，再配合适量的尿素和硫酸钾。

早、中熟品种开始着色时，每5~7d喷1次0.3%的磷酸二氢钾液，促进着色和增糖。此时中晚熟品种还处于果实膨大期，每667m² 应施复合肥30kg和硫酸钾15kg，并施少量的尿素或人粪尿。

晚熟品种开始着色时，每667m² 追施复合肥20kg和硫酸钾20kg，每5~7d喷1次0.3%的磷酸二氢钾液或1.0%~2.0%的草木灰浸出液。

(2) 灌水。夏季的雨水较多，应视土壤墒情进行灌水。土壤湿度变动幅度过大，尤其是果实膨大期缺水，而着色成熟期降雨最容易引起裂果，因此要使果园内的土壤相对湿度经常保持在60%~80%。

(3) 中耕除草。夏季高温高湿，杂草生长很快，要及时中耕除草。

(4) 果园覆盖和翻压绿肥。夏季来临时，对非生草制的葡萄园应在葡萄架下及行间覆盖杂草、秸秆、绿肥等，厚度达15~20cm，可减少地面径流，防止水土流失，减少土壤水分蒸发，增加土壤肥力，避免或减轻夏季高温和冬季低温波动对根系的伤害。

种植绿肥的葡萄园，在绿肥作物进入开花期时要进行翻压或刈割，割下的绿肥覆盖于葡萄架下的地面上。

(5) 排水。当大雨过后，葡萄园内较长时间有积水时要进行排水。

2. 架面管理

(1) 疏果粒和顺穗。生理落果结束后至封穗前，要尽早疏果粒，使果粒大小均匀，着色一致，穗形松紧适度，果穗大小符合该品种的标准穗重。标准穗重因品种而异，总的来说要保证疏果后果粒大而均匀，穗重与自然情况下相比基本不降低或略降低。

疏果粒时，先把畸形果、小粒果及个别特大粒去掉，再疏掉较密挤部位的果粒，使果粒分布均匀。如大粒中穗型品种巨峰，一般每穗保留40粒，使果粒重达到12g，穗重达500g；红地球，一般每穗保留60~80粒，小果穗可留40粒，使小果穗重达500g；中等果穗重达750g，大果穗重1000g，单粒重达13g；超大粒品种藤稔，每穗留果30粒，使果粒重达15g，果穗重达450~500g。

在疏果粒时，顺便把一些搭在铁丝上的"骑马穗"或夹在枝条与铁丝之间的果穗理顺，使其呈自然下垂状态，称为顺穗。

(2) 果穗套袋和去袋。疏果粒结束之后，应尽快进行果穗套袋。购买果实袋时要根据果穗大小选购适宜的优质防水专用果袋。

套袋前，要对果穗进行杀菌处理，药剂可选用复方多菌灵、代森锰锌、甲基硫菌灵、大生M-45等，主要预防黑痘病、炭疽病、白腐病。处理方法最好用蘸穗法，待药液晾干后再套袋。

套袋时，要使整个果实袋鼓起，袋口扎紧扎严，果袋自然下垂。同时注意：不要在阴雨连绵后突然晴天时或正午高温时套袋，否则会加重果实日灼；也不要在清晨有露水时套袋，这样易折断果穗和加重病害。

一些在直射光条件下才能着色良好的品种，在果实进入着色期时要去袋；绿色品种和在散射光条件下也能良好着色的品种不用去袋。

(3) 果实采收。对于早中熟品种，7~8月即将成熟，要提前准备好采果筐、包装箱、铺垫物及其他包装材料。待果实充分着色、外观和口感均表现出该品种固有风味与特色时，即可采收。采收时，要轻拿轻放，勿碰伤、刺伤或压伤果粒，注意保护好果粉。同时，还要对果穗做适当修整，剔除病、虫、小、青、残果粒，对于一些特大果穗可合理分解，使穗重大小适宜，穗形美观，且便于装箱。

（4）修剪。夏季修剪的主要任务是处理副梢。对于过密的副梢要从基部疏除，以改善架面的光照条件，促进果实着色、花芽分化和枝条成熟；保留的副梢留3~4叶反复摘心，控制其旺长。一些已失去功能的老叶要及时摘除，需绑缚的新梢要及时绑梢。

> **想一想**
>
> 葡萄树的夏季修剪与苹果树、桃树有何区别？

3. 病虫害防治 夏季主要的病虫害及防治方法见表11-10。

表11-10 夏季葡萄病虫害防治一览表

物候期	防治对象	防治措施	注意事项
落花后3~5d	黑痘病、炭疽病、白腐病、霜霉病、灰霉病、白粉病、穗轴褐枯病、透翅蛾、红蜘蛛等	1. 一般情况下，可喷78%代森锰锌或其他保护性杀菌剂 2. 黑痘病严重者，喷78%科博800倍液+50%多菌灵600倍液 3. 霜霉病早发的果园，喷78%科博600倍液+80%乙膦铝600倍液 4. 斑衣蜡蝉、透翅蛾严重者，喷歼灭、氯氰菊酯等	
花后15~20d（套袋前）	黑痘病、炭疽病、白腐病、房枯病等	喷78%科博或70%甲基硫菌灵、12.5%唏唑醇3 000倍+80%必备600倍液等	配好药液后蘸果穗，效果更好
幼果膨大至着色前（6~7月）	黑痘病、霜霉病、炭疽病、白腐病	喷10%美安、或50%多菌灵、78%科博、或80%必备等。每隔10~15d喷1次	
着色成熟期（7~8月）	炭疽病、白腐病、霜霉病、白粉病、灰霉病、褐斑病等	1. 对霜霉病，喷1：0.7：200的波尔多液，或25%甲霜灵、三乙磷酸铝等 2. 不套袋果园，喷10%美安、或50%多菌灵、80%喷克、或78%科博、或80%必备等防治炭疽病、白腐病、灰霉病等。每隔10~15d喷1次药。	采收前20d禁止喷药
早中熟品种果实采收后（8月）	霜霉病、白粉病、褐斑病等	喷1：1：（200~240）的波尔多液；若霜霉病严重，可喷唏酰吗啉、瑞毒霉等治疗剂	

工作三　秋季生产管理

一、秋季生产任务

秋季的主要任务有：秋施基肥、深翻改土、中耕除草，秋季修剪，采收晚熟品种以及病虫害防治。

二、秋季树体生长发育特点

进入秋季后，中早熟品种的果实已经采收，晚熟品种进入着色成熟期，树体开始积累营养。由于营养回流，根系开始加快生长，在9月形成一个小高峰。

三、秋季生产管理技术

1. 地面管理

（1）深翻改土。根据果园情况，可进行扩穴深翻、隔行深翻或全园深翻，深翻要与施有机肥结合进行。在一些土壤过于黏重或过沙的葡萄园，要进行客土换土，改良土壤。

（2）秋施基肥。基肥以有机肥为主，包括厩肥、人畜粪、饼肥、土杂肥、草木灰、过磷酸钙等。施肥时期：最好在9月中旬至10月上旬，中、早熟品种果实采收后，晚熟或极晚熟品种果实采收前。施肥量：每生产100kg 葡萄果实，一年需施纯氮量为0.5～1.0kg、磷0.2～1.0kg、钾1.0～1.5kg，氮、磷、钾的比例为1:1:1.5。基肥施入量应占全年施肥量的70%，一般每667m² 产果1 500kg 的优质丰产葡萄园，每年需施优质厩肥3 000kg 左右，同时每100kg 有机肥混入过磷酸钙1～3kg。不同种类的有机肥养分含量差别较大，具体施肥量可参考表11-11。

表11-11 常用有机肥料养分含量（%）

肥料种类	有机物	氮（N）	磷（P_2O_5）	钾（K_2O）
玉米秸堆肥	80.5	0.12	0.16	0.84
青草堆肥	28.2	0.25	0.19	0.45
麦秸堆肥	81.1	0.18	0.29	0.52
人粪尿	5～10	0.60	0.30	0.25
猪粪		0.56	0.40	0.44
牛粪		0.32	0.25	0.15
鸭粪		1.10	1.40	0.62
鹅粪		0.55	0.50	0.95
鸡粪	25.5	1.63	1.54	0.85
羊厩肥	28	0.83	0.23	0.67
牛厩肥	11	0.34	0.16	0.40
猪厩肥	11.5	0.45	0.19	0.60
蚕豆绿肥		0.55	0.12	0.45

施肥方法：一般采用条状沟施肥法。篱架葡萄园在距离葡萄树干基部50～60cm 处开深、宽各50cm 的施肥沟，肥料与土混合均匀后填入沟内，填后灌水，架的两侧隔年轮换施肥，棚架葡萄在架下距树干60～80cm 处开沟施肥。

（3）中耕除草。对全园进行中耕，深度10～15cm，清除杂草，松土保墒。

2. 架面管理

（1）秋季修剪。秋季修剪的主要任务是改善架面通风透光条件，抑制副梢的生长，促进养分积累。主要工作：①疏剪过密副梢，改善架面光照，促进晚熟品种着色。②继续对保留的副梢进行严格摘心，控制其旺长，促进养分积累。③摘老叶、病叶。对需要直射光才能着色的中、晚熟品种，在果实开始着色时将贴近果穗的挡光老叶摘掉。

（2）晚熟品种去果袋和采收。具体方法见"夏季生产管理技术"部分。

3. 秋季病虫害防治 葡萄园秋季的主要病虫害及防治措施见表11-12。

表 11-12 秋季葡萄病虫害防治

物候期	防治对象	防治措施	注意事项
晚熟品种着色成熟期（8～9月）	霜霉病、炭疽病、白腐病、浮尘子	1. 对霜霉病，用1∶0.7∶200的波尔多液、代森锰锌、甲霜灵等 2. 对炭疽病、白腐病、灰霉病等，可用美安、多菌灵、喷克、科博、必备等。以上药剂，每隔10～15d喷1次 3. 对浮尘子，可用歼灭	1. 采前20d禁止喷药 2. 套袋果园，主要防治叶片霜霉病和浮尘子
晚熟品种采收后至落叶前	霜霉病、褐斑病、白粉病等	1. 喷1∶1∶（200～240）的波尔多液保护叶片 2. 霜霉病严重者，喷80%大生M-45可湿性粉剂600倍液＋50%霜脲腈1 500倍液等治疗剂 3. 褐斑病严重者，喷80%代森锰锌800倍液＋10%多氧霉素1 500～2 000倍液等治疗剂	

工作四　冬季生产管理

一、冬季生产任务

冬季生产管理的主要工作任务有：灌封冻水、冬季耕翻、冬季修剪、清园、树干涂白、埋土防寒、整修葡萄架等。

二、冬季树体生长发育特点

冬季，葡萄植株进入休眠，枝条已充分成熟，树体生理代谢活动微弱，外表无明显生长特征，但体内一系列生理活动如呼吸、蒸腾、根的吸收与合成、花芽分化等仍在缓慢进行，树体抗寒能力增强。

三、冬季生产管理技术

1. 地面管理

（1）灌封冻水。自落叶至土壤封冻前，应灌1～2次透水，使土壤中贮备足够的水分，这不仅有利于维持树体水分的收支平衡，而且能够增加土壤的热容量，增强葡萄根系的抗寒力。

（2）冬季耕翻。灌封冻水后，对葡萄树行间的土壤进行一次耕翻，深度达25cm，距树干50cm以外但不能距离葡萄树的主干太近，以免伤及大根。

2. 整形修剪　葡萄的架式、树形和修剪三者之间密切相关，一定的架式要求一定的树形，而一定的树形又要求一定的修剪方法，三者必须协调才能取得良好效果。

（1）常用树形。

①多主蔓扇形。此类树形主要用于单篱架。适合于架高1.8～2.0m，株距为1.5～2.0m，拉4道铁丝的情况。分为自然扇形和规则扇形两种，最好采用多主蔓规则扇形。

多主蔓规则扇形的主蔓间距一般为50cm左右，主蔓数量为3～4个，每条主蔓上留3～4个结果枝组。培养枝组时采用短梢修剪，枝组修剪时采用双枝更新修剪法，枝组中的结果母枝采用中、长梢修剪，预备枝采用短梢修剪。主蔓高度严格控制在第三道铁丝以下（图

11-5)。

整形过程：第一年，定植萌芽后，从地面附近培养3~4条新梢作主蔓，其余抹除。冬季修剪时，对于较长而粗壮的主蔓可以在第一道铁丝附近短截，对生长较弱的主蔓留2~3芽短截。第二年，对于上年冬剪长留的主蔓，每条主蔓上选留顶部2~3个新梢，其余抹除；在冬季修剪时，顶部第一枝做为主蔓培养，在第二道铁丝附近短截，继续培养主蔓，其余1~2个枝进行短梢修剪，培养枝组。对于上年短留的弱枝，夏剪中每枝留一个壮梢进行培养，冬季修剪时在第一道铁丝附近短截。第三年的修剪按照第二年的方法进行，直到每个主蔓上均培养出3~4个枝组。若肥水充足，生长较旺盛，可在夏季修剪时摘心，利用副梢加快整形过程。一般情况下2~3年可完成树形培养。

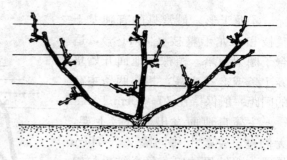

图11-5　多主蔓规则扇形

②单干双臂水平整枝。此种树形最适于宽顶篱架（T形架），也可用于单篱架，如图11-6。

整形过程：第一年，植株萌芽后，选留1个长势最好的新梢直立向上引缚生长，培养成主干，其余的萌芽抹除。当选做主干的新梢长到第一道铁丝时，在铁丝下方约10cm处摘心，保留顶部2个副梢以培养主蔓，其余抹除。主蔓水平引缚在第一道

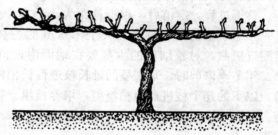

图11-6　单干双臂水平整枝

铁丝上，当主蔓长度达到相邻两株的中间位置时摘心。对于主蔓上发出的副梢，过密者疏除，并通过调整摘心强度使保留的副梢生长均匀。冬季修剪时，对生长健壮的主蔓留8~10芽短截，主蔓的中后部较粗壮副梢留2~3芽短截，前部的弱副梢疏除；对中后部无粗壮副梢的主蔓留7芽左右短截，其上的弱副梢疏除；对生长细弱的植株则应在近地面处留2~3芽平茬，下一年重新培养。第二年，在主蔓上每隔20~25cm培养1个结果枝组。

③斜干单臂水平形。这种树形较适合于埋土防寒的地区单篱架或T形架栽培。植株的主干向同一方向倾斜，主蔓朝同一方向延伸，引缚在第一道铁丝上，新梢向上引缚（图11-7）。这种树形也可用于双篱架，在双篱架上需培养两条朝同一方向延伸的主蔓，分别引缚在两个篱架上。

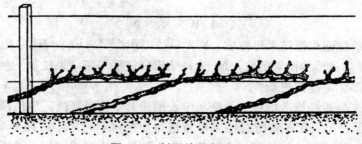

图11-7　斜干单臂水平整枝

④龙干形。最常见的有独龙干整枝和双龙干整枝（图11-8），适合于棚架栽培。植株自地面开始培养1条或2条主蔓，相邻两条主蔓的间距一般保持在70～80cm。

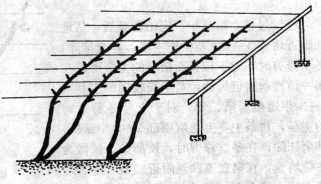

图11-8 棚架双龙干整枝

主蔓自地面发出后直接上架，无侧蔓。主蔓上每间隔20～25cm培养1个结果枝组，每个结果枝组上留1～2个短梢结果母枝，冬剪时采用短梢修剪。一些花芽节位较高的品种在进行枝组修剪时，可中、短梢修剪相结合，即结果母枝进行中梢修剪，预备枝进行短梢修剪，但枝组的间距应增加到30～40cm。需要注意的是：冬季埋土防寒的地区，主干要向前和旁侧两个方向倾斜，尤其主干基部应有较大的倾斜度。

整形过程：定植后，根据株距大小培养1条或2条主蔓。第一年冬季修剪时，对直径大于1.0cm的主蔓可在架面的边沿附近短截，对较细弱的主蔓要在地面附近留2～3芽平茬。第二年冬季修剪时，对主蔓的延长枝进行长梢修剪或超长梢修剪，以下的几个枝进行短梢修剪，培养枝组。第三年的冬季修剪方法与第二年基本相同。一般在小棚架上3～4年即可完成树形。

⑤头状整枝。头状整枝一般适合于柱形架，采用短梢修剪（图11-9）。这种整枝形式的优点是：节省架材，生长季节新梢自然下垂，不需引缚新梢，管理省工。缺点是：结果部位过于集中，通风透光不良，果实品质不好，产量偏低。

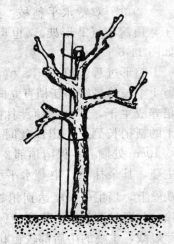

图11-9 柱式架头状整枝

(2) 结果母枝修剪方法。根据冬剪留芽数不同，可分为：①短梢修剪。每结果母枝留2～4个芽短截，一般用于龙干形整枝的枝组修剪，或对预备枝的修剪。②中梢修剪。每结果母枝留5～7芽短截，适于大多数品种，需留预备枝。③长梢修剪。每结果母枝留8～15芽短截。主要用于两种情况：一是龙干形整形过程中的主蔓延长枝修剪；二是花芽着生节位较高品种的结果母枝修剪。

(3) 结果母枝剪留数量的确定。一般可根据下面公式的计算结果，作为修剪时的参考依据。

$$A = Y/W \times N_1 \times N_2$$

式中，A为单位面积留结果母枝数，Y为单位面积产量（kg），W为某品种平均果穗重（kg），N_1为每结果枝平均留果穗数，N_2为每结果母枝平均留结果枝数。

(4) 枝组和多年生蔓的更新。

①单枝更新。分短梢修剪单枝更新法和中长梢修剪单枝更新法。短梢修剪单枝更新的做法如图11-10所示：第一年冬剪时对结果母枝进行短梢修剪，来年可抽生2～3个新梢；第二年冬剪时，将该枝组回缩至最下一个健壮一年生枝处，再对该一年生枝进行短梢修剪，即

是下一年的结果母枝，同时又担负预备枝的任务。此种方法较适合花芽着生节位较低的品种。

中长梢修剪单枝更新的做法如图11-11所示：第一年冬剪时，对结果母枝进行中长梢修剪，并进行水平引缚或弓形引缚。萌芽后，结果母枝前部抽生的新梢结果，下部发出的新梢培养成为预备枝。第二年冬剪时，将枝组回缩至预备枝处，再继续进行中长梢修剪。

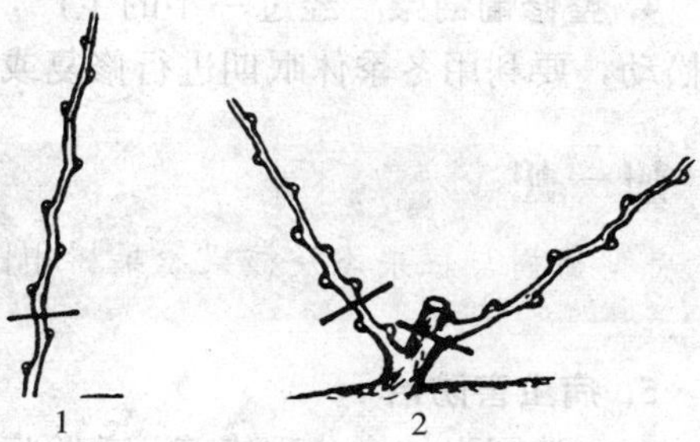

②双枝更新。冬剪时，枝组中的上位枝进行中长梢修剪，使其来年结果，下位枝留2~3芽短截作为预备枝。第二年冬剪时，将上一年长留的上位枝回缩掉，下位预备枝上发出的2个新枝仍按第一年的剪法进行，如图11-12所示。

③多年生蔓的更新。当老蔓衰弱，结果能力极差，后部又无新枝可培养时，可在地面处锯掉，利用萌蘖重新培养，进行整株更新。当老蔓中后部光秃但前部尚能结果，基部又发出新枝时，可对基部新枝进行培养，逐渐代替老蔓。

3. 埋土防寒　一般认为冬季绝对最低气温低于-15℃的地区，葡萄越冬时需进行埋土防寒。埋土防寒的时间是在冬季修剪结束后至土壤结冻前1周，其做法主要有以下几种：

（1）地面实埋法。先将葡萄的枝蔓缓慢拉下架、理顺、捆成束，再将各株均按同一方向顺行向压倒平放于地面上（为防止主干或主蔓被压断或压伤，可在树干的基部先垫上一个草把做枕头），然后覆土。覆土的厚度为20~30cm，土堆的宽度为1m左右。

（2）开沟实埋法。在株间或行间挖临时性沟，沟的宽度和深度以能够放入枝蔓为度，将捆好的枝蔓放入沟中，然后埋土即可。这种方法容易损伤根系，而且较费工。

（3）塑膜防寒法。将枝蔓捆好后放于地面，在枝蔓上覆盖麦秸或稻草40cm厚，再盖塑料薄膜，周围用土培严。这种方法要注意不要碰破薄膜，以免冷空气侵入。

一些不需进行下架埋土的葡萄园，为防止葡萄树根颈部位受冻害，可进行培土护干，即在树干基部培30cm厚的土堆。此法也有明显的预防冻害效果。

图11-10　短梢修剪单枝更新法
1. 第一年修剪　2. 第二年修剪

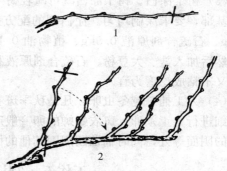

图11-11　长梢修剪单枝更新法
1. 第一年修剪　2. 第二年修剪

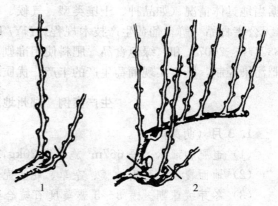

图11-12　枝组双枝更新修剪法
1. 第一年修剪　2. 第二年修剪

4. 整修葡萄架 经过一年的生产，葡萄架的铁丝、横梁、立柱、锚石等可能会有损坏或松动，要利用冬季休眠期进行修复或更换。

> **? 想一想**
> 葡萄树与仁果类及核果类果树相比，在树形及修剪手法上有何特点？

5. 病虫害防治

（1）清园。结合冬季修剪，剪除病虫枝和挂在树上的僵果，揭掉树干和多年生枝蔓上的老翘皮，并清除田间的枯枝、落叶、烂果，一同带出果园集中烧毁。

（2）喷石硫合剂。清园工作结束后，全园立即喷一次3波美度的石硫合剂，杀死枝蔓表面和地面的病虫，减少越冬病虫基数。

（3）树干涂白。树干涂白既可减轻树干的冻害，还可兼治病虫。涂白主要部位是主干和主蔓基部，要求涂刷均匀。涂白剂的配方是：水30kg、生石灰12kg、食盐0.1kg、大豆粉0.5kg、石硫合剂原液0.5kg、植物油0.1～0.2kg。配制时，先将生石灰化开，做成石灰乳，然后加入盐、大豆粉、石硫合剂原液和植物油。配制好的涂白剂浓度以涂在树上不往下流，又不粘成疙瘩为宜。

（4）人工捕杀越冬虫卵。凡是秋季斑衣蜡蝉危害较严重的葡萄园，在葡萄树落叶之后，应仔细进行人工杀卵。斑衣蜡蝉的卵一般产在葡萄多年生枝蔓的下侧、葡萄架横梁的下侧、立柱的阴面等处，同时葡萄园周围其他的树木、木棍等也是它产卵的地方，要仔细查杀。

工作五　制订葡萄园周年管理历

葡萄周年管理历是葡萄园全年生产管理的规范和技术依据，对全年生产管理工作起指导性作用，因此制订葡萄园周年管理历是管理技术人员应具备的基本能力。制订管理历时应根据当地具体情况（如品种、土壤类型、气候、劳动力素质、生产水平、生产习惯等），参照《无公害食品　鲜食葡萄生产技术规程》(NY/T 5088—2002)、《农药合理使用准则》(GB/T 8321.8—2007)和《绿色食品　肥料使用准则》(NY/T 394—2000)的要求，抓好农药、化肥污染控制，既要实现葡萄生产的丰产、优质、高效益，又要维护良好的生态环境。

生产案例　郑州地区葡萄周年管理历

1. 3月（萌芽前）

（1）追肥和灌水。每667m^2施尿素20kg，灌水量以水分浸透50cm深度土层为宜。

（2）地面覆盖。可用地膜、杂草、花生壳、锯末等覆盖地面，减少土壤水分蒸发。

（3）冬芽绒球期。喷3～5波美度石硫合剂，防治黑痘病、炭疽病、锈壁虱、介壳虫、短须螨等。

2. 4月（萌芽、展叶期和新梢生长期）

（1）抹芽。萌芽期至2～3叶期，对一个芽眼萌发超过2个芽的，一般选留1个壮芽，其余抹掉；对一些过密的单芽，也要适当抹除。

（2）定枝。当新梢长度达15～20cm，能分辨出有无花序时，去掉过密的新梢。一般棚架每平方米留10～12个新梢，单篱架上10cm左右留一个新梢，T形架上的新梢间距保持

15cm 左右（单侧）。多余的新梢去掉，尽量留带花序的新梢。

（3）病虫防治。主要防治黑痘病、灰霉病、穗轴褐枯病、锈壁虱、绿盲蝽、斑衣蜡蝉等。对病害，选用科博、代森锰锌、多菌灵等药剂；对害虫类，选用歼灭、辛硫磷、氯氰菊酯等。

3. 5月（新梢生长期、花期、生理落果期）

（1）疏花序和花序整形。在花序分离期进行，一般按照壮梢留1个花序，弱梢不留花序，个别强壮梢留2个花序，并对留下的花序进行整形。

（2）主梢摘心。对结果枝，一般在开花前3～5d，在结果枝的花序上方留4～6片已达正常叶1/3以上大小的叶片摘心；对营养枝，一般留10～12片叶摘心。

（3）副梢处理。主梢顶端的1～2个副梢保留4～6叶进行摘心，其余副梢从基部抹除，以后产生的二、三次副梢等，始终保留顶端的1个副梢留2～3叶反复摘心，其他的二、三次副梢抹除。

（4）绑梢和除卷须。引绑新梢时，尽量使新梢在架面上均匀分布，并使新梢保持一定的倾斜度，打结时打成猪蹄扣，同时随手掐掉卷须。

（5）追肥和灌水。追肥和灌水时间不应迟于花前1周，每667m^2 施复合肥20kg，灌水浸透深度60cm深度的土层。另外，开花前、花期和花后喷施0.2%～0.3%尿素＋0.2%～0.3%的硼砂混合液，每次的间隔时间为1周左右。若上一次追肥较多或树体长势较旺，此次可不追肥。

（6）病虫防治。主要防治黑痘病、炭疽病、灰霉病、穗轴褐枯病、斑衣蜡蝉、透翅蛾等。

4. 6月（幼果期及果实膨大期）

（1）疏果和果穗套袋。

（2）追肥和灌水：生理落果结束后1周之内，每667m^2 施尿素30kg、过磷酸钙30kg、氯化钾或硫酸钾20kg。及时灌水，保持土壤含水量均匀。

（3）中耕除草和翻压绿肥：不种植绿肥的葡萄园要及时中耕除草。种植绿肥的葡萄园，在绿肥作物进入开花期时进行翻压或刈割，割下的绿肥覆盖于葡萄架下的地面上。

（4）继续进行绑梢、摘心和副梢处理。

（5）病虫害防治：注意防治黑痘病、炭疽病、白腐病、霜霉病、灰霉病、房枯病、白粉病、穗轴褐枯病、透翅蛾、红蜘蛛等。

5. 7月（早熟品种着色成熟期）

（1）追肥和灌水：早中熟品种开始着色时，每5～7d喷1次0.3%的磷酸二氢钾液，促进着色和增糖。对晚熟品种，每公顷应施复合肥450kg和硫酸钾225kg，并施少量的尿素或人粪尿。追肥后若不下雨，要进行灌水。

（2）疏除过密枝，摘果实附近挡光老叶，继续绑蔓、摘心和副梢处理。

（3）早熟品种果实采收。

（4）中耕除草。

（5）病虫防治。套袋葡萄园主要防治霜霉病、黑痘病、白粉病、褐斑病、大青叶蝉，不套袋葡萄园防治霜霉病、炭疽病、白腐病、褐斑病、黑痘病、白粉病、金龟子、大青叶蝉等。

6. 8月（中熟品种着色成熟期）

(1) 追肥和灌水。8月上中旬，对晚熟品种每5~7d喷1次0.3%的磷酸二氢钾液或1.0%~2.0%的草木灰浸出液直到成熟，视情况土施适量复合肥和硫酸钾。

(2) 疏除过密枝，摘果实附近挡光老叶，继续绑蔓、摘心和副梢处理。

(3) 中熟品种果实采收。

(4) 中耕除草。

(5) 病虫害防治参照7月。

7. 9月（晚熟品种果实成熟期）

(1) 修剪。疏除过密枝、摘老叶、副梢摘心。

(2) 去袋和采收。采收前10~15d去袋增色，充分成熟时采收果实。

(3) 肥水管理。采收后灌水；9月下旬，秋施基肥。

(4) 病虫害防治。早中熟品种主要防治霜霉病、褐斑病、大青叶蝉，晚熟品种主要防治白腐病、炭疽病、霜霉病、褐斑病、大青叶蝉，套袋果园主要防治霜霉病、褐斑病、大青叶蝉。

8. 10月（果实采收后）

(1) 继续秋施基肥。

(2) 继续防治霜霉病、褐斑病、短须螨、叶蝉等。

9. 11月至翌年2月（休眠期）

(1) 清园。彻底清除枯枝、病虫枝、病僵果穗、落叶、杂草等，揭掉老翘皮，并喷1次5波美度石硫合剂。

(2) 冬季耕翻。在土壤封冻前，耕深25cm左右，耕后细致耙平。

(3) 冬季修剪和整修葡萄架：修剪工作最迟于2月上旬完成，修剪结束后至翌年萌芽前整修剪葡萄架。

(4) 树干涂白。

学习指南

一、学习方法

葡萄生产技术是一项实践性很强的技能，为学好这项技术应做好以下几点：①在学习过程中，要尽可能多深入生产实践。②在学习相关理论知识时，要与田间观察、实践操作相结合，以加深理解，更好地掌握葡萄的生长结果习性，在此基础上学习葡萄的各项管理技术。③学习的形式可灵活多样。除认真参与老师组织的课堂教学和课内实习外，还要采用多种多样的课外学习形式，比如以兴趣小组的形式承包经营学校实习基地的葡萄园，或结合老师的科研内容参与一些调查研究，或者结合《田间试验统计方法》自拟感兴趣的题目开展一些简单的科学试验等。

二、学习网站

国家精品课程资源网（http://www.jingpinke.com/）

中国农业数字图书馆——数字农业（http://www.cakd.cnki.net/cakd_web/

index.asp)

北京农业数字图书馆（http：//www.agrilib.ac.cn/web/default.aspx）
中国葡萄信息网（http：//www.chinagrape.net）
中国葡萄病虫害防控信息网（http：//www.grape-ipm.cn/）

技能训练

【实训一】 葡萄架式观察和冬季修剪

实训目标

了解葡萄的架式和整形方式，掌握葡萄树冬季修剪的技术要领。

实训材料

1. **材料** 单篱架、双篱架、T形架和小棚架等葡萄架式，葡萄幼树和盛果期葡萄树。
2. **用具** 皮卷尺、钢卷尺、修枝剪、手锯、梯子等。

实训内容

1. **架式和整枝方式的观察** 观察单篱架、双篱架、T形架、小棚架等架式的构造与相应的葡萄树形。
2. **葡萄树的整形和修剪** 葡萄树形的确定、主侧蔓的选留、枝组的配置、结果母枝剪留长度和结果母枝数量的确定、枝组的更新。

实训方法

1. **实训时间** 葡萄树正常落叶后2～3周开始，最迟于埋土防寒之前或伤流期开始前（不埋土防寒地区）完成。
2. **实施方法**

（1）架式和树形观察。通过测量和观察，记载架式的高度、宽度、柱间距、行间距、树形、干高、主蔓数等，并对所观察的架式和树形进行评价。

（2）整形修剪。先由指导教师讲解和示范，再由学生进行分组讨论修剪方案，教师辅导解疑，最后学生分组操作训练。学生分组方法一般可根据其技能的逐步提高，分三步进行：第一步，每组6人为宜；第二步，每组2～3人为宜；第三步，独立操作。

在学生实践操作过程中，教师要巡回辅导，及时发现问题，并进行纠正。

实训结果考核

1. **态度** 不迟到、早退，态度端正，操作认真、仔细，遵守纪律（20分）。
2. **知识** 掌握葡萄树枝芽特性、相关品种的结果习性和休眠期修剪基础知识（20分）。
3. **技能** 能够正确进行各种架式的葡萄树形培养、枝组培养、枝组更新、结果母枝剪截长度和留枝数量确定等，技术规范熟练（40分）。

4. 结果 按时完成葡萄冬季修剪实训报告，内容完整，条理清晰，结论正确（20分）。

【实训二】葡萄生长结果习性观察

实训目标

掌握葡萄的主要生长结果习性。

实训材料

1. 材料 选有代表性的葡萄结果树若干株。
2. 用具 游标卡尺、铅笔、记载表格等。

实训内容

（1）观察葡萄枝蔓的类型。主干、主蔓、侧蔓、结果母枝、结果枝、营养枝、主梢、副梢。
（2）观察葡萄芽的类型。冬芽、夏芽、潜伏芽及其特性。
（3）观察葡萄的花芽着生节位。即结果母枝上抽生结果枝的节位。
（4）观察葡萄花序和花的结构。
（5）调查葡萄结果母枝的粗度、剪留节数与抽生结果枝能力的关系，为冬季修剪提供依据。

实训方法

1. 实训时间 本实训1～4项的内容可安排在开花前2周至花期进行，第五项内容应安排在新梢长度达15～20cm时进行。
2. 实训方法 1～4项内容先由老师现场集中讲解，然后学生分成3～4人一组进行观察和记载，最后一起讨论总结，老师点评。

第5项内容先由老师讲解调查和测量的方法、标准，然后学生分成2～3人一组进行调查和记载，最后统计数据和分析，写出实训报告。

实训结果考核

1. 态度 不迟到、早退，态度端正、认真、仔细，遵守纪律（20分）。
2. 知识 掌握葡萄生长结果习性和田间试验有关知识（20分）。
3. 技能 正确、熟练掌握调查方法，符合田间试验的要求（40分）。
4. 结果 按时完成实训报告，内容完整，数据详实可靠，结论正确（20分）。

项目小结

本项目主要介绍了葡萄的生物学特性、安全生产要求及葡萄园四季管理的标准化生产技术，系统介绍了绿色果品葡萄生产的全过程，为学生全面掌握绿色果品葡萄生产奠定坚实基础。

复习思考题

1. 调查了解当地栽培的葡萄品种及特性，还有哪些值得推广的新品种？特性如何？
2. 结合葡萄的枝芽特性，谈谈如何使葡萄树提前进入盛果期？
3. 总结葡萄冬季和夏季修剪的技术要点。
4. 调查目前生产上常用的葡萄架式和整枝方式有哪些？存在哪些问题？如何解决？
5. 通过网络学习，了解绿色果品葡萄、有机果品葡萄的生产技术规程和产地质量指标。

项目十二

猕猴桃标准化生产

学习目标

知识目标
◇ 了解猕猴桃质量标准与生产要求。
◇ 熟悉猕猴桃标准化生产过程与质量控制要点。
◇ 掌握绿色果品猕猴桃周年生产关键操作技术。

能力目标
◇ 能够识别猕猴桃主要病虫害并掌握其防治技术。
◇ 能够运用绿色果品猕猴桃生产关键技术,独立指导生产。

学习任务描述

本项目主要任务是完成对猕猴桃的认知,了解猕猴桃生产基本要求、生产良种及四季生产任务与操作技术要点,全面掌握猕猴桃土、肥、水管理技能,整形修剪技能,花果管理技能与病虫害防治技能。

学习环境

要完成本项目学习任务,必须具备以下条件:
◇ 教学环境 猕猴桃幼园、成龄园、多媒体教室。
◇ 教学工具 修剪工具、植保机具、常见肥料、农药与病虫标本,挂图、多媒体课件、猕猴桃生产录像或光碟、教案。
◇ 师资要求 专职教师、企业技术人员、生产人员。

相关知识

猕猴桃属猕猴桃科(Actinidiaceae)猕猴桃属(*Actinidia Lindl.*)植物,原产我国,故有"中华猕猴桃"之称,它以其营养丰富,维生素 C 含量高,被誉为果中之王、软黄金等,目前全世界猕猴桃栽培面积不足 13.3 万 hm^2,产量超过 150 万 t,主产国有意大利、新西兰、智利、日本等国家,其中我国猕猴桃栽培面积接近 6.67 万 hm^2,产量超过 90 万 t,主要分布在陕西周至、眉县,河南西峡,四川彭州、都江堰等地,目前猕猴桃已经作为新兴特色水果走向世界，为了进一步振兴猕猴桃产业，提升猕猴桃国际影响力，了解标准化安全生产的要求与栽培质量就显得十分重要和关切。

任务一　观测猕猴桃生物学特性

一、生长特性

1. 根　猕猴桃根系发达，实生苗出土期有明显主根，显露 2～3 片真叶后，主根停止生长，被侧根代替。侧根分枝多，形成强大的侧根群。根系水平分布为树冠的 3 倍左右，垂直分布集中在距地表 30～60cm 处。根部易产生不定芽而形成根蘖。

猕猴桃根系的年生长周期比枝条长，且年周期中有 2 个高峰期。第一次高峰期在枝梢迅速生长的 6 月出现，第二次在果实发育后期的 9 月出现。根系生长与地上部生长呈交替而有一定规律的变化。

2. 芽的类型与特性　猕猴桃的芽着生在叶腋内，外有数片具锈色茸毛的鳞片包被。每个叶腋处有 1～3 个芽，中间稍大的为主芽。通常主芽萌发抽枝，副芽潜伏。若主芽遭到破坏，副芽萌发。凡是开过花与结过果的叶腋不再有芽而成为盲节。依芽的性质分为叶芽和花芽，多发生在苗期和生长旺盛的枝条上。花芽较叶芽稍肥大，在发育良好的枝条和结果枝中上部形成较多。

3. 枝条类型及特性　猕猴桃枝具攀缘性与自剪性，生长势强，一年多次抽梢，生长量大。一般一年可抽 2～3 次梢，多者达 4 次。新梢具有逆时针旋转（左旋）的缠绕生长习性，当新梢长到一定长度时，先端变细，柔软而不能直立，需要依靠枝蔓先端的缠绕能力，依附于其他物体上，或枝蔓间相互缠绕在一起。枝蔓常分为主蔓、侧蔓、结果母枝、结果枝和营养枝。

营养枝：当年不带花序的枝，是形成树体骨架和更新复壮的基础。如形成花芽，即为下年的结果母枝。

结果母枝：由生长充实的营养枝和健壮的结果枝形成混合花芽后转化而成。长度适中并自然封顶，节间较短，芽体饱满。

二、结果特性

1. 结果枝　由结果母枝抽生具有雌花，并能开花结果的枝条。根据长度可分为徒长性果枝（50cm 以上）、长果枝（30～50cm）、中果枝（10～30cm）、短果枝（5～10cm）、短缩果枝（5cm 以下）等（图 12-1）。生长健壮的结果枝，可在结果当年形成花芽，转化为结果母枝，第二年连续抽生结果枝开花结果。

2. 开花习性　猕猴桃为雌雄异株，单性花。聚伞花序。花瓣乳白、淡黄、淡绿或紫红色，多为 5 瓣，呈倒卵形或匙形。雌花单生或偶有 2～3 朵簇生于叶腋，花蕾大；雌蕊 1 个，子房大，扁球形，花柱多数，柱头 2 裂。雄花常 3 朵成聚伞花序，花蕾小，雄蕊多数，花黄色，内有多数花粉，雌蕊退化，柱头较粗。

猕猴桃 4 月下旬至 5 月上旬开花。雌花花蕾期 33～37d，花期 3～7d；雄花花蕾期 27～30d，花期 3～10d；雄花较雌花迟 1～3d，雌花开花期较雄花短而集中，有利于授粉。

3. 果实发育　果实为浆果，其发育过程分为 3 个阶段，100～140d（图 12-2）。

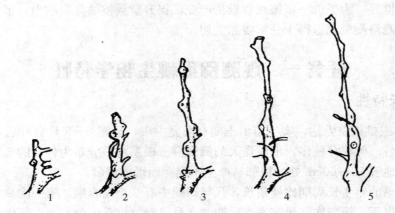

图 12-1　猕猴桃结果枝类型
1. 短缩果枝　2. 短果枝　3. 中果枝　4. 长果枝　5. 徒长性果枝

(1) 迅速膨大期。雌花受精后 5～6 周，子房细胞迅速分裂，果实膨大极为迅速，增长量为总生长量的 80%，尤以落花后 2 周内增大最快。果肉黄、绿、红三色，种子乳白色，较软。

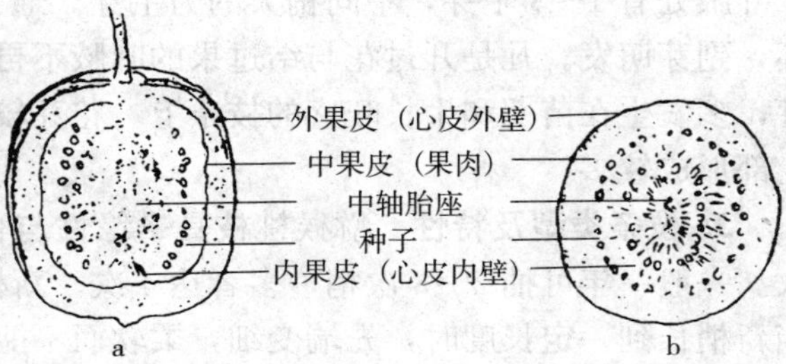

(2) 缓慢膨大期。在迅速膨大后 1 个月，果实增大缓慢。种子发育充实，逐渐变硬，着色，土黄色或米黄色。果心增大。此期需 10 周左右。

图 12-2　猕猴桃果实剖面图
a. 纵切面　b. 横切面

(3) 发育后期。果实有短期迅速生长，果皮细胞隔膜伸长，果汁增多，糖分积累并有酸甜味，此期需 6～8 周。

猕猴桃在充分发育到生理成熟阶段后采收，其风味和香气才能充分表现，较耐贮藏，食用品质优良。

想一想

当地适合猕猴桃栽植吗？讨论猕猴桃应如何科学建园和管理。

任务二　了解猕猴桃安全生产要求

一、果品质量要求

猕猴桃作为一种商品，它的质量要求主要包括感官质量、理化质量和卫生质量三个方面：

1. 感官质量要求　猕猴桃生产以绿色果品生产为主线，是安全、优质，营养丰富的优质果品，产品质量要求必须符合《绿色食品　温带水果》(NY/T 844—2004) 标准，绿色果品猕猴桃感官指标主要指果实的外形、色泽、肉质、风味等指标，详见表 12-1。

表 12-1 绿色果品猕猴桃感官质量要求

项 目	要 求
基本要求	各品种的猕猴桃都必须完整良好，新鲜洁净，无不正常外部水分，无异臭和异味，精心手采，无机械损伤，无病虫害，发育正常，具有贮藏及市场要求的成熟度
果形	具有品种的特征果形，果形良好、无畸形果
色泽	具有品种的特征色泽
单果重（g）	中华猕猴桃≥70，美味猕猴桃≥80
果面	果面洁净，无损伤和各种斑迹
果肉	软硬适度，多汁，果肉颜色具有品种的特征颜色
成熟度	达到生理成熟，或完成后熟

2. 理化质量要求 猕猴桃理化质量要求应符合《绿色食品 温带水果》（NY/T 844—2004）中有关猕猴桃理化指标要求，详见项目五表 5-3。

3. 卫生质量要求 猕猴桃卫生质量，应符合《绿色食品 温带水果》（NY/T 844—2004）中有关猕猴桃卫生指标要求，详见项目五表 5-4。

二、生态环境条件要求

猕猴桃在我国多数省区均有分布，但其比较密集的分布区域集中在秦岭以南、横断山脉以东地区，这一地区也是猕猴桃最大的经济栽培区。环境条件是影响猕猴桃经济栽培的主要因素，这些条件主要包括温度、光照、水分、土壤等。

1. 温度 温度是限制猕猴桃分布和生长发育的主要因素。猕猴桃大多数种要求温暖湿润的气候，主要分布在北纬18°～34°的广大地区，年均温在11.3～16.9℃，极端最高气温42.6℃，极端最低气温约在−20.3℃，10℃以上的有效积温为4 500～5 200℃，无霜期160～270d。猕猴桃种群间对温度的要求不一致，如美味猕猴桃在年平均温度4～20℃生长发育良好，而美味猕猴桃在13～18℃范围内分布最广，发育良好。

猕猴桃的生长发育阶段也受温度影响，研究表明美味猕猴桃当气温上升到10℃左右时，幼芽开始萌动，15℃以上时才能开花，20℃以上时结果，当气温下降至12℃左右时则进入落叶休眠期，整个发育过程需210～240d，这期间日温应在10～12℃。

2. 光照 多数猕猴桃种类喜半阴环境，对强光照射比较敏感，属中等喜光性果树，要求日照时间为1 300～2 600h，喜漫射光，忌强光直射，自然光照度以40%～45%为宜。猕猴桃对光照条件的要求随树龄变化而变化，幼苗期喜阴凉，需适当遮阳，尤其是新移植的幼苗更需遮阳。成龄结果树需要良好的光照条件才能保证生长和结果的需要，光照不足则易造成枝条生长不充实，果实发育不良等，但过度的强光对生长也不利，常导致果实日灼等。

3. 水分 猕猴桃是生理耐旱性弱的树种，它对土壤水分和空气湿度的要求比较严格。我国猕猴桃的自然分布区年降水量在800～2 200mm，空气相对湿度为74.3%～85.0%。一般来说，凡年降水量在1 000～1 200mm、空气相对湿度在75%以上的地区，均能满足猕猴桃生长发育对水分的要求。在中国中部和东部地区4～6月雨水充足，枝梢生长量大，适合猕猴桃的生长要求。

猕猴桃的抗旱能力比一般果树差。水分不足，会引起枝梢生长受阻，叶片变小，夏季高温时常导致叶缘枯萎，有时还会引起落叶、落果等。猕猴桃还怕涝，在排水不良或渍水时，常常会淹死。我国北方的雨季，如果连续下雨而排水不良，根部处于水淹状态，影响根的呼吸，引起根系组织腐烂，植株死亡。

4. 土壤　猕猴桃喜土层深厚、肥沃疏松、保水排水良好、腐殖质含量高的沙质壤。它对土壤酸碱度的要求不很严格，但以酸性或微酸性土壤上的植株生长良好，pH适宜范围在5.5～6.5。土壤中的矿质营养成分对猕猴桃的生长发育也有影响，猕猴桃除需要氮、磷、钾外，还需要丰富的镁、锰、锌、铁等元素，如果土壤中缺乏这些矿质元素，在叶片上常表现出营养失调缺素症。

5. 其他　猕猴桃有三喜（喜温暖潮湿、喜肥、喜光）和三怕（怕旱涝、怕强风、怕霜冻），应选背风向阳、气候温暖、雨量充足、水源充足、灌排方便、土层深厚的地方建园。建园前先深翻，使土层深达50cm以上，同时，绿色果品猕猴桃生产大气、水质、土壤还必须满足《绿色食品　产地环境质量标准》(NY/T 391—2000)的基本要求，这是绿色果品生产的前提条件之一。

三、建园要求

1. 优良品种选择　绿色果品猕猴桃生产要求栽植良种必须选用国家或有关果业主管部门登记或审定的优良品种，目前，我国生产上栽培的猕猴桃良种，主要有美味猕猴桃与中华猕猴桃两个系列品种，美味猕猴桃系列与中华系列雌性品种详见表12-2。

表12-2　名优猕猴桃雌性品种一览表

品　种	产地或选育单位	品　系	平均单果重（g）	成熟期
海沃德	新西兰	美味系列	80～100	9月下旬
秦美	周至猕猴桃试验站	美味系列	100～120	10月下旬
米良1号	湖南吉首大学	美味系列	74.5	10月上旬
金魁	湖北农科院	美味系列	100	10月上旬
徐香	江苏省徐州市	美味系列	75～110	10月上旬
亚特	西北植物研究所	美味系列	87～127	10月上旬
金香	陕西省眉县园艺站	美味系列	90	9月中旬
香绿	日本香川县农业大学	美味系列	85～125	10月下旬
武植3号	中国科学院武汉植物研究所	中华系列	80～90	9月底旬
魁蜜	江西省农业科学院园艺研究所	中华系列	100	9月中旬
西选2号	西安市果业技术推广中心	中华系列	80～130	9月上旬
红阳	四川自然资源研究所	中华系列	92.5	10月下旬
庐山香	庐山植物园	中华系列	87.5～140.0	10月中旬

美味猕猴桃品系雄性品种主要有：湘峰83-06、郑雄3号、陶木里、马图阿，中华猕猴桃品系雄性品种主要有：磨山4号、郑雄1号等。

> **? 想一想**
>
> 当地猕猴桃还有哪些优良品种？授粉树是如何进行搭配的？

2. 园地选择要求　绿色果品猕猴桃建园环境必须符合《绿色食品　产地环境质量标准》(NY/T 391—2000)的要求，同时要求栽培区年平均气温12～16℃，生长期内≥8℃的有效积温2 500～3 000℃，无霜期≥210d，年日照1 900h，年降水量1 000mm左右，土壤以轻壤土和沙壤土为好,园地避风向阳,距离公路、厂矿500m以上,风大地区要建立风障或防风林带。

3. 果树栽植要求 栽植时期分为秋栽和春栽两个时期。秋栽从落叶起至封冻前都可进行;春栽在春季土壤解冻后至萌芽前进行。栽植株行距多采用3m×4m,每667m² 栽植55株,雌雄株搭配比例,采用蜜蜂授粉时为(5~8):1,采用人工授粉时为(15~20):1。

四、生产过程要求

猕猴桃生产过程,要求选用优良品种,推行单枝上架、配方施肥、定量挂果、生物防治、果园生草、人工授粉等先进实用技术,不能施用任何有害的化学制剂包括化肥、农药和各种植物生长助剂,不能使用基因工程生物,完全按照《绿色食品 农药使用准则》(NY/T 393—2000)和《绿色食品 肥料使用准则》(NY/T 394—2000)进行执行,生产生态、安全、优质的猕猴桃产品。

任务三 猕猴桃标准化生产
工作一 春季生产管理

一、春季生产任务

春季生产任务主要有春季修剪:抹芽、定枝、绑蔓、复剪;花果管理:疏花疏果、放蜂、人工授粉;土、肥、水管理:追肥、灌水、种植绿肥、松土保墒;树体保护遮阳、病虫害防治等工作。

二、春季树体生长发育特点

早春,随着气温的升高,当根系分布层的土壤达到8℃时,根系开始活动,20℃时根系进入生长高峰期。在根系活动以前,树液开始流动。在根系生长的同时,枝梢也开始生长。在陕西关中,一般在3月下旬至4月上旬萌芽。4月下旬至5月下旬开花,盛花期在5月上中旬。6月上旬果实发育,下旬进入快速生长期。在果实开始发育时,4月进入枝叶生长高峰期,根系生长速度也加快。

三、春季生产管理技术

(一)地下管理

1. 春季追肥 进入春季,随着根系的生长,猕猴桃先后萌芽、开花、坐果,新梢开始快速生长,因此,必须有大量的肥水供应,必须追施一定量肥料。

追肥方法主要有:环状施肥、穴施、全园撒施、灌溉式施肥等方法。

追肥时期:一般在3月萌芽前后施入,此时正值根系快速生长期,有利于根系吸收。肥料种类主要施入以氮为主的速效化肥。施肥主要时期有萌芽期、花期前后2个时期。

追肥量:萌芽肥与花期前后施肥量,主要根据猕猴桃全年的施肥量来确定,一般施入氮、磷、钾的有效含量应分别占全年氮、磷、钾肥量的10%、15%、10%(若每

667m² 产1 500kg 的猕猴桃园全年氮、磷、钾的施入量分别为 10～13kg、7～9kg、8～12kg）。

2. 春季翻耕　我国北方地区春季普遍干旱，猕猴桃园在春施萌芽肥后，对全园及时耕翻1遍，耕深约30cm，以消灭杂草，疏松土壤，促进根系生长。

3. 播种绿肥　绿肥多于春季播种，夏季翻压。播种时期为3～4月，播种种类主要为黄豆、绿豆、蚕豆等豆科植物，要求绿肥的茎秆矮小，根系分布浅，需肥水量不大，不与猕猴桃有交叉传染的病虫害，对猕猴桃无不良影响。

播种绿肥时，先将土地整好，绿肥要求离开树干50～100cm播种，过道留在两行猕猴桃的正中央，有利于优先熟化树盘附近的土壤。绿肥播后如未下雨，则需灌水1次，有利于提高绿肥的萌芽率，另外须注意防鼠、鸟危害。

4. 春季灌水

（1）灌水时期。一般我国北方干旱区春季灌水分2次进行：一是花前水，即在发芽后至开花前灌水。主要满足开花和坐果的水分需要，对新梢生长也有促进作用；二是花后水，即谢花后灌水。此时新梢生长最快，树体对水分最为敏感。灌水对促进新梢生长和减轻生理落果有显著的效果。若天气特别干旱，可连续灌水1～2次。

（2）灌水方法。目前猕猴桃园主要灌水方法有沟灌、穴灌、滴灌、喷灌等。

5. 遮阳保护　对猕猴桃新建园，春季在猕猴桃幼树周围种植玉米遮阳，防止幼树被强光灼伤，风大的地区，还需要设置防风林，保护幼树正常生长。

（二）地上管理

1. 春季修剪　猕猴桃春、夏季生长旺盛，适时进行修剪，可控制营养生长，避免枝蔓过密郁闭，有利于通风透光，促进果实发育，改进品质，提高产量，促进花芽分化，为当年和来年生长结果创造良好条件。同时减少了冬季修剪工作量。春、夏季修剪方法主要有抹芽、摘心、定枝、短截等。

（1）抹芽。猕猴桃萌芽后根据树体生长空间与架型需要，及时抹除位置不合适的无花芽、过密芽、弱芽，促进选留的优质芽正常生长。

（2）摘心。即猕猴桃生长期摘取营养枝和结果枝的顶端部分，称为摘心。新梢摘心有利于枝条营养物质的贮存，使枝条发育充实和老化，提高越冬抗寒能力，也有利于花芽分化和第二年结果。摘心一般在5月下旬至8月中旬进行。授粉结束后，开始摘心。对15～25片叶的枝蔓摘去3～4片叶的顶梢，对35片叶以上的长枝蔓，摘去4～6片叶顶梢，摘心后新生长的枝要及时除去或再次摘心。培养良好的来年结果母枝。

（3）定枝。萌芽后，新梢展开4～5片叶子时，能看清花蕾时定枝，对那些生长弱、分化不良的花枝和过密的新梢去除，保留健壮的枝条，以利于通风透光，培养良好的结果母枝。

（4）短截。春末、夏初时期，当新梢长到60cm左右时，对直立向上生长的旺枝或徒长枝，过长的结果枝，可留5～6个饱满芽短截，培养成结果母枝。有利于枝条成熟，有利于通风透光，有利于培养结果母蔓。

（5）绑蔓。猕猴桃枝条成枝力强，生长量大，并且具有缠绕习性，因此，绑蔓对猕猴桃来说，是一项平常而重要的内容。一般当新梢长到40cm时，对新梢引缚，使其按照规定方向延伸，防止新梢缠绕。引缚方式：水平、垂直、倾斜、弓形等几种。旺长梢水平引缚，弱梢垂直引缚，平衡树势。

2. 花果管理 猕猴桃春季花果管理任务主要是提高坐果率，定量挂果，确保生产优质果。为了提高猕猴桃的坐果率，应进行人工授粉方式完成保花保果。

（1）人工授粉。人工授粉方式主要有人工放蜂、机械授粉两种方式：

①人工放蜂。蜜蜂是花粉的传递者，一般每1 334m² 地可放1箱蜜蜂。放蜂的最佳时间是10%～20%的花开放时。

②机械授粉。现代化的猕猴桃园已开始利用机械授粉。采用机械授粉必须先采集和贮藏大量花粉。采集花粉时先将雄花花蕾采下，用镊子采集花药，再将花药置于25℃的温箱中烘干（20～24h），使花药开裂，释放出花粉，过筛收集花粉，在－18℃密封条件下保存待用，一般可保存2个月以上而不失活力。

（2）疏花疏果。猕猴桃疏花疏果工作，根据实际情况，一般只疏蕾、疏果，不疏花。疏蕾通常在这时结果枝的强弱已经能够明显区分。疏果应在盛花后2周开始。

①疏蕾。4月中下旬，侧花蕾分离后开始疏蕾。将保留的结果枝上的全部侧蕾、畸形蕾及被病虫危害蕾疏去。强壮的长果枝留5～6个花蕾，中庸结果枝留3～4个花蕾，短结果枝留1～2个花蕾。一般先疏除最基部的花蕾，其次疏除顶部花蕾，重点保留结果枝中部的优质花蕾，这是生产优质猕猴桃的关键。

②疏果。谢花后10d开始疏果。一般20cm长的短果枝留果2个，30cm以上的留果3～4个。疏小果、畸形果、伤果、病虫果、过多的果。生长健壮的长果枝留4～5果，中庸结果枝留2～3果，短结果枝留1个果，一般初结果树每株留果1.0～1.5kg，结果树每株留果5kg左右，盛产期每株应控制在10～15kg，成龄园每1.2m架面留果35～40个，成龄树每株大致留果450～500个，每667m² 控制产量在2 250～2 500kg，不要超载。

（3）果实套袋。猕猴桃套袋程序依次为：选袋、疏果、定果、喷药、套果、防护、除袋。

①选袋。纸袋选择以单层米黄色薄蜡质木浆纸袋为宜，长15～18cm，宽11～13cm，上口中间开缝，一边加铁丝，下边一角开口2～4cm，纸袋要防水淋、利透气、韧性好。

②疏果定果。疏果时，先内后外，先弱枝、后强枝。幼园树根据结果母枝强弱，每个结果母枝留2～3个结果枝，每个结果枝留2～3个果实，保留结果枝中部优质大果。

③喷药防治。在果实套袋前全园喷布1次杀虫杀菌剂，可喷施20%灭扫利2 500倍液、18%锋杀2 000倍液，或2 000倍绿色功夫、甲基托布津或多菌灵等广谱性杀菌剂，控制金龟子、小薪甲、蟠象、介壳虫等害虫，防治果实软腐病、灰霉病等其他病害。禁止使用高毒高残留农药、控制植物生长调节剂使用。

④套袋时间。花后15～20d开始套袋。但必须选在喷药后进行。一天内太阳曝晒时可在8：00～12：00，15：00～19：00套袋为宜。

⑤套袋方法。套袋时一手撑开袋口，由下至上将完好的幼果套入果袋中，另一只手将袋口从开缝处打折成均匀的褶皱，并用袋子侧边的铁丝将皱褶扎紧，结果枝上单生的果实可以直接扎于果实着生的结果枝上，丛生的果实直接扎绑于果柄上，折叠的果袋皱褶衬垫于果柄上，不可扭伤或扎伤果柄。检查果袋下边是否开口，如果袋底部全部封闭可用剪刀剪开2～4cm的开口。上口封扎严实。套袋时先内后外，动作轻缓，对于下垂或直立的套袋枝条要及时固定，防止大风吹摆。

⑥套后管理。套袋后要加强肥水管理,套袋后可根施追肥,喷施叶面肥,注意灌水和排涝。加强夏季修剪,培养足够的营养枝,保护叶幕层。加强病虫害综合防治。及时稳固架材,及时绑枝,防风固树。

3. 春季病虫害防治　我国北方猕猴桃园春季发生较普遍的病害主要有溃疡病、细菌性花腐病、根腐病、根结线虫病等,虫害主要有金龟子、介壳虫、根结线虫等。防治方法详见表12-3。

表12-3　猕猴桃春季病虫害防治一览表

物候期	防治对象	防治措施	注意事项
萌芽前 (3月)	溃疡病 金龟子 介壳虫 根结线虫	1. 用硬毛刷刷去枝干的害虫 2. 喷3～5波美度石硫合剂,防治介壳虫 3. 溃疡病出现后,用300mg/kg的农用链霉素涂抹病斑,或用30%DT胶悬剂100倍液涂抹枝干 4. 有根结线虫发生时,50%辛硫磷乳油800倍液灌根 5. 喷施2.5%敌杀死4 000倍液防治金龟子	
萌芽展叶期 (4月)	溃疡病 花腐病 疫霉病 蝽象类 金龟子 介壳虫	1. 及时刮除溃疡病病斑,剪除病梢,集中烧毁 2. 花前20d用50%菌毒清5 000倍液防花腐病 3. 根腐病发生时,扒开土壤晾晒,抹菌毒清防治 4. 2.5%功夫乳油2 000倍液喷雾防治杀蝽象类、金龟子 5. 用95%机油乳剂50～200倍液喷雾,杀灭介壳虫等	
开花期 (5月)	金龟子 蝽象类 褐斑病 蔓枯病	1. 糖醋液、黑光灯诱杀 2. 人工捕杀 3. 褐斑病、黑斑病在4～5月份发病初期,喷50%多菌灵500倍液或80%喷克600倍液 4. 蔓枯病在4～5月份发病初期,喷4%农抗120水剂400倍液,或68.75%易保水分散剂1 000倍液防治	花期不能喷药

工作二　夏季生产管理

一、夏季生产任务

夏季是猕猴桃快速生长季节,主要任务是土、肥、水管理(夏季追肥、夏季灌水、中耕除草、果园覆盖、排水、遮阳),夏季修剪(摘心、抹芽、剪梢),夏季病虫害防治。

二、夏季树体生长发育特点

进入夏季以后,猕猴桃果树的进入第二个生长高峰,果实正在膨大,同时此季气温高,日照时间长,空气湿度大,也是猕猴桃果树的病虫发生高峰期,6月中下旬根系进入生长高峰期,7月下旬根系生长逐渐减弱,8月生长基本停止。此时新梢进入生长高峰期,果实膨大与新梢生长交替进行,7月中下旬枝梢生长逐渐减弱,而果实进入快速生长期,到8月中旬果实生长减弱。因而夏末秋初是猕猴桃肥水需要量最大的时期,也是管理的关键时期。

三、夏季生产管理技术

(一) 地下管理

1. 夏季追肥 一般在6月上旬(谢花后15~20d)施入。施肥种类以速效三元(N:P:K=15:15:15)复合肥为主,初结果树每株0.25kg;结果树可根据产量每株用0.4kg左右,混施适量的腐熟有机肥。有条件的果园可叶面喷施微肥或磷酸二氢钾,喷施浓度以0.1%~0.5%为宜,这次施肥的方法与萌芽肥施肥方法相同,但施肥位置应与萌芽肥位置错开。

2. 夏季灌水 进入夏季,由于猕猴桃枝梢与果实迅速生长,且猕猴桃叶片大、蒸发量大,因而需水量较大,应及时灌水。一般连续15~20d,叶片开始凋萎,应及时灌水。灌水时应使土壤20~40cm湿润而不积水为度,始终保持田间持水量的60%~80%为宜。灌水方法与春季相同。

3. 中耕除草 北方地区夏季温度较高,园内杂草种类多、生长快,因此要及时中耕锄草,中耕时要注意翻压春播的绿肥。

4. 果园覆盖

(1) 覆草。在树冠下覆盖杂草、秸秆、绿肥等,一般覆盖厚度为15~20cm。覆盖后可减少地面径流,防止水土流失,减少蒸发,防旱保墒,缩小地温的季节和昼夜变化幅度,避免夏季高温和冬季低温对根系的不良影响,增加土壤肥力。土壤深翻时,可将已腐烂的杂草、秸秆与土壤混合均匀后埋入土壤中,增加土壤有机质含量。

(2) 覆膜。采用地膜覆盖是果园土壤管理的一项新技术,增产效果十分显著。地膜覆盖一般在早春果园追肥后进行。覆膜前首先要刨平树冠下的土壤表面,然后将地膜覆盖在地面上,覆膜后用土将地膜周边压严、压实,以防大风吹起。

5. 遮阳防旱 夏季光照强,为防止强光直射,可在猕猴桃架上50cm处搭盖遮阳网,减少强光直晒。旱情严重时,晚上可用水灌透树盘,同时树盘覆盖秸秆保持土壤湿润,确保树体与果实正常生长发育。

6. 排水降湿 在暴雨来临前及时疏通果园内外的排水沟渠,做到沟沟相通,及时排除园区内积水。雨后适时中耕除草、松土降湿。

(二) 地上管理

1. 夏季修剪 夏季修剪主要任务是抹芽、摘心、绑蔓等工作,通过夏剪控制树体旺长,解决树体通风透光,促进当年果实膨大和来年花芽分化。

(1) 抹芽。新梢长到5~8cm时,疏去直立向上的徒长枝及过密枝。

(2) 剪梢。7月上旬将过长营养枝和徒长性结果枝进行一次剪梢,到8月中下旬进行第二次剪梢,比第一次稍重,有利于营养积累和枝条充实,提高抗寒性。

(3) 摘心。新梢长到80cm时摘心控长,长果枝可从结果部位以上7~8芽处摘心;若不足7~8芽,已枯顶的不用再剪。

(4) 绑蔓。夏季枝条生长很快,部分枝条可达3m左右,易被大风吹折,因此生长季节应注意绑蔓,使新梢均匀分布,充分见光。

2. 夏季病虫害防治 夏季高温多雨,猕猴桃长势强旺,多数病虫害都在这个时期发生,主要病虫害有蔓枯病、黑斑病、褐斑病、介壳虫、透翅蛾、蜡象类等,防治技术详见表

12-4。

表 12-4 猕猴桃夏季病虫害防治一览表

物候期	防治对象	防治措施
幼果期 （6月）	椿象类 介壳虫 透翅蛾	1. 人工摘除卵块和毛刷刮治介壳虫，防治蛾类、螨类 2. 20%扑虱灵1 500倍液叶喷雾防治介壳虫
膨果期 （7月）	螨类 椿象类 介壳虫 叶斑病	1. 2.5%敌杀死4 000倍液蛾类 2. 48%乐斯本乳油1 000～1 500倍液防治椿象类、介壳虫等。 3. 螨类主要喷 1.8%阿维菌素乳油4 000～5 000倍液、20%扫螨净乳油1 500～2 000倍液、5%尼索朗乳油或25%倍乐霸可湿性粉剂或73%克螨特乳油2 000倍液喷雾防治 4. 叶斑病在发病前用 1：0.7：200 波尔多液防治
壮果期 （8月）	褐斑病 叶蝉 椿象	1. 50%多菌灵可湿性粉剂 800 倍液喷雾，防治褐斑病 2. 20%扑虱灵可湿性粉剂（优乐得）2 000倍液喷雾，防治叶蝉 3. 椿象类可于8月份若虫期喷 0.3%印楝素乳油1 500倍液，或27%皂素烟碱水剂 300 倍液

工作三 秋季生产管理

一、秋季生产任务

秋季是猕猴桃收获季节，主要任务是：秋施基肥、深翻改土、中耕除草、秋季修剪、果实采收、秋季病虫害防治。

二、秋季树体生长发育特点

进入秋季后，根系又加快生长，9月底至10月上旬出现一次生长高峰，10月中下旬生长减弱，10月底至11月初停止生长，逐步进入休眠。进入秋季后新梢生长缓慢，与根系同时停止生长，进入落叶期。果实进入成熟采收期。

三、秋季生产管理技术

（一）地下管理

1. 秋施基肥 基肥是在较长时期内供给树体多种养分的基础性肥料，秋末季节猕猴桃枝梢停止生长，根系进入生长高峰，肥料吸收利用率高，加之此期气温较暖和，伤根容易愈合，并能促发新根，因此，秋季施基肥肥料利用率高，副作用小，有利于养分的吸收和树体营养的积累，是猕猴桃来年优质丰产的基础，是树体补充营养的主要来源。

（1）施肥时期。9月底至10月初。中早熟果采后，晚熟果采前。

（2）施肥量。基肥施入量占全年施肥量的60%。通常幼龄树每株施农家肥50kg，加过磷酸钙和氯化钾各0.25kg。成龄结果树，每株施农家肥50～80kg，加入过磷酸钙1kg和氯化钾0.2～0.5kg，或复合肥1kg，详见表12-5、表12-6。

表 12-5 日本不同树龄的施肥量（全国标准）每公顷 330 株（kg/hm²）

树龄	氮素（N）	磷素（P）	钾素（K）
1 年	40	32	36
2～3 年	80	64	72
4～5 年	120	96	108
6～7 年	160	126	144
成龄树	200	160	180

表 12-6 不同树龄的猕猴桃园每 667m² 参考施肥量（kg）

树龄	年产量	年施用肥料总量			
		优质农家肥	化肥		
			纯氮	纯磷	纯钾
1 年生		1 500	4	2.8～3.2	3.2～3.6
2～3 年生		2 000	8	5.6～6.4	6.4～7.2
4～5 年生	1 000	3 000	12	8.4～9.6	9.6～10.8
6～7 年生	1 500	4 000	16	11.2～12.8	12.8～14.4
成龄园	2 000	5 000	20	14～16	16～18

注：根据需要加入适量铁、钙、镁等其他微量元素肥料

（3）施肥方法。猕猴桃园施基肥的方法主要有环状沟施、穴施、条状沟施肥和全园施肥。

2. 深翻改土 深翻时间以采果后结合秋施基肥（10～11 月）进行效果最佳，深翻的深度常以主要根系分布层为准。一般 60～80cm。幼树定植后，可逐年深翻，深度逐年增加。开始深翻 40cm，然后 60cm，最后到 80cm 深。深翻方法主要有扩穴、隔行深翻两种。

3. 中耕除草 果实采收后，结合施肥，对全园进行一次中耕，中耕深度 10～15cm，注意不能伤主根。应做到清除杂草，疏松土壤，大旱时保墒，降水时蓄墒，促使根系生长，增强树势。

（二）地上管理

1. 秋季修剪

（1）剪梢。对树冠荫蔽、树上过多的枝条，生长瘦弱枝条及秋梢，根据冬剪要领，提前秋剪回缩。利用采果后 2 个月左右的生长期，增加光照，延长叶片寿命，促进枝条芽体充实饱满，防止冬季枝条抽条效果特别显著。秋剪时间应在 11 月。秋剪后，剪口下的芽子不会暴出，而且剪口愈合，早春季没有伤流。

（2）摘老叶。当果实成熟前 1 个月，摘除少量病虫叶、老叶，使果实适度见光，促进果实上色。

2. 果实管理 秋季果实管理主要任务有除袋和果实采收两项工作：

（1）除袋。猕猴桃果实采前 5d，撕开果袋，将果实置于阳光下，增色补光，提高果实糖分，以利采收。

（2）果实采收。

①采收期确定。猕猴桃采收期根据果实可溶性固形物含量和果实发育期综合确定，在满足果实发育期情况下，新西兰要求猕猴桃果实最低可溶性固形物含量达到 6.2% 即可采收，

中国、日本、美国要求达到6.5%采收，长期贮藏的猕猴桃要求可溶性固形物达到7.5%才可采收。

②采前准备。果实采收前，为了避免采果时造成果实机械损伤，采果人员应将指甲剪短修平滑，戴软质手套。使用的木箱、果筐等应铺有柔软的铺垫，如草秸、粗纸等，以免果实撞伤。

③采收过程。采收时使用果袋采摘为好，先采生长正常的大果，再采小果，对伤果、病虫危害果、日灼果等应分开采收，不要与商品果混淆；采果时用手握住果实，手指轻压果柄，果柄即在距果实很近的区域折断，残余的果柄仍然留在树上。

④采收期注意事项。采摘的猕猴桃应轻拿轻放，减少果实的刺伤、压伤、撞伤；尽量减少倒筐、倒箱的次数，将机械损伤减少到最低程度；要注意提前修平运输道路，运输过程中缓速行驶，避免猛停猛起，减少振动、碰撞；采收下来的果实应放置在阴凉处，用篷布等遮盖，不要在烈日下曝晒。

3. 秋季病虫害防治　秋季阴湿多雨，温度逐渐走低，发生的主要病虫害有：褐斑病、溃疡病、青霉病、斑衣蜡蝉等病虫害，详见表12-7。

表12-7　猕猴桃秋季病虫害防治一览表

物候期	防治对象	防治措施	注意事项
果实成熟期 （9月）	溃疡病 青霉病 斑衣蜡蝉	1. 65%代森锌300～500倍液或70%甲基托布津800倍液，防止溃疡病传染 2. 采前喷600倍液的菌毒清，或50%扑海因可湿性粉剂1 000～2 000倍液防治青霉病 3. 采前10d，禁用任何药剂	采前20d禁用任何药剂
果实采收期 （10月）	炭疽病 溃疡病 青霉病 斑衣蜡蝉	1. 溃疡病与青霉病防治方法同果实成熟期 2. 炭疽病：在发病初期用0.3～0.5波美度石硫合剂，或80%喷克可湿性粉剂600～800倍液防治 3. 斑衣蜡蝉可用2.5%功夫乳油2 000倍液或10%吡虫啉4 000倍液，或50%敌敌畏乳油1 000倍液防治	禁用任何药剂
（11月）	越冬病虫	1. 清园：清扫残枝落叶，剪除病枝、虫枝、枯枝。集中深埋或烧毁 2. 树干涂白：涂白剂配方水10份、生石灰3份、石硫合剂0.5份、食盐0.5份、油脂少许 3. 全园喷3～5波美度石硫合剂淋洗式喷雾，杀菌消毒	

工作四　冬季生产管理

一、冬季生产任务

冬季是猕猴桃休眠季节，主要工作任务有：冬季修剪、灌封冻水、冬季清园、树干涂白、冻害预防等工作。

二、冬季树体生长发育特点

猕猴桃冬季进入休眠状态，叶片脱落，枝条成熟，根系缓慢活动，树体外表活动几乎停止，但体内一系列生理活动如呼吸、蒸腾、根的吸收与合成等仍在持续，树体抗寒能力增强,花芽分化活动缓慢进行。

三、冬季生产管理技术

(一) 地下管理

灌越冬水 在秋、冬季干旱地区,在落叶后至土壤封冻前,应及时灌透水,可使土壤中贮备足够的水分,有助于肥料分解,有利于提高树体抗寒能力,从而促进翌春树体生长发育。灌水深度一般浸湿土层达到80m左右,灌水量一般灌后6h渗完为好。

(二) 地上管理

1. 整形修剪

(1) 栽培架式。目前猕猴桃栽培架式主要有T形架、平顶棚架、篱架三种架式。

①T形架。沿栽植行每隔6m设立1根水泥方柱(长2.8m、直径12cm),支柱埋入土中80cm,地上高2m。支柱顶部架设1根长2m左右的横梁(多为水泥制成),横梁上均匀拉3~5根镀锌铁丝。此架通风透光好,树势强壮,产量高,建架投资中等,是目前应用较广的架式之一(图12-3)。

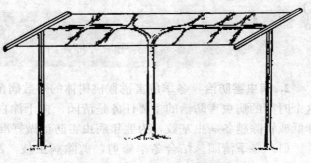

图12-3 猕猴桃T形架整形

②平顶棚架。支柱长2.8m,直径12~15cm,支柱入土80cm,地上高2m,柱间距6m×5m,枝柱顶部用三角铁或钢筋连接,每隔60cm拉1根铁丝。此架架面大,枝蔓分布多,产量高但投资较大,管理不当易密闭,影响通风透光。

③篱架。顺行每隔6m设1支柱,柱长2.8m,入土深度60~80cm,地上高2m以上,支柱上设3道铁丝,第一道在支柱顶部,向下隔60cm设一道。此架架面小,单株产量低,管理方便,能合理密植。但生长后期枝蔓难控制,下部光照不良。

(2) 幼树整形修剪。从定植到进入挂果前的猕猴桃称为幼树,这段时间一般是4~5年。为了早日获得经济产量,加强幼树管理至关重要。

①抹芽定梢。猕猴桃定植后,当新梢长到10~15cm时,选择一个健壮新梢,作为主干培养,搭架引扶生长,每延长30cm,绑梢1次,促进新梢快速生长。

②水平棚架的整形。当主蔓长到1.8~2.0m时于架下摘心,选留顶端两个新梢,分别向两侧沿铁丝引缚,作为主蔓,然后在主蔓上每隔25~40cm培养1个侧蔓与主蔓呈垂直方向。每个主蔓留3~5个侧蔓。大棚架的整形需4~5年时间。

③T形架整形。T形架的主蔓和侧蔓的培养方法同大棚架相似,但其侧枝长度超过1m时,会从铁丝向下悬挂,此时需要短截回缩。这种架式需3~4年完成整形。

(3) 结果树整形修剪。猕猴桃结果树冬剪主要任务是剔除病虫枝、徒长枝,控制结果母枝数量,使其结果母枝在架面均匀分布,防止结果部位外移,改善通风透光条件。

冬剪时期:一般以落叶后至翌年1月底前修剪为宜。修剪过迟,伤流严重,影响树势和萌芽,修剪过早,影响树体营养回流,不利于树体来年生长发育。

冬剪方法：主要是疏枝、短截、回缩，短截时应在剪口芽 3cm 以上剪截，以防剪口芽枯死。不同枝蔓的修剪方法如下：

①营养枝。按架面空间和枝条强弱进行短截，留 5~6 芽或 3~4 芽，做下年结果母枝。

②徒长枝。有发展空间的可留作更新梢。留 5~6 芽短截，使其萌发 2~3 个健壮枝条。否则从基部疏除。

③徒长性结果枝。一般在结果部位以上留 3~4 芽短截。长中果枝留 2~3 芽短截。

④短果枝和短缩果枝。这类枝条剪后易干枯，一般不短截，过密可适当疏除。

⑤结果母枝。通过疏除过密、过弱的结果母枝，使其分布均匀，留下的结果母枝，可剪去 1/3。结果母枝一般 2~3 年更新 1 次。

⑥弱枝、细枝。疏除过多、过密、纤弱和干枯的枝条。

? 想一想

猕猴桃和葡萄架形及修剪手法有何异同？

2. 病虫害防治 冬季危害猕猴桃树体的多数病菌及害虫均以不同方式或形态潜伏越冬。这个时期的病虫害防治的主要任务是清园、树干涂白、冻害预防，结合冬季修剪杀虫灭菌，降低或铲除越冬病虫基数，为翌年病虫害防治做好准备。

（1）冬季清园。结合冬季修剪，剪除病虫枝，刮去树干老翘皮，并清除田间枯枝、落叶、烂果，铲除杂草一同带出果园集中烧毁或深埋，同时，全园喷洒 2~3 波美度石硫合剂 1 次，减少越冬病虫基数。

（2）树干涂白。猕猴桃树干涂白，可防冻、防树干日灼，兼防病虫。涂白剂的配方是水 10 份、生石灰 3 份、石硫合剂原液 0.5 份、食盐 0.5 份、油脂（动、植物油均可）少许。涂白主要部位是主干和主蔓基部，要求涂刷均匀。

（3）冻害预防。猕猴桃耐寒性较强，一般可耐 -12℃ 以下的低温，在一般情况下不会产生冻害。但在我国北方地区或高海拔地带，冬季干旱，若温度过低，又无防寒防风条件时，枝梢常被冻枯。据观察，冬季极端最低温降至 -20℃ 以下时，猕猴桃出现冻害现象。具体措施如下：

①加强栽培管理，培育强健树势。8 月后应少用氮肥，增施磷、钾肥，以促使枝梢老熟，可提高树体抗性和果实耐贮性。

②建立防风林带。根据本地区风向，在果园的迎风面栽水杉或杨树 1~2 行。以改变果园生态环境。

③培土护干。在采果后的 12 月间，结合深翻和施基肥后，对树干根颈培土 20cm 厚，具有明显防冻效果，可提高干周土温。

④及时摇落树上积雪，避免枝芽受冻。

⑤熏烟。防霜冻初春，在园内上风处，多点设草堆，结合天气预报，在寒流即将来临之前，进行点火形成烟雾弥漫，可提高园内温度，起到积极预防冻害的作用。

工作五 制订猕猴桃周年管理历

猕猴桃周年管理历是猕猴桃周年生产操作技术规程，全国各地可根据当地具体情况参照无公害猕猴桃生产技术规程或《绿色食品 猕猴桃生产技术规程》(DB51/T 463—2004)执行,重点抓好农药、化肥污染控制,实现猕猴桃生产过程质量控制,生产高质量的优质猕猴桃产品。

<h3 style="text-align:center">生产案例 陕西省猕猴桃周年管理历</h3>

1. 3月(萌芽前) ①整地。猕猴桃根系浅,新根产生较迟,生产中应精细整地,以创造疏松的土壤条件,促使根系生长,形成强大根群,提高吸收能力。一般在土壤解冻后及时耕翻,耕深25cm左右,耕后细致耙平,使土地平整。②及时灌水。猕猴桃怕旱,要经常保持土壤湿润,在地整好后要及时灌水,促使枝芽萌发,花蕾膨大。③地面覆盖,减少土壤水分蒸发。可用地膜、杂草、砂石等覆盖,防止水分的蒸发损失,提高降水利用率。④喷施2.5%敌杀死4 000倍液防治金龟子,喷5波美度石硫合剂,防治介壳虫。溃疡病出现后,用300mg/kg的农用链霉素涂抹病斑。有根结线虫发生时,根际环状沟施10%克线丹,每667m² 施用6~15kg,进行土壤消毒。⑤追肥,以提高坐果率。此次追肥应以氮肥为主,每667m² 施尿素15~20kg。

2. 4月(萌芽展叶期) ①除萌。猕猴桃枝繁叶盛,易出现郁闭现象,在萌芽后,应及时抹除剪口附近的无用芽、病芽及过密的芽。②复剪。在幼芽发出后,剪除过多未萌芽的枝。③防病虫。及时刮除溃疡病病斑,剪除病梢,集中烧毁。花前20d用5%菌毒清水剂1 000倍液防花腐病。疫霉病发生时,扒开土壤晾晒,抹菌毒清防治。用25%速灭威乳油500倍液或40%速扑杀乳油,毒杀麻皮蝽、茶翅蝽、金龟子等,用20%菊乐乳油1 500倍液,杀灭猕椰圆蚧、介壳虫等。④绑蔓。将枝蔓固定在架上,保证枝蔓健壮生长,防止互相影响。

3. 5月(花期) ①抹除无用芽及密芽。②摘心。对生长过旺和不结果的树进行摘心,结果枝从花序以上4~5节处摘心;发育枝留12片叶摘心;架面上有用徒长枝留3~4叶摘心。③疏枝。清除过密枝,避免养分消耗,剪除留作预备枝以外的徒长枝和发育枝及衰弱的新梢,对树势过旺植株萌发的新梢也应疏除。④疏蕾。疏除结果枝上过多且发育不良的花蕾。1个花梗上只留下1个中心花蕾。⑤授粉。猕猴桃有粉无蜜,一般自然授粉不良,必须实行人工授粉,否则会出现果个大小相差悬殊或花后大量落果现象。⑥定果。花后1周定果,首先疏除授粉不良的畸形果、病虫果、小果,其次据枝的长短留果,一般50~100cm的枝留果5个左右,30~50cm的枝留2~3个果,5~30cm的枝留1~2果,5cm以下叶丛枝不留果。⑦灌水。保持土壤湿润,增大空气湿度,预防高温及干热风的危害,以利提高坐果率。⑧中耕除草,减少杂草对土壤养分水分的消耗。⑨防治金龟子、蝽象类虫害。

4. 6月(幼果期) ①施促果肥,保证营养供给,以利果实膨大生长。②继续抹芽、疏枝、摘心。③固枝绑蔓。将结果母枝绑在铁丝上,防止风吹断或果实摇摆被刺伤。④疏除畸形果、病虫果。⑤人工摘除茶翅蝽卵块,喷2.5%敌杀死4 000倍液防治猕椰圆蚧。⑥灌水。此期是果实生长高峰期,也是需水高峰期,高温天气易导致叶片干枯,影响果实生长,生产中应及时灌水。⑦剪除过旺的徒长枝、衰弱枝、过密枝、病虫枝,适当短截长果枝,保持良好的通风透光性。

5. 7月(膨果期) ①继续绑蔓。②适量灌水,保持地面湿润,防止果实发生"日烧"。③施肥,促进果实生长膨大,提高果实商品性。④清除杂草。⑤喷2.5%敌杀死4 000

倍液防治螨类、蜡象类、猕猴圆蚧等。⑥耕翻土壤，保持土壤疏松，提高土壤吸收水分的能力。

6. 8月（壮果期）　①绑蔓。②摘心。摘除长梢最前端嫩芽，防止反卷。③喷70%甲基托布津800倍液，防治褐斑病。④叶面喷0.2%尿素0.5%磷酸二氢钾，补充营养，保证果实健壮生长。⑤天旱灌水，雨后排涝。猕猴桃既怕旱，又怕涝，在雨季应及时排出田间积水。

7. 9月（果实成熟期）　①补钙，增加果实硬度。叶面喷0.3～0.4的硝酸钙，以增加果实的硬度，延长果实货架期。②采收早熟果。采时要轻拿轻放，防止碰、刺伤。③耕翻土壤，保持土壤疏松，增加土壤的贮水能力。④喷65%代森锌300～500倍液或70%甲基托布津800倍液，防止溃疡病传染。采前喷600倍液的菌毒清，防治青霉病。

8. 10月（果实采收期）　①采收果实。②入窖贮藏。在入贮前，贮藏环境用60%多菌灵200倍液进行消毒。采后的猕猴桃应及时入窖，以提高贮藏效果。一般在采后2d内经预冷进库，库温应保持在0.5～2.0℃。③树体喷50%辛硫磷1000倍液，防止叶蝉危害。

9. 11～12月（休眠期）

①清园。在落叶后应及时清扫枯枝、落叶、杂草，细致喷1遍5波美度石硫合剂，减少病虫越冬基数，为来年的防治打好基础。

②施基肥。基肥应以有机肥为主，配合施用磷钾肥，进行营养补充，增加树体营养积累，以利树体安全越冬。

③灌水。在土壤结冻前灌1次透水，形成良好的土壤墒情，保证树体安全越冬。

④冬剪。猕猴桃在修剪时应采用弱树、幼树、大年树重剪，旺树、小年树轻剪的方法进行。主要通过调整枝蔓，更新结果枝组的方法来实现，保证剪后每平方米架面留5个左右结果母枝，每个母枝可抽生5个左右结果枝。掌握不同的枝采用不同的方法进行修剪，一般侧蔓（即结果母蔓）在主蔓上分两边留，保持不重叠，不交叉，每隔30～40cm留1个，保持结果母枝不外移，不衰老。

结果大枝采用短截和疏间的方法修剪，徒长性结果母蔓可以在盲节上留7节剪截，长结果枝一般在50cm以上，从盲节上留5～7节剪截，中果枝留长30～50cm，从盲节上留3～5节短截，短果枝留长20～30cm，从盲节上留3芽短截，短枝留长17～20cm，见饱满芽留2～3芽剪掉，无饱满芽的疏除。徒长枝有空间时可截头，让其分枝，补充空间，无空间时应及时疏除。

由于猕猴桃有伤流现象，在12月至翌年1月底修剪，伤流轻，所以冬剪最佳时期为12月初到翌年1月底。

⑤埋土防寒。幼苗离地20cm常易受冻，可在上冻之前，在根颈部培土20cm以上，减轻冻害的发生。在边缘地带栽培时，常有冻害发生，可在冬剪后将枝蔓捆绑，埋土，以防冻害的发生。

一、学习方法

本项目学习立足猕猴桃果园现场观察，按照农事季节分阶段实训，分段观察，借助录像、多媒体反复观察猕猴桃生物学特性及生产操作要领,在果树生产工人,技术人员指导下,现场操作,现场实训,现场分组讨论实训内容,最后老师点评,完成本项目学习任务。

二、学习网址

中国猕猴桃信息网 http：//www.zzmht.com/
中国猕猴桃产业网 http：//zgmhtcyw.com/
西峡猕猴桃网 http：//www.xixiamht.cn/
周至农业信息网 http：//www.sxny.gov.cn/

技能训练

【实训一】猕猴桃冬季修剪

实训目标

了解猕猴桃冬季修剪手段、修剪方法和步骤,掌握冬季修剪的技术要领。

实训材料

1. **材料** 整形方式不同的猕猴桃幼树和结果树。
2. **用具** 修枝剪、手锯、梯子等。

实训内容

1. **修剪的一般规则** 修剪的顺序、一年生枝剪截、多年生枝缩剪、疏枝等。
2. **篱架和棚架的整形** 主侧蔓的选留与剪截。
3. **结果母枝的修剪** 结果母枝剪留长度和留量的确定。
4. **更新修剪** 结果母枝的单、双枝更新及多年生枝的更新。

实训方法

(1) 本实训一般在猕猴落叶 3 周后至次年树液流动前进行。冬季需埋土防寒的地区应在埋土前进行。实训时间 2～3d。

(2) 实训时,先由指导教师讲解和示范,然后再由学生进行分组操作训练。学生训练初期可按每组 2～3 人分组进行,随操作技能的提高,小组人数逐渐减少,最后独立操作,老师点评总结。

实训结果考核

1. **态度** 不迟到、不早退,态度端正,认真、仔细,遵守纪律（20分）。
2. **知识** 掌握常见猕猴桃休眠期修剪基本知识,并能陈述猕猴桃雌株与雄株的修剪区别（25分）。

3. **技能** 能够正确进行猕猴桃冬剪，程序准确，技术规范熟练（40分）。
4. **结果** 按时完成猕猴桃冬季修剪报告，内容完整，结论正确（15分）。

【实训二】猕猴桃、葡萄主要架式观察

实训目标

掌握猕猴桃、葡萄生产上常用的架式，能够独立设计不同架形，指导企业员工完成葡萄和猕猴桃搭架工作。

实训材料

1. **材料** 选有代表性的当地葡萄、猕猴桃的篱架、棚架或T形架。
2. **用具** 皮尺、钢卷尺、铅笔、橡皮、绘图纸、记载用具等。

实训内容

（1）参观当地葡萄、猕猴桃篱架类型，分别对单篱架，双篱架，宽顶单篱架的结构进行测量记载。

（2）在庭院或丘陵地带，选葡萄棚架，包括倾斜式大棚架，小棚架，水平形大棚架，对其结构进行测量记载。

（3）画出每种架式示意图，标明每种架式的架形结构参数。

实训方法

（1）本实训可随时进行，安排现场教学或实验课完成。

（2）教师现场集中讲解测量方法与要求，学生每3~4人一组，分组进行测量记载，最后一起讨论总结，老师点评。

实训结果考核

1. **态度** 不迟到、不早退，态度端正，认真、仔细，遵守纪律（20分）。
2. **知识** 掌握常见猕猴桃、葡萄常见架式的基本特征，并能陈述棚架与篱架的不同（25分）。
3. **技能** 能够独立指导完成猕猴桃或葡萄完成篱架和棚架设计，技术参数准确，架形规范实用（40分）。
4. **结果** 按时完成架形观测实验报告，内容完整，结论正确（15分）。

项目小结

本项目主要介绍了猕猴桃的生物学特性、安全生产要求及四季管理的配套生产技术，系统介绍了猕猴桃绿色果品生产的全过程，为学生全面掌握绿色果品猕猴桃生产奠定坚实基础。

 **复习思考题**

1. 调查了解目前我国北方猕猴桃栽培品系，有哪些新品种？其特征、特性如何？
2. 比较猕猴桃与葡萄生长、结果习性的异同点。
3. 简述猕猴桃冬季和夏季修剪要点。
4. 目前生产上常用的猕猴桃架式有几类？如何整形？
5. 通过上网学习，了解绿色果品猕猴桃、有机果品猕猴桃和无公害果品猕猴桃生产生产技术规程，思考这三个层次技术规程有何异同点？

项目十三

草莓标准化生产

学习目标

知识目标
◇ 了解草莓生物学特性及安全生产的基本要求。
◇ 熟悉草莓标准化生产过程与质量控制要点。
◇ 掌握绿色果品草莓生产关键操作技术。

能力目标
◇ 能够识别草莓主要病虫害并掌握其防治技术。
◇ 能够运用绿色果品草莓生产关键技术，独立指导生产。

学习任务描述

本项目主要任务是完成草莓认知，了解草莓生产要求、繁育方法及四季的生产任务与操作技术要点，全面掌握草莓土、肥、水管理技能、花果管理技能与病虫害防治技能。

学习环境

要完成本项目学习任务，必须具备以下条件：
◇ 教学环境　草莓苗圃、草莓园，多媒体教室等。
◇ 教学工具　植保机具、常见肥料与病虫标本、草莓生产录像、光碟、教学挂图。
◇ 师资要求　专职教师、企业技术人员、生产人员。

相关知识

草莓以其周期短、见效快、经济效益高的特点深受消费者喜爱。在我国南自海南省、北至黑龙江、东自上海市、西到新疆乌鲁木齐的广阔领域内均有大面积的草莓栽培。目前全国草莓年产量约 90 万 t，露地栽培产量一般为 7 500～22 500kg/hm², 最高者也可达到 37 500kg/hm², 设施栽培草莓产量高于露地，一般为 11 250～30 000kg/hm²。

目前，中国草莓年产量仅次于美国，已跃居世界第二位，亚洲第一位，大量出口日本、欧洲和美国等地。据估计，2007 年全国出口量约 5 万 t，主要出口省份包括山东、辽宁、河北、江苏等。从栽培面积、形式、成本、价格、劳动力资源等方面看，具有较大优势。因此，今后中国草莓出口将逐年增加，潜力很大，前景广阔。

任务一　观测草莓生物学特性

1. 植株形态　草莓是多年生常绿草本植物，植株矮小，呈丛状生长，株高一般20～30cm，短缩的茎上密集地着生叶片，并抽生花序和匍匐茎，下部生根。草莓的器官有根、短缩茎、叶、花、果实、种子和匍匐茎等（图13-1）。

（1）根。草莓的根系属于须根系，是由着生在新茎和根状茎上的不定根组成，十分发达。新根肥嫩粗大，呈乳白色到浅黄色，老根呈暗褐色。1株草莓可发出10几条不定根。

（2）茎。草莓的茎分为新茎、根状茎和匍匐茎3种。

①新茎。草莓当年和1年生的茎称新茎，茎上着生具有长柄的叶片，基部发出不定根。离心生长缓慢，加长生长很短，每年生长0.5～2.0cm，但较粗壮。叶腋着生腋芽，新茎的顶芽到秋季可分化成花芽，顶端花芽来年春天又抽出花序和新茎。

图13-1　草莓植株示意
1. 根状茎　2. 新茎　3. 匍匐茎
4. 退化叶　5. 匍匐茎子苗　6. 果实

②根状茎。草莓多年生的茎为根状茎，是由新茎发展而来，新茎在第二年上部的叶片全枯死脱落后，形成外形似根的根状茎。根状茎具有节和年轮，是贮藏营养物质的器官。在第三年从下部老的根状茎开始，逐渐向上死亡。所以，根状茎愈老，地上部生长愈弱，产量品质下降，因此老株必须及时更新。

③匍匐茎。是草莓的营养繁殖器官。茎细，节间较长。由新茎的腋芽发生，当长到超过叶面高度时，逐渐垂向株丛空间光照好的地方。多数品种的匍匐茎，在第二、四、六等偶数节部位向上发生叶簇，向下形成不定根，固定于土中形成匍匐茎苗。匍匐茎养分的来源，一部分靠自身制造，一部分靠母株供给。匍匐茎发生的多少与品种特性有关。

（3）叶。草莓的叶为三出复叶，叶柄较长。密生于短缩的新茎上，呈螺旋状排列。基部与新茎联合的部分，在两处托叶包合成鞘状，紧紧包于新茎上，称为托叶鞘。托叶鞘常富有颜色，是区别品种的特征之一。

2. 结果特性

（1）花与花序。草莓多数品种属于两性花，由花柄、花托、花瓣、雄雌蕊组成，为虫媒花，自花或异花授粉。花序为聚伞花序。花的苞片的花柄，形成二级花序，其余于依次类推，形成三级花序和四级序花等。一般一个新茎抽生1个或多个花序（图13-2）。

（2）果实。草莓的果实为聚合果，也称为浆果，它是由花托膨大而形成的假果。花托表面着生无数雌蕊，受精后形成瘦果，即草莓的种子。草莓果实纵剖面的中心部位为花托的髓部，髓部因品种不同或充实，或有大小不同的空心，其外部为花托的皮层，种子嵌埋在皮层中，由维管束同髓部相连。不同品种种子嵌入的深度不同，有平果面、凸出果面和凹入果面的，是区别品种的重要特征。

草莓果实的形状因品种而异。常见的形状有扁圆形、圆形、圆锥形（包括短圆锥形、长圆锥形）、楔形（包括短楔形、长楔形）、椭圆形等（图13-3）。果实形状是品种的重要特征之一。但同一品种和同一品种中同一花序的不同级序的果实形状变化也很大。果实的大小也因品种、发育时期和栽培管理条件不同而有很大差异。一般栽培品种的平均果重在20g左右，最大者也有60g以上的，如全明星、索非亚，最大者甚至可达到80g。在同一品种中，第一花

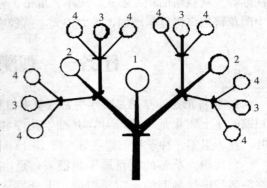

图 13-2　草莓花序
1. 第一节花序　2. 第二节花序
3. 第三节花序　4. 第四节花序

序的果实最大；在同一花序上，随着果实级次的增高而果实变小，一般四级序果就失去了商品价值。环境条件和管理水平对果实大小也有很大影响。管理好，植株生长健壮，留果量少，果实就大；反之，管理差，植株生长弱，留果量多，果实就小。

图 13-3　草莓形状
1. 扁圆形　2. 圆形　3. 短楔形　4. 长楔形
5. 短圆锥形　6. 长圆锥形　7. 长椭圆形　8. 短椭圆形

草莓果实成熟时的果面颜色为红色或深红色，果肉为红色、粉红色或橘红色。

（3）开花习性。草莓花芽分化的环境条件是低温、短日照，其中低温比短日照更重要。日照长度在10h以下能够促进花芽大量形成。温度在9℃时，花芽分化与日照长短关系不大，无论日照长短，均有大量花芽形成。短日照条件下，17~24℃也能进行花芽分化。温度高于30℃或低于5℃，花芽停止分化。四季草莓在夏季高温和长日照条件下，花芽才能分化。

一季草莓于秋季形成花芽，来春开芽花，初夏集中结果。二季草莓对花芽分化要求的低温和日照长短感受不敏感，除年前秋季分化花芽，初夏开花结果外，在当年夏季冷凉和较长

日照下再次分化花芽,至秋、冬季二次开花结果。四季草莓花芽分化不受低温短日照约束,四季皆能开花结果。

草莓在日平均温度 10℃ 以上开始开花。开花前花药中的花粉粒初步成熟,已有较低发芽力,开花后 2d 发芽力最高,花粉发芽适温 25~27℃。开药适温 14~21℃,临界最高空气相对湿度 94%。温度过高过低,湿度过大或降水均不开药,或开药后花粉干枯、破裂,不能授粉。雌蕊受精力从开花当日至花后 4d 最高。由昆虫、风和振动力传播花粉。

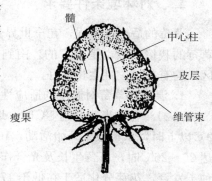

图 13-4　草莓果实剖面图

(4) 果实发育。草莓果实(图 13-4)发育最适昼温 18~20℃,夜温 12℃。果实成熟适温 17~30℃,积温约 600℃。从开花到果实成熟 30~50d,温度低则成熟慢。适温时果柄粗,高温时细。在日照强度欠和较低温的环境中,果实所含芳香族化合物、果胶、色素和维生素 C 均较高。

3. 休眠现象　露地栽培的休眠期一般从 10 月中旬开始直到翌年 1 月。生理休眠解除后如温度过低,乃处在强制休眠状态,待春暖日照加长,才能进入正常生长。

草莓解除休眠的有效低温为 0~5℃。休眠时间在 100h 以下的品种为浅休眠品种,100~400h 为中等休眠品种,400h 以上的品种为深休眠品种。一般低温需求量小的品种适于促成栽培,中间类型或低温需求量多的品种则适于半促成或露地栽培。

任务二　了解草莓安全生产要求

一、果品质量要求

1. 感官质量要求　绿色果品草莓果品感官质量,应符合《绿色食品　温带水果》(NY/T 844—2004) 有关要求,见表 13-1。

表 13-1　绿色果品草莓感官质量要求

项　目	指　标
外观品质基本要求	各品种的草莓都必须完整良好,新鲜洁净,无不正常外部水分,带新鲜萼片,无异嗅和异味,精心手采,无机械损伤,无病虫害,发育正常,具有贮藏及市场要求的成熟度
果形及色泽	果实应具有本品种特有的形态特征、颜色特征及光泽,且同一品种、同一等级不同果实之间形状、色泽均匀一致。果形良好,无畸形果
果实着色度	≥70%
果面	果面洁净,无损伤及各种斑迹
果肉	软硬适度,多汁,果肉颜色具有品种的特征颜色
成熟度	达到生理成熟,或完成后熟
碰压伤	无明显碰压伤,无汁液浸出。批次产品中缺陷果不超过 4%,其中腐烂不超过 1%
缺陷果容许度	缺陷果百分数 (%) 以果实个数为单位进行计算。腐烂果在产品提供给消费者前应剔除

2. 理化质量要求　绿色果品草莓理化质量应符合《绿色食品　温带水果》(NY/T 844—2004) 中有关草莓理化指标要求,详见项目五表 5-3。

3. 卫生质量要求　绿色果品草莓卫生质量必须符合《绿色食品　温带水果》(NY/T

844—2004）卫生指标要求（表15-4）。

二、对环境条件要求

草莓的适应性很强，在全世界分布区域很广，从热带至北极圈附近均可栽培。在我国，草莓的栽培区域也是很广的。南到海南，北至佳木斯，东起山东半岛，西至新疆石河子地区，均有栽培，且生长良好。

1. 温度 草莓对温度的适应性较强，喜欢温暖的气候，但不抗高温，有一定的耐旱性（表13-2）。春季当气温达5℃时，地上部分开始萌芽，茎叶开始生长。早春土壤温度稳定在2℃以上时，草莓根系开始活动，10℃时根系活跃形成，最适生长温度为18~20℃。当气温达20~26℃时，草莓生长及光合作用最强。开花期低于0℃或高于40℃，影响授粉受精和种子发育。花芽分化适于在低于17℃条件下进行，当温度降到5℃以下时，花芽分化停止。

表13-2　草莓在不同生育期的温度要求

物候期	白天温度（℃）	夜间温度（℃）
顶花序显蕾前	24~30	12~18
显蕾期	25~28	8~12
开花期	22~25	8~10
果实膨大期	20~25	5~10
果实成熟期	20~25	5~10

2. 光照 草莓是喜光植物，但又比较耐阴，在轻度遮阳情况下，对产量和品质影响不大，故可作果树的间作物。其光饱和点为20 000~30 000lx。比其他果菜类低得多，所以草莓适合与粮、菜、果作物套种。

草莓在不同的生长发育阶段对光照的要求不同。在花芽形成期，要求每天10~12h的短日照和较低温度，如果人工给予每天16h的长日照处理，则花芽形成不好，甚至不能开花结果。但花芽分化后给以长日照处理，能促进发育和开花。在开花结果期和旺盛生长期，草莓1d需12~15h的较长日照时间。低温短日照条件也是草莓休眠的外在因素，在这种条件下不能形成匍匐茎。

3. 水分 草莓根系浅，喜湿，叶表面蒸发量大，要求充足的水分。但在不同的生长发育期，对水分的需求量不同。早春开始生长期和开花期，要求保持土壤田间持水量的70%；果实生长和成熟期需要水分最多，要求在土壤田间持水量的80%以上。此时缺水，果个变小，品质变差；浆果成熟期，适当控水，保持田间持水量的70%为宜，可促进果实着色，提高品质；采果和匍匐茎大量形成期，需水较多，只有充足的水分供应，才能形成大量的根系发达的匍匐茎苗。花芽分化期适当减少水分，以保持田间持水量的60%~65%为宜，以促进花芽的形成。

4. 土壤 草莓可以在各种土壤上生长。草莓的根系主要分在20cm的表层土壤中。草莓适宜栽植在疏松，肥沃，通气良好，保肥、保水能力强的沙壤土中。如果在黏土地上栽种草莓，就需要采用黏掺沙或增施有机肥，小水勤灌，以增强草莓着色，提高含糖量，促进早熟。在缺硼的沙土中栽培草莓，易出现果实畸形，落花落果严重，浆果髓部会出现褐色斑渍，需通过施硼砂来防治缺硼症。草莓适宜pH为5.8~7.0，pH<4和pH>8时就会出现生长发育不良。

5. 其他 露地栽植草莓是一种普遍的栽培方式，周期短，管理容易，投资少，成本低。草莓因具有喜光、喜水、喜肥、怕涝的特点，故园地多选择地势较高，地面平坦，土质疏松，排灌方便，光照良好，有机质丰富的壤土或沙壤土。前茬作物以豆类、瓜类及小麦为宜，应尽量避免与番茄、茄子、青椒、马铃薯等茄科作物轮作。7、8月份栽植前彻底清除杂草，细致整地，施足底肥，提高地力，以满足整个生长周期对养分的要求。

三、建园要求

1. 优良品种选择 草莓可分为食用草莓、观赏草莓和野生草莓资源。有40多个种，其中凤梨草莓是主要的栽培种，目前生产上栽培的优良品种都出自该种，或该种与其他杂交种。

目前，世界上已知草莓约有50种，主要品种2 000多个，并且新优品种不断育成问世，我国引进和自育也有几百个，这里介绍近几年我国主栽和有一定栽培面积的新优品种（表13-3）。

表13-3 名优草莓品种一览表

品 种	产地或选育单位	栽培方式	一级果平均单果重（g）	每667m² 产量（kg）	类 型
达斯莱克特	法国	露地和半促成栽培	30	2 000~3 000	中熟品种
高斯克	加拿大	露地和半促成栽培	24	1 000~1 500	中早熟品种
章姬	日本	设施栽培	35	1 800~2 200	早熟品种
鬼怒甘	日本	设施栽培	28	3 000	早熟品种
宝交早生	日本	设施栽培	31	2 000	中早熟品种
丰香	日本	设施栽培	25	2 000~2 500	早熟品种
硕蜜	江苏农业科学院园艺所	露地和设施栽培	15~20	1 360	早中熟品种
红丰	山东农业科学院果树所	露地和设施栽培	13.4	2 500~3 000	中早熟品种
草莓王子	荷兰培育的高产型	露地和设施栽培	42	2 800~3 500	中熟品种
大将军	美国	设施栽培	58	3 000	早熟品种
美国红丰	美国	露地和设施栽培	60	2 500~4 000	中早熟品种
图得拉	西班牙	适合日光温室促成栽培或露地栽培	30	4 000	早熟品种
明旭	沈阳农业大学	露地和设施栽培	16.4	992.47	早熟品种

想一想

当地草莓还有哪些优良品种？栽培方式是怎样的？

2. 园地选择要求 绿色果品草莓建园环境必须符合《绿色食品 产地环境质量标准》（NY/T 391—2000）的规定，草莓生长发育期喜欢凉爽温和的气候条件，一般根系生长需温度15~18℃，地上部生长温度需20℃左右，叶片光合作用适温在20~25℃。

产地要选择生态条件良好，远离污染源，大气、土壤和灌溉水经检测符合国家无公害农产品产地环境有关标准，地面平整、阳光充足、排灌方便、土壤疏松肥沃的壤土或沙壤土，土壤pH以5.8~6.5为宜。草莓具有喜光，耐荫蔽；喜水，怕涝；喜肥和怕旱等特点。栽植草莓应选择地面平整，阳光充足，土壤肥沃，疏松透气，排灌方便的地点。草莓可与其他作物合理间作或轮作。草莓园应选择与草莓无共同病害的前茬地块建园。

3. 草莓栽植要求 草莓北方露地栽培在 8 月上中旬定植,南方露地栽培在 10 月中旬定植。四季品种在 8 月上中旬定植。常采用大垄双行的栽植方式,一般垄台高 30～40cm,上宽 50～60cm,下宽 70～80cm,垄沟宽 20cm。株距 15～18cm,小行距 25～35cm。栽培密度为每 $667m^2$ 8 000～10 000 株。

草莓是自花授粉作物,但异花授粉的增产效果明显,因此,除主栽品种外,还应搭配授粉品种。例如,以宝交早生作为主栽品种,授粉品种可搭配春香、明宝和明晶。1 个主栽品种可搭配 2～3 个授粉品种。主栽品种占的种植面积不少于 70%,其余为授粉品种。为了延长供应期,可采用早、中、晚熟品种搭配栽植。大面积栽植时,品种不少于 3～4 个。主栽品种与授粉品种相距一般不宜超过 20～30m。同一品种应集中配置在园内,以便于管理和采收。

栽植深度是草莓成活的关键。如图 13-5 所示,栽植过深,苗心被土埋住,易造成秧苗腐烂;栽植过浅,根茎外露,不易产生新根,引起秧苗干枯死亡。合理的深度应使苗心茎部与地面平齐。栽植前要特别强调整地质量,栽植时做到"深不埋心,浅不露根"。操作时先把土挖开,将根舒展置于穴内,然后填入细土,压实,并轻轻提一下苗,使根系与土紧密结合,栽后立即灌 1 次定根水。灌水后如果出现露根或淤心的植株以及不符合花序预定伸出方向的植株,均应及时调整或重新栽植。

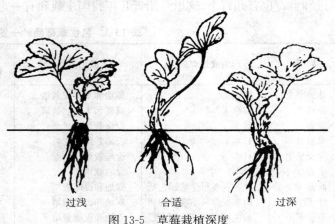

图 13-5 草莓栽植深度

四、生产过程要求

草莓生产过程,要求选用优良品种,推行节水灌溉。农药、肥料使用严格遵守《绿色食品 农药使用准则》(NY/T 393—2000)和《绿色食品 农药使用准则》(NY/T 394—2000)有关农药、肥料使用准则,开展配方施肥、生物防治、定量挂果、越冬防寒、春季防霜、间苗、摘除匍匐茎、疏花疏果、除老叶与弱芽、果实垫草、培土、生长调节剂的应用、清园更新等先进实用技术,生产生态、安全、优质的草莓产品。

任务三 草莓标准化生产

工作一 春季生产管理

一、春季生产任务

春季是草莓结果的关键时期,也是草莓栽种的最后阶段。春季的主要工作任务有:摘叶、控光、施肥、灌水、病虫害防治、垫果与采收等。

二、春季植株生长发育特点

开春后，气温逐渐回升，草莓也进入了生长发育阶段。草莓从早春新叶生长发育到果实成熟只有2个多月的时间，因此及时抓好返青后管理是夺取草莓高产的关键。一般草莓初生根成活1年，治理得好可活2~3年。初生根上散布着很多细根，细根上密生根毛，具有从土壤里吸收水分和矿物质营养的功效。一株成熟的草莓植株通常有20~25条初生根，多的可达到100条根。从秋季至初冬以及第二年春季，是根系生长的旺盛期。

三、春季生产管理技术

（一）地下管理

1. 追肥 草莓生长期较短，对钾和氮的需求量大。因此追肥应以氮、钾肥为主，磷肥应作基肥施用。

由于草莓根系较浅，对肥料反应比较敏感，要避免施用碳铵、硫铵等化肥，春季追肥应以尿素、复合肥为主。

追肥方法：主要有环状施肥、沟施、穴施（图13-6），全园撒施、灌溉式施肥、叶面喷肥。

追肥时期及追肥量如下：

（1）发棵肥。3月中下旬，为促进植株返青和花序的发育，要结合灌水追施1次发棵肥，一般每667m²施入复合肥10~15kg或尿素7~10kg。

（2）果实膨大肥。3月底以后，施肥以磷、钾肥为主，兼施适量氮肥，也可施氮、磷、钾复合肥，每667m²施8~10kg，或施磷酸钙、氯化钾、尿素等肥料。还可叶面喷肥，开花前

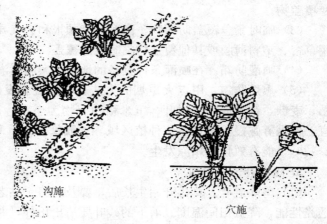

图13-6 草莓施肥方法

喷施0.3%尿素或0.2%~0.3%磷酸二氢钾溶液2~3次，可提高坐果率，增加果重，提高产量和品质。

2. 灌水

（1）灌水时期。草莓对水分要求很高，整个生育期间都要求有足够的水分供应，保持土壤湿润。3月中下旬，草莓开始萌芽和展叶，应适量灌水，以免降低地温，影响根系生长。草莓开花期到浆果成熟期缺水，需灌水2~3次。4月中旬叶片大量发生，草莓进入开花期，需水较多，4月下旬到5月上旬，是草莓盛花期和果实膨大期，是草莓全年生长过程中需水最多的时期。5月中下旬草莓成熟采收，此期水分过多，会引起果实变软，不利贮运，还会导致灰霉病发生蔓延，此时要控制灌水。每次灌水量要适当，忌大水漫灌。

（2）灌水方法。垄栽的可直接在垄沟内灌水。果实成熟期可采用隔行灌水，以防止土壤过湿，踩踏后易板结。平畦栽植的按畦漫灌。有条件地区采用滴灌，可节省用水量30%左

右，还能避免浆果沾泥土，减少浆果腐烂，并提高商品果率20%以上。

（二）地上管理

1. 清除防寒覆盖物 当日平均温度稳定在10℃左右时，开始撤除越冬御寒的覆盖物，到3月中下旬全部除去。揭膜时要小心，防止折断花芽，可用竹竿等顺着草莓垄沟，将覆盖物轻轻挑开。如用落膜覆盖防寒的，揭膜前要做好炼苗工作，如温度高时揭开，低时覆盖，并逐渐缩短覆盖时间，经过5~7d，即可全部撤除防寒膜。揭开覆盖物后，应及时将枯叶、病叶、老叶摘除，改善透光条件，防止病害发生。

2. 防晚霜害 草莓在春天萌芽之后，植株矮小，对晚霜冻敏感，在1℃时，草莓苗受害较轻，−3℃时，受害会加重。正在生长的花蕾和开放的花朵受冻害严重时，不能成果，受害轻时部分雌蕊会变颜色，容易长成畸形果。在早春季节，草莓开花期也是北方寒冷地区晚霜频繁发生的时候，应当及时采取以下几种防范措施：

（1）注意选择抗霜品种。栽培种植草莓时，应尽可能不种早熟品种，优先考虑选用抗霜的新品系及中、晚熟品种。

（2）适当晚撤防寒覆盖物。早春应根据本地实际情况，适当晚一些时间撤除冬季防寒用的覆盖物。尤其在晚霜易发、多发生地区，则应因地制宜，根据气候变化推迟或延长越冬防寒覆盖物。

（3）临时紧急覆盖防寒物。注意天气预报和天气异常变化。在有霜灰和寒流发生时，可用草帘、塑料薄膜或其他覆盖物临时紧急覆盖。

（4）喷灌防霜。在喷灌条件具备的地方，实施喷灌也能防止霜害。

（5）熏烟防霜。用点火熏烟的方法。在有晚霜发生的时间内，找一些稻草、稻壳、麦秸、麦糠、锯末或枯枝树叶、玉米秸粉碎物为燃料，夜晚点燃，控制在不发明火只冒烟为宜，使烟雾弥漫，覆盖草莓种植区域。一般每667m^2可以设置4~6个燃烟点，可提高地温2~3℃，能有效预防霜冻发生。

3. 除老叶、早中耕

（1）剪除老叶。草莓开始生长后，要及时将干枯老叶和病叶剪除，以改善植株间的通风透光性能，降低田间温度。剪下的残叶要清出田外，并集中堆沤造肥，以减少病源，防止病菌感染蔓延。

（2）开春后及时中耕。及时中耕除草，能促进草莓生长发育。中耕要浅，以免伤根，防止土块压没苗心。中耕同时清理疏通排水沟以防渍害。

4. 疏花疏蕾 草莓花序上先开的花结果好、果实大、成熟早；草莓新茎上抽生花序后，一般每个花序有10~30朵花，花蕾过多，养分供应不足，生长衰弱，小果和畸形果会增加。因此，现蕾后，要疏去瘦小的花蕾，盛花期再进行1次疏花，使营养集中供应大花，增加坐果率和单果重。疏蕾疏花，每株保留花序2~3个，每个花序留果3~5个为宜。

5. 垫果与采收 开花后2~3周，随果实增大，果穗下垂，应及时用麦秸顺行垫在果穗下面，防止果实与地面接触污染或烂果。垫果有利于提高果实商品价值，对防止灰霉病有一定效果。要用瓜果壮蒂灵使输导管变粗，加大养分输送量，提高果实膨大活力，自我调节营养匹配，保花、保果、壮果、增色。一般当果实表面着色达70%以上时开始采收，最好在早晨露水干后11:00以前或傍晚天气转凉时进行，这时采收草莓利于存放。采摘时手不要接触果肉，轻轻捏住果柄，带一部分果柄摘下放入清洁容器中，进行分级，立即出售或加工。

6. 病虫害防治 草莓植株矮小，匍匐地面生长，而且开花结果时间长，果实易接触地面，易受病虫侵害，生产上要加强预测预报，及时防治。病虫害主要有：病毒病、白粉病、灰霉病、褐斑病以及蚜虫等地下害虫。

开春后，随着气温的升高，病菌开始蔓延，虫卵孵化出土，此时正是防治病虫害的最佳时期。若发现地老虎、蝼蛄、蛴螬、金针虫等危害草莓的根、茎时，可采取：①早春进行浅锄，消灭杂草和土壤虫卵、幼虫；②每 667m² 用 90% 晶体敌百虫 200g 或 50% 辛硫磷乳剂 200～300g，对水 500～700 倍，然后灌根部；红蜘蛛可用克螨宝和克螨特 3 000 倍喷杀。红蜘蛛可用三氯杀螨醇或克螨特。

对叶斑病、灰霉病、芽枯病、黄萎病、白粉病等多种真菌性病害，可用 50% 多菌灵或 70% 甲基托布津 500～800 倍液喷雾，每隔 5～7d 喷 1 次，连用 2～3 次。病毒病主要是由蚜虫带毒传染，可用 10% 吡虫啉 1 000 倍液喷杀蚜虫防治。注意在采收前 10d 左右禁止施用农药。

工作二 夏季生产管理

一、夏季生产任务

草莓的夏季管理任务包括：移栽繁殖、灌水、压蔓、培土、除草、夏季病虫害防治等。

二、夏季植株生长发育特点

草莓性喜凉爽，不耐高温干旱，生长发育的适宜温度为 17～26℃，30℃ 以上生长受阻。如遇 35℃ 以上的高温干旱天气，植株便会出现严重生理失调，甚至造成植株大量死亡。因此，无论是多年一栽制的草莓园，还是一年一栽制的草莓园，都必须采取措施，防止高温干旱，确保安全越夏。

三、夏季生产管理技术

(一) 地下管理

1. 施肥 草莓采收后即进入第二次营养生长高峰。此期追肥，有利于植株营养生长，恢复生长势，增加后期的光合积累。在畦间开小沟，每 667m² 施尿素 10～15kg、过磷酸钙 15～20kg、氯化钾 7.5～10.0kg。对苗数不足苗地，可用 2% 人粪尿或 0.3% 复合肥进行灌施，7～10d 1 次，可连续使用，施肥时间应掌握在傍晚为好，以防肥害。

2. 灌水保湿 草莓根系较浅，抗旱能力弱，且叶面积较大，蒸发较旺盛，若不勤灌水保持土壤湿润，很易引起茎叶枯萎死亡。因此当地面露白龟裂时，应在夜间沟灌，无条件灌溉的地块，应每天早晚泼水，始终保持田间持水量的 60%～80% 为宜。灌水以灌至畦沟的 2/3 为宜，不能淹没畦面，园地全部湿润后及时排水。水时间以傍晚为宜。在连续天晴的情况下，视地块的实际情况，一般要求 3～5d 灌 1 次。

(二) 地上管理

1. 中耕培土 草莓新根部位具有逐年上移的生长特点，因此，经 1 年生长后应注意基部培土，主要在采果后至新根大量发生前及时进行。培土厚度以露出苗心为宜，培土可结合追肥、中耕进行。

2. 清除杂草 杂草容易与草莓争肥争水，影响草莓健壮生长，降低草莓抗旱能力，必须经常拔除。拔草时注意不要松动草莓根系，以免造成植株死亡。在拔草的同时，可摘除草莓黄叶、枯叶，以减少养分和水分消耗，并利于通风透光。

3. 定向压蔓 采果后的夏、秋季生长期间，匍匐茎会产生3~5次子苗，如不繁殖新苗应及时除掉，以免消耗母株营养，降低次年的草莓产量，用于繁殖种苗的草莓苗圃，为使每次子苗均能长成壮苗，在发苗期间要及时将匍匐茎定向理顺，用泥土稍压，促生新根。

4. 移栽繁殖 6月上旬果实采收结束后，趁早在原种植园内隔行隔株带土起苗，移栽到新辟的园地。高垄双行密植的，可将两垄合并成一平畦。也可移出3/4的种苗，留下的草莓每株给予0.6~1.0m^{2}的空隙地。留下的植株管理得好，每株可繁殖新苗100株以上。新苗移栽时，如已经扎根，应将其与母株切断，尚未扎根的可"祖孙三代"同时带出。

5. 遮阳降温 为避免阳光直射造成高温灼伤子苗和匍匐茎，引发叶斑病、炭疽病等病害的暴发，尤其是红颊品种必须搭遮阳棚保护。最好在畦面上搭1m高左右的荫棚，顶上盖些草，也可在畦边种些高秆作物，如玉米等，但不能过密，以免通风不良光照不足，影响草莓正常生长。

6. 病虫害防治 目前草莓苗地主要病虫害有斜纹夜蛾、蓟马、地下害虫、蛴螬、炭疽病、叶斑病、黄萎病等。

（1）斜纹夜蛾。经常检查草莓苗地，发现有危害时及时进行防治，防治药剂有40%毒死蜱乳油1 000倍液或5.7%百树得乳油1 000倍液进行防治。

（2）地下害虫。发现有地下害虫危害时及时用40%毒死蜱乳油800倍液，或50%辛硫磷乳油800倍液进行喷施（应对苗和畦面全面喷施，喷药时间在17：00以后）。

（3）蓟马。可用10%吡虫啉2 000倍液，或10%呀虱净2 000倍液进行防治。

（4）蛴螬。夏、秋季，对草莓威胁最大的害虫是蛴螬，常咬坏植株，造成全株枯死。可用800倍敌百虫或1 000倍敌敌畏液灌苗蔸，也可人工捕捉。蛴螬的成虫金龟子常在未腐熟的肥堆上产卵，使用充分腐熟的有机肥则可减轻危害。

（5）炭疽病。继续清理除去发病的匍匐茎、叶片，并集中处理，然后进行药剂防治。基本原则是每次雷阵雨和植株清理后都必须及时喷药防治，可选用60%百泰水分散粒剂1 000倍液，或25%使百克乳油1 000倍液，或25%咪鲜胺1 000倍液，或70%百菌诺可湿性粉剂700倍液，或80%大生M-45可湿性粉剂800倍液喷雾，喷雾时必须仔细周到。红颊、章姬等品种若子苗密度过大（667m^{2}发苗30 000株以上）可拔除育苗母株，并于7月底移出部分子苗假植，使667m^{2}留苗数在30 000株以内。

（6）叶斑病。叶斑病（包括多种危害叶片的病害）药剂可选用60%百泰水分散粒剂1 000倍液，或50%多菌灵可湿剂粉剂700倍液，或70%托布津可湿性粉剂1 000倍液，70%百菌诺可湿性粉性粉剂700倍液，或80%大生M-45可湿性粉剂800倍液喷雾。

此时主要害虫是蛴螬，可用800倍敌百虫液或1 000倍敌敌畏液灌根部。蛴螬的成虫金龟子常在未腐熟的肥堆上产卵，使用充分腐熟的有机肥料则可减轻危害。

工作三　秋季生产管理

一、秋季生产任务

秋季是草莓栽植季节，主要任务有选用壮苗、整地施肥、适时栽植、栽后管理、防治病虫害等。

二、秋季植株生长发育特点

草莓生长到深秋，便逐渐进入休眠期。草莓根系浅，耐−8℃的低温和短时间−10℃的气温，温度再下降就会发生冻害，严重时植株死亡，造成经济效益下降。北方栽培草莓越冬防寒措施主要是进行覆盖。越冬覆盖防寒又保墒，利于草莓的生长。不认真进行覆盖防寒的草莓，表现出萌芽晚，生长衰弱，产量明显降低。

三、秋季生产管理技术

（一）地下管理

1. 品种选择　促成栽培选择休眠浅的品种，半促成栽培选择休眠较深或休眠深的品种。北方露地栽培选择休眠深或较深的品种。品种选择时还应考虑品种的抗性、品质等性状。草莓自花结实力强，但搭配1~2个其他授粉品种，可显著提高产量。要选用生长健壮、须根多的无病优良品种。选择时尽量用母本圃而不用生产圃种，以离母株近、叶片多、根系好、生产旺的1~3株苗最好。要选用宝交早生、因都卡、戈雷拉和素非亚等优良品种的生长健壮、须根多的无病幼苗。一般幼苗至少要有4片叶，茎粗1cm左右。如果从较远的外地购进幼苗，在栽培管理时应把植株外围的大叶剪掉，只留中间2~3片小叶，这样可减少叶片水分的蒸发，以提高其成活率。

2. 整地施肥　草莓根系较浅，要选择在土壤疏松、含有机质较多、地势平坦、灌排水方便、pH在5.5~6.5的沙壤土上栽培。草莓栽植前15d左右，要进行整地，先喷西氟乐灵除草剂，每$667m^2$用量200g即可。接着进行深翻整地，深翻30~40cm，结合翻地每$667m^2$施优质农家肥4 000kg、磷酸二铵15kg、硫酸钾10kg。最后要把土壤耙细、耙平，为做畦或打垅打下基础。

3. 栽植　北方一般在立秋前后栽植草莓较多，此期间气温适宜，雨量充沛。成活后秧苗有足够的生长天数，使秧苗生长健壮，形成饱满的花芽。秋季栽植在8月中下旬进行，因为温、湿度比较适宜，草莓栽后能很快地发苗和进入正常的生长生育。在平畦上栽培管理时，每畦栽2行，行距20cm，每$667m^2$栽苗1 000株。两畦之间留30cm的过道。垅栽时，每垅栽2行，行距20cm，株距15cm，每$667m^2$栽苗9 000株。栽植时应注意的问题是最好选择阴雨天或晴天傍晚栽苗，要做到深栽不埋心，浅土不露根，幼苗的根颈恰与地面平齐为宜。

4. 全叶定植　有资料介绍，定植草莓苗时要掰掉老叶，把大的叶片全掐掉，只保留叶柄和2~3片心叶，可减少水分蒸发，有利于成活。经实践证明，栽苗时逐株掰掉老叶非常麻烦，而且老叶掰掉或掐掉后伤痕较多，幼苗更容易失水。通过试验示范，不掰掉老叶（除干枯的黄叶），带全叶定植，有3个好处：①草莓苗无伤痕，可减少水分大量蒸发；②定植后叶片有遮阳作用,可降低土温,减少土壤特别是根部土壤水分大量蒸发;③秧苗叶片多,可加强光合作用,促生新根和新叶生长,缓苗快,成活率高。缓苗后再打掉老叶,留4~5片叶为宜。定植后要及时灌透定根水,灌后要及时检查,对露根或埋心苗要及时进行调整。

(二) 地上管理

1. 栽后细管 选择阴雨天或晴天傍晚栽植,栽后2~3d内每天早晚灌小水1~2次,以后改为2~3d灌1次水。晴天移栽的要人工遮阳,栽后4~5d晾苗,7~8d后撤棚,缓苗后及时灌水,每667m² 施尿素7.5kg,促幼苗正常生长。入冬前应灌1次透水。当气温降至-5~-4℃时,及时用秸秆覆盖,厚度为10~20cm。

2. 秋季病虫害防治 草莓常发生的病虫害主要有灰霉病、白粉病、芽枯病、病毒病及蚜虫和红蜘蛛等。

防治方法:灰霉病可用50%速克灵800倍液喷雾防治;白粉病可用70%甲基托布津800倍液喷施防治;病毒病可选用脱毒苗,对连作的土壤消毒,防治蚜虫进行预防。红蜘蛛多以植株下部老叶栖息密度大,故随时摘除病叶和枯黄叶可有效地减少虫源传播;可选用低残毒的1.8%阿维菌素乳油2 000~4 000倍液,喷2次,每次间隔5~8d。

工作四 冬季生产管理

一、冬季生产任务

草莓是多年生草本植物,其丰产管理的关键时期在冬季。若管理得法,3月下旬便可开花,初夏水果淡季即可上市。而冬季生产任务的关键重在抓好"三防",即防寒、防旱和防早花。

二、冬季植株生长发育特点

9月下旬以后,在较低温度下开始花芽分化;秋末冬初气温下降至5℃以下时,植株进入休眠越冬期。翌年2月下旬前后,当日平均气温达2~5℃时,根系开始活动。

三、冬季生产管理技术

(一) 地下管理

灌越冬水:10月下旬后,草莓虽因气温降低而停止生长,但根系和叶片仍需要水分;同时,为防止冬季因土壤干旱而断根死苗,冬季干旱时必须及时灌水,灌水次数应根据土壤水分和天气情况而定。一般从当年11月底至翌年2月,灌水2~3次。灌第一次水前每667m² 追施三元素复合肥40kg,每次灌水要达到土壤湿润为止,以确保草莓休眠状态下生命活动的需要。稍风干后,进行中耕,可达到保墒和提高地温的目的。

(二) 地上管理

1. 防寒 草莓具有较强的耐寒力,但在气温较低的地区要稍加稻草覆盖。覆盖稻草不仅可以防寒,还能保持土壤湿润,草莓挂果后又能防止泥土污染果实,减轻果实病害。地膜覆盖栽培可以显著提高产量、果实品质和商品价值。具体做法是在2月下旬,将地膜先覆盖于苗上,厢两侧用锄将地膜嵌入厢底内固定,使地膜圆滑平整。然后对准苗,用手指触破地膜,将草莓苗从破口处掏出。要防止植物或叶片遗留在膜下,并随即用碎土压住根际薄膜，以防冷空气吹进地膜，使之失去保温效果。在气温较低的地区，盖膜时间也可提早到1月。开始密闭一段时间，以提高地温，促进草莓生长，2月下旬在地膜上破口掏出植株。

2. 防旱 草莓属浅根系植物，抗旱力弱，冬季往往会出现叶片转红，只有心叶保持绿色的现象，遇上冬季干旱时，这种现象更为严重。因此，冬季干旱时必须及时灌水，灌水次数应根据土壤水分和天气情况而定。一般从头年11月底至翌年2月，至少需灌2~3次。每次灌水要达到土壤湿润为止，以确保草莓休眠状态下生命活动的需要。

3. 防早蕾早花 草莓在年前容易发生植株现蕾、早开花现象，这种现象会严重影响草莓的产量和品质。

早花一般是由花芽分化时氮素营养不良和初冬气温偏高引起的，现蕾开花后的草莓耐寒力大大降低。培育壮苗、适时移栽、冬前适当提高氮素营养水平，是防止早花的主要措施。大棚生产的草莓，在育苗至花芽分化前，如氮素吸收较少，草莓花芽分化往往提早发生。如果假植时间过晚、假植苗过小或形成老化苗、假植床土壤过干过湿、肥料不足，均可使草莓花芽分化提早。大棚扣棚过早、温度回升过快、放风不及时等，会造成草莓早蕾早花。扣棚后应注意控制温度，棚内温度白天控制在25℃以下，夜晚控制在0℃以上，保证草莓正常发育。对已经发生早花早蕾的植株，要及时摘除花蕾，加强肥水管理，促进腋芽开花结果，尽量减少损失。

想一想

草莓和其他果树追肥有何异同？

工作五 制订草莓周年管理历

草莓周年管理历是草莓周年生产操作技术规程，全国各地可根据当地具体情况参照《无公害草莓生产技术规程》或《绿色食品 温带水果》（NY/T 844—2004）执行，重点抓好农药、化肥污染控制，实现草莓生产过程质量控制，生产高质量的优质草莓产品。

生产案例 河北省草莓周年管理历

一、3~4月管理

1. 撤除防寒物 在冬季为抵御严冬给草莓覆盖的防寒物应在开春土壤解冻后撤除，并应分两次进行。第一次在3月下旬土地解冻后，第二次在4月10日前后。撤除防寒物时，要用花铲或窄锄轻轻地铲，露出草莓苗即可，要防止碰伤苗子。草莓萌芽后破膜提苗，在膜上对准植株撕一小口，把苗拉出膜外，露出苗心，以防止枝叶感病。

2. 早春防冻 为了防止早春霜冻，要及时去除冬季的防寒覆盖物，使植株提早受到锻炼，增加抗寒能力。也可选择晚开花的品种，以减少受害程度。

3. 施花前肥 由于早春生长迅速，所以在萌芽后要及时补充肥料。根据情况每667m²施尿素15kg、磷酸二铵20kg，施肥一般采用开沟条施或穴施，施肥后及时灌水和中耕，提高地温，促进肥料的吸收。

4. 春季病虫害防治 春季是草莓立枯病多发季节,应采取以下方法防治:①避免在发病地块育苗和栽植。否则要进行土壤消毒。②及时拔除病株。栽植不能过密,灌水不能过多,要防止湿度过大。③药剂防治。可在现蕾期开始进行,喷10%多抗菌素1 000倍液。陆地栽培的连喷2~3次,间隔时间为1周。也可用敌菌丹800倍连喷5次。

5. 种苗繁育 选择没有种植过草莓或经过土壤消毒的地块,作为草莓繁育的专业苗圃,在4月上旬当日平均气温在12℃时可以定值。选择母株最好用脱毒的组培苗。一般每667m^2苗圃用苗2 000株。可繁育出4万~5万优质种苗。种苗的好坏直接影响到草莓的产量和品种。

二、5~6月管理

1. 追肥灌水 在幼果期应适时追肥。一般每667m^2施尿素和磷酸二铵各10kg。施后应灌水,栽苗定植阶段采用沟灌较好,果期草莓需要补水和补肥,以滴灌为宜,切不可大水漫灌。

2. 压蔓 在栽植后的翌年5月上旬就能产生匍匐茎,要在缺苗断垄的空闲地上进行压蔓,促使其生根,以增加有苗株数。

3. 草莓采收 从草莓的浆果开始着色成熟到采收结束的20~25d,应在畦内地面上覆盖干草,以防果实接触地面,保持果面清洁,一般供鲜食用的鲜果,果面70%着色,大约有八成熟时即可采收。

4. 苗圃地的肥水管理 栽后要及时松土灌水,浅锄中耕,在匍匐茎发生期,补施生物有机复合肥2~3次,每次每667m^2不超过20kg,或结合松土用酵素菌发酵的腐熟粪水稀释后轻灌。

(1) 摘除花茎。春季栽植的母株,应注意及时疏除母株上出现的花蕾,减少营养消耗,促发匍匐茎和形成健壮子株。

(2) 整理茎蔓。草莓植株生长较旺,应经常整理和固定匍匐茎,使子株间距保持10~15cm,均匀分布。保证每一子株有足够的营养面积。

(3) 喷施赤霉素。0.5g赤霉素原粉(1g一小袋分2份),用少许酒精溶解,根据品种及苗情加水10~15kg,每株稀释液5~10mL。叶面喷施。

三、7~8月管理

1. 匍匐茎的处理 果实采收之后,为了提高母株产量,应及时将匍匐茎摘除,减少母株养分消耗。如果既要保持母株的产量,又要繁殖秧苗,采收后立即加强肥、水管理,促使它多生匍匐茎,并及时压蔓,以便新生的秧苗扎根,健壮生长,同时也能减少母株的养分消耗。

2. 秧苗繁育 秧苗繁育一般应该建立草莓繁殖母本园圃。对于重茬连作地要进行土壤消毒,常用药剂有:溴甲烷或氯化苦。一般每667m^2施肥4 000kg腐熟有机肥,40kg过磷酸钙、50kg氮、磷、钾复合肥。对圃中的草莓母株,加强肥、水管理,加大株行距(20cm×40cm左右为宜),生产壮苗,以利早果、丰产。

3. 秧苗栽植 栽植秧苗的时间一般应在7月下旬到8月上旬。草莓大面积生产多采用畦栽,畦宽2m、长6m,株距20cm,行距40cm。栽种后要及时灌水,并使土壤保持湿润,以提高秧苗的成活率。

4. 秧苗假植 从北方引进到南方栽培的草莓品种,在定植前最好先进行假植,提高栽植成活率。

(1) 假植时期。假植一般在 7 月中下旬,假植育苗期在 50d 左右。

(2) 假植方法。假植前 1~2d,育苗田灌足水。假植一般选取初生根多,具有 3~4 枚展开叶的健康子苗。将子苗自母株上分离时,通常于母株一侧留 2cm 左右的匍匐茎残桩,以便于今后生产栽培时定向种植。挖苗时要尽量少伤根系,带土托排列整齐,土托缝隙之间用土压实。

(3) 假植后的管理。

① 水肥管理。移栽后立即灌水,并在 3~4d 内每天都要灌 1 次或喷 1 次水,以保持土壤含水量。一般假植后不宜大量追施肥料,8 月上旬叶色偏黄可追 1 次肥,用 0.1%~0.3% 的磷酸二氢钾液叶面喷施。8 月下旬起应控制氮肥的施用和水分,以利于花芽分化。

② 植株管理。假植苗存活后,要及时摘除老叶、黄叶和病叶。摘叶有利于促进根系的发育和根茎的增粗。正常生长后,经常保持植株 4~5 枚展开叶。假植期间出现的腋芽及抽生的匍匐茎要全部摘除,以保证主芽的健壮生长。假植最好在阴雨天进行。

四、9~10 月管理

1. 连续栽植草莓施肥 在草莓采果和繁殖秧苗结束后,在土壤解冻,草莓根系还在活动吸收储存越冬营养前,应尽早为草莓(尤其是秧苗)追施一次越冬人畜粪尿、磷肥或其他含磷、钾量较高的有机肥等,但切忌施用含氮量较高的化肥等,以利于草莓能够吸收充足的营养,健壮的越冬。同时也避免草莓吸收过多的氮肥过快生长而不能安全越冬。

2. 定植 从 8 月下旬至 9 月 20 日定向定植:草莓定植要求每株的花序伸出方向在同一侧。定植深度应"深不埋心,浅不露根"。定植密度应根据栽培制度、栽植方法、品种特点、种苗质量、土壤肥力因地制宜。一般每 667m^2 定植 9 000~11 000 株。栽苗后应及时灌水,一周内灌水 2~3 次,灌水后,检查田间,把被泥土淤住的苗心清理出来,地面露根的及时重新定植或培土。

3. 中耕除草 草莓中耕一般为浅中耕,深度在 5cm 左右。小苗和弱苗宜浅中耕,大苗和旺长苗要深中耕,促弱抑强,使植株生长一致。

4. 摘除匍匐茎 匍匐茎的发生大量消耗营养,影响秋季花芽形成和发育,也影响第二年春季结果,要及时摘除。

五、11 月至翌年 2 月管理

此期正值露地草莓越冬防寒期。防寒一般从初冬开始,当气温降到 0℃ 左右时,先灌封冻水。灌水后晾地 2~3d,待地表稍干后,在苗上覆盖一层白色地膜。地膜四周用土压实,并覆盖农作物秸秆、树叶、草炭土或风化土。厚度 5cm 以上,然后再覆一层地膜后四周压实,防止大风吹掉覆盖物,降低防寒效果。垄沟上栽苗,其上面覆盖秸秆和地膜,防寒效果良好。小面积草莓田可在地块建立防风屏障,屏障一般高 2m 左右。

学习指南

一、学习方法

绿色果品草莓生产是一项实践性很强的工作，为了掌握生产技能，在学习中应做好以下几点：第一，在学习过程中，要尽可能多深入田间观察，多参加生产实践，以加深理解，更好地掌握草莓的生长结果习性。第二，学习形式可灵活多样。除认真参与课堂教学和课内实习外，还要采用多种多样的课外生产实训等形式，比如参与果园承包经营、休闲观光盆景设计与制作等形式调查研究，或者结合《田间试验统计方法》自拟感兴趣的题目开展一些简单的科学试验等，增强学生学习兴趣，提高学习效率。

二、学习网址

国家精品课程资源网（http://www.jingpinke.com/）

中国农业数字图书馆——数字农业（http://www.cakd.cnki.net/cakd_web/index.asp）

北京农业数字图书馆（http://www.agrilib.ac.cn/web/default.aspx）

水果邦（http://www.fruit8.com/）

中国农业信息网（http://www.nyjs.net.cn）

技能训练

【实训一】草莓生长结果习性观察

实训目标

观察和了解草莓的生长结果习性，认识草莓生长发育的基本规律，为制定相应的栽培管理措施奠定基础。

实训材料

1. 材料　不同的年龄时期和生命周期的草莓树。
2. 用具　皮尺、钢卷尺、铅笔、橡皮、绘图纸、记载用具等。

实训内容

1. 草莓植株调查　高度、大小、形态。
2. 根系　须根数、长度、主要分布范围、生长发育规律等。
3. 草莓茎的调查　新茎的长度、粗度，根状茎的形态、主要调查根的数量，匍匐茎的发生数量、长度等。
4. 叶　叶的数量，叶的结构组成，叶柄的长度，着生的状态（直立、平斜）。
5. 花、果实　花及花序的结构，花序的级次数、花的数量，果实形态、结构、不同级次上的大小。

6. 腋芽 数量、结果情况。

实训方法

（1）本实训一般在草莓生长期、结果期进行。实训时间 2～3h。
（2）实训时，先由指导教师讲解和示范，然后再由学生分组进行，最后老师点评总结。

实训结果考核

1. **态度** 不迟到早退，态度端正，认真、仔细，遵守纪律（20 分）。
2. **知识** 掌握草莓生长结果习性（25 分）。
3. **技能** 能够正确进行草莓生产，程序准确熟练（40 分）。
4. **结果** 按时完成草莓生长结果习性观察实训报告，内容完整，结论正确（15 分）。

【实训二】草莓苗的繁育

实训目标

掌握草莓匍匐茎育苗法。

实训材料

1. **材料** 草莓、草莓培育园。
2. **用具** 基肥（各种类型）、尿素等，铁锹、耙、赤霉素，修枝剪，农药。

实验内容

1. 园地选择与准备
（1）母株园培育。排灌方便、避风向阳、土壤疏松。
（2）育苗园。土壤疏松肥沃、不易积水、排灌方便，且忌连作。
（3）假植苗培育园。肥力中等、土壤疏松、排灌方便并且距离生长园较近的地方。
母株园与假植苗培育园不必施基肥，翻耕后做成畦宽 1.2m、沟宽 40cm、沟深 25cm 即可。育苗园应在冬季翻耕冻土，并且在种植前 20d 左右翻耕整施腐熟有机肥 1 500～2 000 kg。然后按畦宽 2m、沟宽 35cm、沟深 30cm 开沟作畦，畦面作成龟背状。

2. 母株选择与定植 选生长健壮无病虫害苗作母株，10 月间选定，定植于母株园中，翌年 3～4 月移植育苗园。定植时尽可能带大土块移栽，摘除老叶、黄叶和花茎。母株定植按 40～60cm 株距单行种植于畦中或畦边。

3. 育苗园（子苗繁殖园）管理 母株定植后，要充分灌透稀薄人粪尿，促进母株成活。通过施肥、喷赤霉素、摘除花茎、整理匍匐茎、压蔓、水分管理、中耕除草、病虫害防治和抗高温干旱等措施培养健壮母株。

实训方法

（1）本实训可分 2～3 次完成。
（2）学生每 3～4 人一组，老师指导。

实训结果考核

1. **态度**　不迟到早退，态度端正，认真、仔细，遵守纪律（20分）。
2. **知识**　掌握草莓繁育实验内容（25分）。
3. **技能**　能够独立完成草莓苗的繁育（40分）。
4. **结果**　按时完成草莓苗繁育实训报告，内容完整，结论正确（15分）。

项目小结

本项目主要介绍了草莓的生物学特性、安全生产要求及草莓四季管理的配套生产技术，系统介绍了草莓绿色果品生产的全过程，为学生全面掌握绿色果品草莓生产奠定坚实基础。

复习思考题

1. 调查了解目前我国北方草莓栽培品系，有哪些新品种，表现特征如何？
2. 比较草莓与葡萄生长结果习性的异同点。
3. 简述草莓冬季和春季施肥要点。
4. 通过上网学习，了解绿色果品草莓、有机果品草莓和无公害果品草莓生产技术规程，思考三个层次技术规程有何异同点？

项目十四

板栗标准化生产

学习目标

知识目标
- ◇ 了解板栗生物学特性及安全生产的基本要求。
- ◇ 熟悉板栗标准化生产过程。
- ◇ 掌握板栗四季生产技术,并能独立进行板栗生产管理。

能力目标
- ◇ 能够识别常见板栗品种及主要病虫害,并掌握其防治技术。
- ◇ 能够指导栗园进行绿色果品生产与管理。

学习任务描述

本项目主要任务是完成板栗认知,了解板栗生产要求,掌握四季的生产任务与操作技术要点,全面掌握板栗土、肥、水管理技能,整形修剪技能,花果管理技能与病虫害防治技能。

学习环境

要完成本项目学习任务,必须具备以下条件:
- ◇ 教学环境 板栗幼园、成龄园、多媒体教室。
- ◇ 教学工具 修剪工具、植保机具、常见肥料与病虫标本、板栗生产录像或光碟。
- ◇ 师资要求 专业教师、企业技术人员、生产人员。

相关知识

板栗原产我国,与枣、桃、杏、李同为中国古代五大名果之一,也是世界著名的干果树种。板栗的栽培历史有2 000~3 000年,古代板栗在黄河流域和长江流域栽培较盛,至今在河北、河南等省均有数百年的实生树种。

板栗在我国的分布十分广泛,经济栽培区为南起海南省、北至吉林省等的全国24个省(自治区、直辖市)都有栽培。由于板栗的适应性极强,在海拔50~2 800m的区域内都能栽培。到目前为止,我国已经形成了京、津、冀东北部,鲁中低山丘陵,鄂、皖大别山区,苏、皖江南丘陵，陕南、鄂西，云南中部六大生态栽培区，栽培面积 135.6 万 hm²，总产量 63 万 t，常年出口 4.0 万～4.6 万 t。

板栗营养丰富，用途广泛。不仅可用于炒食、烧菜，加工罐头、栗子羹、栗子脯、栗子粉、糕点，代替食量，还可用于食疗，板栗味甘、性温、归脾，可补肾、止泻等。板栗经济效益高，出口前景广阔，增产潜力巨大，应大力推广适宜当地生态条件的优良品种，发展矮化密植栽培，实行集约化生产，增强品质，提高产量。

任务一　观测板栗生物学特性

一、生长特性

1. 根　板栗为深根性果树，侧根、细根发达，根系可深达 2m，其中以 20～60cm 土层内根系最多，并有粗达 5～10mm 以上的根。根的水平分布距树干 1.2m 的范围内，据地面越近，水平根扩展越远，可为枝展的 3～5 倍。板栗根破伤后，愈合和再生能力均较弱。栗树幼嫩根上常共生菌根，菌丝体成罗纱状，是其适应性强的重要原因。

2. 芽的类型与特性　板栗的芽有混合花芽、叶芽和休眠芽 3 种：

（1）混合花芽。分完全混合花芽和不完全混合花芽，完全混合花芽着生于枝条顶端及其以下 2、3 节，芽体肥大、饱满，芽形钝圆，茸毛较少，外层鳞片较大，包住整个芽体，萌发后抽生果枝。不完全混合花芽着生于完全混合花芽的下部或较弱枝顶端及其下部，花芽略小，萌发后形成雄花枝，着生混合花芽的节，不具叶芽，花序脱落后形成盲节，不能抽枝。

（2）叶芽。着生于幼旺树的枝条顶端及其中下部，进入结果期的树，多着生在各类枝条的中下部，芽体比不混合花芽小，近钝三角形，茸毛较多，外层 2 鳞片较小，萌发后形成各类发育枝。

（3）休眠芽。着生在各类枝条的基部短缩的节位处，芽体极小，寿命长，有利栗树更新复壮。

3. 枝条类型及特性　板栗枝条分发育枝、结果枝、结果母枝 3 种：

（1）发育枝。由叶芽或休眠芽萌发形成，根据生长势可分为徒长枝、普通发育枝、细弱枝 3 类。徒长枝一般由枝干上的休眠芽受刺激萌发而成，长达 100cm 以上，是老树更新和缺枝补空的主要枝条；普通发育枝由叶芽萌发而成，生长健壮，是扩大树冠和结果的基础，生长充实而健壮的发育枝可转化为结果母枝，翌年抽梢开花结果；细弱枝翌年生长很少或枯死。

（2）结果母枝。由生长健壮的发育枝和结果枝转化而成，顶芽及其以下 2～3 芽为混合花芽，有的品种枝条中下部叶芽和基部休眠芽均可抽生果枝。

（3）结果枝。由结果母枝抽生具有雌雄花序的枝条成为结果枝，自枝条下部 3～4 节至 8～9 节着生雄花序，衰弱的结果母枝和其顶芽下的芽萌发的枝条，仅具雄花序，称雄花枝，其不能形成雌花的原因，多因营养不良所致，也与外源激素有关，并非板栗固有特性。

二、开花、授粉和结果特性

板栗为雌雄同株异花。雄花序为柔荑花序，由 600～900 朵小花组成，雌花序一般由 3 朵雌花组成，聚生于外被带刺的总苞中。正常情况下，一个总苞中有 3 粒种子，果实成熟后总苞开裂，种子脱出。板栗属坚果类果树。雄花、雌花不同时开放，雄花序先开放，几天后两性花序开放。花期较长,可持续 17~18d,雄花开放后 8~10d 雌花开放,授粉适期为柱头露出 9~13d。同一雌花序边花较中心花晚开 10d 左右。板栗自花结实率很低,一般应配置授粉品种。

三、果实发育

从雌花授粉到坚果成熟采收需 3 个月。6 月中旬为盛花期,完成授粉、受精过程。到 7 月上旬,子房内 16 个芝麻大小的白色胚珠,在其上部排成一圈,胚珠呈卵形,这时受精胚珠处于休眠状态。7 月中旬为幼胚发生期。16 个胚珠中有一个开始膨大,呈心脏形,浸于胚乳中,胚乳呈半透明胶冻状。7 月下旬后,胚珠向子房下端发展,幼胚形成明显的培根和子叶,胶冻状胚乳逐步被吸收。8 月中旬以后,为幼果增大期。胚乳被吸收完毕,子叶开始明显长大,这时栗树枝叶已停长,光合作用产物主要供应坚果的生长,这是坚果生长最快时期。坚果增重在成熟前 2 周最为显著,这时刺苞中也有一部分营养转到种子内,使坚果得到充分的发育(图 14-1)。

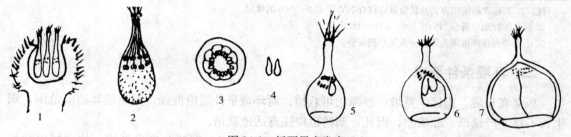

图 14-1 板栗果实发育
1. 雌花中有 3 个子房 2. 花期子房纵切面 3. 花期子房横切面
4. 胚珠 5. 1 个胚珠膨大其他败育 6. 子房发育 7. 种子成熟,败育胚在种皮之外

任务二 了解板栗安全生产要求

一、果品质量要求

绿色果品板栗的产品质量必须符合《绿色食品 坚果类》(NY/T 1042—2006) 的规定。

1. 感官质量要求 具有板栗固有的色泽,无异物、无霉变、无虫蛀;具有板栗正常的气味、滋味,不得有酸败等异味。

2. 理化质量要求 应符合相应的国家标准、行业标准、地方标准、企业标准的规定。

3. 卫生质量要求 绿色果品板栗卫生质量应符合《绿色食品 坚果类》(NY/T 1042—2006)标准中有关卫生质量的规定(表 14-1)。

表 14-1 绿色果品坚果类卫生指标要求

项 目	指 标							
	山核桃	松子	白果	榛子	杏仁	腰果	开心果	核桃	其他坚果
酸价(以氢氧化钾计)(mg/kg)	≤4								
过氧化值(g/kg)	≤0.8								
砷(以 As 计)(mg/kg)	≤0.5								
汞(以 Hg 计)(mg/kg)	≤0.02								

(续)

项目	指标								
	山核桃	松子	白果	榛子	杏仁	腰果	开心果	核桃	其他坚果
铅（以 Pb 计）(mg/kg)	≤0.5								
镉（以 Cd 计）(mg/kg)	≤0.1								
氟（以 F 计）(mg/kg)	≤1.0								
马拉硫磷（mg/kg）				≤0.5				≤0.01	≤0.05
二嗪磷（mg/kg）				≤0.05					
多菌灵（mg/kg）				≤0.1					
甲萘威（mg/kg）				≤1.0					
氰戊菊酯（mg/kg）				≤0.2					
氯氰菊酯（mg/kg）				≤0.05	≤0.1	≤0.05			
黄曲霉毒素 B_1（μg/kg）	≤5.0								
SO_2（以二氧化硫计）(mg/kg)								≤30	

注：1. 其他农药使用方式及其限量应符合 NY/T 393—2000 的规定。
2. 食品添加剂应符合 NY/T 392—2000 的规定。
3. 上述所列标准值均为果仁（去壳）测定值。

二、环境条件要求

板栗在丘陵、山区、荒坡、沙滩均可栽植。对环境条件适应性强，但超过其适应范围，则生长不良，产量低，品质差，因此，栗树也应注意适地栽培。

1. 日照 栗为喜光树种，开花期光照充足，空气干爽，则开花坐果良好。故栗树以栽植在半阳坡、阳坡或开阔的地段为宜。在栽培中为了增强光照，要控制冠内枝条不宜过密。

2. 温度 北方栗较抗旱耐寒，适于栗树生长的年平均温度是 10～15℃，生长期气温在 16～20℃，冬季最低温度不低于-25℃的地方为宜。

3. 湿度 北方栗虽较抗旱，但生长期对水分仍有一定要求。适宜在年降水量 500～1 000 mm 的地方栽培。板栗适宜的土壤含水量以 30%～40% 为宜，超过 60%，宜发生烂根，低于 12%，树体衰弱，低至 9% 时，树即枯死，因此，栽培上应按照不同物候期对水分的要求，注意灌溉与排水。

4. 土壤 板栗对土壤要求不严格，除极端沙土和黏土外，均能生长，但以母质为花岗岩、片麻岩等分化的砾质土，沙壤土为最好。板栗是喜酸需钙植物，叶片内含钙量 2.6%，土壤溶液中钙离子浓度达 100mg/kg 时，栗树仍生长良好。河北昌黎果树研究所调查测定及有关资料证明：板栗在土壤 pH4.5～7.5 范围内能适应生长，以 pH 5.0～6.5 为最适宜。栗为多锰植物，其叶片含锰量居于多种果树之首。生长良好的栗树叶片含锰量为 0.25%，降至 0.1% 时发育不良，叶片黄化，当土壤 pH 为 6.7～7.5 时，叶片含锰量显著下降，含镁量和含磷量也减少，从而导致植株生长不良。

三、建园要求

1. 优良品种选择 板栗属山毛榉科，栗属，本属有板栗、锥栗、茅栗、日本栗、欧洲栗和美国栗等 8 个种可供食用，其中主要栽培种有板栗、日本栗和欧洲栗。我国板栗主要优良品种见表 14-2。

表 14-2 我国板栗主要品种

品种	主要产地	平均单果重（粒数/kg）	栗果特点	成熟期及贮性
红油皮栗	河北迁西、兴隆、抚宁	120	果皮红褐色，有光泽，美观，味甜，品质优良	9月下旬，耐贮藏
燕山红栗	北京怀柔	112	栗果毛少，果色红栗色，鲜艳有光泽，味较香甜	9月中下旬
明拣栗	陕西长安	100	果粒大小均匀，果皮光亮，果实味甜质黏，品质优良	9月上中旬
猪腰栗	河南	80~100	果皮深红色，鲜艳，果肉硬，味甜，品质上	果实9月下旬，耐贮运
红光栗	山东莱西	90	果皮漆褐鲜艳，光亮，果底较大，熟食质黏细腻，味甜，品质中上	10月中旬，耐贮藏
大明栗	河北邢台	90	果实心脏形，光滑无毛，品质优良	9月下旬
大油栗	广东阳山	68	果皮红棕色，油滑光亮，味道香甜	9月上旬
桂花香	湖北罗田	84	果壳暗紫色，富有光泽，果肉黄色，味甜肉嫩，有桂醇香味	9月20日左右
燕山早丰	河北迁西	124	栗果红褐色，茸毛少，个头均匀	9月上旬
农大1号板栗	华南	76	果皮红棕色、油滑光亮肉质细嫩甜香	8月下旬
韶栗18号	广东韶关	90	果皮红棕色，油滑光亮。煮食糯质，味甘味，品质优良	9月上旬

2. 园地选择要求 绿色果品板栗建园环境必须符合《绿色食品 产地环境质量标准》（NY/T 391—2000）的要求，同时要求栽培区年平均气温 10~14℃，年降水量 500~1 000mm，冬季低温不低于-20℃。板栗不抗涝，不宜在低洼积水地方栽植。板栗是喜光树种，园地应建在南坡。板栗对土壤的适应性较强，但以土壤pH为6左右，土层深厚，排水保水良好，地下水位不太高的沙土、沙质壤土和砾质壤土最适宜。

3. 果树栽植要求 栽植时期分为秋栽和春栽两个时期。秋栽从落叶起至封冻前都可进行；春栽在栗树萌动前进行。栽植株行距依品种特点、气候、土壤条件及经营管理水平综合考虑。在立地条件好的地方，每 667m² 栽植 25~44 株（5m×5m、3m×5m）也可每 667m² 适当加密到 55~64 株（3m×4m、3m×3.5m）。在立地条件差的地方，每 667m² 栽植 74~111 株（2m×3m、3m×3m）。栗园建立过程中，品种以 3~5 个为佳。

四、生产过程要求

绿色果品板栗标准化生产过程要符合绿色果品生产要求，生产过程中使用的肥料和农药完全按照《绿色食品 农药使用准则》（NY/T 393—2000）和《绿色食品 肥料使用准则》（NY/T 394—2000）执行，生产出生态、安全、优质、营养的板栗产品。

? 想一想

当地板栗主栽品种有哪些？授粉树是如何进行搭配的？

任务三 板栗标准化生产

工作一 春季生产管理

一、春季生产任务

春季生产任务主要有：松土保墒、抹芽、定枝、摘心、修剪、花果管理、追肥、种植绿肥、灌水、病虫害防治等。

二、春季树体生产发育特点

在南方板栗根系3月上旬开始活动，在北方4月上旬开始活动，随着低温的不断提高，根系生长逐渐加快。同时板栗结果母枝上的混合芽萌发，新梢开始生长，5～6月份生长最快，生长量占全年生长量的70%～80%。4月底至5月初枝条加粗生长出现高峰，此时需要大量的养分、水分供应。因此，要加强肥水管理，以保证树体营养生长与生殖生长均衡进行。

三、春季生产管理技术

1. 修剪 芽萌动时抹除母枝多余芽，幼树在新梢长至20～30cm时摘除先端3～5cm的嫩梢，以后副梢及二次副梢50cm时进行第二、三次摘心，每次均摘去新梢顶端3～5cm长；结果树进行果前梢摘心，即当结果新梢最前端的混合花序前长出6个芽以上时，在果蓬前保留4～6个芽摘心。

2. 施肥灌水 枝条基部叶在刚展开幼黄变绿时，根外喷施0.3%尿素加0.1%磷酸二氢钾加0.1%硼砂混合液，新梢生长期喷50mg/kg赤霉素促进雌花发育形成。开花前追肥，每667m^2折合纯氮、磷、钾分别为6kg、8kg、8kg，追肥后灌水；清耕栗园要及时除草松土，行间适时播种矮秆一年生作物或绿肥。

3. 花果管理 在雄花序长到1～2cm时，保留新梢最顶端4～5个雄花序，其余全部疏除，一般保留全部雄花序的5%～10%。

4. 病虫害防治 萌芽后剪除虫瘿、虫枝，黑光灯诱杀金龟子或地面喷50%辛硫磷乳油300倍液防治金龟子，树上喷50%杀螟硫磷乳油1000倍液防治栗瘿蜂。新梢旺长期喷1次3～5波美度的石硫合剂，防治栗白粉病。

工作二 夏季生产管理

一、夏季生产任务

此期主要任务有：土、肥、水管理，授粉，疏栗蓬，夏季病虫害防治。

二、夏季树体生长发育特点

板栗在我国总范围广，在南方和北方的物候期差异较大。在南方，夏季板栗根系生长有两次高峰（6月下旬至7月中旬、8月上中旬）。雄花序原基分化的盛期集中于6月下旬至8月中旬，也是雌雄花的开花盛期，营养需求旺盛，需要加强肥水管理。此时果实生长发育和枝条加粗生长都会出现第二次高峰，果前梢以及徒长枝生长加快，成龄树往往在此期内膛郁闭，病虫害易发。采取果前梢摘心，提高结实力，使枝条充实；内膛枝摘心，疏除内膛细弱枝、徒长枝，减少养分消耗，增加光照，促生分枝，培养健壮结果母枝；重视病虫害防治等措施十分重要。

三、夏季生产管理技术

1. 追肥 雄花序约5cm时喷施0.2%尿素+0.2%磷酸二氢钾+0.2%硼酸混合液，空苞严重的栗园可连续喷3次。

2. 人工辅助授粉 当枝条上的雄花序或雄花序上大部分花簇的花药刚刚由青变黄时，在5：00前采集雄花序制备花粉。当一个总苞中的3个雌花的多裂性柱头完全伸出到反卷变黄时，用毛笔或带橡皮头的铅笔，蘸花粉点在反卷的柱头上。也可用纱布袋抖撒法或喷粉法进行授粉。

3. 疏剪 及早疏除病虫、过密、瘦小的幼蓬，一般每个节上只保留1个蓬，30cm的结果枝可以保留2~3个蓬，20cm的结果枝保留1~2个蓬。

4. 防治病虫害 在5月上中旬是越冬卵孵化关键期，喷布0.3%苦参碱水剂800~1 000+50%多菌灵可湿性粉剂600倍液，杀灭栗红蜘蛛越冬代幼、若虫，防治栗胴枯病、炭疽病等。

6月上中旬，树干涂抹20~30倍的煤油吡虫啉药剂，防治蚜虫、红蜘蛛树上，喷洒50%杀螟杆菌粉剂1 000倍液，或25%灭幼脲3号悬浮剂1 500倍液+25%的粉锈宁（三唑酮）可湿性粉剂2 000倍液，防治栗皮夜蛾、栗毒蛾等害虫以及白粉病等。

7月底、8月上旬成虫产卵前树干涂白，减少栗透翅蛾成虫产卵，8月中下旬和9月上旬树干上喷施50%杀螟硫磷乳油1 000倍液+40%多硫合剂500倍液防治栗透翅蛾、栗实象甲、炭疽病等病虫害。

8月中旬桃蛀螟二代成虫出现后，栗园悬挂桃蛀螟性诱芯水盆（碗）诱捕器，每667m^2安置2台，每台设置2枚诱芯子，诱杀桃蛀螟成虫，也可设置频振式杀虫灯，每隔100~120m设置1台，每晚20：00至翌日5：00开灯，诱杀桃蛀螟成虫。

工作三　秋季生产管理

一、秋季生产任务

秋季的主要任务有：秋施基肥、深翻改土、中耕除草、灌水、果实采收、树干涂白、秋季病虫害防治。

二、秋季树体生长发育特点

进入秋季，板栗的根系出现第三次生长高峰，随后生长量逐渐下降。果实生长基本定形，逐渐进入成熟期。10月下旬，叶片开始脱落，但树体的生理活动仍在进行。果实采收后，地上部主干以及各级各类枝条营养开始贮备，当年生枝条不断充实，为来年春季萌芽、开花、新根生长奠定基础。同时，随着树体营养储备的增加，抗逆性逐渐增强。因此，必须及时施用基肥。

三、秋季生产管理技术

1. 追肥 秋施基肥应以有机肥为先，按每 $667m^2$ 折合纯氮、磷、钾分别为 5kg、5kg、20kg 计算施用量，施肥后及时灌水。

2. 翻压绿肥 将果园种植的三叶草、毛苕子及杂草等翻压，提高果园有机质含量。

3. 病虫害防治 7月上旬树干绑诱虫草把，7月中旬捕杀云斑天牛成虫，并及时锤杀树干上圆形产卵痕下的卵。8月上旬喷 0.2～0.3 波美度石硫合剂防治叶斑病、白粉病。喷 20% 哒螨灵可湿性粉剂 2 000～3 000 倍液防治栗透翅蛾成虫、栗实象鼻虫、栗实蛾成虫、桃蛀螟等。

4. 采收及采后处理 采前 1 个月和半个月间隔 10～15d 喷 2 次 0.1% 的磷酸二氢钾。9月剪除秋梢，清理园地，准备采收。当栗蓬由绿变黄，再由黄变为褐色，中央开裂，一触即落，即可采收。采后及时对栗苞进行"发汗"处理：方法是选择背阴冷凉通风的地方，将栗苞薄薄摊开，厚度以 20～30cm 为宜，每天泼水翻动，降温"发汗"处理 2～3d 后，进行人工脱粒。

工作四 冬季生产管理

一、冬季生产任务

冬季主要任务有：整形、清园、树干涂白、冻害及病虫害防治等。

二、冬季树体生长发育特点

当地温下降到 15℃ 时根系停止生长，大约在 12 月下旬，根系进入休眠期。叶片脱落，枝条成熟。此期，树体外部形态基本保持不变，但地上部枝干树液回流，抗寒能力增强，为冬季整形修剪创造了良好的条件。

三、冬季生产管理技术

1. 病虫防治 12月份清除栗园病虫枝和落叶，刮除枝干粗皮、老皮、翘皮即树干缝隙，集中烧毁。进行树干涂白。春季萌芽前喷 10～12 倍松碱合剂或 3～5 波美度石硫合剂，以杀死栗链蚧、蚜虫卵，并兼治干枯病。

2. 整形修剪

（1）幼树修剪。修剪原则：整形修剪与结果并重，定干要矮，骨干枝选留要少，充分利用辅养枝，培养结果枝组，严格控制结果部位外移，实现早果丰产。

定干高度为 50～80cm，主枝一般选留 4～6 个，第一层 3 个，第二、三层各留 1 个，层内距 20cm，层间距 60～80cm。

从定干剪口下面选出角度大、生长粗壮的 2 个枝为第一层主枝的第一、二主枝，予以轻短截，对剪口下第一芽萌生的直立旺枝留 30～40cm 进行重短截，若剪口下第一、二芽萌生枝为对生，可疏除一直立枝，留一斜生枝予以重短截，第三年从剪口下萌生的粗壮枝中，选 1 个角度较大、与下部 2 个主枝错开方位的枝作为第一层主枝的第三主枝。

第二层主枝一般在 3～4 年内培养成，第三层主枝在 5 年内培养成。

在培养主枝的同时，要注意在主枝上选侧枝，第一层主枝选留 2 个侧枝，第二、三层主枝上选留 1 个侧枝。两侧枝互相错开，相距 50～60cm。

幼树整形中，结果枝组的培养有三种方法：①短截结合摘心。选定树冠内膛的健壮枝条，第一年采取重剪，促使萌生壮枝，第二年夏季对萌生新枝采取摘心，促进分枝，形成比较敦实的结果枝组。②先放后缩。对树冠内膛的健壮枝，在春季芽体萌动树液开始流动后，将其拉平，在需要的部位予以刻伤，促使当年抽生壮枝，第二年或第三年冬剪时在发枝多的部位缩剪，结果枝组即可培养成。③去一留二。当1母枝上抽生3个壮枝时，对其中顶端、直立、较强旺的一枝，从盲节下短截，其盲节下的小芽可萌发1~3个新梢，结果母枝上就有5个生长壮实的枝条，短截其中的2个强旺的枝。

（2）大树修剪。板栗大树的特点是树体高大，树形凌乱，主枝过多，光照不足，内膛光秃，结果部位外移，产量低。其对应的修剪方法是先落头，再疏除过密枝、交叉枝、重叠枝、细弱枝，适当回缩多年生大弱枝和光秃枝，促进基部隐芽萌发新枝；对旺树旺枝，适当多留枝少疏除，以轻剪，拉平缓和其生长势；对结果母枝的修剪首先确定结果母枝的留量，小粒型，母枝的留量为每平方米树冠投影面积留10~12个，中粒型，每平方米留8~10个，大粒型，每平方米留8个。当结果母枝顶端并生2~4个生长充实的新枝时，采用去1留1，或去2留2，长短结合修剪。距树干较近的徒长枝应疏掉，距枝干较远的徒长枝，可采用回缩、摘心等方法。

（3）老树更新修剪。首先加强土、肥、水管理，然后更新。对直径8~10cm的大枝全部回缩，从剪口处萌生的强旺枝中选出斜生的枝条进行多次摘心，培育成主枝，对其他的枝疏除一部分，还有一部分进行轻短截。

想一想

板栗生长结果特点是什么，应采取什么方法调节营养生长与生殖生长？

工作五　制订板栗周年管理历

生产案例　河北省板栗周年管理历

1. 3月（惊蛰、春分）　①修整树盘和施肥。山区地形复杂、不便于犁耕的板栗园地，可于早春刨树盘，所刨范围应稍大于树冠的投影范围，深度为10~15cm，树盘应里浅外深，不伤粗根。在雌花数量少的年份，早春可适量施入有机肥，空苞率高的栗园，应每平方米树冠施入硼砂15g。注意肥水结合。②及时灌水。早春发芽前灌水，可使结果枝增粗，尾枝大芽多，结蓬多，产量高。早春若遇干旱而不灌水，会造成雌花脱落而减产。③防病害。及时检查、刮治板栗腐烂病病斑，刮后用2%的硫酸铜溶液或3~5波美度石硫合剂进行伤口消毒；萌芽前喷1次3~5波美度石硫合剂或15%粉锈宁可湿性粉剂1 200倍液防治栗白粉病等病害。④防虫害。3月中旬用20%的螨死净1 000~1 500倍液喷树干，杀死栗小爪螨的越冬卵。芽萌动前树干喷3~5波美度石硫合剂，3月底萌芽后展叶前的越冬卵孵化盛期，喷0.5波美度石硫合剂或轻柴油乳剂100倍液或0.3%苦参碱水剂800~1 000倍液或10%烟碱乳油800~1 000倍液或用2 000倍扑虱灵，杀灭介壳虫及栗大蚜初孵蚜虫。

2. 4月（清明、谷雨）　①追肥。在早春，当枝条基部的叶片刚刚展开由黄变绿时，喷施0.3%的尿素加0.1%的硼砂或其他微量元素，可促进茎叶的生理功能，提高光合速率，促进雌花形成。②防病害。继续检查、刮治栗树腐烂病的病斑并涂药保护伤口；可喷布70%的甲基托布津1 000倍液或50%硫悬浮剂300倍液防治栗白粉病。③防虫害。用1.0~1.5kg煤油加80%的敌敌畏乳油50mL，混合均匀，制成煤敌液涂抹树干，防治板栗透翅蛾。在4月下旬舞毒蛾卵孵化盛期，用25%灭幼脲3号悬浮剂2 000倍或青虫菌6号悬浮剂1 000倍液喷洒枝干，杀灭群集尚未分散的舞毒蛾初孵幼虫。

3. 5月（立夏、小满）　①压土。5~6月春、夏期间，趁杂草幼嫩时进行冠下压土。土层瘠薄的栗园压土厚10~20cm。②中耕除草。于5月底6月初雌花出现前，在树下及时中耕除草。③追肥灌水。于5月上旬新梢迅速生长期追施1次速效氮肥，成龄结果树可株施尿素1.5~2.0kg，幼树可株施0.10~0.15kg。可采用穴施或放射状沟施，深度30~40cm，追肥后及时灌水。④防病害。病害发生区喷布70%的甲基托布津1 000倍液或25%的粉锈宁可湿性粉剂800倍液防治白粉病。⑤防虫害。喷布40%的速灭杀丁乳油2 000倍液防治介壳虫类。5月上中旬喷1.8%阿维菌素乳油2 000~4 000倍液或0.3%苦参碱水剂800~1 000倍液防治栗树红蜘蛛，也可以用20%吡虫啉可湿性粉剂10倍液树干涂药环防治红蜘蛛、蚜虫一类害虫。

4. 6月（芒种、夏至）　①防病害。发病地区可继续喷药防治栗白粉病，方法同5月的管理。②防虫害。于6月上中旬喷布20%的哒螨灵可湿性粉剂2 000~4 000倍液防治栗皮夜蛾和红蜘蛛，6月上中旬，喷布2.5%溴氰菊酯3 000倍液防治栗瘿蜂。

5. 7月（小暑、大暑）　①树下管理。于7、8月份果实膨大期追施灌浆肥。成龄结果树可株施磷酸二铵复合肥2.5~3.0kg，幼树可株施0.25~0.3kg，采用穴施或放射沟施，深度30~40cm。追肥后及时灌水、中耕除草。②雨季翻压绿肥。③病虫害防治。于7月中下旬喷布48%毒死蜱乳油1 000倍防治栗皮夜蛾及栗实象鼻虫。7月下旬，在栗棚上周密喷布喷10%浏阳霉素乳油1 000倍液，防治栗实蛾。

6. 8月（立秋、处暑）　①追肥。8月追施复合肥，穴施或放射沟施，株施磷酸二铵复合肥2.5~3.0kg，深度30cm，追肥后及时灌水、中耕除草。采前1个月连续喷布2次0.3%的磷酸二氢钾（间隔15d），促进营养物质向栗实中转移。②病虫害防治。于8月上旬至9月中旬，桃蛀螟第三代幼虫孵化期，喷布Bt乳剂500倍液。在早晨震动树枝，震落栗实象鼻虫成虫。8月中旬在栗棚上周密喷药，防治栗实蛾。8月中旬至9月上旬，在树干上喷20%哒螨灵1 000~1 500倍液消灭栗透翅蛾成虫。

7. 9月（白露、秋分）　①秋刨树盘。山区栗园可从8月下旬开始，结合除草压绿肥，深度20~30cm，里浅外深，不伤粗根。可边清除杂草，边捡拾栗子。②板栗采收。最早板栗在8月下旬成熟，最晚品种在10月底至11月上旬成熟，大部分品种在9月中下旬至10月上旬成熟。板栗成熟的标志是栗苞由绿转为黄绿色并开裂，包内栗果由黄色转为褐色并带有光泽。采收方法有拾栗子和打栗苞。③秋施基肥。栗果采后施基肥。结果的幼龄栗树可株施有机肥50kg，成龄树可株施有机肥150~250kg。一般每生产1kg的栗果，需要10kg的有机肥。幼树可用环状沟施肥法，深度30~50cm，成龄大树采用放射状沟施或全园撒施，深度20~40cm。施肥后及时灌水。④叶面喷肥。栗果采后，于叶面喷布0.3%的尿素和0.1%~0.2%的钼酸铵。⑤病虫害防治。栗苞采收后堆积5~6d，当栗苞大部分开裂后及时脱粒，以减轻桃蛀螟的危害。脱粒场所用5%的西维因1份加10份细土混匀撒在地面上，再将药粉翻入土中，深12~15cm，以杀死土中越冬的栗实象鼻虫的幼虫。

8. 10~11月（寒露、霜降、立冬、小雪）　①继续采收，秋施基肥。②深翻扩穴。③灌冻水。④病虫害防治：冬前及时清理栗苞堆积场所附近的空栗苞，消灭桃蛀螟的越冬幼虫；清扫栗园；冬季刮树皮。

9. 11月至翌年2月（休眠期） ①疏除重叠、并生、交叉的大骨干枝，适当回缩多年生大弱枝和光秃枝，促进基部隐芽萌发生枝，对旺树旺枝适当多留枝少疏除，以轻剪、拉平等方法缓和其生长势。母枝留量：小粒型品种（坚果重6.6～8.0g），母枝的留量为每平方米树冠投影面积留10～12个。中粒型品种（坚果重8.1～10.0g）每平方米留8～10个。大粒型品种（坚果重10g以上）每平方米留8个。疏除结果母枝、主枝上的细弱枝。若栗树生长势弱就要疏除1/4～1/3的结果母枝，全部的细弱枝，回缩部分生长势较弱的骨干枝或光秃带过长的主枝，距树干较近的徒长枝应疏掉，距枝干较远的徒长枝可回缩、摘心，把它培育成结果枝组。②病虫害防治。剪除病虫危害枝、细弱枝；刮掉树干上的老粗皮；清理果园的枯枝落叶及其他杂物；拔除病株。

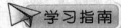

一、学习方法

实习实训贯穿整个学习过程，课堂教学只占总课时的1/3，如果条件允许，整个学习过程都可在田间进行。如时间不允许，可在课下组织第二课堂活动，5～6人一组随时去田间调查、认知、修剪、整形等。同时应该去周围农村多向果农学习、请教，在学习实践中掌握他们丰富的生产经验。

二、学习网站

国家精品课程资源网（http：//www.jingpinke.com/）
中国农业网（http：//www.zgny.com.cn）
中国板栗网（http：//www.banli.net.cn）
中国农业信息网（http：//www.agri.gov.cn）
板栗 中国板栗网（http：//www.86banli.com）
金农网（http：//www.agri.com.cn）等

【实训】板栗空苞的防治

实训目标

了解板栗空苞原因及特征，掌握防治空苞的方法。

实训材料

1. 材料 不同品种、不同年龄的栗园。
2. 用具 硼砂、铁锨、土壤成分分析仪等。

实训内容

(1) 观测板栗空苞发生现象。
(2) 测定土壤成分。
(3) 空苞与土壤成分的相关分析。
(4) 施硼砂对空苞的防治。

实训方法

(1) 观测空苞的形态特征及胚胎发育特征。
(2) 对空苞栗园进行土壤分析。
(3) 指导学生给缺硼栗园施硼和喷硼：施硼以树冠大小计算，每平方米施硼 10~20g 为宜，施在树冠外围须根最多的区域。花期喷 0.3% 的硼砂液。

注：土壤含速效硼在 0.5mg/kg 以上时，板栗基本不发生空苞现象，当土壤中含速效硼在 0.5mg/kg 以下时，随着硼含量的降低，空苞率升高。

实训结果考核

1. **态度** 不迟到、早退，态度端正，认真、仔细，遵守纪律（20 分）。
2. **知识** 空苞的识别，土壤成分的分析，硼砂的使用（25 分）。
3. **技能** 能够正确进行土壤分析，正确掌握施硼方法及施硼量（40 分）。
4. **结果** 按时准确无误地完成实训报告（15 分）。

项目小结

本项目主要介绍了板栗的生物学特性、生产要求及板栗四季管理的配套生产技术，系统介绍了板栗生产的全过程，为学生全面掌握板栗生产奠定坚实基础。

复习思考题

1. 调查了解目前我国北方板栗栽培中，有哪些新品种？其特征、特性如何？
2. 简述环境条件对板栗生长的影响。
3. 简述不同树龄板栗冬剪要点。
4. 叙述板栗全年生产管理过程。
5. 板栗生产中存在哪些常见问题？如何解决？

项目十五

核桃标准化生产

学习目标

知识目标
- 了解核桃生物学特性及安全生产的基本要求。
- 熟悉核桃标准化生产过程与质量控制要点。
- 掌握绿色果品核桃生产关键操作技术。

能力目标
- 能够识别核桃主要病虫害并掌握其防治技术。
- 能够运用绿色果品核桃生产关键技术,独立指导生产。

学习任务描述

本项目主要任务是完成核桃认知,了解核桃生产要求、生产良种及四季的生产任务与操作技术要点,全面掌握核桃土、肥、水管理技能、整形修剪技能、花果管理技能与病虫害防治技能。

学习环境

要完成本项目学习任务,必须具备以下条件:
- 教学环境　核桃幼园、成龄园,多媒体教室。
- 教学工具　修剪工具、植保机具、常见肥料与病虫标本、生产录像或光碟。
- 师资要求　专职教师、企业技术人员、生产人员。

相关知识

核桃在国际市场上与扁桃、腰果、榛子一起,称为世界四大干果。据联合国粮农组织统计,世界核桃的栽培面积在170万 hm^2 以上,年产核桃为130万~150万 t。我国的核桃栽培面积较大,约70万 hm^2 以上,结果树为2.1亿株。产量最高的有云南、陕西、山西、河北、甘肃5省,占全国总产量的70%以上,是我国生产出口核桃的主要基地。

核桃果材兼用,营养丰富,深受消费者喜爱。核桃仁味道鲜美容易消化吸收。据分析,每100g核桃仁含有水分6g、脂肪63g、蛋白质15.4g、碳水化合物10g、粗纤维5.8g、灰分

1.5g、钙362mg、铁3.5mg、胡萝卜素0.17mg、硫胺素0.32mg、核黄素0.11mg、烟酸10mg。这些成分都是人类生命活动所必需的。核桃可直接食用,也可加工成核桃油、核桃营养粉、核桃乳饮料、核桃休闲小食品等产品。但核桃生产与发达国家相比,尚存在较大差距,主要表现在经营管理粗放、产量低、品质差。尽快改善经营管理和核桃品质,是我国亟待解决的问题。

任务一 观测核桃生物学特性

一、生长特性

1. 根系 核桃主根深而发达、侧根水平延伸较广、须根密集。1~2年生实生苗垂直根生长较快,侧根生长较慢。

早实核桃较晚实核桃根系(侧根)发达,细根数量比晚实核桃多2~3倍,幼树表现尤为明显。发达的根系有利于养分、水分吸收,为提早形成雌花芽和早结果创造了条件。核桃具有菌根,集中分布在5~30cm土层中,土壤含水量40%~50%时发育最好。据河北昌黎果树所观察,核桃根系开始活动期与芽萌动期相同,3月31日出现新根,6月中旬至7月上旬、9月中旬至10月中旬出现两次生长高峰,11月下旬停止生长。

2. 芽 依形态结构和发育特点不同,核桃的芽分为四种类型(图15-1)。

(1)混合芽(雌花芽)。鳞芽芽体肥大而饱满,近圆形,鳞片紧抱,萌发后抽生结果枝,开花结实。晚实核桃多在一年生枝(结果母枝)顶部及其以下1~2芽形成混合芽1~3节,单生或与叶芽、雄花芽等上下叠生于叶腋间。早实核桃除顶芽为混合芽外,腋芽也易形成混合芽,一般2~5个,多者可达20余个。混合芽覆有鳞片5~7对。

(2)雄花芽。裸芽,短圆锥形,似桑葚,实为雄花序雏形。着生在一年生枝的中部或中下部,一般位于顶芽下2~10节,单生或叠生。萌发后抽生柔荑花序(雄花序),开花后脱落。

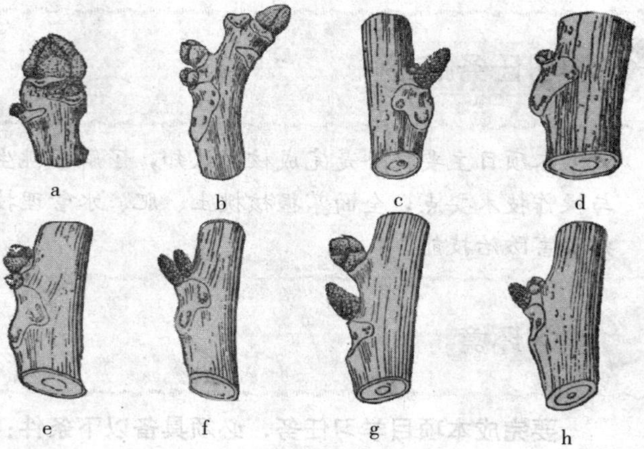

图15-1 核桃芽的类型
a. 叶芽 b. 混合芽 c. 雄花芽 d. 潜伏芽 e. 混合芽叠生
f. 雄花芽叠生 g. 混合芽与雄花芽叠生 h. 叶芽与雄花芽叠生
(仿北京果树志)

(3)叶芽(营养芽)。主要着生在营养枝条顶端及叶腋间,单生或与花芽叠生。早实核桃叶芽较小。叶芽呈宽三角形,具棱,在一枝中由下向上逐渐增大,一般每芽有鳞片5对,萌发后形成营养枝。

(4)潜伏芽(休眠芽)。着生在枝条的基部或近基部,属叶芽的一种,正常情况下不萌发,随枝条的加粗生长埋伏于皮下,寿命长达数十年至上百年。一般营养枝和结果枝有潜伏芽2~5个。潜伏芽扁圆瘦小,受到刺激易萌发,利于枝条的更新复壮。

3. 枝 核桃的枝条有4种类型(图15-2)。

(1)结果枝。生长季由混合芽形成的顶端可开花结果的枝条(图15-3)。营养条件好时,顶部形成的混合芽可以连续开花结果。早实核桃和当年形成的混合芽还可以二次结果。据其长度分为长果枝（长度大于 20cm）、中果枝（长度 10～20cm）与短果枝（长度小于 10cm）。

(2) 雄花枝。生长细弱，仅顶芽为叶芽，侧芽均为雄花芽的枝条。多在衰弱树和树冠内膛枝上形成，开花后变成光秃枝。雄花枝多是树势衰弱的表现。

(3) 营养枝。只着生枝叶而不开花结果的枝条。又可分为两种：

①发育枝。由上年的叶芽萌发而成，萌发后不开花结果的枝条，一般长度为 50cm 以下，生长中庸健壮，是扩大树冠和形成结果枝的基础。

②徒长枝。树冠内多年生枝上的休眠芽（潜伏芽），受到外界刺激萌发抽生出来的旺枝，表现生长迅速，节间长，但枝条与叶片不充实，消耗大量营养。如控制得当，也可形成结果枝组，或用于枝条更新。

(4) 结果母枝（冬态）。着生有混合芽的一年生枝。主要由当年生长健壮的营养枝和结果枝转化而成。顶端及其下 2～3 芽多为混合芽（早实核桃混合芽数量多），一般长 20～25cm。以直径 1cm、长 15cm 左右的抽生结果枝最好，坐果率高。

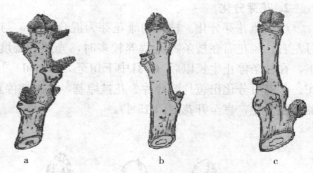

图 15-2 核桃枝条的类型
a. 雄花枝　b. 营养枝　c. 结果母枝

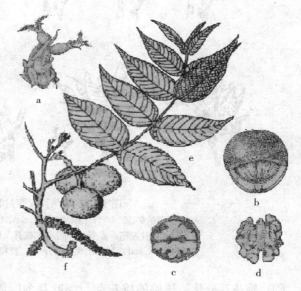

图 15-3 核桃的结果枝
a. 雌花　b. 果实　c. 坚果横剖面　d. 核仁　e. 复叶　f. 雄花

当日均温度稳定在 9℃ 左右时核桃开始萌芽，萌芽后半个月枝条生长量可达全年的 57% 左右，春梢生长持续 20d，6 月初大多数停止生长；幼树、壮枝的二次生长开始于 6 月上中旬。7 月进入高峰，有时可持续到 8 月中旬。核桃背下枝吸水力强，生长旺盛，这与外围光照好、顶端结果、叶片大和生长素的分布有关。

4. 叶　核桃的叶片为奇数羽状复叶，每一复叶上的小叶数因种类而异，小叶面积由顶端向基部逐渐减小。枝条上着生复叶数量与树龄、枝条类型有关。据报道，着生双果结果枝需复叶 5～6 片才能维持枝、果及花芽的正常发育和连续结果。低于 4 片叶则不利于混合花芽形成，果实发育不良。当日均温稳定在 13～15℃ 时开始展叶，20d 左右即可达到叶片总面积的 94%。

二、结果特性

1. 核桃的结果年龄　播种晚实型核桃开始结果年龄较晚，一般需 8～10 年。若采用优良品种嫁接，2～3 年即可结果。

2. 花芽分化

（1）雌花芽分化。核桃的雌花芽为混合花芽，与顶生叶芽为同源器官。整个分化期需 10 月左右。雌花需在枝条贮藏营养较多时，光照和温度适宜的条件下才能分化出来。正常情况下，在枝条停止生长以后（6月中下旬至 7 月上旬）开始分化雌花，雌花原基出现为 10 月上中旬。冬前可分化出苞片、萼片、花被原基，休眠期停止分化，翌年 3 月下旬继续完成花器官各器官的分化，直至开花（图 15-4）。

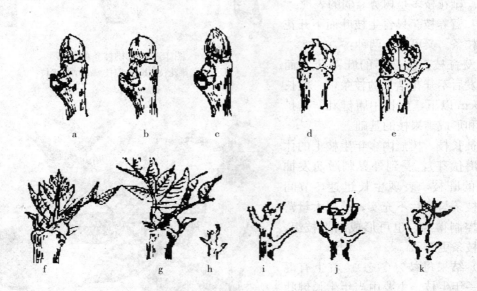

图 15-4　雌花芽发育过程外部形态
a. 雌花芽的冬态　b. 外层鳞片脱落　c. 茸毛期　d. 脱毛期　e. 花芽开裂
f. 鳞片和芽苞片脱落　g. 第一批叶全部张开　h. 未露出的小花　i. 雌花露出
j. 10d 后柱头出现并分开　k. 授粉后，柱头变黑干枯

（2）雄花芽分化。核桃的雄花芽与侧叶芽为同源器官，但雄花原基比叶芽原基发育速度快。雄花芽 5 月在叶腋间形成，到第二年春分化完成，到散粉约需 12 个月。雄花芽在整个夏季变化很小，5 月上旬至 6 月中旬为雄花芽发育期，6 月中下旬至翌年 3 月为休眠期，4 月继续生长发育，直到伸长为柔荑花序（每花序有小花 100～170 朵，基部花大于顶部花）（图 15-5）。

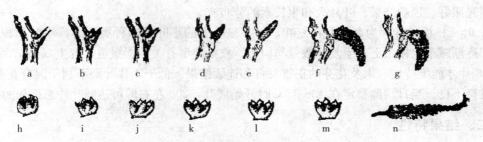

图 15-5　雄花芽发育过程外部形态
a～g. 花序发育过程　h～m. 单花发育过程　n. 整个花序发育过程

(3) 开花授粉。核桃为雌雄异花同株,开花期极不一致,即雌雄异熟。是核桃产量低的原因之一。雌雄异熟为品种特性,也受树龄和环境影响。幼树常表现为更强的异熟性。可分为雌先型、雄先型和同时型。雌先型的品种一般都是早实品种。在生产上只有雌雄花同时开放,才有利于授粉受精和坐果(图15-6)。因此,栽植核桃时,应选择雌雄花同时开放的不同品种搭配为宜。

核桃属风媒花,存在雌雄异熟及花粉生活力低等问题,天气状况与授粉和坐果之间关系密切。

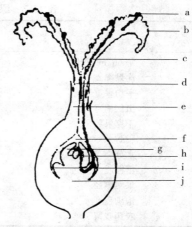

图 15-6 核桃雌花纵切面以及花粉管的伸长途径
a. 花粉粒 b. 柱头 c. 花粉管 d. 花柱 e. 引导组织
f. 子房腔 g. 胚珠 h. 胚囊 i. 隔膜 j. 合点区

3. 果实生长发育 从柱头枯萎到总苞变黄开裂、坚果成熟,称为果实发育期。据研究,核桃果实发育过程呈双S形曲线,大体可分为三个时期:

(1) 果实速长期。一般在雌花开放以后6周,是果实生长最快时期。其生长量约占全年总生长量的85%,日平均绝对生长量达1mm以上。此期可维持1.0~1.5个月。

(2) 果壳硬化期。又称硬核期,坚果硬壳从基部向顶部变硬,种仁由浆状物变成嫩白核仁,果实大小基本稳定。这一时期需20d左右。

(3) 种仁充实期。自硬核直到成熟期,果实各部分均以达该品种应有大小。核桃仁中淀粉、糖、脂肪含量及坚果重量不断增加,此期需50~60d。树体的营养状况与核仁质量有密切关系。

核桃在迅速生长期中,落果现象比较普遍,幼果横径达1~2cm时落果最多,到硬核期不再落果。一般落果为10%,多者可达50%,因各地栽培管理条件和年份而不同。

任务二 了解核桃安全生产要求

一、果品质量要求

1. 感官质量要求 核桃生产以绿色果品为主线,安全、生态、优质是关键。产品质量要求必须符合《绿色食品 坚果类》(NY/T 1042—2006)标准的有关规定。绿色果品核桃感官指标要求详见表15-1。

2. 理化质量要求 绿色果品核桃应符合相应的国家标准、行业标准、地方标准、企业标准的规定(表15-2)。

表 15-1 绿色果品核桃感官质量要求

项目	核桃感官指标	核桃仁感官指标
色泽	自然黄白色,壳面洁净,较均匀一致	淡黄色至浅琥珀色,色泽较均匀
滋味、气味	种仁饱满,微甜	具有核桃仁应有的滋味和气味,无酸败味和哈喇味以及其他异味
组织形态	大小均匀,近圆形,壳皮薄,内隔壁较小,易取仁	大小均匀,无其他杂质

表 15-2 绿色果品核桃质量指标要求

项 目	指 标
每 667m² 产量	80～100kg
优果率	70%以上
平均果重	8g
出仁率	≥50
千克果数	≤80
脂肪	≥60
水分	≤6.5
蛋白质	≥15
果实侧径	≥30
饱满程度	饱满
农药残留	应符合国家绿色果品质量指标

3. 卫生质量要求 绿色果品核桃卫生质量应符合《绿色食品 坚果质量标准》(NY/T 1042—2006)中有关核桃卫生质量指标要求。

二、环境条件要求

核桃是我国分布范围最广的经济林树种。从东经75°～124°，北纬21°～44°都有栽培和分布。要进行核桃标准化生产，必须综合考虑核桃发展所必需的环境因素，主要有以下几方面：

1. 温度 核桃是喜温的果树。现在大量栽培区在纬度10°～40°，年平均温度9～16℃，极端最低温度-32～-25℃，极端最高温度38℃以下，无霜期150～240d。一般在-20℃幼树即受冻，大树能耐-30℃低温，但在-28～-26℃时部分花芽和叶芽受冻，在-29℃时，一年生枝受冻。7月份均温不宜低于20℃，但当超过38～40℃时，果实即易灼伤，核仁发育不良，形成空苞。

北方核桃种群属于喜温树种，分为早实和晚实两大类群。在适宜的温度范围内，不同品种对温度的变化存在差异，但类群之间差异不大。优生区的年平均温度9～13℃，极端最低温度不能低于-25℃，极端最高温度不能超过35℃，无霜期150d以下。

2. 光照 核桃喜光，最适光照度为60 000lx，结果期的核桃树要求全年日照在2 000h以上，低于1 000h，则核壳核仁发育不良。光照充足对北方核桃不仅能保障正常生长结果，而且能显著降低病虫害的发生、发展，提高果品商品率。栽培中，从园地选择，栽植密度，栽培方式及整形修剪等，都必须考虑采光问题。

3. 水分 核桃是生理耐旱性弱的树种，对土壤水分和空气湿度的要求比较严格。我国核桃的自然分布区年降水量在800～2 200mm，空气相对湿度为74.3%～85%。一般来说，凡年降水量在1 000～1 200mm、空气相对湿度在75%以上的地区，均能满足核桃生长发育对水分的要求。

在核桃树生长期间年降水量达到600～700mm，而且分布均匀，基本上可以满足生长发育的需要。如果降水不足，或者降水分布不均，需要通过灌溉加以补充，无论幼树或大树，都要加强土壤水分的调节。灌水的时间、数量和方法，可据当地气候条件、土壤水分状况、降水状况及核桃生长发育情况而定，一般年灌水3～4次即可。

4. 土壤 核桃对土壤的适应性强，丘陵、山地、平地均可生长。土层厚度达 1m 以上，土壤结构疏松，保水透气性良好的壤土和沙壤土以及有机质含量达 1‰ 以上，pH 在 6.5~7.5 的立地条件均为最适范围。

5. 其他 核桃根系发达，怕涝、怕荒，具有喜光、喜透气性等特性。核桃一年生枝髓心较大，抗风力较弱。在冬、季多风地区的迎风坡面种植核桃，易抽条。过大的风速、风量不利于授粉，开花结实也会受到影响。栽培在迎风坡面的核桃树，最好营造防护林。

三、建园要求

1. 主栽优良品种 绿色果品核桃生产要求必须选用国家或有关果业主管部门登记或审定的优良品种。目前，我国生产上栽培的核桃优良品种，主要有辽核1号、辽核3号、中林5号等（表15-3）。

表 15-3 名优核桃品种一览表

品 种	选育单位	平均单果重	出仁率（%）	类 型
中林 5 号	中国林业科学院林业研究所	9.2	60	早熟品种
辽核 5 号	辽宁省经济林研究所	9.4g	59.6	早熟品种
陕核 1 号	陕西果树研究所	7.9	62	早熟品种
辽核 4 号	辽宁经济林研究所	6.63	57	早熟品种
西林 2 号	西北林学院	8.65	61	早熟品种
薄丰	河南省林业研究所	11.2	54.1	早熟品种
薄壳香	北京林业果树研究所	13.02	51	早熟品种
香玲	山东果树研究所	6.6	60	中熟品种
中林 1 号	中国林业科学院林业研究所	6.6	55	中熟品种
鲁光	山东果树研究所	16.7	59.1	中熟品种
辽宁 3 号	辽宁经济林研究所	9.8	58.2	中熟品种
晋薄 2 号	山西林业科学研究所	12.1	71.1	中熟品种
西洛 1 号	西北林学院与洛南县核桃研究所	10.5	50.8	晚熟品种
礼品 1 号	辽宁经济林研究所	10.5	67.3~73.5	晚熟品种
礼品 2 号	辽宁经济林研究所	13.5	70.3	晚熟品种
晋龙 3 号	山西林业科学研究所	15.92	56.7	晚熟品种
晋龙 1 号	山西林业科学研究所	14.85	61.34	晚熟品种
清香核桃	河北农业大学	16.5	55	晚熟品种

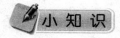

核桃品种类型划分

核桃长期沿用实生繁殖，加之地区条件各异，资源类型十分丰富。目前我国各地有记载的栽培品种和类型约有 500 多个，郗荣庭等按来源将其划分为核桃和铁核桃（漾漾核桃）两大种群；每个种群再按结实早晚分为早实类型（播后 2~3 年结果）和晚实类型（播后 8~10 年结果）两大类群。最后再按核壳厚薄等经济性状将每个类群划分为纸皮核桃（核壳厚度 1.0mm 以下）、薄壳核桃（壳厚 1.0~1.5mm）、中壳核桃（壳厚 1.5~2.0mm）和厚壳核桃（壳厚大于2.0mm）4个品种群。

> **？想一想**
> 当地核桃还有哪些优良品种？授粉树是如何进行搭配的？

2. 园地选择要求 核桃树对环境条件要求不严，在年平均气温9～16℃，年降水量500～800mm，海拔600～1 200m的地区均可种植。核桃对土壤的适应性较广泛，但抗性较弱，应选择深厚肥沃、保水力强的壤土最为适宜。核桃要求光照充足，在山地建园时应选择南向坡为佳。

3. 果树栽植要求 核桃栽植时期有春栽和秋栽两种。秋栽适宜于北方春旱多风地区。秋栽树萌芽早，生长壮，但应注意冬季防寒（埋土是最好的方法）。对冬季气温较低，保墒良好，冻土层深，多风的地区，宜于春栽。在早春土壤解冻之后即可栽植。土壤、肥水条件一般的丘陵山地可采用株行距3m×4m。土深厚、土质良好、肥力较高的地区株行距3m×5m，也可采用5m×6m或6m×7m的株行距。

苗木栽植深度，应与其原在苗圃中的深度相同，过浅，易遭干旱、冻害和病害，过深，缓苗慢，苗木生长不健壮。一般沙地栽植可稍深些，黏土地栽植可略浅。

栽后修好树盘，充分灌水，否则影响成活。待水下渗后，在树盘下覆少许土，春栽要覆盖地膜。

核桃属于雌雄同株异花授粉，且雌雄花常常不遇，而且核桃花属于风媒花，花粉粒大、重，有效授粉距离短，建园时最好选用2～3个能够互相提供授粉条件的品种。如某一品种选为主栽品种，可每隔2～3行配置一行授粉品种，原则上主栽品种同授粉品种的最大距离应小于50m，授粉品种比例为(2～3)∶1。

四、生产过程要求

核桃生产过程，注意适生区立地条件；坚持适地适树原则，推行品种名优化栽培；坚持高标准、高起点建园，确保园貌整齐；大力推行整形修剪技术，配方施肥技术，沃土丰产技术，为标准化生产提供有力保障；提倡成熟采收，及时脱皮、漂洗、晾晒、烘干、分级包装，不断提升产品档次和效益。

任务三 核桃标准化生产

工作一 春季生产管理

一、春季生产任务

春季生产任务主要有：春季修剪，土、肥、水管理（追肥、灌水），花果管理（疏花疏果、人工授粉），病虫害防治等工作。

二、春季树体生长发育特点

进入3月是核桃树液开始流动、顶芽膨大的时期，这时核桃根系略有萌动。随着根系的生长，核桃先后萌芽、开花、坐果，新梢开始快速生长，3月底、4月初萌芽展叶，多数品种落花较轻，落果较重。雌花落花多在开花末期，花后10～15d，幼果长到1cm左右时开始落果，2cm左右时达到高峰。到果皮硬化期基本停止。侧芽枝落果多于顶芽枝。河北农业大学在蓟县对核桃枝条生长与果实生长的相关性进行了观察研究，结果表明，枝条生长与果实生长是交错进行的。4月23日到5月12日为枝条生长旺盛期，待枝条生长稍缓时，果实开始加快生长。因此，如果此期营养供应不足，则易发生大量落果。

三、春季生产管理技术

（一）地下管理

1. 春季追肥

（1）追肥方法。主要施肥方法有放射状施肥、环状施肥、穴状施肥、条状施肥、叶面喷肥等方法，各地要因地制宜，选用效果好的方法。

（2）追肥时期。追肥4次。早春3月，发芽前期，新梢生长期，开花期追肥。

（3）追肥量。早春追肥是在3月（惊蛰至春分）结合刨树盘深翻改土增施有机肥，结果大树每株施优质圈肥100～250kg，氮、磷、钾复混肥1.0～2.5kg。

发芽前追肥是在4月（清明至谷雨）及时追施尿素，幼树每株施尿素0.5kg，结果大树每株施尿素1.0～1.5kg。

新梢生长期追肥是在5月下旬（立夏至小满）结合灌水或降水，幼树每株追施尿素0.5kg、磷肥1kg。结果树每株追施尿素1.0～1.5kg、磷肥2.5～5.0kg。

开花期叶面喷0.2%～0.3%尿素+0.3%硼砂溶液。

2. 春季灌水

（1）灌水时期。核桃萌动前后，也就是在4月前后，核桃开始萌动，发芽抽枝。这时候物候变化快而短，几乎在1个月的时间里，需完成萌芽、抽枝、展叶和开花等生长发育过程。而这个时期，北方地区正是春旱季节，抓好萌动以前的早春灌，灌饱灌足对于促进前期生长极为有利，同时还可防止春寒、晚霜的危害。若天气特别干旱，可连续灌水1～2次。这个时期俗称为萌芽水。

（2）灌水方法。目前核桃园主要灌水方法有沟灌、穴灌、滴灌、喷灌等。

（二）地上管理

1. 预防冻害 "四月八，黑霜杀"连续多年给核桃生产造成巨大损失，霜害冻害已经成为影响大部分地区核桃产业的主要障碍，因此采取积极果断的措施，减轻冻害损失，已成为当前核桃生产中的一项重要任务。防霜冻的方法有：①在树行间挖坑埋草，通过天气预报及时进行烟熏防冻；②利用天达2116细胞膜稳态剂进行喷洒防冻，喷洒时间一般为树体芽子萌动抽叶达2～3cm时，喷洒1遍，根据天气预报在冻害来临之前再喷洒1遍。

2. 间作 核桃园间作可以充分地利用地力和空间，提高经济效益，使长远利益和当前利益相得益彰。为了不影响核桃树体正常生长，间作时不要种植玉米、谷子等高秆作物，应间作豆类、薯类、瓜菜类作物。随着树龄增加，间作面积要逐步减少，一般第一年间作80%，第二年70%，第三年60%，依次类推。

3. 疏除雄花 核桃疏花主要指的是疏除雄花，简称疏雄。疏雄对核桃增产效果十分明显，坐果率可提高 15%~20%，产量可增加 12.8%~37.5%。疏雄时期原则上以早疏为宜，一般是在雄花芽未萌动前，日平均气温 9℃ 以前的 20d 内进行为好，时间是在 4 月中下旬时进行。疏雄量以 90%~95% 为宜，使雌花序与雄花数之比达 1：(30~60)。但是，对栽植分散和雄花芽较少的植株，可适当少疏或不疏。

4. 人工辅助授粉 采集雄花序在开花散粉初期，在 20~25℃ 遮阳条件下摊放在白纸或塑料纸上，放在干燥处 1~2d 后，用棍敲击，收集花粉，干燥出粉过筛，以淀粉和花粉 1：10 的比例进行授粉；或将雄花序在开始散粉时装入纱布袋，在树上抖授，或将雄花序挂在树上自然散粉，每株 4~5 束。人工辅助授粉可以提高坐果率 10%~30%，还可减少生理落果。

5. 品种改良 对园内结果少，不结果或品种不良的树体必须进行品种改良。一是要选择适宜当地大力发展的品种。如香玲、维纳、陕核 5 号等优良品种；二是要选择嫁接技术高、有责任心的技术能手进行嫁接；三是一定要做好嫁接后的管理工作。

6. 病虫害防治 核桃病虫害有很多种，目前已知的虫害达 120 余种，病害 30 余种，主要病虫害以及防治措施如表 15-4。

表 15-4 核桃春季病虫害防治一览表

物候期	防治对象	防治措施	注意事项
树液开始流动顶芽膨大期（3月）	核桃溃疡病腐烂病	1. 主干可刷石硫合剂原液 2. 喷涂 5 波美度石硫合剂 3. 早春用刀将核桃溃疡病和腐烂病病斑刮除（刮除范围可控制到比变色组织大出 1cm），刮后涂杀菌剂（843 康复剂、农抗 120 水剂、S9281、3 波美度石硫合剂）	
展叶开花授粉及新梢生长期（4月）	核桃小吉丁虫春尺蠖	1. 4 月中旬至 5 月中旬，或果实采收之际，彻底剪除干枝（略带一段活枝），并集中烧毁，以消灭枝条中的害虫 2. 黑光灯诱杀或人工捕捉春尺蠖成虫 3. 幼虫 4 龄前喷洒 50% 辛硫磷乳液 2 000 倍液或 20% 速灭杀丁 3 000~4 000 倍液	
幼果发育期（5月）	细菌性黑斑病	生长季节（雌花前、花后、幼果期）相隔 10~15d 喷 1 次杀菌剂（菌毒素、多氧霉素、疫霜灵、农抗 120）防细菌性黑斑病	花期不能喷药

工作二 夏季生产管理

一、夏季生产任务

核桃夏季生产任务主要有：土肥水管理、病虫害防治、修剪、芽接改良，疏果等主要工作。

二、夏季树体生长发育特点

夏季是核桃幼树生长最旺盛的时期，新梢生长最快，生理活动最强。进入 6 月，成龄核桃新梢生长最快，7 月核桃树体生长速度下降，果实迅速增大，8 月枝条生长明显变慢，核桃已基本成形。

三、夏季生产管理技术

(一) 地下管理

1. 幼龄树土壤管理 为了促进幼树的生长发育，定植 2~5 年内的核桃幼龄树，应及时除草和松土。间作的果树，可以结合间种作物的管理进行除草，没有间作的果树，可以根据杂草情况及时除草松土，一般来说，夏季除草 2~3 次就行了。

2. 成龄树土壤管理 成龄树土壤管理的主要任务是翻耕熟化。土壤翻耕可以熟化土壤，改善结构，提高土壤保水、保肥的能力，减少病虫害，增强树势，提高产量。夏季土壤管理的方法主要有深翻法，比较适用于平地核桃园。沿着大量须根分布区的边缘向外扩宽 40~50cm，深度为 35cm 左右，挖成围绕树干的半圆形或圆形沟，将表层土放在底层，而底层土放在上面。翻耕时，不能伤根过多。

3. 追肥

(1) 新梢生长期。5 月下旬（立夏至小满）结合灌水或降水，幼树追施尿素 0.5kg/株、磷肥 1kg/株，结果树追施尿素 1.0~1.5kg/株、磷肥 2.5~5.0kg/株。

(2) 果实发育硬核期。7~8 月（小暑至处暑），追肥以磷、钾肥为主，结果树每株施过磷酸钙 2.5~5.0kg、磷酸二氢钾 1.0~1.5kg。

(3) 谢花后与果实发育硬核期。及时喷 0.3% 尿素或 0.3% 磷酸二氢钾溶液。

4. 灌水 开花后和花芽分化前（6 月前后），雌花受精后，果实迅速进入速生期，生长量约占全年生长量的 80%。到 6 月下旬，雌花芽开始分化，此时需要大量的养分和水分供应，应灌 1 次透水，确保核仁饱满。

在 6~7 月硬核期和灌浆期需大量水分供应，灌水次数根据土壤属性、地下水位及树龄而定，一般每月灌水 1~2 次，幼树多灌，盛果期少灌。

(二) 地上管理

1. 芽接改良 对 2~5 年生幼树，在高接改良有一定困难的情况下，可采用芽接方法改良品种。改良时一定要选择适宜大力发展的如香玲、维纳、陕核 5 号等优良品种。芽接的关键一是接穗最好是随采随接，避免长途运输，以免失水或损伤；二是芽接时间，5 月 20 日至 6 月 30 日最佳。只要把握好这两点，一般芽接成活率可保证在 95% 以上。

2. 疏除幼果 早实核桃是以侧花芽结实为主，雌花量较大，到盛果期后，为保证树体营养生长和生殖生长的相对平衡，高产稳产，必须疏除过多的幼果。疏果时间是在生理落果以后，一般在雌花受精后 20~30d，当子房发育到 1.0~1.5cm 时进行为宜。疏果量依树势状况和栽培条件而定，一般以树冠投影面积保留 60~100 个/m² 果实为宜。疏果方法是先疏除弱树或细弱枝上的幼果，也可连同弱枝一同剪掉；每个花序有 3 个以上幼果时，视结果枝的强弱，可保留 2~3 个；坐果部位在冠内要分布均匀，郁密内膛可以多疏。疏果仅限于坐果率高的早实核桃品种。

3. 夏剪 夏季修剪采取以下几种技术措施：

(1) 疏枝。疏除过密的交叉枝和重叠枝、无用的徒长枝、竞争枝、下垂枝、下裙枝、病虫枝、干枯枝。疏枝时，应紧贴枝条基部剪除，切不可留桩，以利剪口愈合。

(2) 摘心。对一年生侧枝，长度达 50cm 以上时摘心，促进木质化，促发分枝，控制向外延伸。

（3）拉枝。按照小冠疏层形和开心形两种树形，采用拉枝的方法开张角度，培养树形，促进成花。

4. 夏季病虫害防治 夏季主要病虫害及其防治技术措施见表15-5。

表15-5 核桃夏季病虫害防治一览表

物候期	防治对象	防治措施
果实膨大期 （6月）	核桃举肢蛾 糖槭蚧	1. 在6月20日以后，核桃举肢蛾成虫进入产卵盛期开始每隔10～15d连喷2～3次杀虫剂(10%的氯氰菊酯乳油1500～2000倍液、15%的吡虫啉3000～4000倍液) 2. 6月上旬，用速扑杀3000倍液，连续喷施2～3遍，每次间隔7～10d，防治糖槭蚧效果较好
硬核期 （7月）	核桃褐斑病 核桃黑斑病 核桃腐烂病 核桃白粉病	1. 清除病叶和结合修剪除病梢，深埋或烧掉 2. 开花前后和6月中旬各喷1次1：2：200波尔多液或50%甲基托布津可湿性粉剂500～800倍液 3. 连续清除病叶，病枝并烧掉，加强管理增强树势和抗病力 4. 7月份发病初期用0.2～0.3波美度石硫合剂喷施。防治核桃白粉病
脂肪形成积累期 （8月）	核桃举胶蛾 红蜘蛛	1. 核桃举胶蛾用阿维菌素、精制克螨清、霸螨灵、扫螨净等农药喷杀 2. 冬、春季细致耕翻树盘，消灭越冬虫蛹。8月上旬摘除树上被红蜘蛛害虫果并集中处理 3. 红蜘蛛成虫羽化出土前可用50%辛硫磷乳剂200～300倍液树下土壤喷洒，然后浅锄或盖上一层薄土 4. 红蜘蛛成虫产卵期每10～15d向树上喷洒1次10%浏阳霉素乳油1000～2000倍液

工作三 秋季生产管理

一、秋季生产任务

秋季是核桃生产的主要任务有：施肥、灌水、深翻改土、修剪、果实采收、病虫害防治等。

二、秋季树体生长发育特点

进入9月，核桃果实成熟，大多数枝条停止生长，叶片仍在继续光合作用，贮藏营养。果实进入成熟采收期。

三、秋季生产管理技术

（一）地下管理

1. 清园深翻 对核桃园的枯枝落叶扫净，集中烧毁或深埋，以减少来年病虫危害。在秋季果实采收后至树叶变黄以前，将果园清理后结合秋施基肥进行深翻，此期温度较高，正值根系第二次生长高峰，伤根容易愈合并发生新根，土壤养分转化快，有利于树体养分的积累。深翻方法主要有扩穴、隔行深翻两种。

2. 秋施基肥 基肥用量占核桃全年施肥量的30%以上。根据土壤的肥力、核桃树生长状况和结果量，确定肥料种类和施肥量。幼树每株农家肥25～50kg与尿素0.1～0.2kg、过磷酸钙0.3～0.5kg混合施入。结果初期每株农家肥50～100kg、尿素0.3～0.5kg、过磷酸钙 1.0~1.5kg，硫酸钾 0.15~0.25kg 混合后施入。盛果期每株农家肥 100~200kg、尿素 0.6~1.5kg、过磷酸钙 1.5~2.5kg、硫酸钾 0.25~0.50kg 混合后施入（表 15-6、表 15-7）。

表 15-6　不同树龄的施肥量（全国标准）（330 株/hm²）

(kg/hm²)

树龄	氮素（N）	磷素（P）	钾素（K）
栽植当年	50	20	20
2 年	70	30	30
3 年	100	40	50
4 年	150	50	70
5 年	200	70	100
6 年	250	100	150
7 年	300	150	200
8 年	400	200	250
10 年	500	250	400

注：施肥时 N、P、K 最适的比例是 4.5∶1∶1，一株核桃同时施入无机肥料和有机肥料的数量。

表 15-7　不同树龄的核桃园参考施肥量

(kg/株)

树龄	有机肥	尿素（N）	过磷酸钙（P）	硫酸钾（K）
幼树	25~50	0.1~0.2	0.3~0.5	
结果初期	50~100	0.3~0.5	1~1.5	0.15~0.25
盛果期	100~200	0.6~1.5	1.5~2.5	0.25~0.5

注：根据需要加入适量 Zn、B、Mn、Cu、Fe 等其他微量元素肥料。

施肥方法：在树冠边缘挖宽 40~50cm、深 40~60cm 的环状沟，将混合的肥料施入后埋土。

采收后，叶面喷 0.3% 尿素和 0.3% 磷酸二氢钾溶液 3~5 次。

3. 灌水　结合深翻施入基肥后应立即灌水，提高幼树越冬能力，利于早春萌芽和开花。11 月 10 日左右要灌 1 次越冬水，在表土半干时把根茎部分进行埋土。核桃喜湿润，耐涝，抗旱力弱，灌水是增产的一项有效措施。成龄树在封冻前再灌 1 次封冻水。

（二）地上管理

1. 果实采收

（1）采收时期。果实完熟后采收。完熟标准是总苞（青皮）变成黄绿色，部分果实顶部出现裂缝，容易剥离；种仁硬化，幼胚成熟；核壳坚硬，呈黄白色。北方地区成熟期多在 9 月上中旬。

（2）采收方法。一是打落法，果实成熟后用棍棒击落。二是乙烯利催落法，采前 10~27d 喷 500~2 000mg/L 乙烯利。

（3）采收后处理。

①脱青皮。

a. 堆积脱青皮。在堆积的核桃果上盖席片或杂草，避免日晒，促进后熟。3~4d 后摊开用棍棒敲打去青皮。

b. 乙烯利脱青皮。用 3 000~5 000mg/L 乙烯利溶液充分浸蘸，放置在气温 30℃，空气相对湿度 80% 的地方，5d 后离皮率达 95% 以上。

②漂白和洗涤。1kg 漂白粉用 6kg 温水化开，滤去渣子后再加 60~80kg 水，可漂白 80kg 核桃。捞出核桃后，加入 0.5kg 漂白粉，可再漂白 80kg 核桃。漂白水可反复使用 7~8 次。漂白时，核桃到入容器中应立即搅拌，5~8min 后核桃由青红色转白时捞出，立即用清水冲洗两遍，晾晒或烘干（40~50℃）。漂白容器以瓷制器皿最好。

③分级。核桃按坚果大小分为，直径 30mm 以上为一级，28~30mm 为二级，26~28mm 为三级。

核桃仁分为四级：一等品为半仁，仁色蛋黄琥珀色；二等品为 1/4 仁，颜色蛋黄琥珀色；三等品为碎仁，仁色可深至琥珀色；四等品为混末仁。

2. 修剪 核桃树的修剪时期以秋季果实采收后至叶发黄前修剪最为适宜，不宜在落叶后 1 个月和临近萌芽前修剪，这两个时期是伤流的高峰期，不利于伤口在当年内尽早愈合。合理的树形是丰产的基础，中小冠早实密植园可采用自然开心形，稀植树、散生树及间作树应采用主干疏层形。避开伤流高峰期修剪，调整树体骨架结构，主要是修剪大枝，疏除过密枝、病虫枝、遮光枝和背后枝，回缩下垂枝。其他的修剪等到第二年萌芽前进行。

核桃进入衰老期后，外围枝生长减弱、下垂，大中枝条枯死，此时及时更新复壮，可延长结果年限。更新分大更新、中度更新和小更新 3 种。大更新也称为主干更新，即对主干较高、树势较弱的核桃树从主干的适当部位将树冠全部锯掉；中度更新，即将主枝适当部位锯掉；小更新也称为侧枝更新，即将侧枝进行回缩。更新复壮应根据树势灵活掌握。更新后发枝量多，应选留好更新枝，培养好树形。

3. 病虫害防治 核桃病虫害相对比较少，但是管理不当，往往会导致病害发生严重甚至造成植株死亡。核桃主要的病虫害有核桃腐烂病、核桃枝枯病、核桃溃疡病、云斑天牛、核桃举肢蛾、核桃叶甲、核桃尺蠖、介壳虫等。秋、冬季是防治病虫害的最佳时期，应本着预防为主，综合防治的原则，针对核桃园的具体病虫害发生情况及时进行防治，结合秋季修剪剪除病虫枝、干枯枝集中烧毁，做好清园工作，减少病虫源（表 15-8）。

表 15-8 核桃秋季病虫害防治一览表

物候期	防治对象	防治措施	注意事项
果实成熟期（9月）	核桃木镣尺蠖 核桃举肢蛾 核桃叶甲 介壳虫	1. 用黑光灯诱杀成虫或清晨人工捕捉 2. 成虫羽化前在树周围 1m 内挖蛹 3. 震落捕杀幼虫 4. 药剂防治：各代幼虫孵化盛期，特别是第一代幼虫孵化期喷 90% 敌百虫 800~1000 倍液，或 0.3% 苦参碱水剂 800~1000 倍液，或 10% 烟碱乳油 800~1000 倍液，或 Bt 乳油 500~600 倍液，均有较好效果。一般第一次施药在发芽初期，第二次在芽伸长 3~5cm 时为宜。必要时可选用功夫等杀虫剂加入等量消抗液，防治效果效可明显提高	采前 20d 禁用任何药剂
叶变黄开始落叶期（10月）	核桃腐烂病 核桃枝枯病 核桃溃疡病	1. 秋、冬季及时剪除病虫枝、干枯枝集中烧毁，并做好清园工作，减少病虫源 2. 秋末用刀刮除感病树皮，并涂抹 40% 福星乳油或 25% 金力士乳油 500 倍液，可防治干腐病、溃疡病等病害	

(续)

物候期	防治对象	防治措施	注意事项
落叶期 （11月）	干腐病 溃疡病 核桃腐烂病 云斑天牛 核桃瘤蛾	1. 清园　清扫残枝落叶，剪除病枝、虫枝、枯枝。集中深埋或烧毁 2. 树干涂白　用硫黄粉、生石灰、水按1∶10∶40的比例配制涂白剂涂树干 3. 全园喷3～5波美度石硫合剂淋洗式喷雾，杀菌消毒	

工作四　冬季生产管理

一、冬季生产任务

冬季是核桃休眠季节，主要任务有冬季修剪、灌封冻水、清园、树干涂白、预防冻害等。

二、冬季树体生长发育特点

核桃冬季进入休眠状态，叶片脱落，枝条成熟，根系活动缓慢，树体外表活动几乎停止，但体内一系列生理活动如呼吸、蒸腾、根的吸收与合成等仍在持续，树体抗寒能力增强，花芽分化活动缓慢进行。

三、冬季生产管理技术

（一）地下管理

灌越冬水　在秋、冬季干旱地区，在落叶后至土壤封冻前，应及时灌透水，可使土壤中贮备足够的水分，有助于肥料的分解，有利于提高树体的抗寒能力，从而促进翌年春季的生长发育。灌水深度一般浸湿土层达到80m左右，灌水量一般灌后6h渗完为好。

（二）地上管理

1. 整形修剪

（1）常用树形。我国核桃生产中常见的树形主要有以下三种：

①主干疏层形。基本结构与苹果树相似，在具体应用时如主干高度、各层的层间距等须因品种类型和栽培方式灵活掌握。该树形应用最为普遍。

②自然开心形。没有中心干，主干高多在1m左右，主枝3～4个，轮生于主干上，不分层，主枝间距30cm左右，每主枝2～3个侧枝。该树形成型快、结果早，整形简便，适于土层薄、水肥条件差的晚实核桃及树冠开张、干性较弱的早实核桃应用。

③小冠疏层形。是主干疏层形的缩小，树高一般控制在4.5m以下，适宜密植栽培。

（2）不同时期整形修剪。以主干疏层形说明核桃树形培养过程，在生产实际中要完成培养该树形一般需要4～5年。

①定干。早实核桃由于结果早，树体较小，定干高度为1.0～1.2m，具体做法是在春季发芽后，在定干高度的上方选留1个壮芽进行短截。

②主枝培养。第一步在定干当年或第二年，在主干上选留距地面80cm以上，不同方向

选留3个生长健壮的枝或已萌发的壮芽，培养成第一层主枝，主枝枝间距不少于20cm，三大主枝之间夹角120°，每个主枝与主干之间夹角50°~60°。主枝培养一年内不可能同时形成，有时一年只能选择培养一个主枝，其他的下一年度继续培养。第二步是二层主枝培养，当核桃树体主干生长到离第一层主枝距离达到0.8~1.0m时，采用培养第一层主枝的方法，培养第二层主枝，二层主枝个数一般为2个，一、二层主枝之间的距离要超过0.8~1.0m的距离，并且和第一层主枝间合理搭配，不重叠，不交叉。第三步是三层主枝培养，三层主枝培养和二层主枝培养方法一样，要求二、三层主枝间的距离在1.2~1.5m，否则影响通风透光。

③侧枝培养。在培养的主枝形成后，要及时在主枝上选留侧枝，一般要求，第一个侧枝距主枝基部的长度为40~50cm，要选留主枝两侧向斜上方生长的健壮枝条1~2个作为一级侧枝，各主枝间的侧枝方向要互相错落，避免交叉重叠。

第二侧枝距第一侧枝间的距离要略大一些，一般为60~80cm，第三侧枝距第二侧枝间的距离又要略小，一般为50~60cm，其培养方法大同小异。

④结果枝及结果枝组培养。当侧枝培养成功后，要及时在侧枝上逐年培养结果枝及结果枝组，结果枝一般为一年生枝，结果枝组为二年生以上枝条，结果枝容易培养。结果枝组培养时，要注重营养生长和结果生长的关系。

一般干性差的品种以及土壤条件不好的地块使用开心形，一般由3~4个主枝构成，其特点是成形快，结果早，整形容易，便于掌握。缺点是后期由于树冠形成早，发展空间受到限制，影响后期产量。

开心形培养方法和主干疏层形基本一样，但是培养时要多选留侧枝，使树体生长均衡，达到早结果、多结果的目的。

2. 清园 土壤结冻前，清除树冠下的枯枝落叶和杂草，刮掉树干基部的老皮，运出果园集中烧毁，并对树下土壤进行耕翻，在耕翻前最好撒施高锰酸钾，每667m^2用量0.5kg，起到杀灭病菌、病毒的作用。

3. 预防冻害 由于核桃幼树枝条髓心大，水分多，抗寒性差。大部分地方容易遭受冻害，造成枝条干枯。因此为了保证幼树的正常生长必须防止冻害。一般1~2年内，进行幼树防寒和放抽条工作。

（1）埋土防寒。在冬季土壤封冻前，把幼树轻轻弯倒，使顶部接触地面，然后用土埋好，埋土厚度视当地的气候条件而定，一般为20~40cm。待第二年春季土壤解冻后，及时铲除防寒土，将幼树扶直，可有效防止抽条的发生。

（2）树干涂白。涂白可以防虫、防病、防寒，春天昼夜温差大，对3年生以上的核桃树，枝干因长时间受昼融夜冻的影响，容易造成阳面的皮层坏死干裂，严重影响树体的正常生长。因此必须采用涂白方法，缓和枝干阳面的温差，达到防寒效果。涂白剂是用0.5kg食盐、6kg生石灰（石硫合剂）、15kg清水，再加入适量的黏着剂（如猪油、凡士林）和杀虫灭菌剂配制而成，于土壤结冻前后涂抹。

（3）涂聚乙烯醇。上冻前，可用熬制好的聚乙烯醇将核桃苗木主干均匀涂刷。聚乙烯醇的熬制方法是将工业用的聚乙烯醇放入50℃的温水中，水与聚乙烯醇的比例为1∶15，边加边搅拌，直至沸腾，等水开后再用文火熬制20~30min，凉后涂用（对山西北部一些地区栽植核桃当年生枝条发生的抽条效果较好）。

想一想

核桃和苹果整形及修剪手法有何异同?

工作五　制定核桃周年管理历

核桃周年管理历是核桃周年生产操作技术规程,全国各地可根据当地具体情况参照《无公害核桃生产技术规程》等执行,重点抓好农药、化肥污染控制,实现核桃生产过程质量控制,生产高质量的优质核桃产品。

生产案例　陕西省核桃周年管理历

一、3月（树液开始流动、顶芽膨大期）

工作项目：栽植建园、育苗、嫁接、早春施肥、灌水、修剪、喷药、采集接穗。

1. 栽植建园　进行建园规划,确定栽植品种、密度和授粉品种。定植穴 $0.8\sim1.0m^3$,每穴施农家肥 $30\sim50kg$。栽植前苗木根系在清水中浸泡 $12h$ 左右。栽植时边填土边踩实,土埋至苗木原土痕以上 $3cm$ 处,然后灌水,覆地膜,树干涂白。

2. 育苗　3月初将核桃种子浸泡在清水中,每天换水 $1\sim2$ 次,$7d$ 左右将种子捞出摊在地面上晾晒,种子裂口,进行播种。苗圃每 $667m^2$ 地施尿素 $15kg$,磷肥 $50kg$。宽窄行间作育苗。宽行 $60cm$,窄行 $40cm$,株距 $15\sim20cm$,每 $667m^2$ 产苗 $6000\sim8000$ 株。

3. 苗木嫁接　接穗上年 12 月或当年 2 月初采集,进行沙藏或窖藏。3 月 10 日至 4 月底,采用皮下舌接、劈接、双舌接技术。嫁接部位绑紧,用地膜将嫁接位和接穗缠严,接穗芽处用单地膜缠严。嫁接后 $20d$ 左右抹砧木实生芽,促进接穗芽萌发生长。高接换头在主枝上短截,主要采用皮下舌接技术。

4. 早春施肥灌水　秋后未施基肥的于发芽前每株结果树必须施入腐熟的牛粪、鸡粪等有机肥 $20\sim40kg$,复合肥 $1kg$,尿素 $0.5kg$,在树冠外延采用放射状沟施,沟长 $1m$、宽 $0.5m$、深 $0.4m$,每株 4 条,肥料要与土充分混合,埋土后灌透地水,然后整理树盘、划锄,提高地温。或一次性施入 $1.5\sim2.0kg$ 控释肥,整个生长期不再施肥。

5. 修剪　修剪时首先短截主枝延长头,并拉枝到 $70°$;剪除背后枝、病虫枝、直立枝、密挤枝、细弱枝、竞争枝;短截部分有发展空间的枝条。修剪后清扫果园,减轻当年病虫害的危害程度。

6. 喷药　发芽前喷 1 遍 $3\sim5$ 波美度石硫合剂,防治病害和虫卵。

7. 采集接穗　3 月中下旬,结合春季修剪,从良种树上采集接穗,然后沙藏或冷库贮藏。

二、4月（展叶开花、授粉及新梢生长期）

工作项目：嫁接、防霜冻、施追肥、大树改接、防治金龟子和美国白蛾、花期疏雄及根外施肥。

1. 嫁接　技术同 3 月苗木嫁接。

2. 防霜冻　4 月 $1\sim10$ 日晚霜危害严重,气温突然降到 $0℃$ 以下,使核桃花和新梢枯萎。防治办法：听天气预报，出现突然降温到0℃以下时，核桃园进行烟熏。选育抗霜冻品种。花期若发生冻害应及时喷天达2116或3%白糖水进行预防，也可夜间果园放烟。

3. 施肥 施速效氮为主的追肥。施肥量幼树每株施纯氮50～100g，结果初期每株施纯氮150～300g，盛果期每株施纯氮400～600g，然后灌水。

4. 大树改接，防治金龟子和美国白蛾 清明后，为防止金龟子危害核桃树幼芽和花芽，应及时防治。地下每667m²喷施辛硫磷1.5kg，然后划锄，每晚晃动树体；树上喷施2 000倍金龟介可杀液。发现美国白蛾及时剪除网幕并喷1 500倍灭幼脲3号药液防治。4月中旬，气温达到20℃以上时，采用插皮舌接进行良种改接换优。

5. 花期疏雄及根外施肥 花期及早疏除部分雄花，疏除量占雄花量的90%。花期喷0.3%硼砂或2 000倍翠康金硼液和0.3%尿素液，提高坐果率。

三、5月（幼果发育期）

工作项目：嫩枝嫁接、芽接、中耕除草、灌水、施肥、喷药、摘心、施肥、喷药、摘心、间作。

1. 嫩枝嫁接 5月初至7月上旬。采集当年新枝，保留1～2个芽的枝段，采用双舌接、劈接技术，嫁接在实生苗新枝上。用地膜将嫁接部位绑紧缠严，接穗芽处用单地膜，15d左右接穗芽萌动，抹除砧木实生芽。芽接：5月初至7月上旬，采用方块芽接、对位芽接技术。方块芽接是将接穗芽嵌接在砧木上同样大小的方块去皮处，用地膜绑紧缠严。对位芽接是将接穗的护芽肉对住砧木的方块去皮芽凸处，用地膜绑紧缠严。

2. 中耕除草 疏松土壤，清除杂草。

3. 灌水、施肥、喷药、摘心 5月每株施尿素0.5kg，复合肥0.5kg，然后灌水。为防止核桃黑斑病发生，喷800倍70%甲基托布津、多菌灵、大生M-45液，喷药时加入0.3%的尿素。5～6月发现云斑天牛成虫，及时捕捉。新梢长到40～50cm时去掉10cm摘心。

4. 间作 可种植花生、大豆等作物。雨季及时排出田间积水。

四、6月（果实膨大期）

工作项目：嫩枝嫁接、芽接、施肥、夏季修剪。

1. 嫁接 技术同5月（幼果发育期）嫩枝嫁接。

2. 施肥 6月下旬至7月上旬施氮、磷、钾复合肥。幼树每株施纯氮50g、纯磷20g、纯钾20g。初挂果树每株纯氮100g、纯磷100～200g、纯钾100～200g。盛果期每株纯氮200g、纯磷200～400g、纯钾200～400g。

3. 夏季修剪 主要控制二次枝，疏除过密枝、病虫枝。

五、7月（硬核期）

工作项目：病虫防治、中耕除草、覆草。

1. 病虫防治 ①防治日灼。2%的生石灰水喷洒树冠，每半月1次，共2～3次。②防举肢蛾、吉丁虫、黄刺蛾等害虫。用25%灭幼脲3号可湿性粉剂2 000倍液或0.3%苦参碱水剂800～1 000倍液喷洒树冠和树冠下地面。

2. 清除杂草，疏松土壤 麦收后及时进行树盘覆麦秸、杂草，厚度20cm，上撒少量土。

3. 雨季追施化肥、喷药 7月喷1次防治褐斑病的农药,并加1500倍灭幼脲3号防治刺蛾、白蛾等。

六、8月(脂肪形成积累期)

工作项目:捡拾落果、追施复合肥。

①捡拾落果。捡拾落在地面的虫果、病果并进行深埋。

②追施富含钾的复合肥,每株1~2kg。发现云斑天牛幼虫危害树干,及时人工挖出,或从虫孔注入50%的敌敌畏100倍液,也可用药泥或浸药棉球堵塞、封严虫孔,毒杀干内害虫。结合喷药喷施0.3%的磷酸二氢钾。山区挖旱池贮水。

七、9月(果实成熟期)

工作项目:果实采收、脱青皮、晾晒。

果实采收、脱青皮、晾晒:果实成熟的标志是青果皮由深绿色变为淡黄,部分外皮裂口,青果皮易剥落。应在核桃充分成熟后采收,一般在9月上中旬,核桃有部分裂口时表示核桃已成熟,可集中采收。采用人工采摘或长木杆夹取。采收后及时脱皮,青皮核桃不能日晒,应堆放在阴凉处或室内,上盖青草,堆放厚度以60cm为合适,2~4d后即可脱去青皮;或用300倍乙烯利浸泡30s,然后堆放再脱皮,脱皮时不可用棍打,要用手剥,以免影响果面颜色。脱皮后及时用清水冲洗,然后及时晒干。也可用500g漂白粉加温水3%~4kg溶化,再对水30~40kg进行8~10min漂白,捞出后立即用清水冲洗,然后晒干。或者青果在0.3%~0.5%的乙烯利溶液浸蘸0.5min捞出,在阴凉通风处堆成50cm的厚度,上面覆盖厚10cm的干草,3~5d就可脱皮,然后在清水中刷洗,再进行晾干或烘干。核桃晾干的标准是坚果碰敲声音脆响,横隔膜用手搓易碎,种仁含水量不超过8%。

八、10月(叶变黄开始落叶期)

工作项目:施基肥、整形修剪。

①基肥(厩肥、堆肥等农家肥)。根据土壤的肥力、核桃树生长状况和结果量,确定肥料种类和施肥量。可参照如下标准:幼树每株农家肥25~50kg与尿素0.1~0.2kg、过磷酸钙0.3~0.5kg混合施入。结果初期每株农家肥50~100kg、尿素0.3~0.5kg、过磷酸钙1.0~1.5kg、硫酸钾0.15~0.25kg混合后施入。盛果期每株农家肥100~200kg,尿素0.6~1.5kg、过磷酸钙1.5~2.5kg、硫酸钾0.25~0.5kg混合后施入。施肥方法:在树冠边缘挖宽40~50cm、深40~60cm的环状沟,将混合的肥料施入后埋土。

②秋季修剪。幼树培育丰产树形。主要树形有主干疏层形、自然开心形和自由纺锤形。结果初期培养好主侧枝和结果枝组,及时控制二次枝,处理好背下枝。盛果期控制树冠外移,解决好通风透光,不断更新结果枝组。

③核桃采收后及时喷布70%甲基托布津600~800倍或600倍的多菌灵或800倍的大生M-45,并加入菊酯类农药,防治多种病虫害。

九、11月(落叶期)

工作项目:清园、深翻土壤。

①对核桃园的枯枝落叶扫净，集中烧毁或深埋。

②对核桃园的土壤进行深翻，防止举肢蛾幼虫在土壤中越冬。

十、12月至翌年2月（休眠期）

工作项目：树干涂白、灌水、种子沙藏处理、接穗采集、贮存、叶面施肥。

①树干涂白。涂白剂配制：生石灰10份、硫黄1份、食盐1份、水40份，加少量动物油混合涂抹树干。

②有条件的地方灌1次越冬水。

③育苗核桃种子2月份用清水浸泡3~5d，每天换水，然后进行沙藏，3月就可以播种育苗。

④冬季采集接穗后，放在背阴干燥处进行沙藏或放在窖内贮藏。

一、学习方法

核桃是我国栽培面积较大的干果之一，学习本项目可以采取现场实训，按照核桃四季生产任务，分期组织学生到果园参加生产性实训项目，通过现场讲解，学生模拟操作，分组讨论，老师点评等环节完成每一项目实训任务。也可通过观看生产录像，果园技术人员讲解，现场操作，循环实训掌握核桃规范化生产技术。教学实训条件较好的院校也可通过学生承包果园，技能比赛等形式让学生完成核桃规范化生产管理技术。

二、学习网址

国家精品课程资源网（http://www.jingpinke.com/）

中国农业数字图书馆——数字农业（http://www.cakd.cnki.net/cakd_web/index.asp）

北京农业数字图书馆（http://www.agrilib.ac.cn/web/default.aspx）

水果邦（http://www.fruit8.com/）

中国农业信息网（http://www.nyjs.net.cn）

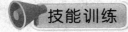

【实训一】核桃生长结果习性观察

实训目标

观察和了解核桃的生长结果习性，认识核桃生长发育的基本规律，为制定相应的栽培管理措施奠定基础。

实训材料

1. 材料 不同的年龄时期和生命周期的核桃树。

2. 用具 皮尺、钢卷尺、铅笔、橡皮、绘图纸、记载用具等。

实训内容

1. 核桃植株调查 树势、树姿、干性强弱、层性明显程度、分枝角度等。
2. 芽 芽的类型，叶芽的着生形态、着生节位、不同节位萌芽能力，花芽的种类、形态、着生节位。
3. 核桃枝条的调查 各类枝的形态特征、着生节位及生长特点。
4. 结果习性 雌雄同株异花，雌雄花器的形态及特点。

实训方法

（1）本实训一般在核桃休眠期、开花期或果实成熟期分次进行。不能观察的内容可采用图片或多媒体的形式。实训时间2～3h。

（2）实训时，先由指导教师讲解和示范，然后再由学生每3～4人一组，分组进行测量记载，最后一起讨论总结，老师点评。

实训结果考核

1. 态度 不迟到、不早退，态度端正、认真、仔细，遵守纪律（20分）。
2. 知识 掌握核桃生长结果习性（25分）。
3. 技能 能够正确进行核桃，程序准确熟练（40分）。
4. 结果 按时完成核桃生长结果习性观察实训报告，内容完整，结论正确（15分）。

【实训二】核桃整形修剪

实训目标

学会核桃的整形修剪技术，掌握核桃的整形修剪特点。

实训材料

1. 材料 核桃幼树和结果树。
2. 用具 修枝剪、手锯、高枝剪、高梯或高凳。

实训内容

1. 修剪的一般规则 修剪的顺序、一年生枝剪截、多年生枝缩剪、疏枝等。
2. 核桃整形 核桃树形主要有主干疏层形、开心形和半圆形等树形。主干疏层形的树体结构，树高4～5m，干高1.0～1.5m，第一层主枝3个，第二层主枝2个，两层相互错落，第二层距第一层1.3～1.5m，第五主枝以上即可开心。每个主枝上留2～3个侧枝，侧枝间的距离1m左右。

在整形方法上，由于核桃顶芽发育充实，有明显的顶端优势，故在培养中心干和侧枝时多不短截，使顶芽萌发延长生长，扩大树冠。三大主枝要分布均匀、角度好、相互错开，第二层主枝插于第一层的空间。侧枝选留以向外斜生者为好，还选留后枝作侧枝，以防背后枝转旺，影响从属关系。

3. 不同枝条修剪方法

（1）结果母枝修剪。核桃到了结果年龄以后，顶芽大部分都可形成雌花芽。核桃枝条顶端优势明显，顶花芽比侧花芽结实力强。因此，对结果母枝的修剪，则应以疏间为主、短截为副。

（2）枝组培养和修剪。进入结果年龄后，要注意结果枝组的培养，选留健壮的生长枝，培养成结果枝组。方法是将其附近的弱枝疏掉，待其发生分枝后进行回缩，即采取"先放后缩"的方法，促使形成紧凑枝组。

枝组间的距离应视枝组的大小而定，不可过密，一般60～100cm留1大、中枝组为宜。结果枝组要及时更新。对下部光秃的应回缩复壮。对细弱枝应进行疏剪，改善光照条件，减少消耗，促进母枝生长。

（3）下垂枝修剪。下垂枝是由背后枝延伸而成，随着树龄的增大，下垂枝也逐年增多，它严重影响骨干枝的生长，故对下垂枝必须严加控制。如果下垂枝与枝头长势相近，要疏除下垂枝。如下垂枝强于枝头且方位合适时，可用下垂枝换头。对原枝头短截，培养为结果枝组。如果下垂枝生长势中等又具有花芽，可暂保留，待结果后再剪掉；或在分枝部位回缩下垂部分，培养成结果枝组。

（4）徒长枝修剪。徒长枝一般着生在树冠内部或枝头的背上，造成冠内郁闭，影响枝头生长或焦梢。因此，幼树一般不保留徒长枝。对于结果树，可将部分徒长枝培养成结果枝组。方法是在夏季对徒长枝摘心，或在夏、秋交界时短截，促使发生分枝，改变枝条角度，以利形成花芽。

（5）辅养枝处理。着生在中心干、主枝和侧枝上的辅养枝，在不影响主侧枝生长的情况下有空就留，无空就缩。对辅养枝可采用去直留斜、先放后缩的方法、培养结果枝组。

实训方法

（1）过去认为，核桃休眠期修剪会因剪口或锯口处发生伤流，致使树体养分流失，甚至枝条死亡，因而认为核桃修剪的最适时期是在果实采收后不能超过叶片变黄以前的一段时间。近年来，通过大量的实践和研究证明，核桃以此期修剪效果好，它具有修剪时期长，能增强树势、提高坐果和产量等优点；其次是采收后到落叶前修剪。对于生长过旺树和幼树，为削弱树势可在早春萌芽后修剪，但应注意不碰伤幼嫩枝叶。冬季要埋土防寒的地区应在埋土前进行。实训时间2～3d。

（2）实训时，先由指导教师讲解和示范，然后再由学生进行分组操作训练。学生训练初期可按每组2～3人分组进行，随操作技能的提高，小组人数逐渐减少，最后独立操作，老师点评总结。

实训结果考核

1. 态度 不迟到、不早退、态度端正、认真、仔细、遵守纪律（20分）。

2. 知识 掌握常见核桃休眠期修剪基本知识,说明核桃的修剪特点、并能陈述不同枝条的修剪方法与区别,通过修剪,观察下垂枝、徒长枝等的修剪反应(25分)。

3. 技能 能够正确进行核桃冬剪,程序准确,技术规范熟练(40分)。

4. 结果 按时完成核桃冬季修剪报告,内容完整,结论正确(15分)。

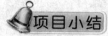

本项目主要介绍了核桃的生物学特性、安全生产要求及核桃四季管理的配套生产技术,系统介绍了核桃绿色果品生产的全过程,为学生全面掌握绿色果品核桃生产奠定坚实基础。

1. 调查了解目前我国北方核桃栽培品系,有哪些新品种?其特征、特性如何?
2. 比较核桃与猕猴桃生长、结果习性的异同点。
3. 简述核桃冬季和夏季修剪要点。
4. 目前生产上常用的核桃架式有几类?如何整形?
5. 通过上网学习,了解绿色果品核桃、有机果品核桃和无公害果品核桃生产技术规程,思考三个层次技术规程有何异同点?

项目十六

柿标准化生产

学习目标

知识目标
- 了解柿生物学特性及安全生产的基本要求。
- 熟悉柿标准化生产过程与质量控制要点。
- 掌握绿色果品的柿果生产及脱涩关键技术。

能力目标
- 能够识别柿主要病虫害并掌握其防治技术。
- 能够运用绿色果品柿生产关键技术,独立指导生产。

学习任务描述

本项目主要任务是完成柿认知,了解柿安全生产基本要求、熟悉柿四季的生产任务与操作技术要点,全面掌握柿土、肥、水管理技能,整形修剪技能,花果管理技能与病虫害防治技能。

学习环境

要完成本项目学习任务,必须具备以下条件:
- 教学环境　柿幼园、成龄园,多媒体教室。
- 教学工具　修剪工具、植保机具、常见肥料与病虫标本、柿生产录像或光碟。
- 师资要求　专职教师、企业师傅、生产人员等。

相关知识

柿原产中国,已有3 000多年栽培历史,素有"木本粮食"、"铁杆庄稼"美称,被世界卫生组织(WHO)列为十大健康果蔬之一。

柿树最早作为观赏树木栽植于宫殿寺院的庭院内,后转为人们喜爱的时令果品。柿树抗干旱、耐瘠薄、寿命长、产量高、收益好、易管理。是我国生态育林的先锋树种之一。

柿树常用砧木有:君迁子(又称黑枣、软枣、丁香枣等)、油柿(又称梅柿、青柿、漆柿等)、浙江柿(粉叶柿)。其中君迁子与其他砧木相比具有侧根发达,较耐寒、耐旱、抗逆性强、比其他柿嫁接愈合快、树体生长旺盛等特点，是我国大部分柿产区主要柿树砧木。

柿属植物在全世界约有190种，其中有乔木、灌木，有落叶的、常绿的，主要分布在热带和亚热带地区。中国的柿栽培品种几乎都是涩柿，日本原产和分布的甜柿较多。

任务一 观测柿生物学特性

一、生长特性

1. 根 柿为深根性果树，较耐旱，耐瘠薄。根系强大，主根发达，在土层深厚而肥沃的土壤里，主根可深入地下3～4m，水平距离为树冠的2倍以上，吸收肥水能力强。柿树的根对氧气要求低，抗涝性强。

根系一年有2～3次生长高峰，一般从3月上旬至4月中旬出现第一次生长高峰，随着开花和新梢加速生长，根的生长转入低潮。从新梢将近停止生长时起，到果实加速生长（6～7月）以前，出现根的第二次生长高峰，此期是全年发根最多的时期。从9月上旬至11月下旬，随着叶片所造养分的回流，根系生长越来越弱，至土壤温度降低到接近0℃时停止生长，进入被迫休眠期。

2. 芽的类型与特性 柿芽多呈三角形，位于枝条顶端的芽较肥大，向下依次变小。芽左右两侧各有一个相互重叠的深褐色肥厚大鳞片，鳞片与主芽间各有一个副芽。柿树芽可分为四种：

（1）混合芽。具有花芽和枝芽原始体分化的芽，着生于结果母枝顶端，较肥大、饱满，萌发成结果枝或雄花枝，每个混合花芽内一般分化3～5个花。粗壮结果母枝的花芽萌发成较强壮的结果枝，结果能力强。少数品种中细弱结果母枝的花芽只能萌发成雄花枝。

（2）枝芽。着生于营养枝的顶端及以下数节，或着生于结果母枝中部、果前梢部位。枝芽萌发成营养枝。

（3）潜伏芽。着生于枝条的下部，芽体小，平时不萌发，修剪或枝条受刺激后萌发成枝，寿命长。潜伏芽对柿树更新生长具有重要作用。

（4）副芽。包被于芽鳞片或枝条基部的鳞片下，平时不萌发，主芽受损或枝条重剪后，可萌发。副芽的萌发力、成枝力、寿命均优于潜伏芽，是柿树更新、延长树体寿命和结果能力的理想储备芽。

3. 枝条类型及特性 柿枝条一般可分为结果母枝、结果枝、生长枝和徒长枝。着生混合芽的枝条为结果母枝，混合芽翌年可发育成结果枝。叶革质，单叶互、形状、大小、颜色因品种和着生节位而异。

柿树枝梢生长以春季为主，可达全年的90%以上。枝条生长一定时间后，幼尖便枯死脱落，其下的腋芽便代替顶芽生长，这是柿枝条的一个特点，称为自剪习性。

柿的加粗生长期长，一年有3次加粗生长高峰，即5月上旬、5月下旬至6月上旬、7月中旬至8月上旬。根系的生长高峰与新梢及果实的迅速生长期交替进行，10月随着温度的降低根系停止生长。甜柿与涩柿相比，生长较弱，树姿开张，高度较低。

二、结果特性

1. 结果年龄 柿一般嫁接后5～6年开始结果，15年后进入盛果期，经济寿命百年以上。丰产园3～4年开始结果，5～6年生即进入盛果期。

2. 花的类型 柿花有3种类型，即雌花、雄花和两性花（图16-1）。多数甜柿品种只有雌花，偶尔出现雄花或完全花。一般栽培品种仅生雌花，着生在结果枝第三至七节叶腋间。可单性结实，不产生种子。展叶后30～40d开花，花期3～12d，大多数品种为6d。

　　　　a　　　　　　　　　　b

图16-1 柿的雄花和雌花
a. 雌花　b. 雄花

（1）雌花。单生，一般着生在健壮枝条的叶腋间，不经授粉受精可单性结实发育成果实，我国栽培的柿几乎全部属于单性结实品种，只有雌花而没有雄花。

（2）雄花。花中仅有雄蕊14～24个，雌蕊退化。一般着生在弱枝上或结果枝的下部，每叶腋2～5朵聚生，有雌雄异株和雌雄同株2种类型（图16-1）。

（3）两性花。花内有雄蕊和雌蕊。一般栽培品种很少见到，野生柿树常有两性花。

3. 花芽分化 柿花芽分化期因地区和品种不同而异。根据陕西省果树所的观察。牛心柿等品种花芽分化大体在6月中旬，当腋芽内雏梢具有8～9片幼叶原始体时开始，6月中旬至8月下旬花芽分化很快，萼片、花瓣、雄蕊、雌蕊先后形成。此后至采收又有进一步分化，11～12月，花的各部继续分化仍有进展。翌年发芽后至开花继续分化，结果枝中部各节花的分化程度较高，上部、下部稍低，所以果枝中部开花早，结果好。

4. 开花结果

（1）花的着生规律。花着生在结果枝的中部，结果枝由结果母枝顶部的花芽萌发而成。每一结果枝着生的花数多少因品种及结果枝的营养状况而异。结果母枝位于顶端的花多，位于下部的花少（图16-2）。

开花期在萌芽抽梢后约35d，一般日平均温度需在17℃以上。开花延续时间各品种不同，在3～12d，大多数品种为6d。

（2）柿树的结果母枝。多是上一年生长良好、芽体饱满的春梢，长7～30cm，可以形成混合芽，成为翌年良好的结果母枝。

（3）结果枝。由结果母枝顶部的花芽萌发抽生的。每一结果枝上能着生雌花9个，通常在结果枝的第三至第七叶腋间，着生花蕾，以中部花坐果率最高。强壮的结果枝结实率高而果实大。多数结果枝上着生花蕾的各节，都没有叶芽，成为盲节；以

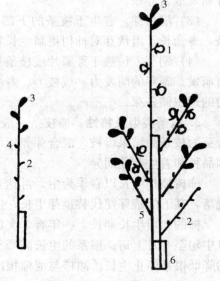

图16-2 柿结果习性示意
1. 柿果　2. 叶芽　3. 混合芽　4. 新梢（结果枝）
5. 二年生枝（结果母枝）　6. 三年生枝

后只能形成叶芽,而不能形成混合芽,所以在同一结果枝上有隔年结果现象。但强壮的结果枝在结果的同时还能形成混合芽,翌年能连续结果。

(4) 结果习性。涩柿子多数品种仅有雌花,但能单性结实,并形成无核柿,无须混栽授粉品种;甜柿多数品种坐果率低,配植雄花品种方可获得丰产。柿树授粉品种有藤八、禅寺丸和正月等品种。配置比例为 (8~10):1。一般授粉品种都为不完全甜柿,品质不太好,配置比例不宜过大。

5. 果实发育　果实由子房发育而成,其果肉为中、内果皮。整个发育过程分为三个阶段:第一阶段为开花后 60d 以内,幼果迅速膨大;第二阶段自花后 60d 至着色,果实滞长或间歇性膨大;第三阶段由果实着色至采收,果实又明显增大。由于柿树大多数是单性结实,不产生种子。随着柿果实的生长发育,果实中果糖、蔗糖及柿糖含量均有显著变化,单宁物质含量逐渐下降。

幼果形成后有落果现象,以花后 2~3 周较重。6 月中旬以后落果减轻,8 月上中旬至成熟落果很少。

任务二　了解柿安全生产要求

一、果品质量要求

1. 感官质量要求　绿色果品柿质量要求必须符合《绿色食品　温带水果》(NY/T 844—2004) 的相关规定 (表 16-1)。

表 16-1　绿色果品柿感官质量要求

项　目	要　　求	
基本要求	果实完整良好,果柄完整,新鲜清洁,无果肉褐变、病果、虫果、刺伤,无不正常外来水分、充分发育,无异常气味和滋味、具有可采收成熟度或食用成熟度,整齐度好	
果形	果形端正,具有本品种的固有的形状和特征	
果肉	硬度不要求	有一定硬度,可削皮、可切分
色泽	果皮色泽具有本品种完成熟(软食)应有的色泽	果皮色泽具有本品种采收成熟期(脆食)应有的色泽
果实大小 (g)	大型果≥250,中型果≥200 小型果≥100	大型果≥200,中型果≥120 小型果≥100

2. 理化质量要求　绿色果品柿理化质量应符合《绿色食品　温带水果》(NY/T 844—2004) 中有关柿理化指标要求,详见项目五表 5-3。

3. 卫生质量要求　绿色果品柿子卫生质量应遵守《绿色食品　温带水果》(NY/T 844—2004) 有关卫生质量的要求,详见项目五表 5-4。

二、生态环境条件要求

1. 温度　柿树在我国年均温 9~23℃ 的地区都有栽培,以年均温 13~19℃ 的地方最为适宜。一般萌芽时要求温度在12℃以上，枝叶生长必须在12℃以上，开花在18~22℃。果实发育期要求22~26℃，果实成熟期对温度的要求较低，以14~22℃较适宜。当年平均温度低于9℃时，柿树难以存活。冬季温度在-16℃的条件下，不发生冻害，且能耐短时间-20~-18℃的低温。

甜柿适于在温暖的地区生长，在寒冷地区栽培的甜柿脱涩不完全，据研究甜柿在4~11月温度要求在17℃以上，果实才能自然脱涩。其中在8~11月果实成熟期以18~19℃为宜，休眠期对7.2℃低温要求在800~1 000h，冬季害温度降至-15℃以下时枝梢发生冻害。

2. 光照 柿树为喜光树种，光照充足时生长发育良好，果实品质优良。光照不足，光合作用弱，有机营养少，花芽分化不良，落蕾、落花现象严重，坐果率低，果实质量差。甜柿对光照要求更高，生长期日照时数应在1 400h以上。

3. 水分 柿树虽喜湿润的气候条件，但耐旱力也较强，一般柿树对降水量的适应范围较广，在我国南方降水1 500mm的地区生长结果正常，在我国北方年降水量500~700mm的地区生长发育良好。

甜柿对年降水量的要求在1 000~2 000mm，夏季降水量少，有利于花芽形成，落果少，在花期和幼果期降水量大，对甜柿生长有一定影响。

4. 土壤 柿树根系强大，吸收肥水能力强，较耐干旱和瘠薄，对土壤要求不严格，不论山地、丘陵、平地、河滩均可生长。但栽培在土层深度1m以上、土壤肥沃、透气性好、保水力强、背风向阳、地下水位在1.2m以下的沙壤土或黏壤土上，则树势健壮，果实品质好，产量高。

涩柿在pH6.0~7.5生长最好，7.5~8.3也能生长。甜柿对土壤酸碱度适应性较强，pH 4~8范围内均可生长。君迁子砧较耐盐碱，南方的野柿、浙江柿喜酸性土壤。一般土壤含盐量在0.14%~0.29%时能正常生长，受害极限为0.32%~0.40%。

三、建园要求

1. 主栽优良品种选择 绿色果品柿生产，要求选用国家或有关果业主管部门登记或审定的优良品种。目前，我国生产上栽培的主要涩柿和甜柿优良品种见表16-2、表16-3。

表16-2 涩柿的主要优良品种

品　种	主产地	树体特征	果实特点	果肉风味
安溪油柿	福建安溪	高大，开张，枝稀，微下垂	果极大，均重280g，蒂方	柔软细腻，纤维少，汁多味甜，质上乘
博爱八月黄	河南博爱	树势强，冠圆头形，树姿开张	果橙红，均重130g，扁方	肉密且脆，纤维粗，汁中等，味甜无核
富平尖柿	陕西富平、耀县	树势强，冠圆，枝条较稀	果大，同株果整齐，果粉多	肉质致密，纤维少，汁多，种子少或无，味甜，质上乘
干帽盔	陕西、甘肃、四川	树势强，冠圆头形，枝褐。叶纺锤形	果中等，心脏形，浅橙红色	肉致密，绵甜，核少

（续）

品　　种	主　产　地	树体特征	果实特点	果肉风味
恭城水柿	陕西恭城	低矮，冠圆或半圆形，枝条短且稀	果大，扁圆，多无核，有核时果较大	味甜，粗皮型皮厚汁少，制饼易；细皮型皮薄质嫩
鸡心黄	陕西三原、关中地区	圆头形冠，枝条中粗。叶片椭圆形，叶面呈波状皱褶	果方心脏形，中大，果皮常有网状花纹，俗称鱼鳞甲	肉质细腻，汁多味甜，无核，极易脱涩，脆甜爽口，品质上乘
橘蜜柿	山西西南、陕西关中地区	树势中，枝细，冠圆头形。叶小椭圆形，背具明显茸毛	果实扁圆，橙红色，因形如橘、甜如蜜而得名	肉质松脆，汁中等，无核
元宵柿	广东潮阳、福建诏安	树体高大	果个大，色艳，端正美观，肩宽蒂固	肉质柔润，核软滑嫩，清甜可口，鲜食特佳
莲花柿	河北保定	树势强，高大，树冠圆头形，开张，枝条较密，结果多易下垂	果顶平，莲花状得名。单性结实，无核	纤维多，宜硬食
洛阳镜面柿	河南洛阳、山东菏泽	树冠呈圆头形，树姿开张	果实扁圆，横断面略方，果皮光滑	肉质松脆，汁多味甜，无核
眉县牛心柿	陕西眉县	树势强健，树冠圆头形，枝条稀疏。叶片大，卵圆形	果实大，方心形	质细软纤维少，汁多，皮薄易损，无核味甜
馍馍柿	甘肃文县、武都县	树势强健、丰产、抗性强	果实扁圆，果皮薄而细，易剥离	质软汁多，纤维少，风味甘甜，具香味，品质极佳
磨盘柿	华北地区	树势强健高大，层性明显，枝粗稀疏，雌花单生于叶腋处	果实扁圆，中部主缢痕将果实分成上下两部分，形似磨盘而得名	质松脆，汁多味甜，单性结实，易脱涩质上乘
南通小方柿	江苏南通	树体矮小，丰产性好，大小年不明显	果实色艳、无核	肉质细腻，极甜
七月早	河南洛阳	树势稍强，树冠圆锥形	扁心形，橙红色，果顶凸尖	皮薄汁多，味甜，纤维少
小萼子	山东青州	树势强健，树冠圆头形，树姿开张，枝条较密，多弯曲	心形，断面略方，橙红色。果顶尖圆凸起，蒂小，萼片直角卷起得名	细腻，纤维少，汁多味甜
孝义牛心柿	山西中部	树姿半开张，新梢粗壮，黑红	果实中等，牛心形，光滑，橙黄色	汁多味甜，无子

表16-3　甜柿的主要优良品种

品　　种	树体特征	果实特点	果肉风味
禅寺丸	冠圆或半圆形，树冠紧凑，发枝力强。雌雄同株。雄花生于叶腋，雌花单生	橙红色果实或长圆形，果粉多。果肉黄，密布紫褐色斑点	味甜，种子7~8枚
赤柿	树势中庸，树姿开张，雄花多，开始结果早	果实高扁圆形，果面红色，外观美，果内常有肉球	质粗硬，汁少，味甜，糖度15%~16%
次郎	树势强，下垂枝少，枝条短粗，节间短，分枝多。无雄花，单性结实力强	极大，扁方形，横断面方形，果粉多。果皮光滑细腻。果肉黄红色，褐斑极细	肉致密，稍脆，果汁较少，糖度17%，能完全脱涩

(续)

品　　种	树体特征	果实特点	果肉风味
富有	树势强健，树姿开张，树体较矮，枝条长而粗，节间长。无雄花，雌花较大	扁圆，鲜艳有光泽，着色好，果粉多，褐斑少且小	肉质致密，果汁多，糖度21%，品质上
花御所	树形高大直立，树势强，枝条细短密生，发芽稍晚。嫩叶绿带银灰，落叶紫红色	果实整齐，果形为高桩馒头形，朱红色。果肉无褐斑，果皮深黄色，果顶稍带紫褐色小斑点，果粉多	肉质致密，多汁，味浓甜，可溶性固形物17%左右，品质极上
骏河	树体高大，树姿开张，树势强。嫩叶深绿色，落叶紫红色。叶大、卵圆形，浓绿色，稍有光泽	扁圆，略具五棱，蒂部凹陷，周边有明显皱皮。果皮橙红色，肉质致密，褐斑细少	柔软多汁，味甜，可溶性固形物17%左右，品质极上
罗田甜柿	树势强健，树冠呈圆头形，一年生枝棕红色，叶阔心形	果实中等，扁圆，橙红色。果皮粗糙，果顶广平微凹，无纵沟，无缢痕	肉质密
上西早生	树势中庸，树姿稍直立，其形态酷似松本早生。枝条粗短，节间短。叶较小，嫩叶黄绿色，落叶褐色	扁圆，皮朱红，果粉多。果肉橙黄色，褐斑小而稀	肉质细密，汁少味甜，糖度15%，品质极上
松本早生	树势较富有弱，树体较富有小	除略扁外，外观均与富有相同	肉质较富有略硬、略脆且果汁略少，品质较富有差
晚御所	树势强健，丰产	果大，扁方形，橙红色，果皮细腻、果粉中	肉质致密，多汁，味浓甜，品质极上
西村早生	树势中庸，树姿半开张，枝条粗壮、稀疏，颜色偏黄，萌芽早，易遭晚霜危害	果大且整齐，扁圆形，果皮浅橙黄，细腻有光泽	粗而脆，味稍淡，果汁较少。早采果略有涩味，品质中
新秋	树姿稍开张，树势中庸，叶小，长椭圆形。全株仅有雌花	扁圆，黄橙色。无十字沟，无纵沟，无缢痕，无网状纹	质致密，汁液中等，味甜
兴津20	树势较强，树姿半开张	扁圆至扁心形，橙红色，果皮细，无锈斑，外观甚美	肉质松脆，汁中味甜。软后水质，纤维少，风味特佳
阳丰	树势中庸，树姿半开张，枝条粗壮，皮孔较明显	果大，高扁圆形，果粉较多	松脆，汁少味甜，品质中
伊豆	树势较弱，树姿开张，近似矮化。枝条粗短，表面粗糙，分布稀疏，发芽较迟	果实大，表面光滑，橙红色，褐斑无或极少	肉质脆密，软后黏质，汁多，味浓甜，品质极上

2. 园地选择要求　绿色果品柿树建园环境必须符合《绿色食品　产地环境质量标准》(NY/T 391—2000)的要求，柿树喜温暖，园地要求年均温在10℃以上，全年降水量400～1 500mm，4～10月日照时间1 400h以上。园地选择一般应避开低洼地，阴坡地，宜选择避风向阳地块建园。

3. 柿树栽植要求　柿树春、秋栽植均可，以秋季栽植为好。春栽在土壤解冻后的3月进行。秋栽一般在9～10月，北方寒冷地区，秋栽的苗木需要培土防寒，以防抽干。一般栽植密度每667m² 40～60株。栽植密度还要考虑到立地条件、柿品种及管理水平等因素。肥沃地栽植，株行距（3～4）m×（5～6）m，瘠薄地栽植株行距（2～3）m×（4～5）m。

四、生产过程要求

柿树生产过程,要求选用优良品种,推行合理树形、配方施肥、定量挂果、生物防治、果园生草、人工授粉等先进实用技术,生产过程中化肥、农药使用严格按照《绿色食品 农药使用准则》(NY/T 393—2000)和《绿色食品 肥料使用准则》(NY/T 394—2000)进行,绿色果品柿生产技术规程可参照《绿色食品 平凉市柿子生产技术规程》(DB62/T 1214—2004),结合本地实际执行,生产安全、优质柿产品。

任务三 柿标准化生产

工作一 春季生产管理

一、春季生产任务

春季生产任务主要有复剪,花果管理,土、肥、水管理,病虫害防治等。

二、春季树体生长发育特点

春季随着气温上升,在平均气温达到12℃以上时柿树萌芽,新梢开始抽生。生长旺盛的树,一年可抽生2~3次新梢。据陕西省果树研究所观察,柿树最早在5月上中旬开花,最迟5月下旬开花。就一株树而言,树冠上层的花先开放,接着是冠中下部,全树开花期为7~12d,6月上中旬果实开始发育,随着气温逐渐升高,根系进入生长高峰,新梢加快生长。

三、春季生产管理技术

(一) 地下管理

1. 追肥 柿幼树追肥适宜在萌芽时进行。结果树在新梢停止生长后至开花前(4月下旬至5月上旬)进行,每株施尿素0.75~1.00 kg+三元复合肥0.5kg,施肥后灌水,提高树体营养,有利于枝叶生长,促进开花坐果。

2. 灌水 3月下旬至4月上旬,柿树树液开始流动,枝芽开始萌发,此时灌水,有利于萌芽,开花和坐果,促进新梢生长。5月上中旬柿树开花前后降水不足,还需适量灌水,减少落花落果。

3. 果园种草 灌溉条件较好或春季墒情较好的地区可以在树行间种白三、多年生黑麦草、苜蓿、百喜草等。要求播种前应施足基肥,以每667m² 播1 500kg为宜;种草采用条播、撒播均可,播种深度以1.0~1.5cm为宜,每667m² 播种0.5~0.8kg,播后要镇实保墒;苗期要加强管理,特别要防除杂草。

苗期管理:出苗后加强肥水管理,促其旺盛生长。草高30cm时刈割覆盖树盘,每年割2~4次。连续生草5~7年后,草逐渐老化,表层土壤板结,应及时耕翻,闲置1~2年后重新播种,通过循环种植提高土壤有机质含量,改善土壤理化性状。

(二) 地上管理

1. 复剪 对树冠外围枝条(枝组)过密处适当疏除过强或过弱的,使其多而不密,壮而不旺，合理负载，通风透光。冬剪时被误认是花芽而留下来的果枝和辅养枝，应进行短截或回缩，留作预备枝。冬剪漏剪的辅养枝，无花的可视其周围空间酌情从基部疏除，改善光照条件。

2. 抹芽 在春季除去不必要的萌芽和嫩梢。新栽的树苗萌芽后可将整形带以下的萌芽除掉；大龄树上的徒长枝在萌生初期应及早抹除，防止扰乱树形。剪口锯口附近和粗枝弯曲处萌生的嫩梢也应及时抹除。

3. 摘心 摘除新梢顶端幼嫩的部分。幼树的旺枝和有利用价值的徒长枝，长到20～30cm时进行摘心，可控制延长生长，促进发生分枝。

4. 环剥 生长过旺、坐果率低的柿树，在盛花末期，于主干或大枝的基部进行环状剥皮，可以提高坐果率。剥口宽度一般为3～5mm。

5. 防冻 应积极收听收看天气预报，采取积极防寒措施，避免和减少花期冻害。开花前可以通过果园覆盖、灌水、树干涂白、喷施药剂等降低地温和树体温度，增加土壤含水量，推迟果树开花期，减少花期冻害发生的概率和强度；在冻害来临时，及时给果园喷水或熏烟，提高果园温度，缓解低温冻害危害。

（三）花果管理

1. 花期喷肥 花期喷0.1%的硼砂溶液与300×10^{-6}的赤霉素（GA_3）溶液，或0.1%的硼砂溶液、0.3%的尿素溶液与0.2%的磷酸二氢钾溶液。

2. 疏花

（1）疏蕾。疏蕾一般当结果枝上第一朵花开放至第二朵花开放时结束为最适期。疏蕾时选留健壮结果枝中部花蕾1～2朵，其余花蕾全部疏去。初次结果的幼树，将主、侧枝上的所有花蕾全部疏掉，使其充分生长。早疏蕾，花柄很容易用指掐断，若过迟，则花柄木质化后不易掐断。

（2）疏花。合理留花，及早将位置不正，质量较差的花疏除，重点选留早开的花、结果枝中部的花、大花。

3. 人工授粉 单性结实率低的品种和多数甜柿必须经过授粉才能正常开花结果，人工授粉须在花蕾期，将花蕾采下阴干，筛出花粉，放在棕色的瓶内，贮存在冰箱的冷冻室备用。授粉前，用脱脂奶粉或淀粉稀释30～50倍，在开花的3～4d内，用毛笔点授花柱头1～2次即可完成人工授粉工作。

4. 合理搭配授粉树 多数柿树品种不需授粉就能结果，称为单性结实，通常甜柿优良品种花为单一雌性花，单性结实力较弱，合理配置授粉树对提高产量，质量非常重要。以主栽次郎、富有甜柿为例，搭配禅寺丸、正月等花粉多，花期长，与主栽品种亲和力强的品种做授粉树为好。配置比例为（6～8）∶1，最佳授粉距离为30m以内，授粉树应占总株数的10%～20%。

另外，也可在柿园通过放蜂辅助授粉，开花前放置蜂箱，每3～4hm² 放1箱蜂。其授粉范围以40～80m为好。蜂群间距为100～150m。密植园最好每行或隔几行放置。蜂种宜选用耐低温、抗逆性强的中华蜜蜂，辅助授粉效果良好。

5. 病虫害防治 春季可结合刮翘皮，清园，喷施石硫合剂、波尔多液等措施防治柿棉蚧、草履蚧、柿蒂虫、圆斑病等病虫害（表16-4）。

表 16-4　春季病虫害防治

物候期	防治对象	防治措施	注意事项
营养生长期（3~5月）	柿棉蚧、草履蚧、柿蒂虫、圆斑病	①及早清扫落叶，刮翘皮，集中烧毁。②冬季深翻果园，将子囊壳埋入土中。③4月下旬至5月上旬喷0.2波美度石硫合剂，杀死发芽的孢子，预防侵染。④6月中旬在叶背喷仙生可湿性粉剂600倍液或1:（3~5):600的波尔多液，抑制菌丝蔓延	注意：春季喷施波尔多液须在4月下旬后，以防药害发生

工作二　夏季生产管理

一、夏季生产任务

夏季生产主要任务有土、肥、水管理（追肥、灌水、中耕除草、果园覆盖、排水、遮阳），修剪，病虫害防治。

二、夏季树体生长发育特点

夏季气温高、日照时间长、柿树生长迅速，据观察柿根系（君迁子砧）开始生长的时间是在新梢基本停止生长之后开始生长。陕西渭北地区第一次生长高峰出现在5月上中旬5月下旬至6月上旬为第二次生长高峰，6月中旬至7月上旬基本停止生长，7月中旬至8月上旬为第三次生长高峰，8月上旬以后生长渐缓，9月下旬停止生长。此期，新梢旺盛生长，花芽持续分化，幼果加速膨大。

三、夏季生产管理技术

（一）地下管理

1. 追肥　夏季正处于柿树根系、枝叶旺盛生长期，为了促进柿树生长，促进果实膨大和花芽分化，必须追肥补充营养。

（1）花后追肥。此期正值幼果和新梢生长期，若营养不足会造成落果。施肥量依树势强弱和结果多少而定，以氮肥为主，同时喷施一些微量元素。

（2）花芽分化肥。6月下旬至8月一般在新梢停止生长期施肥，此次施肥可促进来年花芽分化，有利于当年果实膨大，主要以磷、钾肥为主，每株施磷酸二铵0.5~1.0kg，或氮、磷、钾复合肥0.75~1.00kg。增加树体营养。

（3）根外追肥。在落果盛期开始（5月下旬或6月上旬），到果实迅速膨大期（8月中旬），每隔半月进行1次，常用肥料和浓度：尿素0.3%~0.7%，过磷酸钙及磷酸二氢钾浸出浓度0.3%~3.0%，磷酸铵为0.1%~0.5%，钾素肥料以3%~10%的草木灰浸出液为主，其他如氯化钾、硫酸钾和磷酸钾等浓度为0.5%~1.0%。微量元素一般以500mg/kg为宜。

2. 灌水　6~7月正值花芽分化期，应保持土壤适度干旱；7~8月高温干旱期，此期正值果实膨大期，枝叶生长旺盛，需要大量灌水，促进果实膨大和花芽分化。

3. 中耕除草　适宜中耕除草能使地面松软，增加通气性促进有机物的分解，有利于树体的生长，也可减少病虫潜伏的场所。中耕次数应适度，不宜太多，以不形成草荒为度。

4. 果园覆盖　在树冠下覆盖杂草、秸秆、绿肥等，一般覆盖厚度为15~20cm。覆盖后可减少地面径流,防止水土流失,减少蒸发,防旱保墒,增加土壤肥力,缩小地温在季节、昼夜之间的变化幅度,避免夏季高温和冬季低温对根系的不良影响。土壤深翻时,可将已腐烂的杂草、秸秆与土壤混合均匀后埋入土壤中,增加土壤有机质含量。也可进行地膜覆盖,保墒提温。

(二) 地上管理

1. 修剪 夏季修剪的主要任务是调整树势,促进花芽分化和果实膨大,解决树体通风透光问题。幼树主要以拉枝、摘心、揉枝为主,主要是调整树形,培养骨架。结果树主要通过疏枝、变向、短截等措施控制树势,保持树冠内通风透光。

(1) 幼树夏剪。幼树此期修剪任务主要是培养枝组,调整枝条密度和枝类结构组成。首先是疏除主干、根颈部位萌生枝条,抹除位置不当,分布密集及剪锯口周围的芽。其次是对确定的骨干枝于5月拉枝变向,抑制主枝生长势。确保主枝向预定方位伸展。

(2) 初、盛果期柿树夏剪。该年龄段柿树夏剪,主要是在5月调节营养分配,处理徒长枝,抹芽除梢,疏除过密枝,培养枝组,对剪锯口附近萌生的枝条,根据空间大小,加以选择、培养和利用,即保持冠内通风透光,又不光秃。一般要求疏过密枝、徒长枝;保留有空间的已停长的当年生枝,当年可发育成结果母枝;对空间较大,徒长性枝条,可剪留30～40cm,如继续徒长,可连续短截或摘心,培育成枝组。

2. 疏果 一般在生理落果后的6～7月进行疏果。首先将结果枝两端的小型果及畸形果疏除,保留第二、三、四节位上的果实,当结果母枝抽生3～4个结果枝时,留先端2～3个结果枝结果,下部结果枝上的果实全部疏除,作为下一年的预备枝。一般大果型品种(单果重≥200g)平均每一结果枝留果1个,使叶果比达到25∶1,中果形品种每结果枝留2个,使叶果比达到20∶1,小果型品种每结果枝留(单果重<100g)3个,使叶果比达到15∶1。疏果时应先疏畸形果、伤残果、病虫果、小果和朝天果,再根据留果指标疏除结果枝先端的果实,保留结果枝中下部的萼片大的果实,力求树冠各部挂果均匀。

3. 果实套袋 定果后7～10d套袋。为了提高套袋效益,套袋前需要选园、选树、选果,将高质量柿果进行套袋,套袋前应先喷1次广谱性杀虫、杀菌剂,选择晴天用双层透气纸袋进行果实套袋;采果前10～15d除去套袋,以促进柿果着色。

摘袋后,及时防治果实病害:除袋2～5d后喷1次对果面刺激性小的杀菌剂和600倍的钙宝、易保1 200～1 500倍,农抗120杀菌剂500倍液等,保护好细嫩果面,防治套袋果实的柿蒂病、炭疽病等病害发生,有效促进果实着色,生产优质果品。

4. 病虫害防治 柿树夏季病虫害防治参见表16-5。

表16-5 夏季病虫害防治

物候期	防治对象	防治措施
果实膨大期 (6～7月)	柿角斑病	1. 从落叶后到第二年发芽前,彻底摘掉树上残存的柿蒂,清除病源 2. 6月中旬喷1次易保水分散粒剂1 000～1 500倍液或1∶(3～5)∶600波尔多液,即硫酸铜0.5kg,生石灰1.5～2.5kg,加水300kg(因柿易受铜制剂药害),保护叶子和柿蒂,预防角斑病菌的侵染和蔓延,或喷施65%代森锌可湿性粉剂800倍液1～2次
果实成熟期 (8～9月)	柿圆斑病	1. 清扫落叶,集中烧毁,消灭越冬的病源菌 2. 加强栽培管理,增强树势,提高抗病能力 3. 在6月中旬喷布1次易保水分散粒剂1 000～1 500倍液或1∶(3～5)∶600波尔多液,以防侵染

(续)

物候期	防治对象	防治措施
果实成熟期（6～9月）	柿炭疽病	1. 收集烧毁病枝和病果 2. 选择抗性强的品种 3. 严格选择苗木和接穗，防止此病传播 4. 萌芽前喷1次5波美度的石硫合剂 5. 6月以后喷80%喷克可湿性粉剂600～800倍液或1：（3～5）：600波尔多液
果实成熟期（6～9月）	柿叶枯病	同角斑病的防治
开花期、果实成熟期（6～9月）	柿蒂虫	1. 冬季刮去枝干上的老粗翘皮，摘去遗留的柿蒂，集中烧毁，可以消灭越冬幼虫 2. 6月中下旬和8月中旬至9月初，必须将幼虫危害果及时摘净，并拾净深埋，以消灭当年蛹和幼虫 3. 8月中旬，在刮过粗皮的树干和主枝上缚草把，引诱幼虫在内越冬，入冬后解除烧净 4. 在成虫发生盛期，用Bt苏云金杆菌100亿个芽孢/mL的乳油1 000倍液或用90%敌百虫1 000倍液、25%灭幼脲3号悬浮剂1 500倍液＋2.5%功夫乳油2 500倍液等药剂喷布，可消灭成虫

工作三 秋季生产管理

一、秋季生产任务

秋季生产任务主要有秋施基肥、深翻改土、中耕除草、修剪、果实采收、病虫害防治等。

二、秋季树体生长发育特点

进入秋季后，根系又加快生长，9～10月是全年新根发生的最盛期，9月上中旬达到高峰。9月中旬，树体生长进入第三个高峰，果实长长停停，呈间歇性状态。

三、秋季生产管理技术

（一）地下管理

1. 秋施基肥

（1）基肥。幼树采用9月下旬秋施基肥，主要施以氮肥为主的有机肥，配施适量磷钾肥，促进柿树正常生长；结果树于果实采收前后（9月中旬至10月下旬）秋施基肥，一般每株施腐熟的有机肥20～25kg，混加0.5～1.0kg过磷酸钙，结合深翻施入土中。化肥施入量为全年的1/2，并注意氮、磷、钾肥配施。

（2）采后肥。柿树采果后要及时施入采后肥，以有机肥为主，配合磷钾肥。5年生以上的结果树，每株施腐熟饼肥2～3kg，在树冠下挖4～6条长80～100cm，宽30～40cm，深15～20cm的放射沟。施肥后若天气干旱，要每株淋施50～60kg清水或粪水，每株再铺1层厚5～10cm的土杂肥50～60kg、过磷酸钙或钙镁磷肥1～2kg、腐熟人畜粪10～15kg。增进树体营养，提高柿果质量。

2. 深翻扩穴 每年10月后，结合施基肥深耕培土。幼树逐年扩穴，扩大树盘。成龄树逐年轮换位置开深沟埋压表土、绿肥、土杂肥，以改良底层土壤。同时每株培肥泥、塘泥

200～250kg 于树盘上。深度根据土质情况而定，对土壤瘠薄，质地坚硬的深度应超过80cm，土壤深厚的，深翻60cm 左右。

3. 刨树盘 在秋后封冻前或早春解冻后，在树冠下刨直径 2～5m 的树盘，刨盘深30cm，在树盘中扣压草皮土、青草、紫穗槐等绿肥作物，提高土壤有机质含量，松土保墒、改善土壤结构促进根系早期生长和根系更新。

4. 排水 秋季雨量大的地区，要采取明沟或暗沟排水，防止柿园土壤积水，保持土壤根际环境优良。

（二）地上管理

1. 摘叶 柿子摘叶一般在着色期进行。不同品种着色期早晚和着色进度有差异，应根据品种的着色特性灵活掌握。摘叶的目的是使果实全面着色，为取得良好效果，还须配合其他措施，如疏除遮挡光照的新梢或对其摘心，移动支撑主、侧枝的木杆或吊绳，变换结果枝组的位置，使处在背阴位置的结果枝组也能受到直射光，有条件者可铺设反光地膜，增加地面反射光，改善树冠下部及内膛光照等。

2. 适期采收 柿果实采收期依品种、地区和气候不同而异，同一地方和同一品种又依用途、市场远近和供应情况而不同。

供生食硬柿用，宜在果实已达固有的大小、皮色转黄、种子呈褐色时采收，一般在 9 月下旬至 11 月，依品种、气候而不同。若过早采收，脱涩后水分多，甘味少，品质差。

供烘柿（软柿）用，应待果实在树上黄色充分转为红色，即完熟后才采收，再经脱涩。若变黄即采收，则色劣味淡品质较差。

供制柿饼用，以果皮黄色减退稍呈红色时为采收适期，未熟果肉质粗、甘味少，完熟果则在干燥过程中易软化，表面生皱，成品率低。

对甜柿，因在树上已脱涩，采后即可鲜食，为保证品质优良，须待果皮完全转黄后采收，若待外皮转红色、肉质尚未软化时采收，则品质最佳。

摘果用采果剪自果梗部逐果剪取，或留结果枝下部的 1～2 芽，或留基部副芽，果带枝剪取，兼行修剪，一举两得。如供制柿饼，可将果留枝一段，以便串缚于绳进行日晒；如作脱涩供鲜食，则贴蒂剪去果梗，以免装运时相互刺伤。对高处的果实，可用采果袋采收。采收宜选晴天，久雨后不宜即采收，以免果肉味淡，运输中易腐烂，制干时间长，品质欠佳。柿果皮受伤后常分泌单宁使伤部变黑，损伤外观，也易腐烂，故采收、运输应尽量避免、减少一切机械损伤。

工作四 冬季生产管理

一、冬季生产任务

冬季生产主要任务有：修剪、灌封冻水、清园、树干涂白、冻害预防等。同时，应进行接穗的采集与贮藏（经营苗圃时应及早准备）。

二、冬季树体生长发育特点

柿冬季进入休眠状态，叶片脱落，枝条成熟，根系缓慢活动，树体外表活动几乎停止，但体内一系列生理活动如呼吸、蒸腾、根的吸收与合成等仍在持续，树体抗寒能力增强，花芽分化活动缓慢进行。

三、冬季生产管理技术

(一) 地下管理

灌越冬水　在秋、冬季干旱地区，在落叶后至土壤封冻前，应及时灌透水，可使土壤中贮备足够的水分，有助于肥料的分解，有利于提高树体的抗寒能力，从而促进翌春的生长发育。灌水深度一般浸湿土层达到 80m 左右，灌水量一般灌后 6h 渗完为好。

(二) 地上管理

1. 整形修剪

(1) 选用树形。主要有疏散分层形、自然半圆形、三主枝自然开心形。

柿树自然半圆形结构特点：柿树自然半圆形无明显的中心干，也无明显的层次，适于树姿开张、顶端优势不明显的品种。自然半圆形树高 5m 左右，干高 1m，在主干上错落着生 3～5 个主枝，相邻两主枝间距离 20～30cm，各主枝上下互不重叠，而且长势基本一致。主枝夹角 40°～45°，斜向上生长。每主枝选留 2～3 个侧枝，侧枝与主枝的分枝角度为 50°左右。相邻两侧枝相距 60cm，且在主枝上着生的方向相反。侧枝的外侧安排结果枝组和结果母枝。

三主枝自然开心形，甜柿密植栽培时常用此树形，结构与桃树自然开心形类似。

(2) 冬季修剪。

①幼树修剪。主要以培养树形骨架为主，定植后，及时定干，选好主侧枝，休眠期主侧枝延长头轻剪或缓放，中心干重短截，剪留 80～100cm，当主枝长到 60cm 以上时，拉枝开张角度，保持树势上下平衡，培养牢固的树形骨架。

②初果期修剪。这一时期修剪，主要以疏剪为主、短截为辅，并适当进行回缩。做到既有足够的结果枝，又要有一定数量的预备枝。为了扩大树冠，增加分枝，初果期柿树主侧枝的延长枝和主侧枝上的健壮发育枝要适当短截，以增强树势，剪留长度一般为原枝条长的 2/3 左右。20～40cm 长的发育枝最容易抽生结果母枝，一般不截。如果为了控制结果母枝的数量，可将较长的发育枝剪去 1/3。着生在大枝基部和内膛的弱发育枝要及时疏除，以减少养分消耗。密挤、交叉、重叠枝条要疏间或回缩，以利通风透光。

③盛果期的修剪。柿树生长 10～12 年后进入结果盛期，这一时期修剪的主要任务是控制树高、疏枝、缩冠、打开光路、改善光照。合理安排结果母枝留量，维持树势，延长结果年限。

首先把树高逐步控制在 6m 以内，过多的大枝可适当回缩或疏除，改善内部光照条件，促使内膛萌生枝条；衰弱树回缩，用健壮枝换头，以增强长势；已弯曲下垂的大枝，可在弯曲处选留斜向上生长的壮枝，锯除下垂部分，抬高大枝角度，以增强树势。

盛果期柿树结果母枝修剪：可以采用"逢三截一"的方法：从三个结果母枝中，选两个比较健壮的当年结果，另一个基部留 2～3 个芽或从基部 1～2cm 处短截，作为预备枝。第二年预备枝基部 2 个副芽萌发形成新的结果母枝，来年结果。

④衰老期柿树修剪。衰老柿树的修剪任务是更新树冠，恢复树势，尽量延长结果年限。全树更新是在一年内对所有的大枝都在 5～7 年生的部位回缩，萌生的新枝在夏季摘心，促其发生 2～3 次枝；萌生的过密枝条，应采用去弱留强的方法疏间；培养新的结果部位。这样更新后 3～4 年可以恢复树势，并开始结果。

轮换更新是用2~3年的时间，将各大枝轮替回缩；这种更新方法比较灵活，产量的损失也比较小。老树更新后萌发的新枝，要进行夏季修剪；作为骨干枝用的新枝要注意开张角度，向外延伸；余者摘心、软化，使之尽早结果，恢复产量。

2. 病虫害防治　冬季危害柿树的多数病菌及害虫均以不同方式或形态潜伏越冬。这个时期的病虫害防治的主要任务是清园、树干涂白、冻害预防，结合冬季修剪杀虫灭菌，降低或铲除越冬病虫基数，为翌年病虫害防治做好准备。

结合冬季修剪，剪除病虫枝，刮去树干老翘皮，并清除田间枯枝、落叶、烂果，铲除杂草一同带出果园集中烧毁或深埋，同时，全园喷洒2~3波美度石硫合剂1次，减少越冬病虫基数，减少来年病虫害。

3. 树体防冻　冬季管理的重点之一就是防冻，所以应避开风口、低洼地和荫湿地，而选择背风向阳，冷空气不易停滞的地方建园。控制氮肥，加强早春和花前花后的土、肥、水管理，并合理疏果。控制秋梢，增施钾肥，加速营养积累和枝条成熟。

柿苗定植后在根际培土，厚度视冻土层厚薄而定。冻土层深的地方培土要厚，使根处于不冻的土层内，在冬季仍能吸收水分，以免地上部分抽干。树干涂刷100~150倍羧甲基纤维素稀释液，或100倍聚乙烯醇或熟猪油，避免水分蒸发过快。

工作五　制订柿周年管理历

柿周年管理历是柿园全年生产管理的基本规程，在全年生产管理中起指导作用，因此制订柿园周年管理历是管理技术人员应具备的基本能力。制定管理历时应根据当地具体情况（如品种、土壤类型、气候特点、劳动力素质、生产力水平、生产习惯等），参照绿色果品生产的相关要求，抓好农药、化肥、植物生长调节剂等的污染控制，既要实现柿生产的早产、丰产、优质、高效，又要维护良好的生态环境，实现可持续发展。

生产案例　江苏南通地区柿周年管理历

1. 1月

（1）清园。清除枯枝、落叶、杂草，集中烧毁。

（2）修理农具，农药、肥料及其他生产资料的准备。

（3）翻地改土。初冬对树盘土壤由内到外、由浅入深，进行冬翻，并铺上河泥，改良土壤。

（4）接穗采集与贮藏（经营苗圃时应及早准备）。

2. 2月

（1）冬季整形修剪。一年生，定干高70~80cm。幼树整形以疏散分层形及多主枝自然圆头形为主，培养骨干枝。结果树以修剪为主，分别对结果枝、发育枝、徒长枝、过多的结果母枝进行修剪。注意剪去秋梢、细弱枝、病虫枝。对衰弱树进行回缩更新修剪，以恢复树势。

（2）苗圃的播种前准备。

（3）主干涂白。涂白剂配制：生石灰6kg、食盐1kg、加水18kg，再加展着剂及石硫合剂渣。配制后涂白。

3. 3月

(1) 幼树、弱树施芽前肥：发芽前对衰弱树、幼树施肥1次，以人畜肥为主。

(2) 喷药。喷5波美度石硫合剂，防治越冬病虫害。

(3) 整修排水沟。做到沟沟相通，雨止田干，防止明涝暗渍。

(4) 育苗用的种子催芽与播种、春季复剪、嫁接、定植。

(5) 施肥（延至此时才施基肥的要适当增加速效肥）。

4. 4月

(1) 除草松土。保持田间无杂草，土壤疏松。瘠地施肥。

(2) 喷药防治危害嫩叶的柿毛虫。

(3) 抹芽除萌。幼树抹除整形带以下主干上芽及主侧枝背上旺芽。大树抹除伤口多余的芽。嫁接（大树高接）。

5. 5月

(1) 第一次追肥。结果树自新梢枯顶至花前进行追肥，以施氮、磷、钾复合肥或人畜肥为主，有利于花器发育，提高坐果率，促进花芽分化。

(2) 除萌（高接后尤其应注意）、摘心。幼树旺梢摘心，成龄树对徒长新梢，长到20~30cm未枯顶时摘心。

(3) 喷药。于开花期喷25%多菌灵300倍液加50mg/kg赤霉素，既防角斑病，又能提高坐果率；喷70%甲基托布津1 000倍液加速灭杀丁2 500倍液，防角斑病、浮尘子、柿绵介等病虫。

(4) 疏蕾花前环割旺枝不易结果，可在开花前，进行螺旋形横割。

(5) 苗圃间苗、定苗、断根、施肥、灌水。

(6) 人工辅助授粉。

6. 6月

(1) 夏季修剪。疏枝：花后疏除内膛徒长新梢。短截：如新梢都是结果枝，可将过多的结果枝，留基部2cm长，进行短截，促使副芽萌发成发育枝，调节树势。

(2) 防治病虫。防治柿小浮尘子，方法同5月。防治柿角斑病：喷1:5:（400~600）石灰过量式波尔多液，或50%甲基托布津600倍液加80%敌敌畏1 500倍液。

(3) 根外追肥。用0.2%硼砂加0.3%尿素加0.3%磷酸二氢钾液进行根外追肥。

(4) 果园灌水。

7. 7月

(1) 防治虫害。喷25%灭幼脲3号1 500~2 000倍液，防治刺蛾、袋蛾、小浮尘子。

(2) 第二次追肥。前期生理落果后施入，以施氮、磷、钾复合肥或人畜肥为主，促使果实膨大。

(3) 中耕除草。将除下的草堆制绿肥。

(4) 疏果。

(5) 树体保护。对结果多的树，为防止压断或台风吹断枝条，应立支柱进行撑吊、拉枝。

8. 8月

(1) 根外追肥。喷1%~3%过磷酸钙浸出液或0.3%~0.5%磷酸二氢钾。

(2) 防治病虫害。喷70%甲基托布津1 000倍液加80%敌敌畏1 500倍液，或喷90%晶体敌百虫800~1 000倍液，防治角斑病及第二代刺蛾。

（3）中耕除草。保持土壤疏松，田间无杂草。

（4）喷药。喷2.5%功夫乳油2 500倍液或25%灭幼脲悬浮剂1 500倍液杀灭木撩尺蠖等，主干缚草诱杀越冬柿蒂虫。

9. 9月

（1）树体保护。对丰产树，为防止压断主枝，进一步搞好撑吊。

（2）采收。根据各品种果实成熟先后，分期分批采收，做到轻采、轻放。脱涩、分级后出售。

（3）结果过多时设支柱支撑或吊枝。

（4）无用的秋梢全部剪除。

10. 10月

（1）采收、分级、贮藏、出售。

（2）施基肥：采收后施腐熟的饼肥或腐熟的羊棚灰，开围沟施入，遇干旱灌水，然后覆土。

（3）砧木种子采集。

11. 11月

（1）晚熟果采收、分级、贮藏、出售。

（2）补充脱涩。

（3）砧木种子清洗、秋播或沙藏。

（4）苗木出圃与销售。

（5）清扫残枝落叶柿蒂，集中烧毁。

（6）刮除粗老翘皮，树干涂白。

12. 12月

（1）苗木出圃与销售。

（2）清扫落叶，集中烧毁。

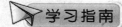
学习指南

一、学习方法

柿生产技术是一项实践性很强的技能，本项目学习过程中应深入生产一线，通过分组承担柿子四季生产任务，多次田间观察交流掌握柿子生物学特性，学会四季管理技术。最后由柿子生产基地师傅指导点评，分组学习讨论各组任务完成情况。也可采用多种多样的课外学习形式，如以兴趣小组的形式承包经营学校实习基地的柿树，或结合教师的科研项目等参与栽培研究完成本项目学习。

二、学习网址

王益区农林信息网 http：//www.sxny.gov.cn/
中国农业数字图书馆——数字农业 http：//www.cakd.cnki.net/cakd_web/index.asp
北京农业数字图书馆 http：//www.agrilib.ac.cn/web/default.aspx

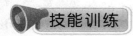

【实训】柿子的脱涩

实训目标

（1）了解柿子脱涩原理与脱涩基本过程。
（2）掌握柿子利用温水、酒精、乙烯、乙烯利、乙炔、二氧化碳脱涩处理方法，观察脱涩效果。

实训材料

1. **材料** 未经脱涩的柿子、酒精、乙烯、二氧化碳、电石、乙烯利、石灰、聚乙烯薄膜袋等。
2. **用具** 玻璃真空干燥器、定温箱、温度计。

实训内容

1. **温水处理** 取涩柿子5～10个置于容器中，灌入40℃的温水将柿子淹没。置保温箱中保温，经12h后取出检查柿子品质的变化，品尝有无涩味。如未脱涩，再继续处理6～12h并继续观察。

2. **酒精处理** 用95%酒精喷在未脱涩柿子的表面，放在玻璃干燥器中，密闭并维持温度20℃经3～4昼夜，取出观察质地，味道变化。

3. **混果处理** 将涩柿子10个与香蕉4个混合置于玻璃干燥器中，密闭后维持温度20℃，经3d，检查柿子的品质变化。

4. **二氧化碳处理** 将涩柿子5～10个置于玻璃干燥器中，通入CO_2气体使浓度达60%即可密封，维持温度20～25℃，经1～2d取出检查柿子的脱涩情况。

5. **乙烯处理** 取涩柿子5～10个置干燥器中，通入乙烯气体，维持约0.1%的浓度，密封并维持温度20℃，经2～3d取出检查柿子的品质变化。

6. **乙烯利处理** 用250～500mg/kg的乙烯利溶液浸柿子约1min，取出沥干放在20℃温箱内，经3～5d取出观察柿子品质的变化。

7. **石灰水浸果处理** 用清水50kg加1.5～2.0kg石灰，搅拌成乳状，将柿子放入水中淹没，经4～7d取出观察其品质的变化。

8. **对照** 将柿子放在20℃左右的普通条件下，观察柿子品质的变化。

实训方法

1. **实训时间** 本实训可在9～10月苹果、梨这些具有呼吸跃变现象的水果成熟时进行，柿可视当地采收时间而定。

2. **实训方法** 先由老师讲解观察、处理和测定的方法、标准及注意事项，然后学生分成3～4人一组进行观察、测定和记载，最后统计数据和分析，独立完成实训报告。

在学生实践操作过程中，教师要巡回辅导，及时发现问题，并进行纠正。

表16-6　柿果脱涩结果记录表

品种	处理方法	处理开始日期	处理结束日期	处理前品质	处理后品质（色、味、质地）

实训结果考核

1. **态度**　不迟到、不早退，态度端正，认真、仔细，遵守纪律（20分）。
2. **知识**　掌握柿生长结果习性和田间试验有关知识（20分）。
3. **技能**　正确、熟练掌握调查方法，符合田间试验的要求（40分）。
4. **结果**　按时完成实验报告，内容完整，数据翔实可靠，结论正确（20分）。

项目小结

本项目主要介绍了柿的生物学特性、安全生产要求及柿园四季管理的标准化生产技术，系统介绍了柿绿色果品生产的全过程，为学生全面掌握绿色果品柿生产奠定了坚实基础。

复习思考题

1. 甜柿和涩柿有什么区别？
2. 通过上网学习，了解无公害果品柿、绿色果品柿、有机果品柿生产技术规程，思考三个层次技术规程有何异同点？
3. 简述有效防止柿树冻害的基本措施。
4. 分析适宜甜柿发展的环境及栽培要点。

项目十七

枣标准化生产

学习目标

知识目标
- ◇ 了解枣生长结果习性与生产要求。
- ◇ 熟悉枣标准化生产过程与质量控制要点。
- ◇ 掌握绿色果品枣周年生产关键操作技术。

能力目标
- ◇ 能够识别枣主要病虫害并掌握其防控技术。
- ◇ 能够运用绿色果品枣生产关键技术，独立指导生产。

学习任务描述

本项目主要任务是完成枣认知，了解枣生物学特性、安全生产基本要求及四季生产任务与操作技术要点，全面掌握枣土、肥、水管理技能、整形修剪技能、花果管理技能与病虫害防控技能。

学习环境

要完成本项目学习任务，必须具备以下条件：
- ◇ 教学环境　枣幼龄园、成龄园，多媒体教室。
- ◇ 教学工具　修剪工具，植保机具、常见肥料、农药与病虫标本、挂图、多媒体课件、枣生产录像或光碟、教案。
- ◇ 师资要求　企业技术人员，生产人员、专职教师。

相关知识

枣树（*Ziziphus jujuba* Mill）属鼠李科（rhamnaceae）枣属植物，原产我国。枣树在我国各地均有分布，主产地分布在山东、河北、河南、山西、陕西五省。枣果营养丰富，含有钙、铁、磷等多种矿物质和丰富的维生素 C 等，药用价值很高。枣果除鲜食外，还可制干或加工成酒枣、蜜枣等。近年来，枣树以其适应性强、栽培管理容易、早果速丰、经济和生态效益显著等优点得到迅速发展。为了进一步振兴枣产业，提升枣品市场影响力，了解标准化生产的要求与栽培技术至关重要。

任务一　观测枣生物学特性

一、生长习性

(一) 根

1. 根的分布　枣树的根系由水平根、垂直根、侧根和须根组成。水平根和垂直根构成根系的骨架。根系发达与否，因其繁殖方法不同而有差别。用种子繁殖的或用实生砧木嫁接繁殖的枣树水平根和垂直根都比较发达。根蘖繁殖的枣树水平根发达而垂直根较差。水平根能超过树冠的3~6倍，一般多集中在近树干的1~3m处，15~30cm土层分布较多。枣树根系的一个显著特点是发生根蘖，当根系受伤时，从受伤处萌发根蘖。根蘖可供繁殖用。

根系分布与品种、土壤条件和管理措施等有关。一般大枣根系分布深而广，小枣类型则较浅，精细管理的枣园根系发达，放任生长的枣树根系生长较差。

2. 根的生长　根在春季土温进入7.2℃以上开始生长，夏季土温22~25℃时进入生长高峰期。秋季土温降至21℃以下时，生长又趋缓慢。随土温降低停止生长。生长季节，土壤含水量在60%~70%，空气通透，根生长速度较快。枝叶旺盛生长期，根系生长缓慢。当枝叶生长趋于缓慢，开始积累营养物质，根系生长逐渐加快。枝叶基本停止生长，根系生长则进入高峰时期，以后因温度下降而停止。

(二) 芽、枝类型与特性

枣树为乔化树，干性强。芽为复芽，由主芽和副芽组成。枝条有三种类型，即枣头、枣股和枣吊（图17-1）。

1. 芽

(1) 主芽。又称正芽或冬芽，外被鳞片，一般当年不萌发。主芽因其着生部位不同，生长习性各异。位于枣头顶端的主芽，生命活力旺盛，往往能萌生发育枝，连续延长生长多年。着生在枣股顶端或侧生在枣头一次枝和二次枝叶腋间的主芽一般生长缓弱或呈潜伏状，受强烈刺激后方能萌发为强壮的营养枝，有利于枣树的更新复壮。

(2) 副芽。又称夏芽或裸芽，位于主芽的侧上方，为早熟性芽，当年随形成而萌发。枣头一次枝中上部的副芽萌发后形成永久性二次枝，其上的主芽翌春均萌发形成新枣股；枣头一次枝的基部和二次枝及枣股上的副芽，萌发后形成枣吊。

此外，在枝条或水平根上受伤的愈伤组织上，可形成数个不定芽，抽生形成枣头。不定芽的萌发，没有一定的时间和部位。

2. 枝

(1) 枣头。为营养枝、发育枝，由主芽萌发而成，具有旺盛的生长能力，是构成枣树骨架和结果枝的基础。枣树整形扩冠主要依赖于枣头，利用枣头增加新枣股。新生枣头当年即可结果，如采取一些技术措施，可显著提高其坐果率（图17-2）。

(2) 枣股。是由枣头一次枝和枣头二次枝上的主芽萌发形成的特有的一种短缩结果母枝。其上的副芽抽生枣吊开花结果，是结果的主要枝条，枣股主芽每年萌发生长，但生长量极小，仅1~2mm。枣股副芽每年萌发抽生枣吊，每一枣股一般可着生枣吊2~7个。枣股抽生枣吊数量因品种、树势、枣股健壮程度各异。一般二次枝中部的枣股质量较好，结果数量多。密植枣园2～6年枝龄的枣股结果能力最强，果实品质最佳（图17-3）。

（3）枣吊。即枣的结果枝。由副芽萌发而成。春季萌发生长，开花结果，晚秋自然脱落，故又称脱落性枝。是枣树开花结果的枝条，又是进行光合作用的重要器官。枣吊分节，每节着生一个叶片，叶腋间着生一个花序，每花序有3～15朵花不等，以枣吊中部的花序坐果好，果个大，品质佳。

木质化枣吊是枣树矮化栽培的一种主要新型结果枝，占到总果枝量的50%～70%，它基部粗壮发红，叶片大而浓绿，具有很强的结果能力，所结果实个大。木质化枣吊一般长30～60cm，单枝坐果多，可达20～37个（图17-4、图17-5）。

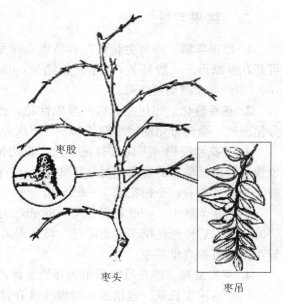

图17-1 枣枝条类型

图17-2 枣头（包括一次枝、二次枝与枣吊）

图17-3 枣股（萌生枣头与枣吊）

图17-4 木质化枣吊结果状

图17-5 枣吊（叶片、花序与枣花）

二、结果习性

1. 结果年龄 枣树生长快,容易形成花芽,具极强的早果性。管理良好时栽植当年即可开花并结果。一般是 2~3 年开始结果,15 年左右进入盛果期,70~80 年仍可以丰产,100~200 年大树仍可结果。

2. 花芽分化 枣树是典型的早熟性花,当年分化,当年开花结果。花芽分化具有单花分化期短、全树分化期持续期长和一年多次分化的特性。

3. 开花和授粉 枣树具有花量大、花期长、开花要求温量高、开花时间集中、开花速度快等特点。单花的寿命较短,仅 2~3d,1 个花序的开花时间为 5~20d,1 个枣吊的开花时间为 30d 左右,全树花期 1~2 个月。

枣的花朵极小,一般花径仅 3~8mm,为典型的虫媒花。枣花开放当天授粉坐果率高(50%),以后授粉坐果率显著降低,自然着果率仅 1% 左右。多数品种能自花授粉结实。但异花授粉可提高坐果率。

4. 果实发育 枣花授粉后果实开始发育,发育周期分为三个时期:

(1) 迅速生长期。包括果实细胞旺盛分裂和迅速生长期。授粉受精初期细胞迅速分裂,大果型品种细胞分裂期长达 4 周左右,且分裂速度快。小果型品种细胞分裂期短(2~3 周),而且分裂速度慢。进入迅速增长期后。需要消耗较多的营养物质,须加强肥水管理,减轻生理落果。

(2) 缓慢生长期。迅速生长期后,果实增长缓慢,果核细胞壁加厚并完全硬化,核内种或退化消失,或进一步发育饱满。此期持续期长短因品种而异,一般为 4 周左右。

(3) 熟前增长期。主要进行营养物质的积累和转化,细胞和果实的增长缓慢,果皮逐渐褪绿,开始着色,糖分增加,风味变佳,直至果实完全成熟。生产上又常把此期细分为白熟期、脆熟期和完熟期。

任务二 了解枣安全生产要求

一、果品质量要求

绿色果品枣是安全、优质、营养丰富的优质果品,产品质量必须符合《绿色食品 温带水果》(NY/T 844—2004)相关指标要求。

1. 感官质量要求 绿色果品枣感官质量指标见表 17-1。

表 17-1 枣果实感官指标等级要求

项 目	特 等	一 等	二 等
基本要求	充分发育、成熟,果实完整良好,新鲜洁净,无异味、不正常外来水分、刺伤、虫果及病害和生理病害如裂果、萎蔫等,果梗完整		
色泽	具有本品种成熟时应有的色泽		
单果重	符合该枣品种的单果重等级要求		
果形	端正	比较端正	可有缺陷,但不得有畸形果

（续）

项目		特 等	一 等	二 等
果面缺陷	碰压伤	无	无	允许轻微碰压伤,面积≤0.2cm
	磨伤	允许面积≤0.1cm² 轻微磨伤1处	允许轻微磨伤,面积≤0.2cm²	允许轻微磨伤,面积≤0.5cm²
	果锈	允许轻微果锈,面积≤0.3cm²	允许轻微果锈,面积≤0.5cm²	允许果锈,面积≤1.0cm²
	水锈	允许轻微薄层,面积≤0.3cm²	允许轻微薄层,面积≤0.5cm²	允许薄层,面积≤1.0cm²
	药害	无	允许轻微薄层,面积≤0.3cm²	允许轻微薄层,面积≤1.0cm²
	日灼	无	无	允许轻微日灼,面积≤0.3cm²
	雹伤	无	无	允许轻微雹伤,面积≤0.2cm²
	虫伤	无	允许干枯虫伤,面积≤0.1cm²	允许干枯虫伤,面积≤0.3cm²

注：果面缺陷，特等不得超过1项，一等不得超过2项，二等不得超过3项。

2. 理化质量要求 枣理化指标应符合《绿色食品 温带水果》(NY/T 844—2004)中枣理化指标要求见项目五表5-3。

3. 卫生质量要求 枣卫生指标应符合《绿色食品 温带水果》(NY/T 844—2004)中枣卫生指标要求见项目五表5-4。

二、对环境条件要求

1. 温度 枣树为喜温树种，其生长发育期需要较高的温度，表现为萌芽晚，落叶早，温度偏低坐果少，果实生长缓慢，干物质少，品质差。因此，花期与果实生长期的气温是枣树栽种区域的重要限制因子。当气温上升到13～15℃时，枣芽开始萌动；17℃以上枝条迅速生长，花芽大量分化；20～25℃进入盛花期；22～27℃有利于坐果；果实成熟期18～22℃最为适宜。枣树对低温、高温的耐受力很强，在-30℃时能安全越冬，在绝对最高气温45℃时也能开花结果。寒冷地区应注意保护树体安全越冬。

2. 光照 枣树喜光。光照度和日照长短直接影响其光合作用，从而影响生长和结果。因此，生产中要合理密植与修剪，塑造良好的树体结构，改善光照条件（透光率在60%～70%），达到丰产优质。

3. 土壤与地势 枣树对土壤适应性强，抗盐碱，耐瘠薄。在土壤pH5.5～8.2范围内，均能正常生长，不论沙壤土、粉沙土、壤土，还是平原、荒坡地均可栽培，以土层深厚的砂质壤土。

4. 水分 枣树抗旱耐涝，不同物候期对湿度的要求不同。枣花期和果实发育前期需水量较大。果实生长后期干热少雨的天气有利于糖分的积累及着色。还能减少裂果、烂果，提高品质和商品价值。

枣树生长发育不同时期需水量不同，生产中一般主张枣树每年应灌5次水：即萌芽水、花期水、幼果水、膨大水、过冬水。其中幼果水和膨大水最为关键。

5. 风 枣抗风力弱。微风与和风对枣树有利，可以促进气体交换，改变温度、湿度，促进蒸腾作用，有利于生长、开花，授粉与结实。生长季大风与干热风对枣树生长发育不利，如在花期遇大风影响授粉受精，易导致大量落花落果。果实发育后期，成熟前遇大风，则易造成大量落果。也易造成骨干枝劈裂。但在休眠期抗风力强。

三、建园要求

1. 园地选择要求 枣园地选择时，一般要求冬季最低气温不低于-31℃，花期日均温在22℃以上，秋季日均温≥16℃，果实生长期天数在100～120d，土壤厚度30～60cm，排水良好，pH5.5～8.2。园地应避开风口，宜选择向阳坡地建园。产地大气、水质、土壤，须满足《绿色食品　产地环境质量标准》（NY/T 391—2000）的要求。

2. 主栽优良品种选择　绿色果品枣生产要求选用国家或有关果业主管部门登记或审定的优良品种，目前，我国生产上栽培的枣良种，主要有七月鲜、灰枣、金丝小枣、赞皇大枣、骏枣、鸣山大枣、无核小枣、冬枣、梨枣、义乌大枣等。此外，优良的地方品种有北京的马牙白枣、密云小枣、山西的稷山板枣、太谷壶瓶枣、河南灵宝大枣（屯屯枣）、虢国脆枣，安徽宣城尖枣，江苏泗洪大枣、陕西的晋枣、鸡心枣、蜂蜜罐，山东的大白铃，河北的婆枣，甘肃临泽小枣等，适于庭院绿化栽培或制作盆景观赏品种有龙爪枣、磨盘枣、胎里红、茶壶枣、辣椒枣等。栽培枣树要适地适栽，发挥优势区位效应。

3. 枣苗木质量要求　枣树栽植必须选择优质枣苗（表 17-2），高标准建园。

表 17-2　枣树苗木分级标准

级别	苗高（m）	地径（cm）	根系状况
一级	1.2～1.5	1.5 以上	根系发达，直径 2mm 以上、长 20cm 以上侧根 6 条以上
二级	1.0～1.2	1.0 以上	根系发达，直径 2mm 以上、长 15cm 以上侧根 6 条以上

4. 苗木栽植要求　春、秋季栽植均可，北方多以春季定植较好。春栽在土壤解冻后至苗木芽体萌动期进行。秋栽在苗木落叶后至土壤封冻前进行，冬季注意防寒。栽植密度要根据土、肥、水条件、光照条件、品种生长特性、生产管理水平和建园要求等多方面因素综合考虑确定（表 17-3）。苗木栽植前应进行消毒、催根、根系修剪、浸水或蘸泥浆等处理，减少根系病虫害，保证根系水分含量，提高栽植成活率。

表 17-3　枣树常见栽植密度

密度类型	株行距（m）	每 667m² 株数	适宜园地
稀植园	(3～5)×(8～20)	7～28	以粮为主，兼收枣利，枣粮间作
一般密度园	(3～4)×(5～7)	28～44	一般园地，管理水平较高
中等密度园	(2～3)×(4～5)	44～83	土、肥、水条件好，管理水平高
高密度园	(1.5～2.0)×(3～4)	82～148	土、肥、水条件好，管理水平极高
超密度园（草地枣园）	(0.5～0.7)×(1.0～1.8)	600～1 000	土、肥、水条件好，管理水平极高，特殊管理技术

四、生产过程要求

绿色果品枣标准化生产过程，要求遵循枣生产技术规程，采用有机肥为主、配方施肥、定量挂果、生物防治病虫害、果园生草等先进技术，生产过程中使用的肥料和农药严格按照《绿色食品　农药使用准则》（NY/T 393—2000）和《绿色食品　肥料使用准则》（NY/T 394—2000）执行，生产出生态、安全、优质、营养的枣果产品。

任务三　枣标准化生产
工作一　春季生产管理

一、春季生产任务

春季是枣树管理的一个重要时期，修剪、施肥等枣树生长的基础工作都要在这个时期完成,才能保证枣树在生长期的正常发芽、开花、结果、成熟。生产管理的主要任务有施肥灌水修剪与病虫害防治等。

二、春季树体生长发育特点

春季当土温达 7.2℃以上时根系开始生长。日平均气温达到 13～15℃时,芽开始萌发。气温达 17℃以上时抽枝、展叶、花芽分化、开花、授粉坐果、幼果迅速生长。随着进入旺盛生长期,根系生长趋于缓慢或停止生长。

三、春季生产管理技术

(一)地下管理

1. 追施萌芽肥

(1) 萌芽肥。春季枣树抽枝、发芽会消耗大量的养分,要及时加强肥水管理,促进枣树发芽。此期应以速效氮肥为主。一般成龄树每株施速效氮肥 0.25～0.50kg,配施适量磷、钾肥。也可施入生物肥与有机肥混配肥 2kg/株。幼树酌减。施肥后灌足水,促进营养吸收。

(2) 花前肥。仍以速效氮肥为主,同时配以适量磷肥。促进开花坐果,提高坐果率。此期每株追施磷酸二铵 1.0～1.5kg、硫酸钾 0.50～0.75kg。

2. 灌催芽水 枣树萌芽晚,生长快,需水较多,恰逢北方干旱。萌芽前要灌透 1 次催芽水,促进枣树抽枝、展叶和开花。5 月花期前后根据墒情保持土壤适度干旱,有利于提高坐果率。

3. 中耕松土 在土壤解冻后进行春季耕翻,耕翻深度 30～40cm,有利于提高地温,促进新根发育。春季风多、风大的地区不宜耕翻。山区春季耕翻应该与修补整理树盘一起进行。

(二)地上管理

1. 修剪

(1) 萌芽前修剪。宜在春季枣树树液流动之前,主要是完成花前复剪。继续调整树体骨架,保持通风透光,多保留结果枝组,控制树高在行间宽度的 70%～80%,疏除过密枝、细弱枝、交叉枝、疏除病虫枝,重叠枝,回缩老化下垂枝。矮化密植枣园要结合拉枝、揉枝,开张枝组角度,发展主侧枝,培育结果枝组。新植幼树要进行定干,培养树形。

(2) 萌芽至开花前修剪。主要任务是抹芽、摘心、除萌蘖、开张角度、刻伤。

①抹芽。枣树萌芽后,当嫩芽长到 5～10cm 时,把骨干枝上不需要的萌芽及时抹掉。

②除萌蘖。及时去除枣树主干基部砧木萌蘖与根系的萌蘖苗,减少养分消耗。

③摘心。主要用于二次枝枣股上萌发的嫩枝。在嫩枝的永久性二次枝以下,留两节脱落性二次枝摘心,同时保留两节瘪芽,翌年还能萌发枣吊,形成枣股。

④开张角度。用撑、拉等措施,把枝条开张或拉到要求的角度和适当的位置。撑拉的主要对象是直立枝、并生枝、交叉枝、重叠枝等。操作时要防止枝条劈裂,枝条不能拉成弓形。

⑤刻伤。在芽的上方或枝的下部刻 1 月牙形(两刀最宽处不能超过 0.3cm),促萌新梢。

2. 根外追肥 从展叶后开始每隔10~15d喷布0.3%~0.5%尿素或0.2%~0.3%磷酸二氢钾液等增加树体营养。

（三）病虫害防治

此期病虫害以害虫危害为主。防治对象及方法见表17-4。

表17-4 春季枣树虫害防治

物候期	主要防治对象	防治措施
萌芽及枝梢旺长期	枣尺蠖、食芽象甲、金龟子、枣瘿蚊、桃小食心虫、绿盲蝽象、枣瘿蚊、枣黏虫、枣粉蚧、枣龟甲蜡蚧等	1. 熟化土壤，翻耕树盘，深20cm，同时拾虫茧、虫蛹、幼虫等，降低越冬害虫的密度 2. 萌芽前刮除老树皮，刮甲口，清理落果落叶，修剪病虫枝，集中烧毁，消灭越冬害虫 3. 萌芽前树干缠塑料围裙或涂黏虫胶，阻止枣步曲等害虫上树，毒杀枣步曲、枣芽象甲等害虫，消灭虫源 4. 芽萌动时全树喷1次5波美度石硫合剂或高浓缩强力清园剂（矿物油+石硫合剂），消灭叶螨、介壳虫等病虫源 5. 地面用药：桃小食心虫出土盛期（诱捕器诱到第一头雄蛾时），毒土撒施，或直接地表喷熏杀剂 6. 象甲等害虫发生后，利用其假死性，敲树震落，及时消灭 7. 喷药：害虫危害时选用针对性药剂防治，越早效果越好 8. 发现枣疯病植株及时拔除烧毁

工作二 夏季管理

一、夏季生产任务

夏季时值枣树花期与幼果发育期，营养生长与生殖生长同时进行，是枣树肥水需求量最大的时期。生产管理应围绕改善光照条件，平衡营养，调节生长与结果的矛盾，保花保果，提高坐果率，促进果实发育，提高产量和品质来进行。

二、夏季树体生长发育特点

枣树比一般果树萌芽晚，落叶早。从5月下旬开始到7月上旬上，花期长达1个半月。枣头，枣吊自萌芽开始至停止生长（4月中下旬至7月上中旬）长达80~90d。此期枝叶生长、花芽分化、开花坐果、幼果发育同时进行，根系生长也进入高峰，营养竞争激烈，应加强管理，提高树体营养水平。

三、夏季生产管理技术

夏季是枣树开花坐果期，也是枣树管理的关键时期。枣树坐果率较低，管理不善易发生开花多而结果少的现象。管理重点是提高花期营养供给水平，提高开花坐果率，促进果实正常发育。

（一）地下管理

1. 除草覆盖 夏季追肥灌水或雨后应及时进行中耕除草2~3次，以保持树下土壤疏松，不生杂草，有条件的枣园也可地面覆草，降低地温，保护浅层根系。

2. 追施膨果肥 此期氮、磷、钾配合使用，以促进果实膨大和糖分积累，提高枣果品质。成龄大树每株施磷酸二铵 0.5～1.0kg、硫酸钾 0.75～1.00kg。

3. 灌水 枣树在花期要适度灌水，保持土壤适度干旱，有利于坐果，坐果后充分灌水，促进果实膨大，减轻生理落果。干旱年份可小水勤灌。

（二）地上管理

1. 修剪

（1）抹芽。枣树萌芽后对着生部位不理想没有发展空间的新生芽抹去，以节约养分和防止扰乱树形，促进留用枝芽的萌发和生长。

（2）摘心。对枣头一次枝、二次枝、枣吊进行摘心，以控制其生长，集中营养供应，培育健壮结果枝组，提高坐果率，改善果品质量。

①枣头枝摘心。一般在新生枣头长到 30cm 左右时，对不作为骨干枝或更新枝的枣头进行摘心。本着弱枝轻摘，壮枝重摘的原则，空间大可留 5～6 节，空间小可留 3～4 节摘心。生长过旺的枣头，可再度摘心。矮密栽培时对留作主、侧枝延长枝新生枣头，视情况留 5～8 个二次枝摘心，留作培养结果枝组的新生枣头留 2～4 个二次枝摘心，有利于二次枝的发育，坐果效果好。对生长势弱的新生枣头在刚萌发出后尚未抽生出结果基枝时，从基部 2cm 处摘除，促使抽生木质化、半木质化枣吊，提高当年产量。

②二次枝摘心。对生长强旺的二次枝留 5～7 个枣股摘心，对生长较弱的二次枝留 2～4 个枣股摘心，使结果枝靠近主枝，提高坐果率。

③枣吊摘心。在初花前对所有枣吊视情况选留 3～8 节摘心。增强光合效率，改善果实品质。

（3）疏枝。对春季抹芽遗漏而萌发的、利用价值不大的新生枝，及时疏除。

（4）曲枝。对着生方向，角度不够理想的新生枝，趁绿枝幼嫩柔软及时弯曲引枝。一般可用绳子牵引，或用拿枝法适当扭伤枝条木质部，改变枝条角度。

（5）除根蘖。枣树根蘖发生时期也正是枣树的开花期。根蘖的生长影响树势及坐果发现根蘖及时除掉。

（6）扭梢。在枣头一次枝长到 80cm 左右尚未木质化时在距一次枝基部 50～60cm 处扭转，使枝条不折断向下或水平生长，抑制枣头旺盛生长，促使其转化为结果枝组。

（7）开甲。在花期进行开甲，选无风晴天进行。对大树、旺树及盛果期距地面 30cm 处开甲（环剥），开甲（环剥）宽度 0.3～0.6cm。连年开甲的枣树，开甲的位置应选在头一年甲口上方 5cm 处继续开甲。幼龄树，老、弱树不易开甲。

（8）断根。以减缓幼树、旺树营养生长。

2. 花果管理

（1）花期"三喷"。

①喷水。枣树在花期花粉萌发需要较高的空气湿度，如空气相对湿度保持在 60% 以上时，可提高花粉萌发率。因此，在枣树盛花期视天气情况早、晚喷清水，增加空气湿度，促进花粉萌发。

②喷植物生长调节剂。枣花现蕾期喷 1000 倍液的枣树丰产素。盛花期喷 10～15mg/L 的赤霉素，可明显提高坐果率。

③喷肥。枣花期喷 0.2%～0.3% 硼酸 1～2 次，常用的微肥有硼砂，稀土、光和微肥等。

（2）花期放蜂。枣为虫媒花，花期放蜂，可增加授粉概率，增产效果显著。

(3) 幼果期喷肥。枣幼果期每隔15d喷1次0.3%尿素+0.3%磷酸二氢钾溶液，喷2~3次萘乙酸钠，促进幼果生长发育，减少生理落果。

(4) 疏花疏果。通过人工调整花果数量，集中养分供应。疏果原则是按667m²定产，以吊定果。应根据实际管理水平和树体情况，果形大小等进行调节。

(三) 病虫害防治

夏季高温多湿的情况下，有利于病虫害发生。因此，要加强病虫害防治。防治方法与措施见表17-5。

表17-5　夏季枣树病虫害防治

物候期	主要防治对象	防治措施
开花期与幼果期	枣尺蠖、龟蜡蚧、枣黏虫、红蜘蛛等害虫，枣缩果病、褐斑病、枣锈病。桃小食心虫、刺蛾类、枣裂果病等	1. 依测报进行虫害防治。桃小食心虫可进行地面用药或培土压茧。喷25%灭幼脲3号2 000倍液或1%阿维菌素400倍液或吡虫啉2 000倍液等杀虫剂1~2次防治枣瘿纹、桃小食心虫、枣黏虫、枣尺蠖。或喷0.3%苦参碱水剂800~1 000倍液，或0.5亿/mL芽孢青虫菌液杀虫剂防治虫害 2. 枣缩果病、褐斑病等要从幼果期开始喷50%菌毒清水剂100倍，或50%多菌灵可湿性粉剂600~800倍液或1:2:200倍的波尔多液等保护，药剂交替使用，15d左右1次，共喷4~5次 3. 枣锈病，在发病初期用12.5%烯唑醇可湿性粉剂2 000~2 500倍液或80%的大生M-45杀菌剂1 000倍液防治 4. 合理修剪，注意通风透光，有利于雨后枣果表面迅速干燥，减少裂果

工作三　秋季管理

一、秋季生产任务

秋季，枣果实着色期、成熟采收期与落叶期。主要任务是提高着色，防止裂果与大量落果，适时采收。秋施基肥、深翻改土、中耕除草、防治病虫害，促进树体养分回流积累。

二、秋季树体生长发育特点

进入秋季后，晚熟品种开始着色，早熟品种准备采收。地上部枝叶生长基本停止，营养需求减缓，树体养分积累回流，根系生长加快，形成一个小的生长高峰。随着气温继续下降，叶片脱落，根系生长趋于缓慢，逐渐进入休眠。

三、秋季生产管理技术

(一) 地下管理

1. 追施二次膨果肥　枣果第二次速长以前每667m²施入氮、磷、钾复合肥10kg、中微肥5kg，补充营养，促进果实膨大。

2. 秋施基肥　秋季待果实采收后落叶前，结合土壤深翻施入基肥。基肥以有机肥为在，可掺入少量速效氮、磷肥。综合各地丰产树的施肥经验，枣树基肥按每生产1kg鲜枣施用2kg优质有机肥施用。施肥深度以50~70cm为宜。

3. 覆草　旱地枣园树冠下或全园覆盖杂草、作物秸秆、绿肥、树叶等，厚度为20~

25cm。覆草一般在萌芽前或生长季中期进行。提高土壤对雨水的渗透保蓄能力，减少土壤水分蒸发，控制杂草生长，提高果园有机质含量，增加土壤肥力。

4. 防秋涝 秋季雨量多果园有积水时，要及时排除积水。

（二）地上管理

1. 秋疏枝 采收后，疏除徒长枝、重叠枝、过密枝，减少冬季修剪量，集中增加树体的营养贮备。

2. 叶面喷肥 喷0.3%尿素+0.5%的磷酸二氢钾溶液，提高后期叶片的光合效能，促进树体的营养积累。叶面喷洒15mg/kg萘乙酸1～2次，喷施有机液肥500倍液或枣丰产1 000倍液1次，减少落果。

3. 预防裂果 经常保持土壤湿润，控制氮肥，每10～20d喷1次300mg/L的氯化钙水溶液+0.2%磷酸二氢钾水溶液。果色转白期喷布氨基酸钙800～1 000倍液，预防枣裂果。

4. 果实采收 枣果成熟过程可分为白熟期、脆熟期、完熟期。采收依据不同品种特性特性、用途和商品市场要求确定采收适期。

（1）白熟期。果皮退绿，变白，果实体积不再增长，肉质比较疏松、汁少、含糖量低，果皮薄软，加工蜜枣、加工品种适合在此期采收。

（2）脆熟期。白熟期过后，果实开始着色，果皮光滑，果肉脆甜多汁，具备了本品种的特有风味，为脆熟期，鲜食品种适合在此期采收。

（3）完熟期。脆熟期后15d左右，果皮颜色进一步加深，糖分不再增加，果实变软，果皮微皱，并出现自然落果现象时为完熟期，干制品种适合在此期采收。

采收方法　手摘：根据枣果的不同用途，对成熟度不一的枣树进行分组多次人工采摘，适用矮化小冠树形及鲜食和加工乌枣、醉枣等的枣果采收。震落：适用于制干枣果的采收，一般是用竹竿或木棍震荡枣枝（大枝），在树下撑（辅）塑料布或布单接枣，以减少枣果破损和节省拣枣用工。

（三）病虫害防治

秋季主要病虫害防治对象和防治措施见表17-6。

表17-6　秋季枣树病虫害防治

物候期	主要防治对象	防 治 措 施
果实发育期	防治枣黏虫、红蜘蛛、桃小食心虫、刺蛾类、枣缩果病、铁皮病等	1. 及时拣拾桃小食心虫危害的落果，集中堆沤处理 2. 选用10%浏阳霉素乳油1 000倍液，20%螨死净胶悬液2 000～3 000倍液，防治红蜘蛛 3. 喷农用链霉素每毫升70～140单位进行防治细菌性枣缩果病，用75%百菌清可湿性粉剂600倍液防治真菌性枣缩果病。在发病高峰前喷50%枣缩果宁1号可湿性粉剂600倍液防治，隔7～10d再喷1次药 4. 继续做好其他病虫害的防治工作
果实采收期	铁皮病、枣炭疽病等	1. 在树干周围绑草把，诱杀越冬害虫，冬季解下烧毁 2. 采前是枣铁皮病、枣炭疽病的高发病时期，要特别注意防治，尤其是雨后，应及时喷药
落叶期	大青叶蝉等	1. 在晚秋幼虫脱果入土做茧后，翻刨树盘，使虫茧暴露冻死 2. 喷药防治大青叶蝉产卵

? 想一想

1. 分析引起枣裂果的原因有哪些？试举出预防或减少枣果实裂果的对策。
2. 如何提高鲜食枣商品品质？

工作四　冬季管理

一、冬季生长任务

休眠期枣树的管理是枣果生产技术的重要组成部分，是关系来年枣果产量高低、质量好坏的关键阶段，也是在实际生产中最容易被忽视的时期，加强枣树冬季管理十分必要。主要工作任务有冬季修剪、灌封冻水、冬季清园、树干涂白、冻害预防等。

二、冬季树体生长发育特点

冬季，枣树植株进入休眠，枝条已充分成熟，树体生理代谢活动微弱，抗寒能力增强，能耐－30℃的低温，但树体其他生理活动仍在缓慢进行。

三、冬季生产管理技术

(一) 地下管理

1. 冬季清园　彻底清扫枣园内的残枝落叶、落果、病果、虫果以及杂草污物等，集中烧毁或深埋，消灭越冬虫源。

2. 翻刨树盘　翻刨树盘深度 10～20cm。不仅能疏松土壤、拦蓄雨雪，还可消灭树下越冬害虫。

3. 灌防冻水　冬季当园土表层冻融交替时，应及时灌足防冻水。

4. 培土防寒　对定植 1～2 年生的幼树，应在树干基部堆起土台，培土防寒，保护根颈，土台高 25～35cm。

(二) 地上管理

1. 修剪

(1) 常用树形。枣树是喜光树种，丰产树形应具备骨干枝多少、层次分明、内膛通风透光良好等特点。目前生产上主要推广的树形有疏散分层形、多主枝自然圆头形、开心形，密植园也可采用自由纺锤形。

(2) 修剪技术。

定干：高度 1.0～1.5m。疏去剪口下第一个二次枝，其下第三至四个二次枝可各留 1 节短截，利用侧生主芽萌发新枣头。

骨干枝的培养（以主干疏层形为例）：冬剪时短截枣头一次枝或重短截二次枝，刺激萌发成新的枣头。第二年，在从各主枝剪口下抽生的 3～4 个枣头中选留 2 个，一个做主枝延长枝，一个做侧枝修剪。第三年，在中心干上距第一层主枝 1.2m 处选定 2 个方向适宜的新枣头作为第二层的主枝。冬剪时对中心干和所有的主枝、侧枝延长枝先端疏除 3～4 个二次枝，使其顶端继续抽生枣头，扩大树冠。6 年左右就可完成对骨干枝的培养。主干疏层形培养主枝，第一层 3～4 个，第二层 2～3 个，第三层 1 个。各主枝在中心干上错落生长。在主枝上配备适量侧枝。

结果枝的培养：及时对新生强壮枣头短截，促进下部二次枝和枣股充分发育。对需要延长生长的骨干枝中的粗壮枝进行短截，并剪去顶端1～2个二次枝，使其萌发新枣头。对较弱的缓放，待枣头加粗后短截，使其抽生强壮的枣头。

衰老树的修剪原则是多回缩、多短截。

2. 树干保护 越冬前树干涂白或用地膜、水稻秸秆等包裹幼树干，抵御寒冷，防日灼，有效预防畜、鼠等为害。

（三）病虫害防治

枣树冬季病虫害防治主要对象和防治措施见表17-7。

表17-7 冬季枣树病虫害防治

物候期	主要防治对象	防治措施
休眠期	枣树龟蜡蚧等越冬病虫	1. 清理落叶、落果、病果、虫果、枯杂草、枣吊，刮除老翘皮，剪除病虫枝，刨除疯树、病株，消灭和减少越冬虫、卵及病原菌 2. 枣树龟蜡蚧以受精雌虫在1～2年生枝条上越冬，所以应抓准冬季有利时机，逐枝刷除

> **? 想一想**
>
> 分析引起枣冻害的原因有哪些。试举出预防枣树冬季冻害的对策。

工作五　制订枣树周年管理历

枣周年管理历是枣园全年生产管理的技术规程，制订枣周年管理历时应根据各地具体情况（如品种、土壤类型、气候、劳动力素质、生产水平、生产习惯等），参照绿色果品生产技术标准执行。

生产案例　北京地区枣栽培周年管理工作历

1. 1～3月管理

(1) 制订全年生产管理计划。

(2) 新枣园的规划设计。

(3) 交流技术经验，培训技术人员。

(4) 备足农药、肥料，积肥运肥，检修农机具，药械，兴修水利。

(5) 整形修剪：幼树整形，结果树修剪。调整树体结构，合理安排各类骨干枝。

(6) 清理枣园，刮除老翘皮，剪除病虫枝，刨除疯树、病株，消灭和减少越冬虫、卵及病原菌。

(7) 土壤解冻后及时刨树盘，或春耕松土保墒。

(8) 病虫防治。在树干上扎塑料裙或涂黏虫胶，阻止枣尺蠖雌虫上树，每天清晨捕杀雌虫。萌芽前全树喷3～5波美度石硫合剂。枣龟蜡蚧危害严重时，喷10%～15%的柴油乳剂。

(9) 建园与枣树栽植。
(10) 结合冬剪收集接穗、蜡封、贮藏。

2. 4~5月管理

(1) 施肥灌水。萌芽前后，施速效氮、磷肥，灌水。
(2) 播种育苗。
(3) 嫁接。嫁接育苗、高接换种。
(4) 根外追肥。每隔2~3周喷0.3%~0.5%尿素和0.2%~0.3%的磷酸二氢钾以及其他微量元素。
(5) 病虫防治。及时防治枣尺蠖、食芽象甲、金龟子、枣瘿蚊等害虫。
(6) 及时抹芽、摘心、拉枝，进行夏剪。
(7) 发现枣疯病株，及时处理，烧毁。

3. 6月管理

(1) 开甲。在盛花期对强壮树开甲。
(2) 花期喷水、喷肥和植物激素等，提高坐果率。
(3) 花期放蜂提高坐果率。
(4) 防治虫害。喷杀虫剂防治枣尺蠖、龟蜡蚧、枣黏虫、红蜘蛛等害虫。依枣桃小食心虫测报，进行地面用药或培土压茧。
(5) 摘心、抹芽、拉枝等夏剪。
(6) 苗圃地及时追施速效氮磷肥，每667m² 施尿素8~10kg、过磷酸钙25~30kg。
(7) 开始喷枣铁皮净，防治铁皮病。

4. 7月管理

(1) 追肥、除草。土壤追施速效氮、磷、钾肥，叶面喷肥。并及时除去地下杂草。
(2) 防治病虫。防治桃小食心虫、龟蜡介壳虫、红蜘蛛、枣黏虫等。预防枣锈病、铁皮病。
(3) 夏剪。疏除无用的枣头，进行摘心、扭梢、抹芽，控制枣头生长，以节约养分促进坐果。
(4) 耕翻树盘，松土锄草。

5. 8月管理

(1) 除草。中耕除草、刨翻树盘。
(2) 施肥。追施磷、钾肥。每隔2周叶面喷肥1次。
(3) 病虫防治。继续防治枣黏虫、桃小食心虫、铁皮病等。喷粉锈宁乳油或波尔多液防治枣锈病。
(4) 拣拾枣小落果，集中处理。
(5) 采摘。枣进入白熟期，人工采摘鲜枣，加工蜜枣。

6. 9月管理

(1) 按不同用途适期采收，加工，鲜食或干制。
(2) 施基肥。采收后，施农家肥，可掺入适量速效氮、磷肥，施肥后灌足水。
(3) 树干绑草把，诱杀越冬害虫，冬季解下烧毁。

7. 10月管理

(1) 树干涂白。
(2) 喷药防治大青叶蝉产卵。

(3) 晚熟枣采摘。
(4) 苗木出土与调运。
(5) 施基肥。9月未施完的，继续进行。
(6) 晾晒红枣，妥善保存，销售。
(7) 灌冻水。
(8) 秋季栽植建园。

8. 11～12月管理

(1) 种子沙藏，为育苗打好基础。
(2) 幼树防寒。
(3) 全年工作总结。
(4) 开始冬季修剪。

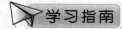

一、学习方法

枣是我国北方主要果品之一，完成本项目学习任务须分段深入枣生产基地现场观察枣生物学特性，按照农事季节，组织学生在果园师傅指导下，分别完成枣树四季生产任务，通过完成生产任务，讨论分析，观察对比，现场实训，总结交流等方式完成本项目学习任务。

二、学习网址

中国红枣网 http://www.hongzaowang.com/
中华大枣网 http://www.zhdzw.com/
枣——中华水果网 http://www.onfruit.com/Zao/

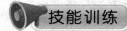

【实训】枣树整形、修剪与花期管理

实训目标

了解枣树生长习性，整形修剪手段、方法和保花保果措施，掌握枣树修剪的技术要领和保花保果的技术措施。

实训材料

1. 材料 整形方式不同的枣树幼树和结果树。
2. 用具 修枝剪、手锯、开甲刀具等。

实训内容

(1) 枣树的枝芽特性与修剪的一般规则。

(2) 枣树主要树形，整形修剪方法与特点。
(3) 枣头、二次枝、枣吊修剪，各类枝的剪留长度和留枝量的确定。
(4) 矮化密植栽培时，如何培养与利用木质化枣吊结实，提高产量与品质。
(5) 枣树花期综合管理技术以及提高枣树坐果率措施。

实训方法

(1) 本实训一般安排在枣树萌芽前与花期进行。在春季、夏季各1次，每次0.5d。
(2) 实训时，先由指导教师讲解和示范，然后再由学生进行分组操作训练。学生训练初期可按每组2~3人分组进行，随操作技能的提高，小组人数逐渐减少，最后独立操作，老师点评总结。
(3) 生长季节学生利用课余时间调查对比不同处理效果，并以班为单位进行总结交流与讨论。

实训结果考核

1. 态度　不迟到、不早退，态度端正，认真、仔细，遵守纪律（20分）。
2. 知识　掌握常见枣树整形、修剪与花期管理基本知识，并能陈述不同技术处理的目的（25分）。
3. 技能　能够正确进行枣树整形、修剪和综合利用花期管理措施提高枣树坐果率，程序准确，技术规范熟练（40分）。
4. 结果　按时完成实训报告，内容完整，结论正确（15分）。

项目小结

本项目主要介绍了枣树的生物学特性、优良品种及枣树四季管理的配套生产技术，系统介绍了绿色果品枣生产的全过程，为学生全面掌握绿色果品枣的生产奠定坚实基础。

复习思考题

1. 调查了解目前我国北方或当地枣树栽培品系，有哪些新品种？其特征、特性如何？
2. 简述枣树的生长结果习性。
3. 简述枣树修剪要点。
4. 目前生产上常用的枣树栽培形式有几类？如何整形？
5. 通过上网学习，了解绿色果品枣、有机果品枣和无公害果品枣生产技术规程。

项目十八

设施果树标准化生产

学习目标

知识目标
- 了解设施果树生产的主要类型及栽培模式。
- 掌握不同设施果树生产的基本原理及生长发育规律。
- 熟悉不同设施果树生产关键技术及生产流程。

能力目标
- 能够完成设施环境调控,促进不同果树正常生长。
- 能够独立进行主要设施果树生产的操作管理,独立指导生产。

学习任务描述

本项目主要任务是学习不同设施类型生产的建园技术、品种选择技术、环境调控技术、设施内果树的管理技术。能进行草莓、葡萄、桃、李、杏、樱桃等果树的设施生产。

学习环境

要完成本项目学习任务,必须具备以下条件:
- 教学环境:多媒体教室,设施桃、李、杏、葡萄、草莓、大樱桃的生产实训基地。
- 教学工具:修剪工具、植保机具、常见肥料与病虫标本。
- 师资要求:企业技术人员、生产人员、专职教师。

任务一 设施果树生产模式及原理

一、设施果树生产模式

果树设施生产是指利用温室、塑料大棚或其他设施,通过创造和调控适宜果树生长发育的环境因子,采用特殊的栽培技术手段,达到在果树非适宜生产地区和季节实现特定生产目标的一种生产形式。根据设施生产目的可分为促成栽培、半促成栽培、延迟栽培等不同形式。

1. 促成栽培 在果树未进入休眠或未结束自然休眠的情况下，人为控制进入休眠或打破自然休眠，使果树提早进入或开始下一个生长发育期，实现果品提早成熟上市。这种生产方式在草莓上应用较多，在葡萄、甜樱桃上也有较成功的应用。

2. 半促成栽培 在自然或人为创造低温条件下，满足果树自然休眠对低温需求量的要求。自然休眠结束后，提供适宜的生长条件，使果树提早生长发育，实现果品提早成熟上市。目前，落叶果树的设施生产以这种方式居多。

3. 延迟栽培 通过选用晚熟品种和抑制果树生长的手段，使果树延迟生长和果实成熟，实现果品在晚秋或初冬上市。延迟生产在葡萄、桃上有应用，但生产量较小。

4. 促成兼延迟 在日光温室内，利用葡萄具有一年多次结果习性，实现既促成又延迟的一年两熟的栽培形式。

5. 抑制栽培 利用果树在生育停止期较强的耐低温能力，把具有一定花芽数量的果树植株在结束休眠开始生长以前，从育苗圃中取出，放入低温冷库中进行冷藏强迫休眠，抑制植株生长，当需要栽植时，将果苗从冷库取出，再种植到田间使其开花结果，以达到人为调节果品采收期的栽培方式。

二、果树休眠调控技术

1. 果树的需冷量 落叶果树一般需要在一定的低温条件下经过一段时间才能通过自然休眠。生产上通常把某果树打破休眠需要经历的 0~7.2℃ 低温累积时数，称为该果树的需冷量。但在果树的自然休眠过程中，不同果树的自然休眠需冷量差别很大，从 30~50h 至 2 000h 以上不等。一般葡萄、甜樱桃的低温需求量较高，草莓、桃较低，李、杏居中。若休眠期需冷量不足，加温后将导致果树发芽延迟，开花不整齐，甚至出现枯死现象。另外，目前也有不用低温打破休眠而开花结果的，如设施草莓、葡萄促成栽培属于无休眠栽培，这种无休眠的促成栽培在设施生产也经常采用。

2. 人工促进休眠技术 通常采用"人工低温暗光促眠"方法，即在外界稳定出现低于 7.2℃ 温度时（辽宁南部在 10 月下旬至 11 月上旬）扣棚，同时覆盖保温材料。使棚室内白天不见光，降低棚内温度，并于夜间打开通风口和前底脚覆盖，尽可能创造 0~7.2℃ 的低温环境。这种方法简单有效，成本低，生产上应用广泛。

有条件时，可在设施内采用人工制冷的方法，强制降低温室内的温度，促使果树极早通过自然休眠。目前在甜樱桃促成栽培上，采用人工制冷促进休眠已有成功的案例。采用容器栽培的果树均可以将果树置于冷库中处理，满足果树需冷量后再移回设施内栽培，进行促成栽培。或人为延长休眠期，进行延迟栽培。采用低温处理促进草莓通过自然休眠已广泛应用，即在草莓苗花芽分化后将秧苗挖出，捆后放入 0~3℃ 的冷库中，保持 80% 的空气相对湿度，处理 20~30d，即可打破休眠。

3. 人工打破休眠技术 在果树自然休眠未结束前，欲使其提前萌芽开花需采用人工打破自然休眠技术。目前生产上有用石灰氮打破葡萄休眠和赤霉素打破草莓休眠的成功案例。葡萄经石灰氮处理后，可比未处理的提前 15~20d 发芽。方法是用 5 倍石灰氮澄清液涂抹休眠芽，即在 1kg 石灰氮中加 5kg 水，多次搅拌，勿使其凝结，沉淀 2~3h 后，用纱布过滤出上清液，加展着剂或豆浆后涂抹休眠芽。通常在自然休眠结束前 15~20d 使用，涂抹后即可升温催芽。一年一栽制和一年一更新的结果母枝，距地面30cm以内的芽和顶端最上部的两个芽不能涂抹，其间的芽也要隔1个涂抹1个。以免造成过多的芽萌发消耗营养和顶部两芽萌发后生长过旺。

草莓上应用赤霉素处理具有打破休眠、提早现蕾开花、促进叶柄伸长的效果。使用方法是用10mg/L赤霉素喷雾，尽量喷在苗心上，每株5mL左右，处理适宜温度为25～30℃，低于20℃效果不明显，高于30℃易造成植株徒长，所以宜在阴天或傍晚时进行。一般在保温开始前3～4d处理，如配合人工补光处理，喷1次即可。对没有补光处理或休眠深的品种可在10d后再处理1次。人工补光创造长日照条件，有促进草莓打破休眠效果，具体方法是安装100W白炽灯，每667m^2安装40～50个，安装高度为1.5m。每天补光5h左右，将每天光照时间保持在13h以上。

三、设施果树生长发育特点

1. 生育期延长　在设施栽培条件下，果树的开花期和果实发育期通常延长。据观察日光温室内凯特栽培花期为11d，而露地栽培花期通常在5～7d，延长了4～6d。另据观察，红荷包、二花曹、车头杏大棚栽培和露地栽培，其成熟期差7～10d。设施栽培油桃果实生育期通常延长10～15d，果实各生育阶段的日数与夜间温度呈显著相关。

2. 营养生长加强　设施栽培加剧了生长与结果间的矛盾，新梢生长变旺，节间加长。枝条的萌芽率和成枝率均有提高，果树叶片变大、变薄，叶绿素含量降低。

3. 果实品质变化　设施栽培果树果实普遍增大，主要原因是果实生长第一阶段设施内夜温较低，促进了果肉细胞分裂。而果实可溶性固形物、可溶性糖、维生素C含量略低于露地，风味变淡，品质下降。

温室栽培油桃裂果多发生在采收前20d以内，采收前6～8d是裂果发生的主要时期。树冠外围果、大型果裂果较重，而内膛果、小型果裂果较轻。

四、树种和品种的选择

设施栽培果树主要以贮藏期短、不能周年供应的时令水果，如：桃、李、杏、草莓、葡萄等为主，在选择树种和品种上应根据设施类型及保温特点综合考虑：

1. 树种选择　主要选择果实色泽艳丽、鲜食品质好、果实不耐长期贮运的树种和品种，满足淡季消费者的需求。

2. 栽培性状　选择植株比较矮小或适宜矮化栽培的树种和品种，早果性、丰产性好的品种，适应性、抗病性强的品种。尽可能选择自花结实率高的品种及耐低温、耐弱光的品种。

3. 栽培类型　促成和半促成栽培宜选早熟品种。选择自然休眠期短、需冷量低的品种。延迟栽培则以晚熟品种为宜，果实生育期越长越好。

4. 设施类型　日光温室主要栽培越冬型时令水果栽培，提早、延后上市60d以上，大棚主要栽培春提早、秋延后设施果树栽培，可提早或延后设施水果上市25～30d。

五、育苗和栽植技术

（一）预备苗培育

在进入设施栽培前，在苗圃培育品种优良，具备一定花量，树形结构分明的大苗。使果树苗木在苗圃完成促花管理，实现当年栽植，当年丰产。预备苗培育技术不仅适合于桃、葡萄等结果早果树，更适合于樱桃、杏、李等结果较晚的树种，直接在设施内定植大苗，可以尽早获得产量，降低设施管理成本。

1. 培育和利用大苗的方式 一是利用露地栽培结果树，就地建设保护设施，实现设施栽培；二是做好设施建设园地规划后，先栽树，待果树结果后再建设施；三是移植结果树，将4～5年生大树移栽到温室内，方法简便、快捷。

2. 培育大苗的方法 选择土层较深厚、背风向阳、距离栽培温室较近的地块做苗圃地。按1m×1.5m株行距挖40cm×50cm的栽植坑。将编织袋放入坑内，用园田土与适量腐熟的有机肥混合后装入袋内，装至1/2高，然后放入苗木，覆土至根颈处，灌水沉实。北方地区春季比较干旱，苗木定植高度可与地面平。在华北地区或是在低洼地，可采用高畦栽植，畦高20～30cm，以避免雨季发生内涝。如果采用高畦栽植，则一定要覆盖地膜。如果定植苗在苗圃内未进行圃地整形，覆膜后要及时定干。定干高度为35～45cm，剪口下至少要有3～5个饱满芽，然后用塑料袋将苗干套上，以防抽条和发生虫害。

苗木成活后要及时将塑料袋去掉，然后加强田间管理，按照选择的树形进行整形修剪，培养适合设施栽培的树形。通常设施栽培树的干比较低，特别是温室前两排树，干高30cm左右既可，后几排适当提高树干。树高则应根据设施的高度确定，以树体顶部距棚膜50cm以内为宜。树形以温室前两排采用开心形，后几排采用纺锤形或圆柱形为宜。

在甜樱桃不适宜栽培地区，如冬季最低气温低于-20℃的地区进行露地培育大苗，在土壤封冻前要将樱桃树移入贮藏窖或室内，在0～7℃的条件下贮藏，来年再移栽到室外。这样经过3～4年的树体树形培养，即可定植到温室或大棚里进行设施生产。

（二）栽植技术

1. 栽植方式 除草莓要求不很严格外，其他乔木果树宜采用南北向、长方形或带状栽植。目前，日光温室推行高畦带状栽植和砖槽台式栽植方式效果较好。高畦带状栽植是在温室内做20～30cm高畦，将果树双行带状定植在高畦上，具有提高地温作用，也可以缓解设施栽培高密度下的光照不足问题。砖槽台式栽植则是向下挖50cm深、宽100cm的槽，砌成砖槽，果树定植在槽内。果树定植平面与温室地平面一致，可有效利用空间。砖槽台式栽植除有高畦的作用外，还具有扩大设施空间，方便作业管理和限根栽培作用。

2. 栽植时期 设施内栽植果树，可分三种情况：一是秋栽，适宜大苗移栽。设施冬季可以升温，这时在苗木满足需冷量后即可逐步升温。果苗从1月初就开始生长，比露地多生长2～3个月，生长量大，花芽多，翌年产量高。行间间作矮茎蔬菜、花卉、草莓等作物，以增加收入，相对降低管理费用。二是没有建造大棚，先在大棚的位置上定植苗木，定植时期同露地栽植时间相同。三是在设施内腾空后栽植，袋装育苗可以采用这种形式，其定植时期要求不很严格。

六、授粉技术

（一）配置授粉树

设施栽培多采用自花授粉结实的品种，但杏、李、樱桃和花粉较少的桃树常需要配置授粉树，选择授粉树主要选择与主栽品种授粉亲和力强，需冷量相近，花期相遇、花粉多且果实经济价值高的品种作授粉树。主栽品种与授粉品种的比例一般为（3～4）：1。

(二) 人工辅助授粉

由于设施果树属反季节生产，期间既无昆虫传粉，又缺少自然风扬粉，必须进行人工辅助授粉。

1. 人工授粉　用毛笔在不同花朵间点授或小气球、鸡毛掸子在花朵间滚动。人工授粉以开花当天授粉的效果最好，一般选择在9：00～10：00到15：00～16：00进行，如遇阴雪天气，应多进行几次。

2. 昆虫传粉　生产实践中借用昆虫传粉，是提高坐果率的有效方法。一般每667m^2棚室放蜜蜂1～2箱，放角额壁蜂300～500头，于开花前5d左右放入棚室，让蜜蜂、壁蜂有一个适应锻炼过程，可达到良好授粉效果，是设施果树丰产栽培的必要措施之一。

七、限根生产技术

(一) 限根栽培的提出

果树进行设施栽培，因设施空间的限制，对果树有两点基本要求：一是树体矮化紧凑，便于密植与调控；二是易成花、早结果，早期效益高，并便于更新。目前，适于设施栽培的核果类树种有桃、李、杏、樱桃等，但矮化砧选育与应用以及短枝型品种的应用还刚刚起步，只能通过人工控制的方法达到矮化调节。

根系是决定果树生长发育的重要器官。通过调节设施果树根系的分布、类型及生长节奏，可以较好地控制地上部的生长发育，尤其是器官建造类型。为控制设施果树的高度、极性生长，促进花芽快速大量形成，科技人员创新出了设施栽培中的限根栽培技术。这里所讲的限根，主要是限制根系在垂直方向的伸展生长，限制强生长根的发生与数量，引导根系多方向生长，促进吸收根的发生。

(二) 限根栽培技术

1. 果树浅栽　设施果树建园时，除按常规的建园要求进行园地规划、土壤改良、定点挖沟（穴）、施肥、灌水沉实外，在栽植时，比露地栽培要适当浅栽，以便提高地温，促进根系快速生长。

2. 起垄栽培　即建园时用表层土和中层土堆积起垄成行。起垄时土壤添加30%的有机肥，垄高40～50cm（不能低于20cm），宽50～80cm，把果树栽植于垄上。起垄后，土壤透气性增加，有利于提高土温，根系所处的水、肥、气、热稳定适宜，吸收根发生量大、生长根比例少。根系垂直分布浅，水平分布范围大，有利于树体矮化紧凑、易花早果，也有利于果树管理与更新。

3. 容器栽培　将果树植株栽植于单个容器中，然后建棚进行设施栽培。它是限根效果最为显著的一种方法，已在日本、以色列等国家的果树设施栽培中广泛应用，我国应用较少。生产中容器栽培形式主要有以下3种：

(1) 陶盆栽培。陶盆（俗称陶土花盆）规格一般口径30～40cm，深度40cm左右。盆底可钻1～2个透气孔，盆壁周围钻多个通气孔，孔径1.0～2.0cm。盆中填充肥沃透气的基质土，其中栽植果树，然后把盆连同果树埋入土中，按设计株行距排列，后扣棚栽培。

(2) 袋式栽培。将塑料编织袋填充基质土，果树栽入袋中，后埋入棚室土壤，进行设施栽培。

(3) 箱式栽培。将果树栽在箱器中，以耐腐烂的塑料箱为主，也可利用木箱或纸箱。箱壁可钻多个透气孔。

不论哪种容器栽培方式，均是通过有限容积，限制根系垂直生长和分布，强制或诱导根系水平生长与分布，并由此调节根系的类别组成。使用容器栽培时，在土壤管理上，应充分利用果树的根系边缘效应，进行肥水调控，以利于设施果树的生长发育。

4. 底层限制 设施果树栽植时，在沟（穴）底部铺设隔离层，以限制根系的垂直扩展并增加底层的透气性。隔离层常用的材料有纸（草）被、塑料编织袋、泡沫塑料、黏土打实等。容易推广应用的是底层铺设草料，具体方法是：定植沟（穴）底铺 20～30cm 的草料（秸秆、杂草、树叶等）压实后厚 5～7cm。期间撒入少许尿素、碳酸氢铵等氮肥促进腐烂，然后回填表土栽植果树。

底层限制，是限根栽培技术的一种，使用时在保证限根效果的同时，一定注意底层的透气性并防止浇水或自然降水后积水成涝。目前生产上使用较少。

5. 根系修剪 通过根系修剪调节根系生长发育进而调控地上部生长发育情况，比直接对地上部采取措施，效果更为直接有效。根系修剪可对树体产生一系列良性反应：使树体营养生长削弱、树体矮化、短枝比例增加，花芽分化多。树体中氮素营养水平下降，碳素营养水平提高，C/N 增加，有利于成花。果树设施栽培中，可较多地利用根系修剪技术，以利于控旺促花，安全越夏。

根系修剪的时间以花期和新梢旺长期为宜，旺树可修剪两次，中庸偏旺树可修剪 1 次，弱树不修剪。根系修剪后的效应时间一般持续 30～45d，之后恢复根系正常生长。

根系修剪的方法主要有采用物理修剪法。利用人工或机械等物理手段将根（尤其是垂直根、粗大根）切断。利用人工断根是把根系挖出并用剪刀或其他工具将根切断，利用机械断根是用特制的机械装置将根系在一定范围内切断。

在具体应用时应根据树龄、生长发育状况、生产目的等因素综合考虑灵活掌握，切勿使用过限，导致伤害大，副作用多，达不到应有的效果。

任务二　设施葡萄标准化生产

一、栽培品种选择

（一）品种选择原则

设施葡萄栽培品种主要选结果能力强、易成花、耐低温、耐弱光、果粒大、整齐度高、穗形美观艳丽、果肉品质好、香味浓郁、综合品质优良、丰产、耐贮运、需冷量低、抗逆性强的品种进行栽培。

（二）主要栽培品种

1. 促成栽培品种 碧香无核、夏黑、早黑宝、京翠、京香玉、京秀、京亚、京玉、早巨选、87-1、无核白鸡心、寒香蜜、维多利亚、凤凰51、黑奥林。

2. 延迟栽培品种 瑞峰无核、圣诞玫瑰、红罗莎里奥、摩尔多瓦、高妻、克林巴马克、峰后、达米娜、红意大利、红宝石无核、克瑞森无核、夕阳红、玫瑰香。

二、苗木准备

设施葡萄栽植苗木一般要求一年生苗或二年生苗，苗木要求达到以下标准：根系生长良好，分布均匀，根系完整，伤根少，长度大于 15cm 的粗根在 4 条以上；地上部应有 15～20cm 的一年生枝段充分成熟，剪口部位的直径不小于 0.6cm，有 5 个以上的饱满芽。如果在生长期采用绿枝苗，应选择新梢生长势健壮，叶色正常，无病虫害的苗。达到 5 叶 1 心的健康绿苗标准。

三、建园

(一) 园地选择

设施栽培园地应选择环境条件符合《绿色食品　产地环境质量标准》(NY/T 391—2000) 要求，土壤质地良好，土层厚，微酸至中性土壤，东、南、西三面无高大树木、建筑物遮挡，避风向阳，保温条件好，能够满足当地葡萄上市要求设施建园。

(二) 栽植模式

1. 多年一栽制　多年一栽制即一次定植后连续多年进行葡萄生产。这种方式节省苗木和用工，栽培管理好的条件下可连续多年保持丰产、稳产。多年一栽制既可用于日光温室栽培，又可用于塑料大棚栽植。这种栽培方式的缺点是如果管理不当，葡萄容易早衰，芽眼成熟不好，春天萌芽率低，萌芽整齐度差，果穗小而松，大小粒严重，不能达到商品生产的要求。

2. 一年一栽制　一年一栽制是于第一年春季用营养钵大苗进行定植，冬季或早春进行葡萄生产，第二年 5～6 月浆果采收后立即将植株拔除，再移入新的大苗定植，以后每年如此。这种方式由于每年的苗木质量都比较好，萌芽率高，花序质量好，显著提高坐果率，抗病力较强，植株长势均匀，高度合适，管理起来比较简便，容易获得优质的商品果，且产量稳定。这种栽植方式由于不需要考虑植株第二年的情况，可高密度栽植，单产高，效益大，果实采后可以不修剪。此外，还可根据市场变化及时调整种植品种。缺点是每年需要大量的高质量苗木，生产成本较高，所需的劳动力也较多，目前生产上应用较少。

(三) 葡萄栽植

1. 栽植时期　适宜的栽植时期是以当地地表 20cm 处土温达 10℃ 以上，且晚霜刚结束时定植为最佳时期，在北方各地，一般在 3 月底至 4 月上旬进行定植。一年一栽制应从第二年开始，在浆果全部采收完成后，立即拔除所有葡萄植株，清棚后再将 4 月上旬预先栽植在大型营养袋中、生长健壮的苗木移栽至设施内，定植时间不宜太晚，一般 6 月中旬以前。

2. 栽植密度　多年一栽制采用单臂篱架，株距一般为 1.0～1.5m，行距为 1.5～2.0m。东西行小棚架单蔓整枝的株距为 1.0m，双蔓整枝的株距为 1.5～2.0m，行距为 3.0～4.0m。

一年一栽制应以南北行双臂篱架栽植为主，实施双行带状栽植，即窄行距为 50～60cm，宽行距 2.0～2.5m，株距为 50cm。一般每 667m^2 栽植 900 株较为适宜。

3. 栽前准备

(1) 挖掘定植沟。定植沟深度为 50～70cm，宽 60～80cm。挖掘时应将表土和底土分别堆放在定植沟的两侧，挖好后在沟底先填入 10～15cm 的碎草、秸秆，然后按每 667m^2 施入充分腐熟的有机肥 3 000～5 000kg，每 50kg 有机肥可以混入 1.0kg 的过磷酸钙作底肥；肥料与表土混匀后回填沟下部，底土与肥料混匀后回填沟中上部，最上部只回填表土以免苗木根系与较高浓度的肥土直接接触，多余的底土用于做定植沟的畦埂，然后灌水沉实备栽。

(2) 苗木处理。将已选好的葡萄苗，从贮藏沟或窖中取出后进行检查，剔除具有干枯根群、枝芽发霉变黑或根上长有白色菌丝体的苗木。然后将选出的好苗放入清水中浸泡 12h 左右，中间应换一次水。此外，栽前还应对苗木根系和枝蔓进行适当修剪，把过长的根系适当剪除一部分，尽可能多保留根系，枝蔓要保留 5 节。

从外地运进的苗木，在运输过程中应尽量保持苗木不失水，栽前浸泡时间应适当延长，根系最好蘸泥浆。苗木的地上部要用 5 波美度的石硫合剂浸蘸消毒，再运至栽植现场。

4. 苗木栽植 苗木准备好后按株距在回填后的定植沟中挖栽植穴，穴的深度为 30～40cm，直径为 25～30cm。将苗木放入栽植穴内，使其根系充分舒展，逐层培土踩实，并随时把苗轻轻向上提动，使根系与土壤密接，最后用底土在苗木周围筑起土埂，立即灌水，待水渗下后，铺一层干土，并于第二天铺膜，以减少土壤水分的蒸发及提高地温，促进苗木成活。

四、生产过程

（一）幼树管理

1. 确定树形 从定植苗抽生的新梢中，按照单臂水平形整形，选留 1 个主蔓加速培养，多余的新梢留 4～5 叶摘心，为植株根系提供有机营养。

2. 肥水管理 定植葡萄萌芽后应经常灌小水，新根长出后可追施氮肥（每株 25～50g），同时灌水，以加速苗木生长。当新梢长达 35cm 以上时，在苗旁立竿绑梢，加强顶端优势，促进苗木快速生长。7月后追磷、钾肥，每隔 7～10d 连续喷施 0.3% 的磷酸二氢钾溶液，促进枝芽成熟。

3. 整形修剪 葡萄主蔓生长期间，选留 1 个强壮主蔓培养，在主蔓长到 80～100cm 时摘心，摘心后萌发的副梢，保留顶端 2 个副梢继续生长，每隔 3～4 片叶反复摘心，其余副梢单叶绝后摘心，其余副梢可留 1 叶"绝后摘心"。促进主梢上冬芽充实或分化为花芽。

第一年冬剪时，主蔓一般剪留 0.8～1.0m，剪口枝粗直径 1cm 左右。副梢结果母枝一般疏除，促进主蔓冬芽萌发。

（二）扣棚前打破休眠处理

设施葡萄扣棚覆膜时间一般应在满足葡萄低温需求，完成自然休眠后进行。如果休眠不足，提前覆膜升温，则会出现萌芽、开花不整齐等情况，影响产量和质量。如果扣棚过晚则达不到提早成熟、增加效益的栽培目的。

葡萄渡过自然休眠的需冷量为 800～1 600h，生产实践中，常采用人工低温集中处理法来打破果树休眠。当深秋季节平均温度低于 10℃ 时，一般在 7～8℃ 的时候开始扣棚保温，使棚室温度调控在 7.2℃ 以下，白天盖上草苫并关闭通风口，保持夜晚低温，按照这种方法集中处理 20～30d，就能顺利通过自然休眠。

目前，在设施葡萄生产中主要是用石灰氮打破休眠，石灰氮学名氰氨基化钙。经石灰氮处理后的葡萄植株，可比未处理的提前 20～25d 发芽，且发芽整齐。使用方法：取 1kg 石灰氮加入 5kg 40～50℃ 的温水中不停地搅拌，浸泡 2h 以上使其成均匀糊状，再加入适量展着剂，然后用小毛刷蘸取均匀涂抹在结果枝上部和两侧芽眼处，涂抹长度为枝蔓的 2/3，将涂抹后的枝蔓顺行贴到地面并盖塑料薄膜保湿 3～5d。

（三）扣棚后管理

1. 萌芽期

（1）温室内温、湿度的管理。温室开始升温，8：00 左右揭开草苫，使室内见光升温，

16:00左右再覆盖草苫保温。升温第一周每隔2个揭1个，保持白天13～15℃、夜间6～8℃；1周后，棚温白天最好保持在20～22℃，最高不超过25℃，夜间保持在10℃以上。空气相对湿度保持在80%～90%。

（2）树体管理。萌芽前应按不同的架式及整形要求对主蔓进行上架、抹芽、定枝、绑蔓工作。设施栽培与露地相比，温度高、湿度大、通风差、光照不足，一般表现为组织嫩、新梢节间长，具有徒长的树相。因此，应早抹芽、早定枝。当新梢生长能够辨认出果穗时，立即进行定枝，以节省营养，同时，还可保证架面的通风透光条件。设施栽培每平方米架面留12～14个新梢为宜。

（3）地下管理。保护地内土壤易干燥，需要及时补充水分。适宜的土壤水分含量是葡萄正常生长发育、优质丰产的根本保证。但是，土壤水分和空气湿度不能过高，否则植株易徒长，落花落果严重，同时易引起病害，导致产量低，质量差。

开始升温至萌芽前，为了促使萌芽整齐，需要有充足的土壤水分，应达到田间持水量的80%，空气相对湿度要求90%左右。因此，这一阶段要充分灌水。

萌芽后，新梢开始生长期间，为了防止徒长，利于开花坐果和花芽分化，应适当控制灌水，并注意通风，降低空气相对湿度至50%～60%，特别是新梢展开5～6片叶时，一定要保护室内空气干燥，土壤含水量适宜，灌水时间应以10:00～12:00进行，防止地温下降。

2. 开花期

（1）温室内温、湿度的管理。萌芽到开花这一时期葡萄新梢生长迅速，同时花器继续分化。为使新梢生长茁壮，不徒长，花器分化充分，此期要实行控温管理，防止温度过高，白天保持在25～28℃，夜间15℃左右。开花时，白天提高到28℃，夜间保持在18～20℃。空气相对湿度保持在60%～80%。

（2）树体管理。①疏花序及掐穗尖。为了节省营养，应在花序露出后至开花前1周尽早疏除多余的花序。一般1个结果新梢留1个花序，生长势弱的结果新梢不留，强壮枝可留2个花序以利增加产量。由于花穗的各部分营养条件不同，一般花穗尖端和副穗营养较差，坐果率低，品质差，成熟较晚，造成穗形差，果粒大小和成熟度不一致。因此，结合新梢花前摘心，可进行掐穗尖，掐去穗尖的1/5～1/4和疏去副穗。花穗小于10～15个花穗分枝的不要掐穗尖。对于落花落果较重的品种，如巨峰、玫瑰香等，应疏去所有副穗和1/3左右的穗尖，每穗留15～17个花穗分枝。②喷硼及调节剂。在即将开花或开花时，对叶片和花序喷布0.2%硼砂水溶液，可提高坐果率30%～60%。盛花期用浓度为25～40mg/kg的赤霉素溶液浸蘸花序或喷雾，不仅可以提高坐果率，而且可以促进浆果提早15d左右成熟。在初花期喷布100～150倍液的助壮素，可使巨峰葡萄的坐果率提高30%～50%。③环剥。在初花期对主蔓基部进行环剥能显著提高坐果率，使果穗粒数提高22.43%～30.75%。环剥宽度不超过茎粗的1/10，一般为0.3～0.4cm。

（3）地下管理。花期应暂时停止灌水，注意通风换气，降低空气相对湿度至60%左右，以便提高授粉、受精能力，利于受精的顺利完成。

3. 结果期

（1）温室内温、湿度的管理。此期要实行控温管理，防止温度过高，白天保持在28～30℃，夜间15～20℃。葡萄坐果后要注意防止白天超温现象，当温室内出现28℃温度时就要及时放风降温，夜间可揭开部分薄膜透风，降低温度有利于糖分积累。空气相对湿度保持在80%～90%。当外界露地气温稳定在20℃以上时，应及时揭去覆盖的薄膜塑料，使葡萄在露地气温下自然发育。

(2) 树体管理。谢花后10～15d，根据产量要求和坐果情况，疏除过多的果穗。一般生长势强的结果新梢可保留2个果穗，生长势弱的则不留，生长势中庸的留1个果穗。谢花后15～20d，根据坐果的情况及早疏去部分过密果和单性果。如巨峰葡萄，每个果穗可保留60个果粒。

(3) 地下管理。幼果和新梢生长需水量大，要灌足水，但在灌水方法上应小水勤灌或细水漫灌。浆果硬核期，需水量进一步增加，此阶段不能干旱，否则易形成赤熟现象，即不正常的成熟。坐稳果后，为促进果粒膨大，每株可追施磷肥100g左右。浆果开始着色时，及时追施速效性磷、钾肥1～2次，亦可每隔10d左右叶面喷布0.3%的磷酸二氢钾溶液2～3次。

4. 采收与包装 设施栽培的葡萄主要用于鲜食，因此，采收时期不能过早，必须达到该品种固有的色泽和风味完全成熟时才能采收。如果鲜食葡萄需外销长途运输，按照运距和市场需求，只要糖酸比合适，果实具备了该品种良好的风味，可以适当早采，有利于运输和提高效益。采收时应选择晴天早晨或傍晚进行。用采果剪或剪枝剪，一手托住果穗，一手用剪子将果梗基部剪下。为了便于包装，对果穗梗一般剪留4cm左右，既有利于提放，又比较美观。剪下的果穗轻轻放入果筐内，注意在采收过程中要轻拿轻放，防止磨掉果粉，擦伤果皮。包装前对果穗再进行一次整理，去掉病果、虫果、日灼果、小粒、青粒、小副穗等。

设施栽培生产的葡萄属高档果品，通过包装更能增加商品外观和档次，提高商品吸引力和市场竞争力。同时，美观而实用的包装容器能使果品在贮运过程中减少损伤，并能提高果品的商品价值，便于搬运及携带。目前，国内外大多实行盒式小包装，再行装箱。一般用印有精美图案和商标的小纸盒或软质透明塑料盒，分1kg、2kg、4kg等不同重量规格包装。纸盒有提手，内衬无毒薄膜袋，葡萄装入袋内，扣好纸盒，再放入各种包装箱内封盖外运。为了防腐，在食品袋内或箱内装入保鲜药片。常用包装材料有木箱、硬纸箱、塑料箱、泡沫塑料箱、塑料袋等。

(四) 采后修剪

为了保证葡萄连年丰产，采果后主要采取以下措施：

1. 主蔓平茬

(1) 平茬时间。必须在5月底至6月初进行，越早越好。过晚，更新枝生长时间短，不充实，花芽不饱满，影响第二年产量。要求平茬园，保障肥水供给，施足机肥，奠定来年壮梢基础。

(2) 平茬技术。苗木发芽后选留1个靠近地面生长健壮的芽作为新梢，其余抹除，新梢长至0.8m长时摘心，其下萌发的副梢留1～2片叶摘心，再萌发再摘心，集中营养，促苗生长、发育，形成良好的结果母枝。冬剪时留0.6m长短截，其上副梢全部剪掉。扣棚后从结果母枝发出的枝条中留2～4个生长健壮的作为结果枝，其余枝芽抹除，不留营养枝。长出果穗后，每枝留1～2穗形状好的，其余摘除。果穗以上留8片叶摘心，萌发的副芽全部抹除。采收后保留老枝叶1周左右，使根系积累一定的营养，然后近地面处平茬，促使母蔓上的隐芽萌发。

（3）平茬后管理。发芽后，要加强肥水管理，多次喷施叶面肥，前期喷 0.1%～0.3% 的尿素促使枝叶生长，后期喷 0.3% 的磷酸二氢钾溶液促进花芽形成。修剪技术同栽植当年一样。

2. 选留预备枝 葡萄萌芽后从结果母枝上选留 3～5 个结果新梢，从预备枝上选留 2 个营养枝，其余新梢全部抹除。花前 3～5d，结果新梢在果穗以上留 8～10 叶摘心。顶端留 1 副梢，对其留 2～3 叶反复摘心，其余副梢全部抹除。营养梢 10～15 节，1.0～1.5m 长时摘心，顶端留 1～2 个副梢，对其留 2～3 叶反复摘心。其余副梢留 1 叶摘心，并除去副梢芽眼。落叶后，将结过果的枝条连同母枝一并剪除。预备枝上的顶部枝剪留 10～12 节作结果母枝，下部枝剪留 2～3 节作预备枝。

（五）病虫害防治技术

葡萄保护地栽培中，覆膜后防治病虫害时，对农药的浓度应特别注意，一般宜低不宜高。开始升温后喷布 1 次 5 波美度石硫合剂。萌芽前再喷 1 次 0.3～0.5 波美度的石硫合剂。萌芽后喷 40% 福星 6 000 倍加 1 500 倍菊酯类农药，新梢长至 30cm 左右时喷 200 倍等量式波尔多液。幼果期后每隔半月交替喷半量式波尔多液、乙膦铝、瑞毒霉等防治霜霉病、黑痘病等。

五、问题探究

1. 连年丰产问题 按照露地葡萄的管理方法，很难达到连年丰产，以结过果的新梢培养成来年的结果母枝，花芽分化不好，不能做到连年丰产。6 月份揭棚后，通过清理已结果新梢，短截靠近地面新梢，促发冬芽副梢，将冬芽副梢培养成来年结果母蔓，连续结果的方法成花好，可连续丰产。解决多年来设施葡萄产量不稳定问题。

2. 设施内葡萄品质下降问题 当前，我国设施葡萄生产中大多数情况下果品质量较差、风味淡、着色差、果个小。为了解决设施葡萄栽培的品质问题应开展设施葡萄果实品质发育规律研究，建立设施葡萄果实品质调控技术。加强设施葡萄休眠机制及休眠调控技术、果实成熟发育机理研究，建立设施葡萄产期调节技术，调整设施葡萄产期，使设施葡萄产期逐步趋于合理。

生产案例 北京地区温室葡萄栽培管理技术

一、园地的选择

设施葡萄栽培地点应选择背风向阳，东西南三面没有高大遮阳物的地方，地势较高，排灌方便的沙土地或沙壤地。日光温室坐北向南，方位角南偏西 3°～5°，结构为半面坡式，脊高 3.2m、后墙高 2.8m、墙体厚 1.0m、跨度 9m、东西长 68m。所用棚膜为 EVA 三层复合无滴防雾膜。

二、扣棚前管理

1. 定植 3 月下旬定植，应以南北行双臂篱架栽植为主，实施双行带状栽植，即窄行距为 50～60cm，宽行距 2.0～2.5m，株距为 50cm。一般每 667m^2 栽植 900 株较为适宜。

2. 栽前准备 定植沟深 50～70cm、宽 60～80cm。挖掘时应将表土和底土分别堆放在定植沟的两侧，挖好后在沟底先填入 10～15cm 厚的碎草、秸秆，然后按每 667m^2 施入充分腐熟的有机肥3 000~5 000kg，每50kg有机肥可以混入1.0kg的过磷酸钙作底肥；肥料与表土混匀后回填沟下部，底土与肥料混匀后回填沟中上部，最上部只回填表土以免苗木根系与较高浓度的肥土直接接触，多余的底土用于做定植沟的畦埂，然后灌水沉实备栽。

三、扣棚后的管理

1. 休眠期

（1）温室内温、湿度的管理。当夜间温度达到10℃以下时，开始扣棚。全天覆草苫子，通风口白天关闭，夜间敞开，使室内的温度调控在-10~7.2℃，人工制冷50d左右，促使葡萄通过自然休眠。

（2）病虫防治与土、肥、水，树体管理。扣棚前完成冬季修剪，必须施入基肥。每666.7m^2施优质充分腐熟的有机肥4 000kg，配合少量过磷酸钙或复合肥；清理温室内的杂草、枯叶；刨地松土，平整地面，整修树盘。

2. 萌芽期

（1）温室内温、湿度的管理。温室开始升温，8:00左右揭开草苫，使室内见光升温，16:00左右再覆盖草苫保温。升温第一周每隔2个揭1个，保持白天13~15℃，夜间6~8℃；1周后，棚温白天最好保持在20~22℃，最高不超过25℃，夜间保持在10℃以上。空气相对湿度保持在80%~90%。

（2）病虫防治与土、肥、水，树体管理。在萌芽前喷布3~5波美度石硫合剂，消灭植株上的残留病菌；土壤追肥，以氮肥为主，每株施用尿素250g或碳酸氢铵2kg；结合追肥灌1次透水，然后覆盖地膜，覆黑色地膜升温快，效果最好；用5倍石灰氮澄清液轻涂结果母枝的冬芽可迫使解除休眠，使发芽整齐。注意：结果母枝的顶芽不涂。

3. 新梢生长期

（1）温室内温、湿度的管理。白天温度控制在20~28℃，夜间不低于10℃。空气相对湿度控制在70%~80%。

（2）病虫防治与土、肥、水，树体管理。葡萄萌芽后开始上架；葡萄有些芽眼，除了中央芽萌发外，副芽也能萌发，当芽萌发至花生粒大小时，抹除瘦弱的副芽，保留肥大的中央芽；当结果枝长到30cm长时，应把生长强的用布条拉平到枝叶较少的地方，使结果枝均匀地摆布到架面上；葡萄萌芽20d左右，花序开始分离，应根据当年花序的多少和花序大小而决定疏除多少。一般生长势很弱的结果枝上的花序疏除；花序少的年份，可用强壮枝结两穗果来增加产量。掐穗尖可根据花序的大小酌情处理，花前喷1:0.5:(200~240)波尔多液或70%可湿性代森锌800倍液加1 500倍液氯氰菊酯，防治穗轴褐枯病、黑痘病、灰霉病、白粉病和虫害。

4. 开花期

（1）温室内温、湿度的管理。白天温度保持在25~28℃，最高不超过30℃，晚上不低于15℃，最适温度在18~28℃。花期空气相对湿度控制在60%~65%。

（2）病虫防治与土、肥、水，树体管理。花前1周用0.3%硼砂溶液喷布叶片和花序，隔5d再喷1次，以提高坐果率；花前为确保开花整齐一致，每株追施磷酸二氢铵100~200g；花后每株追施氮、磷、钾复合肥100g。施肥后各灌水1次；对生长势强的结果枝，花前在花序上部进行扭梢或结果枝基部环割，以提高坐果率；及时绑蔓，控制副梢生长或摘除，对结果枝花序以上留5~6片叶摘心，对营养枝留4~5片叶摘心。

5. 浆果生长期

（1）温室内温、湿度的管理。白天温度控制在28℃左右，夜间不低于15℃。空气相对湿度控制在70%~75%。

（2）病虫防治与土、肥、水，树体管理。对摘心后的新梢发生的副梢，只留顶端1~2个副梢，并对其留2~4片叶反复摘心。对新梢上发出的卷须要及时去除，以节省营养；浆果膨大前期施入腐熟的人粪尿、鸡粪、磷酸二铵，浆果膨大期及着色期土壤施磷、钾肥，叶面喷布0.3%~0.5%的磷酸二氢钾溶液2次；及时中耕除草，并根据温室情况，结合施肥灌水2~3次；根据温室具体情况，喷布1~2次90%乙膦铝700倍液或多菌灵800倍液或甲基托布津1 000倍液，防治白粉病、霜霉病等病害；若遇连续阴雨天，应在温室内铺设农用反光膜及吊灯补光。

6. 浆果成熟期

（1）温室内温、湿度的管理。白天温度保持在25~32℃，夜间温度应在15℃左右，不能超过20℃。空气相对湿度控制在60%以下。

（2）病虫防治与土、肥、水，树体管理。此期注意控制水分，以免湿度过大产生烂果及病害蔓延；叶面喷布0.3%~0.5%的磷酸二氢钾溶液，促进枝条成熟和果实着色；当果实着色后，摘除部分果穗附近已老化的叶片，以改善果穗通风透光条件，促进果实着色，减少病害；喷乙烯利：一般在硬核期喷布1 500mg/L乙烯利溶液，隔15~20d第二次喷3 000mg/L乙烯利液，10d后第三次喷3 000mg/L乙烯利溶液，以促进浆果迅速着色成熟。

7. 果实采收后 揭掉棚膜，冲刷干净，晾干后保存，以备下年再用。草苫晒干后，保存好。

①对多年一栽制葡萄，撤除薄膜后立即进行修剪，以短梢修剪为主，每平方米15~20个枝条即可，冬芽萌发后选留靠母枝基部的一个营养枝进行培养结果母枝。修剪后，追施氮肥并灌水，同时叶面喷布0.1%~0.3%的尿素、硼砂混合液，以提高叶片的光合效能。

②经常中耕除草，避免草荒。

③6月下旬至8月中旬，根据葡萄植株的生长情况、气候条件等，可喷布2~3次800倍的多菌灵或1 000倍的甲基托布津防治白粉病、霜霉病等病害发生。

④多次进行根外追肥及夏季修剪。雨季注意防涝。

8. 葡萄落叶期 检查维修温室，修补棚膜、草苫，做好扣棚准备；深翻土壤，施基肥，每666.7m² 施优质腐熟的有机肥4 000kg，配以少量过磷酸钙或复合肥，施肥后灌足封冻水；进行冬季修剪。多年一栽制葡萄采用独龙干型整枝，注意葡萄架面与塑料膜间保持50cm左右，在主蔓上结果枝组，同一侧面结果枝距离不低于10cm，每平方米架面留2个左右结果母枝。一年一栽制葡萄，每株留1条主蔓留1.5~2.0m剪截；清除枯枝、落叶，集中深埋或烧毁，以减少病虫源。

任务三 设施桃、李、杏标准化生产
工作一 桃设施标准化生产

桃是人们喜食的果品之一，通过设施提早或延后生产，可以有效延长鲜桃的供应期，同时提高产量 40%~50%，经济效益高。目前桃设施生产在我国辽宁、山东、河北、河南等地区发展迅速，发展前景广阔。

一、品种选择

(一) 品种选择原则

桃设施栽培主要选择树冠矮小，植株紧凑，易成花，结果早，自花结实率高的品种进行设施栽培。促成栽培主要选择早熟品种，延后栽培主要选择晚熟品种为宜。在设施内选定一个主栽品种，搭配 1~2 个与主栽品种花期相遇、花粉量大的品种进行授粉，满足结果需求。

(二) 适宜设施栽培的品种

1. 促成栽培品种 我国设施生产的早熟水蜜桃品种有春蕾、早花露、京春、雨花露、早霞露、早魁、北农早蜜、春花、砂子早生等；油桃品种主要有早红 2 号、五月火、中油 4 号、中油 5 号、丽春、华光、丹墨、早红艳、双喜红、曙光、艳光、早美光、早红珠、早红宝石、早红霞、瑞光 1 号、瑞光 2 号、瑞光 3 号、瑞光 5 号、早丰甜、中油 11 号等。蟠桃品种群中的早露蟠桃、新红早蟠桃、早蜜蟠桃、早魁蜜、早黄蟠桃、瑞蟠 2 号等也可用于设施生产，增加花色品种。

2. 延后栽培品种 延后栽培主要选择晚熟品种中华寿桃，冬雪蜜，宝田雪桃，保护地延后 1 号、2 号、3 号等品种。

二、苗木准备

砧木以适应性强、生长势强、嫁接亲和力好、根系发达的毛桃、山桃为主。先将苗木进行根系修剪，剪去病虫危害根和受伤根，其余的根剪出新鲜茬口。将苗木根系浸水 24h 左右充分吸水。然后用 0.3% 的硫酸铜溶液浸泡 1h 或用 3 波美度石硫合剂喷布全株杀菌消毒，消毒后栽植。

三、建园技术

(一) 园地选择

桃设施产地环境应符合《绿色食品　产地环境质量标准》(NY/T 391—2000) 要求。

(二) 适用设施

目前桃主要以促成栽培为主，适用设施有温室和大棚，有加温型和不加温型两种设施。延后栽培主要以温室为主。

(三) 栽植模式

1. 常规栽植 桃栽植前在温室内或待建温室地段按行距挖南北方向的定植沟，宽 60cm、深 80cm，每 667m^2 施入充分腐熟的有机肥 4 000~5 000kg，与土充分混合并灌透水，待土壤干皮后栽植。

桃一般株行距为 1m×1m 或 1m×1.25m（每 667m^2 栽 550~600 株），先密植，2~3 年后隔株或隔行间伐即可。栽培期 5~6 年为宜。栽植时需配授粉树，按主栽品种与授粉品种的比例 (2~4)∶1。每一主栽品种需配 2~3 个授粉品种为好。栽植方法同露地栽植。

2. 桃的限根栽培 主要利用容器栽植、垄台栽植、砖槽栽植，底层限制等方式，限制根系垂直根生长，以达到控冠、限高、促花的新型设施果树栽植模式。

(1) 垄台栽植。为了降低设施内树高,并促进花芽良好分化,提高果品早期产量及品质,便于管理,目前在北方日光温室栽培推广垄台栽植。

垄台规格为上宽 40~60cm、下宽 80~100cm、高 50cm,垄台的上部 30cm 用人工配制的基质堆积而成,人工基质利用粉碎、腐熟的作物秸秆,锯末,食用菌下脚料以及其他的有机物料,并混入一定的肥沃表土和优质土杂肥。

起垄后由于大幅度增大了地表面积,增加了设施内接受日光照射的表面积,提高了蓄热能力,室温比平地栽植提高 2~3℃,植株花期可提前 4~7d。根系环境通气良好,枝条发育健壮,花多质好(图 18-1)。

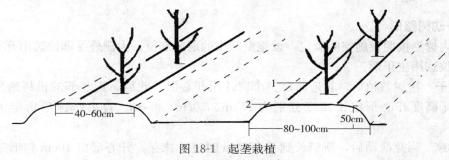

图 18-1 起垄栽植
1. 滴灌管 2. 垄台

平面砖槽基质化限根栽培

沈阳农业大学果树学科通过平面砖槽基质化限根栽培以及膜下滴灌、水肥并施、前期新梢摘心、后期抑制枝条生长、蜜蜂传粉、疏花疏果等配套技术措施,使果树根系多向水平方向生长,促进吸收根的发生,达到控制果树高度、极性生长的目的,促进花芽快速形成,提高早期产量。限根栽培技术在果树设施栽培、矮化密植栽培、庭园观光栽培、受限地域栽培中均有着广阔的应用前景(图 18-2)。

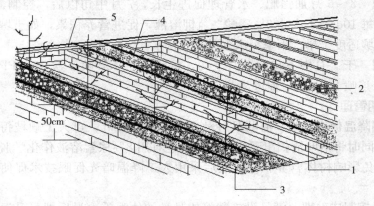

图 18-2 设施内平面砖槽基质化限根栽培
1. 砖槽 2. 基质 3. 地膜 4. 滴灌管 5. 设施地平面

(2) 容器栽植。将桃苗栽植在尼龙编织袋、木箱、花盆等容器中，底部和四周打孔，装入基质土（腐熟鸡粪 1 份、炭化稻壳 1 份、山皮土 2 份混匀），植入苗木，每个容器定植一株苗，然后将容器埋入土中，保湿。严格按照既定土、肥、水及整形修剪措施进行，促进花芽形成。至秋季可培育成发育良好、矮化紧凑、具备一定数量优质花芽的壮苗。带容器将苗木移入温棚栽植，可实现当年栽植、当年成花、当年丰产的目标。

另外，可采用箱式栽植、袋式栽植、底层限制等措施进行限根栽培，原理等同容器栽植。也有进行根系修剪的。

四、生产过程

（一）幼树整形

设施内树形按照设施空间确定，设施空间小的前窗部位、大棚外缘部位选用开心形，空间较大部位选用主干形。

1. 定干 桃树栽植后，靠近前窗三个树选用开心形，此后靠近北部的桃树选用自由纺锤形，定干高度开心形定干高度分别为 25cm、30cm、35cm，自由纺锤形树定干高度为 60cm。

2. 抹芽 当芽萌动后，新梢长到 5～10cm 时进行抹芽，开心形留 10cm 整形带，20cm 以下萌芽全部抹除。自由纺锤形 30cm 以下全部抹除，距地面 40～60cm 为整形带，抹除定干后剪口下的竞争芽，位置不正、过密部位的芽和病虫芽。

3. 摘心 当整形带内的新梢长到 25～30cm 时，进行摘心处理，促进分枝并加速生长。当副梢长到 15～20cm 时，再反复摘心 2～3 次，促发三次枝。对过密枝及直立新梢要随时疏除。

4. 控制旺长枝 严格控制背上枝、旺长枝和竞争枝，对过于直立枝条要开张角度，开通光路，缓和顶端优势，促进树体各部分平衡生长，改善光照条件。7～8 月，骨干枝长至 50cm 左右时，分两次拉至 60°～70°新梢上的直立旺梢及时扭梢、捋枝、重截控制，过密时疏除。其他新梢每长 20cm 反复摘心，促进花芽分化。

（二）促花管理

1. 肥水管理 3～6 月加强肥、水管理促进生长，7 月中旬以后，控制氮肥，增施磷、钾肥，树上仍然每 10d 喷 1 次 0.3% 磷酸二氢钾溶液，促进营养积累，如土壤墒情好，一般不灌水，保持土壤适度干旱。雨季积水多时注意排水。

2. 化学控制 于 7 月中下旬至 8 月上旬，每隔 10～15d 喷 1 次 15% PP_{333} 可湿性粉剂 150～200 倍液，连喷 2～3 次，促进成花。

（三）休眠期管理

1. 适时扣棚降温促进休眠 有些品种秋季不能自然落叶，可人工顺枝捋掉叶片，注意不要弄伤桃芽，同时将落叶清扫出温室。生产上也有用 8% 尿素溶液作化学脱叶剂的，但脱叶不宜过早，以免影响树体营养积累。然后采用人工降温暗光促眠技术促使桃树尽快进入休眠。

2. 适时升温控制成熟期 满足设施栽培桃品种的休眠需冷量后即可升温。一般低温量达到 800h 以上，即可满足大多数桃、油桃的自然休眠要求。升温还应考虑设施的保温效果，如改良式大棚因保温效果不如温室，升温时间应适当推迟，让花期避过 1 月低温期。大规模生产时，还应考虑分批升温，控制果实成熟上市时期，防止成熟期过于集中。

3. 休眠期修剪 生产上多在升温后进行。树形多采用三主枝自然开心形、二主枝Y形和圆柱形等，整形上必须注意群体结构。选留健壮枝、疏除徒长枝和密集枝，成花少的延长枝长放或轻短截到成花处；花芽多的生长健壮的枝，轻打头或长放。要尽量保留长度在30～40cm的结果枝，每667m^2保留果枝3 000～6 000条，不留营养枝。

（四）催芽期管理

1. 温度管理 原则是平缓升温，控制高温，保持夜温。方法是前期通过揭开保温材料的多少或程度控制室内温度，后期通过放风控制温度过高，此时间的温度管理如表18-1所示。这期间夜间温度不宜长时间低于0℃，遇寒流应人工加温。一般升温后40d左右桃树进入萌芽阶段。

表 18-1 催芽期的温度管理

时 期	温 度 (℃)	
	白 天	夜 间
第一周	13～15	6～8
第二周	16～18	7～10
第二周以后（16～20d）	20～23	7～10

2. 保持湿度 升温后可灌1次透水，增加土壤含水量。提高棚室内的湿度，使空气相对湿度保持在70%～80%，较高的湿度有利于萌芽。

3. 其他管理 升温后1周左右喷1次3～5波美度石硫合剂，防治病虫害。地上管理完成后，及早在全园覆盖地膜，提高地温，保证根系和地上部生长协调一致。

（五）开花期管理

1. 温、湿度管理 自桃萌芽至开花期，生长发育适宜温度为12～14℃，白天最高温度应控制在22℃以下，夜间保持在5℃以上。试验表明桃的花粉在0～2℃，发芽率为47.2%。说明桃树在开花期可以承受短时间的不低于0℃的低温。但遇寒流时要采取人工加温措施，如在温室内加炭火、燃烧液化气等，将温度控制在0℃以上，防止低温冻害。花期空气相对湿度要控制在50%～60%。控制湿度的方法是地面铺地膜和打开天窗或放风口放风排湿。

2. 光照管理 花期对温度和光照反应敏感，为了保证设施内有效光照时间。首先选择透光性能好的聚乙烯无滴薄膜等覆盖材料增强透光率；在保证温度的前提下，尽可能延长揭帘时间；合理密植、科学整形，保持良好的群体结构，达到行间透光、枝枝见光的效果；在长时间阴雪天的情况下，须人工补光，可用白炽灯、卤化金属灯、钠蒸气灯等光源补充光照。此外，还要随时清除覆膜上的灰尘保证透光良好。

3. 人工辅助授粉 设施栽培桃树大多数品种自花结实，不必配授粉树，但需要人工辅助授粉或利用蜜蜂传粉。

（六）果实发育期管理

1. 温、湿度管理 原则是控制白天温度过高，保持夜间温度。

（1）果实第一迅速生长期。适宜温度为白天20～25℃，夜间在5℃以上。果实生长与昼夜温度及日平均温度成高度正相关，生产上要控制好白天的最高温度，保持较高的日平均温度，有利于保证果实生长发育。

(2) 硬核期。对温度反应不如第一迅速生长期敏感。此期温度不宜过高，以免新梢徒长，导致落果及影响果实生长，白天温度控制在 22~25℃，夜间控制在 10~15℃，昼夜温差保持在 10℃，产量高且品质佳。温度过高或过低，品质都会下降。22℃条件下果实发育最好，果个大，含糖量提高。

2. 光照管理 在能保证室内温度的前提下，尽可能地延长揭帘时间，延长光照时间。选择温度好的晴天，加大扒缝通风口，让植株接受一定的直向射光，提高花器的发育质量，对授粉受精有显著的促进作用。经常擦拭棚膜，增加透光量。遇到较长时间的阴雪天，采取人工补光措施。在果实开始着色期，在温室后墙和树下铺反光膜。

3. 果实管理 桃设施生产多数选用早熟、中熟品种，疏果时间应适当提早，一般可疏果两次。第一次在落花后 2 周左右进行，当果实蚕豆大小时，优先保留两侧果，疏掉发育不良的小果、双果和过密果、背上果（朝天果）。一般 16 片叶留 1 个果，果实间距 6~8cm。第二次疏果在硬核期之前，即在落花后 4~5 周进行。留果参考标准，以中型果为例，长果枝留 3~4 个，中果枝留 2~3 个，短果枝留 1 个或不留。疏果要预留 10% 的安全系数。最后将每 667m² 产量控制在 1 250~2 000kg。

4. 新梢管理 背上直立的、未坐果部位萌发的新梢要及时抹除，以节省营养，通风透光。坐果部位的新梢，长到 30cm 左右时摘心。摘心后发出的副梢，除顶部留 1~2 个外，其余及时反复抹掉，控制新梢和副梢生长与果实发育争夺养分。对下垂枝要及时吊起，扶助新梢生长，改善通风透光条件，促进果实发育。

个别背上直立枝，在有空间的前提下可扭梢控制。但应与摘心配合使用，一般不提倡过多的扭梢处理。不提倡果实发育期采用多效唑（PP$_{333}$）控制新梢，以生产绿色果品。

5. 肥水管理 设施栽培条件下要控制化肥的使用量和使用次数。一个生长季每 667m² 的尿素使用量控制在 10~20kg。提倡配方施肥，可按磷酸二铵：尿素：硫酸钾＝1：1.3：1.8 的比例进行施肥。一般果实发育期内追 2 次肥，即落花后追坐果肥，每株追磷酸二铵 50g 和尿素 50g。第二次在果实硬核末期追催果肥，施桃树专用肥等各种复合肥每株 200~300g 和硫酸钾 50g。设施内追肥宜适当深施，开 20~30cm 深沟，施肥后覆土盖严，覆土厚度不少于 10cm，防止产生有害气体和减轻土壤盐渍化。

坐果后喷施 0.2%~0.3% 的尿素溶液 1~2 次，果实膨大期喷施 0.3% 的磷酸二氢钾 1~2 次，或喷高美施等叶面肥。在果实发育期内叶面喷肥 2~3 次。最后 1 次应在采收前 20d 进行。

每次追肥后要及时灌水，坐果后、硬核末期各灌水 1 次，果实膨大期灌 1 次水。距果实采收前 15d 左右，不宜灌水，以免造成裂果。

6. 果实采收 设施栽培桃果成熟不一致，应分期分批采收。通常根据上市或外运时间在早上或傍晚温度较低时采摘，采摘要带果柄，并要做到轻拿轻放。采果的同时将采收完的结果枝上的新梢留 3~4 节短截，为下部果实打开光照，促进下部果实着色成熟。

采收的果实经过选果分级后装箱，通常用聚乙烯保温箱 5kg 箱装。运输时也要轻装轻卸，尽量避免机械损伤。

7. 病虫害防治 桃在果实发育期主要病害有桃细菌性穿孔病、花腐病、灰霉病、炭疽病。主要害虫有桃潜叶蛾、蚜虫、二斑叶螨等。

灰霉病是设施栽培桃树易发生的一种病害，主要危害果实，也可危害叶片。果实染病后病斑处产生灰色霉斑，叶片染病后出现浅褐色病斑，病斑上可见不规则轮纹。在降低棚室内温度的前提下，可于坐果后用70%甲基硫菌灵可湿性粉剂800~1 000倍液，或50%异菌脲可湿性粉剂2 000倍液防治。此后每15d左右喷布1次杀菌剂，可选用80%代森锰锌可湿性粉剂600~800倍液，或70%甲基硫菌灵可湿性粉剂800~1 000倍液，共喷3~4次，交替使用农药。在设施内湿度大的情况下，可用速克灵等烟雾剂进行防治。蚜虫可在发生期喷10%吡虫啉可湿粉剂4 000~5 000倍液。二斑叶螨可在发生期喷布1.8%阿维菌素乳油5 000倍液防治。桃潜叶蛾应在发生前期防治，可用25%灭幼脲3号悬浮剂1 500~2 000倍液防治。

（七）采后管理

1. 采后修剪　设施栽培桃采收后应立即修剪，以在5月完成为宜，主要的任务有：

（1）调整树形。在有空间的情况下，主枝延长枝中短截，扩大树冠，根据棚室高度将树高控制在1.5m左右。无空间时，回缩过长过高的枝头和中部大型枝组，使同一行树保持前低后高。自然开心形保持两侧高中间低，树冠间距控制在50cm左右。形成合理的树体和群体结构，保持良好的光照条件和较大的结果体积。同时剪除病弱枝、下垂枝、过密枝和劈裂折断枝，以集中养分，促进新枝生长。

（2）枝组更新。对枝轴过长的结果枝组，及时回缩到有分枝处，使枝组圆满紧凑。对单轴延伸过长的枝，应在二年生枝段上，选有叶丛枝处缩剪，使之复壮。同时对所有已结果节位上发出的新梢留1~2个芽极重短截或只留基部瘪芽，促发新枝，重新培养结果枝。修剪时要注意选留平斜枝和侧芽、背下芽，以免发出的新梢偏旺。

（3）培养结果枝。重截的新梢萌芽后，进行1~2次复剪。一是在枝轴两侧选留生长中庸的平斜新梢培养结果枝，一般1个重截点留1~2个新梢，对过多、过旺的新梢及时疏除。留下新梢平均间距15cm。二是对个别较壮新梢，有空间的前提下，留2~3个副梢剪梢，利用二次枝培养结果枝。摘心和剪梢只能进行1次，分枝级次越多花芽分化质量越差。通过复剪达到两个目的：一是调整新梢密度，使每667m²保留1.5万个左右新梢；二是调整新梢的整齐度，留下的新梢生长势趋于一致，便于利用多效唑（PP_{333}）抑制新梢生长，促进花芽分化。

2. 肥水管理　修剪后进行1次追肥和灌水。每株沟施复合肥150~250g，施肥后全园灌透水，此后主要管理任务是除草和排水。

9月上中旬施基肥，基肥以充分腐熟的鸡粪、猪粪、豆饼等有机肥为主，并适量混入复合肥和氮肥提高肥效，每667m²施用3 000kg有机肥，掺入25~40kg复合肥，基肥可行间沟施，也可地面撒施，撒施后要进行翻耕，将肥料翻入20cm土层以下。进入雨季后，要注意排除树盘中的积水，保证桃树正常生长。

3. 控制新梢生长，促进花芽分化

①在露地管理过程中，除过分干旱外，一般不用灌水，以防止新梢生长偏旺。

②在新梢长到20~30cm时，喷浓度为3 000~5 000mg/L的多效唑1~2次，将大部分新梢长度控制在30~40cm，形成较多的复花芽，适时进入休眠，为下一个生产过程打下良好基础。

此外，果实采收后应根据外界环境条件及时撤除棚膜，以增加自然光照，便于管理。

五、问题探究

无休眠栽培

无休眠栽培是指利用一定的措施使具有休眠特性的落叶果树避开休眠继续生长，进而开花结果的一种栽培模式。在温带地区，日本和我国台湾地区于20世纪90年代最早开始落叶果树的无休眠栽培研究工作并获得成功，实现了葡萄鲜果的周年供应。

温带地区无休眠栽培的成功实施不仅可以实现某些果品的周年供应。而且可以使某些观赏果树达到反季节开花。所以温带地区无休眠栽培的成功实施不仅是技术上的突破，而且为果树设施栽培创立新的经济增长点。

温带地区无休眠栽培今后的研究重点：①自然休眠诱导因子的确定；②花芽分化进程及自然休眠进程的精确界定；③避免进入深度休眠及促芽整齐萌发的配套技术；④无休眠栽培条件下树体的生长发育规律及树体综合管理技术；⑤二次休眠现象发生的原因和克服措施；⑥无休眠品种的选育。

生产案例　辽北地区中油4号桃设施栽培技术

一、桃设施栽培设施建造与要求

1. 对温室保温性能的要求　保证在2月上旬开花，才能实现4月中旬成熟。在全年最冷月（1月），晴天不加温的情况下，夜间温度高于10℃。连续阴天时，应有热源补充，夜间温度需高于5℃。

2. 全钢拱架塑料薄膜日光温室结构　温室东西向或偏西5°，中柱高3.5m，南北跨度8m，东西长50m以上，后坡角45°、地坡角75°、前坡角32°，后墙高2.4m，后墙、东西山墙为50cm厚双空心结构。内墙贴8cm厚泡沫塑料板，再砌6cm厚的砖墙，后墙每间隔5m开一个50cm×50cm的后窗，距地面高1m。钢筋骨架上弦直径14mm，下弦直径12mm，拉花直径10mm，由3道花梁横向拉接，拱架间距80cm，拱架下端固定在前底脚地梁上，上端固定在后墙水泥横梁上。温室前底脚处挖防寒沟，从东到西埋厚8cm的泡沫塑料板。连阴天时，温室可用地热线、煤气灶等临时加温。

3. 塑料棚膜　塑料棚膜首选醋酸乙烯（EVA）棚膜或珲江产的聚氯乙烯（PVC）无滴棚膜，其次选其他地方产的聚氯乙烯（PVC）棚膜（吸尘严重），最后选聚乙烯（PE）复合多功能棚膜。一般应选择0.12mm厚度棚膜。

二、设施栽培前准备

1. 温室的选择　温室进行桃树栽培，一般需5~6年换茬1次。桃树喜光、怕涝、不耐盐碱，需选择地势较高、背风向阳、水位较低、没有水涝的地块。土壤应选择沙壤土，土壤含盐量在0.08%以下，pH 6~8，并有灌溉条件。

2. 栽植密度　可选用密度为1m×1.5m，1m×2m，每667m²定植444株或333株。

3. 苗木的选择　选择生长势强的三当苗（当年播种、当年嫁接、当年出圃）。要求苗高1m以上，苗粗0.8cm以上，根系有侧根4个以上，长度在20cm以上，粗度0.35cm以上，在整形带有饱满芽,没有检疫病虫害的苗木。

4. 定植 定植沟行距1.5m或2m,南北向,沟宽0.6m,深0.7m。每667m^{2}施入腐熟的有机肥5 000kg。表土与基肥混合均匀,填入沟内。根区与施肥区间隔10cm以上,严禁施鲜肥作底肥。每株底肥施入磷酸二铵50g。定植时间在4月中旬。栽植前用生根粉浸根。定植深度,应以苗木根颈痕与地面特平为宜,踏实,灌足定植水,然后树盘内覆盖地膜。半月后从地膜两侧灌足水,一般灌3次水即可。定植的同时还要准备一定量的预备苗。预备苗定植在编织袋内,加强管理,以备温室内补苗。

三、生产管理

(一)休眠期至萌芽期管理

1. 温度管理 11月中旬前后,夜间温度在0~7.2℃,为休眠最适宜的温度,可进行闷棚处理。即夜间将棚膜和保温帘盖上,白天将保温帘和棚膜前端打开一个放风带。经过30~40d,基本可以满足设施桃树不同品种对低温需求。12月下旬开始揭帘升温,夜间保温。白天最高温度不超过28℃,夜间温度自然升高即可。

2. 修剪 去除旺枝、过密枝和病虫枝。主枝位置适宜可短截延长枝,已经交接可适当回缩,促下部发出健壮枝条。各类结果枝短截,长果枝留8~10对芽,中果枝留6~8对芽,短果枝留2~3对芽。

(二)花期管理

1. 温、湿度 白天最高温度控制在20~22℃,超过25℃要放风降温。夜间5~7℃。白天空气相对湿度控制在50%~70%,夜间80%~90%。

2. 花期授粉 ①人工授粉。于花期早上或下午用毛笔直接点授;或大蕾期采集花粉,盛花期人工点授。②蜜蜂授粉。每667m^{2}温室放2箱蜂,花前3~5d,将蜂箱放入温室中,待盛花期蜂群大量活动,明显提高坐果率。注意在蜜蜂活动期间,放风口要用纱布封闭。蜜蜂授粉期间,尽量不要使用农药。

3. 增施CO_2 设施桃树花期,一般在1月下旬或2月上旬时,外界温度过低,不适应长时间放风解决棚内换气问题。如果花期遇阴雨天气,棚内气体组成更不适宜桃树生长,需要人工补充CO_2,增强树体光合作用能力,提高坐果率。具体方法:①"营养槽"法。在塑料棚室果树植株间挖深30cm、宽40cm、长100cm左右的沟,沟底及四周铺设薄膜。将人粪尿、干鲜杂草、树叶、畜禽粪便等填入,加水后让其自然腐烂。此法可产生较多的CO_2,持续发生15~20d,整个生育期处理2次。②燃烧法。主要通过燃烧白煤油、液化石油等,释放CO_2。③CO_2气肥发生法。生产中应用较多的固体CO_2气肥,每667m^{2}施入40kg,塑料棚室内CO_2浓度高达1g/kg,施肥后6d可释放CO_2。④增施有机肥。

(三)结果期管理

1. 疏果 第一次在开花后15d,主要疏除并生果、畸形果、小果、黄萎果、病虫果。第二次,在能分辨出大小果时进行。第三次,在硬核前最后定果,留果量应根据单产,算出每株产量,再根据果实大小计算相应个数,留20%的预备量,均匀着生于各结果枝上。

2. 温、湿度调节 幼果期白天最高温度控制在22~25℃,夜间温度在5℃以上。中期在25~28℃,夜间温度10℃左右。接近成熟期,白天最高温度控制在28~32℃,夜间温度在15℃左右。空气相对湿度,白天控制在50%~70%,夜间80%~90%。

3. 修剪 去除新梢顶部、背部过旺枝以及下垂枝，使养分合理分配，内膛光照良好。选留中下部位置适宜的枝条，培养下一年的结果枝组。如果此期生长过旺，可结合应用生长调节剂缓和树势。

（四）结果后管理

果实采收后要及时去除上部过旺枝、竞争枝、下垂枝、病虫枝。主枝延长头视位置和树势选择短截或回缩。对于结果后过长枝组，要注意及时更新，保证第二年结果部位良好。修剪后达到内膛不郁闭，形成良好的结果枝，上下部树势平衡。

秋施基肥应在 9 月中旬至 10 月上旬，树叶还有一定功能时，及时补充肥料促进根系秋季生长，增加树体营养积累。宜选择优质腐熟的有机肥，结合磷肥、钾肥和必要的微肥。

（五）控冠措施

设施桃栽培主要应用生长调节剂控冠，多效唑效果较好。

1. 叶面喷施法 生长季多采用叶面喷施法。萌芽后当新梢长至 15～20cm 时，喷施 15% 多效唑可湿性粉剂 300 倍液。根据树势用 2～3 次，间隔 10～15d。7 月底至 8 月初各类果枝长度适宜，树体结构合理，即可喷药，浓度同前。

2. 土施法 落叶后至发芽前在树冠投影下根系分布区内开 15cm 左右深的小沟。一般 2 年生旺树，每株土施 1g 多效唑，弱树宜少施。

3. 树干涂抹法 树干涂抹法简便，易掌握，生长季、休眠期均可。将一定量的药倒入小杯中，再倒入半杯水，混拌均匀，用小刷子涂抹在第一主枝以下的树干上。用药量与土施相同或略少。

（六）病虫害防治

1. 苹果白蜘蛛 目前此虫害较严重。一年发生多代。翌年芽膨大期开始出蛰，危害树叶，造成早期落叶，影响当年产量和树势。应在秋天扫除落叶烧毁，温室加温初期刮除老树皮。发芽前，全树喷 3 波美度石硫合剂，在生长季节根据虫情选择药剂及时防治，可用 20% 灭扫利 2 500 倍液，20% 扫螨净可湿性粉剂 4 000～5 000 倍液，5% 尼索朗乳剂 1 500 倍液，73% 克螨特 3 000 倍液，各种药交替使用。

2. 细菌穿孔病 主要危害树叶，也侵染枝梢和果实，易造成早期落叶。防治方法除增强树势，提高树体抗病能力外，需清除枯枝、病叶、落果，将其集中烧毁或深埋。发芽前喷 1 次 3 波美度石硫合剂。在生长期喷 65% 代森锌可湿性粉剂 500 倍液，或 70% 索利巴尔 150～200 倍液。

工作二 李、杏设施标准化生产

一、品种选择

目前，设施栽培比较多的李品种有大石早生、盖县大李、长李 15 号、幸运李、黑宝石、黑琥珀等。杏的主要品种有凯特杏、9803、金太阳、骆驼黄等。

二、苗木准备

李砧木以适应性强、嫁接亲和力好、根系发达的毛樱桃为主，杏砧木以山杏为主。先将苗木进行根系修剪，剪去病虫危害和折断的根，其余的根剪出新鲜剪口。将苗木根系浸水 24h 左右。然后用 0.3%的硫酸铜溶液浸泡 1h 或用 3 波美度石硫合剂喷布全株，消毒后栽植。

三、建园

参考设施桃生产建园部分实施。

四、生产过程

(一) 幼树管理

1. 选用树形 独枝扁平扇形。即将一株树当做一个结果主枝培养，形成一个大型结果枝组。

2. 树形培养 采用两边倒的 Y 形整形。在栽植行叶幕形成后，沿栽植行向将树隔株向两边拉开至 60°～80°两株形成 Y 形。每株当成一主枝看待，从北向南拉倒角度渐大。至第三年逐步间伐。除棚前 1～2 株树外，其余改造成扁平扇形。生长前期多留枝、长放修剪控制长势。

(二) 促花管理

1. 肥水管理 7 月以前，杏、李主要以加强肥水管理，促进生长为主，7 月以后主要控制施用氮肥，增施磷、钾肥，相对控制灌水，保持树势稳定，增加树体营养积累，促进成花。

2. 化学控制 7 月 10 日前后喷 300 倍 PBO 液，隔 7～10d 再喷 1 次，连喷 2 次，控制树势，促进花芽分化。定植后第二年喷 PBO 液的时间提前至 6 月中下旬，并把浓度加大到倍。8 月中旬疏除部分过密枝，并调整不适当的枝组，打开光路，以利于花芽分化。扣棚前冬剪，冬剪时以疏除病虫枝、密挤枝及挡光枝为主，一般不短截，多留花芽以确保产量。

> **想一想**
>
> 桃、杏、李同为蔷薇科李亚科，有许多共同特点，掌握其技术的关键是通过对比寻找其异同之处。请据实地观察，总结其在枝芽类型、结果特性、整形修剪及病虫害防治等方面的主要异同点。试对比分析它们设施栽培与露地栽培在管理上有何不同？

(三) 休眠期管理

1. 适时扣棚和升温 当外界出现 7.2℃以下温度时，采用人工降温暗光促眠技术，尽早满足杏树、李树休眠的需冷量要求。杏树的需冷量一般在 700～1 000h，中国李的需冷量与杏相近。

辽宁南部稳定出现低于 7.2℃的时间约为 11 月初，到 12 月中下旬低温累积量可达 1 000 h 左右，可满足大多数杏树和李树的需冷量，即可升温。通常杏、李的温室栽培升温时间应比桃树晚 10～15d。

2. 休眠期修剪 设施栽培条件下，温室前两排采用二主枝 Y 形，后几排可采用多主枝自然开心形、疏散延迟开心形、纺锤形等树形。李树在高密度栽植情况下，采用多主枝自然开心形为宜。这种树形有主枝 4～5 个，主枝开张角度可比桃树略小。不留侧枝，单轴延伸。具有整形容易、修剪量小、调整枝量容易、早期丰产等优点。整形过程可参照露地管理。

休眠期修剪的原则是轻剪缓放。具体有以下内容：为了扩大树冠需要和保持延长枝的生长势，对骨干枝的延长枝一般采用适度短截的方法修剪。延长枝角度合适时，剪口下应留侧芽，使枝头左右弯曲延伸，以利开张角度，控制前端生长势，促进后部多生小枝。延长枝角度过小时，应进行换头开张角度。延长枝生长势明显病弱或树高达到棚室的 2/3 时，可在下部分枝处回缩更新。

对外围生长势强的枝条，采取回缩或重短截的方法控制，保证内膛中短枝的坐果；回缩或疏除过密及生长势衰弱的结果枝组，进行更新复壮。短枝和花束状果枝基本不动，留足花芽数量，以利结果。同时要注意预备枝的培养，防止结果部位外移。

(四) 催芽期管理

1. 温度管理 管理原则是平缓升温，保持夜温。在升温的第一至二周，白天温度控制在 10℃ 左右，夜间温度控制在 0℃ 以上。第二至三周白天温度控制在 13～15℃，夜间温度控制在 5℃ 左右，不低于 2℃。这期间的最高温度不宜超过 20℃，否则会造成雄雌蕊发育时间不够，引起花粉败育。从开始升温到开花需 45d 左右。

2. 湿度管理 升温后可灌 1 次透水，增加土壤含水量，提高温室内的湿度，使棚室内空气相对湿度保持在 70%～80%，较高的湿度有利于萌芽。根据土壤含水量情况，可在开花前灌 1 次小水，保证开花期的水分要求。

3. 其他管理 升温后 1 周左右喷 1 次 3～5 波美度石硫合剂，防治病虫害。在施肥、整地等地上管理完成后，及早在全园覆盖地膜，提高地温，保证根系和地上部生长协调一致。

(五) 萌芽后至开花期管理

1. 温度管理 杏、李的花期温度可比桃棚低 1～2℃。李树在 7℃ 以上即可授粉受精，最适宜的温度是 12～18℃。从初花到落花期白天温度控制在 18～22℃，夜间温度控制在 7～8℃，最低不低于 5℃。这期间是外界温度较低的季节，夜间容易出现低温危害，应注意天气变化，随时采取人工加温措施。

开花期棚室内的空气湿度要控制在 50% 左右，所以，在开花期不宜灌水和喷药。湿度过大时可在阳光充足的中午放风降湿。

落花以后，受精结束，枝叶生长与幼果发育争夺营养是导致落果的原因之一。因此，落花后 2～3 周内，白天的温度管理应比开花期稍低一点。如果此时温度高，会造成枝叶旺长而加重落花落果。

2. 提高坐果率 杏树和李树都不同程度地存在完全花比率低，自花结实率低的问题，生理落果严重，设施栽培表现更突出。因此，在放蜂和人工辅助授粉的前提下，花期喷施 0.2%～0.3% 的硼砂或喷施 100～200 倍的 PBO 液，可起到保花保果的作用。

(六) 果实管理

1. 温、湿度管理 在果实发育前期，从落花后到幼果膨大，白天温度从 18～19℃ 逐步升到 20～22℃。夜间温度控制在 10～12℃，最高不能超过 15℃。到果实着色至果实成熟期，白天温度控制在 22～25℃。保证昼夜温差在 10℃ 以上。

果实发育前期，空气相对湿度控制在 50%～70%，后期控制在 50% 左右。

2. 疏果 设施栽培的杏、李树如果坐果过多，不仅果个小，而且着色不好，成熟期也会延迟。疏果一般在生理落果后进行。如大石早生、美丽李等生理落果比较重的品种，应在确认坐果后（果实如玉米粒大小时）进行。一般中型果，如大石早生李、金太阳杏等品种的果实间隔距离在 6～8cm。大型果，如琥珀李、凯特杏等品种的果实间距在 8～12cm。疏果时还应考虑结果枝的粗壮程度，枝径1cm以上的每8cm留1个果，枝径在0.5～1.0cm的每8～10cm留1个果，枝径在0.5cm以下的每枝留2～3个果。疏果时应先疏小果、畸形果，多留侧生果和下垂果。

3. 新梢管理 主要是控制新梢生长，改善光照条件，促进果实生长发育，具体做法有：

（1）除萌疏枝。将剪锯口处、树冠内膛萌发的多余的萌芽及早抹除，以节省营养，并防止枝条密生郁闭，影响通风透光。对结果枝先端的直立旺枝、没有坐果的空枝及时疏除。

（2）扭梢。对当年萌发的生长过旺的部分新梢，采取扭梢方法控制，既可控制新梢生长，又有促进花芽分化的作用。

（3）摘心和剪梢。当新梢长到30cm左右时，可摘心或剪梢。对摘心后萌发的副梢及时抹除。

4. 肥水管理 在基肥充足的前提下，从幼果期开始，每隔7d左右喷施1次0.3%的尿素和0.2%磷酸二氢钾溶液，共喷2～3次。如底肥不足，可在落花后每株土施磷酸二铵复合肥0.5～1.0kg。

土壤含水量一般保持田间持水量的60%为宜，测试土壤含水量的经验方法是用手握土能成团，稍压后即散为适宜。沙质壤土灌水要坚持少量多次原则，每次灌水量不宜过大，尤其是接近成熟前15d左右，以防止引起裂果。

5. 病虫害防治 灰霉病是设施栽培易发生的一种病害，在降低棚室内湿度的前提下，可用70%甲基硫菌灵可湿性粉剂800～1 000倍液，或50%异菌脲可湿性粉剂1 000～2 000倍液防治。细菌性穿孔病有时发生较重，除大石早生是抗细菌性穿孔病的品种外，其他抗病弱的品种，如盖县大李等要注意及时防治。在光照好的情况下，展叶后用75%百菌清可湿性粉剂650倍液，或80%代森锰锌可湿性粉剂600～800倍液喷雾。但在连续阴天、棚室湿度较大的情况下，可使用烟雾剂防治各种病害，如用百菌清烟雾剂，每667m^{2}用量200g，在设施内均匀布点，于傍晚点燃熏杀病菌，效果良好。如发现蚜虫等害虫，可用杀虫剂防治，所用农药与露地相同，但浓度要比露地低10%。另外喷药要避开中午高温期。

6. 果实采收 在设施栽培条件下，适时早采可以获得较好的销售价格，尤其是运往外地销售的，可以在果实八九成熟时，提早3～5d采收以便于贮运。当然采收过早会影响产量和风味品质。采收一定要轻放，注意不要折断短果枝。采下的果轻轻放入有铺垫物的果篮中。由于不同部位的果实成熟期不一致，应分期分批采收。采收宜在早上或傍晚室内温度较低时进行，以免果实装箱后温度过高，造成果实变色。

（七）采后管理

1. 肥水管理 在实行露地管理后，应及早施入基肥。可每667m^{2}施入有机肥3 000～6 000kg、磷肥5kg、硫酸钾复合肥50kg作基肥。并叶面喷施0.3%尿素和0.3%磷酸二氢钾溶液，提高叶片的生理活性，增强同化功能。

2. 整形修剪 主要是进一步调整树体结构，疏除骨干枝上的竞争枝、背上直立强旺枝，保持树体结构和生长势平衡。回缩长结果枝和下垂枝，使结果枝健壮而紧凑。疏除过密枝和内膛细弱枝，改善光照条件，以利下部短枝的花芽发育。对新萌发的新梢在有空间的前提下，可在20～30cm时摘心，促发分枝，增加枝量。

3. 其他管理 果实采收后立即撤除覆盖物，为防止突然撤除覆盖物引起嫩枝日灼，应选择阴天或傍晚进行；综合防治病虫害，保护好叶片，避免二次开花，保证花芽的形成。

五、问题探究

凯特杏的果实成熟期保护问题

设施栽培的凯特杏皮薄、表皮结构松弛。保护组织发育不完全对环境条件的变化反应敏感,对逆境的耐力也差,很容易造成逆境伤害。因此,要加强对果实的防护,避免周围环境条件的剧烈变化造成损失。如突然拆膜使果实完全暴露在外界环境下强烈的阳光会使果面发生大面积日烧。空气湿度骤降,造成果皮皱缩,风吹失水还可造成果面干裂等。进入果实成熟期后设施内的温度一般较高。要大面积的拉膜通风以降低温度。所以果实成熟后期要注意加强通风降温,不宜轻易拆除塑料膜。拆除棚膜需待采果后进行。凯特杏的果实成熟期很不一致、树冠外围、上部的果实通常先熟。要根据果实成熟度分期采收。

生产案例 辽南地区金太阳杏日光温室栽培技术

金太阳杏是山东泰安果树研究所选育的极早熟杏品种,具有自花结实、早实、丰产、优质、耐寒、抗霜冻、树体较小、需冷量低等优点,是杏设施栽培的首选品种。

1. 建园 土壤为沙壤土,土层深厚,土质疏松。有机质含量 0.41%,pH 7.1~7.5。大棚东西走向,长 60~80m,跨度 8m,墙体厚 0.6m,脊高 3.2m,后墙高 2.2m。后屋面为玉米秸与麦秸等复合覆盖物。棚面骨架用竹竿铁丝扎接而成,水泥中柱距后墙 1m。上覆聚氯乙烯长寿无滴膜。

2. 扣棚前管理

(1) 定植。3月下旬定植1年生金太阳杏速生苗,授粉树为凯特杏和意大利1号。砧木均为杏砧。株行距 1~2m,隔2行配置1行授粉树。定植前挖深、宽各60cm的定植沟。每棚施腐熟鸡粪3 000kg左右、复合肥50kg。将肥料与阳土混合均匀回填。浅栽,上覆阴土。栽后灌透水,水渗下后浅锄,覆盖地膜。3~4d后定干,干高40cm,南低北高。

(2) 肥水管理。前促后控。新梢长15cm左右时,开始追施速效化肥,并与叶面追肥交替进行。一般株施尿素50g,施肥后灌水。叶面喷施0.3%尿素或0.3%磷酸二氢钾。每10~15d喷1次。7月10日后,控制氮肥和水分的供应,喷0.3%磷酸二氢钾溶液2~3次。9月中旬施基肥,每棚追施50kg硫酸钾复合肥,施后灌水。11月中下旬灌1次透水,然后覆地膜,以提高地温,等待扣棚。

(3) 树体管理。采用两边倒的Y形整形。叶幕形成后,把树隔株向两边拉开至60°~80°两株形成Y形。每株当成一主枝看待,从北向南拉倒角度渐大。至第三年逐步间伐。除棚前1~2株树外,其余改造成小冠形或自由纺锤形。生长前期多采用摘心、扭梢、拿枝软化等措施控制长势。7月10日前后喷300倍PBO液,隔7~10d再喷1次,连喷2次,控制树势,促进花芽分化。定植后第二年喷PBO液的时间提前至6月中下旬,并适当增加浓度。8月中旬疏除部分过密枝,并调整不适当的枝组,打开光路,以利于花芽分化。扣棚前冬剪,冬剪时以疏除病虫枝、密挤枝及挡光枝为主,一般不短截,多留花芽以确保产量。

(4) 病虫害防治。生长期主要防治细菌性穿孔病,可结合叶面喷肥喷70%甲基托布津或80%大生M-45可湿性粉剂800倍液防治。害虫主要是蚜虫,有时点片发生叶螨及舟形毛虫,可分别喷2.5%扑虱蚜2 000倍液、20%扫螨净或螨死净2 000倍液以及20%杀灭菊酯

2 000倍液防治。临扣棚时全树喷3~5波美度石硫合剂。

3. 扣棚后管理

（1）扣棚时间及升温。金太阳杏东北地区一般12月中旬通过自然休眠期，可于12月15~20日扣棚。扣棚后压草苫，但不关闭上、下通风口。3~4d后埋压下风口，再过3~4d关闭上风口，并拉草苫开始升温。升温应循序渐进。起初先在白天拉起1/3草苫，再拉起1/2草苫，最后全部拉起，整个过程持续7~10d，防止升温过快。如果树体上、下温度不协调，会导致花芽受伤或开花不整齐。

（2）棚内温、湿度调控。扣棚后，萌芽期白天温度15~22℃，夜间不低于3℃，空气相对湿度不高于80%；花期白天15~20℃，夜间不低于5℃，空气相对湿度50%~60%；果实发育期白天20~28℃，夜间不低于10℃，空气相对湿度60%；果实成熟期白天18~30℃，夜间15℃，空气相对湿度60%~70%。室温主要靠开关通风口来调节，白天温度超过上限时要及时通风降温。后期湿度不宜过大，以免产生裂果现象。

（3）花果管理。金太阳杏自然坐果率高，但在大棚内由于空气不流通，空气湿度大，不利于传粉受精。因此要进行人工授粉或放蜂，以提高坐果率。一般于初花前2~3d，每棚放置1~2箱蜜蜂辅助传粉。花后3周疏果，疏除并生果、畸形果、小果和密挤果，保持果间距5cm以上。一般长果枝留3~5个果，中果枝留2~3个果，短果枝1个果。定果后要及时摘除幼果上的残花，如果残花不脱落，会在果面上造成黑斑或引起烂果，影响果实质量。

（4）树体管理。花后及时抹除萌蘖，并进行修剪。剪除一部分无果枝，回缩无果的冗长枝。当新梢长15~20cm时喷PBO液300倍1次，以后视情况再喷1次，可基本控制新梢旺长，缓和生长势，从而提高坐果率。其他修剪措施同露地杏园。

（5）肥水管理。谢花后2周，间隔7d交替喷布0.3%~0.5%尿素溶液、0.3%~0.5%磷酸二氢钾，采前以喷0.3%磷酸二氢钾溶液为主。果实采收后，每株沟施尿素0.25kg、复合肥0.25kg。

（6）病虫害防治。扣棚后10~15d喷1次石硫合剂，防治越冬病虫害。花后喷1次10%吡虫啉2 000倍液，消灭蚜虫和叶螨。果实成熟前15d喷10%吡虫啉2 000倍液和70%甲基托布津800倍液，防治蚜虫、叶螨及炭疽病等病虫害。其他时间按病虫害发生情况及时喷药防治。空气湿度大时，可用蚜虫清烟雾剂于落草苫前进行熏棚，效果良好。

4. 采果后管理 采果后是杏树新梢形成和花芽分化的重要时期，而此时却因春梢质量差、行间郁闭和树体营养水平低等原因，极易影响花芽分化，从而导致翌年花量少、产量下降。

（1）正确揭膜。揭膜工作可结合采果前的开脊通风透光逐步进行。其方法是逐渐开大通风窗，经过3~5d放风锻炼，增强杏树对露地环境的适应能力，然后再经2~3d便可揭膜。

（2）适度修剪。采果后对病虫枝、下垂枝、密挤枝进行适度疏除，骨干枝多的应适当疏除，为枝组发展提供空间，将选留下的骨干延长枝回缩到更新枝处，其余枝轻剪缓放促进短果枝与花束状果枝的形成。

（3）施肥灌水。揭膜后3~5d结合灌水，每667m²施有机肥3 000kg、果树专用复合肥100kg，以有利于根系和枝叶健壮生长，提高花芽质量，保证连年丰产。

（4）中耕松土。棚杏采果后及时中耕松土、除草，使土壤疏松通气，以利保水保肥，促发新根，结合中耕将棚内落叶、烂果、杂草彻底清除干净，集中烧掉，同时喷3~5波美度石硫合剂。

（5）病虫害防治。揭膜后喷1遍800倍45%大生M-45，10d后再喷1遍。如有蚜虫可喷1遍10%吡虫啉1 500倍液，7~8月喷1次扫螨净300倍液防治叶螨。

任务四 设施草莓标准化生产

草莓植株小、生长周期短，生长发育容易控制。适合设施栽培，是目前栽培最普及，技术最成熟的设施果树之一。绿色果品草莓设施栽培应用标准有：《绿色食品 产地环境质量标准》（NY/T 391—2000）、《绿色食品 肥料使用准则》（NY/T 394—2000）、《绿色食品 农药使用准则》（NY/T 393—2000）、《绿色食品 温带水果》（NY/T 844—2004）。生产技术操作规程可参照 NY/T 5105—2002 的规定，结合本地实际执行。

根据栽培目的和应用的技术手段不同主要可分为半促成栽培和促成栽培两种栽培形式。

1. 半促成栽培 在秋、冬季利用自然条件或采用低温、短日照处理，使草莓植株尽快地通过自然休眠，然后再加温、补光、激素处理等解除其休眠，使其恢复生长，提早开花结果。打破休眠是其首先要解决的问题。

2. 促成栽培 在草莓植株花芽分化以后尚未进入休眠时，利用温室设施开始保温，并结合长日照、激素处理等措施，抑制休眠，使其继续生长，从而提早开花结果。抑制休眠则是其首先要解决的问题。

一、品种选择

（一）品种选择原则

选择容易成花、需冷量较低、丰产性好、抗病性强、个大、色艳、硬肉、耐贮运、能相互授粉的品种。

（二）常用优良品种

1. 日光温室适栽品种 主要有宝交早生、丰香、鬼怒甘、弗吉尼亚、丽红、幸香、哈尼、枥乙女、红颜等，果个较大，品质优良。

2. 冷棚适栽品种 主要有全明星、新明星、硕丰、草莓王子等，山东农业大学引自美国的赛娃、美德莱特品种可一年四季连续开花结果。

二、建园技术

（一）园地选择

绿色食品草莓的产地环境要求符合《绿色食品 产地环境质量标准》（NY/T 391—2000）规定。

（二）适用设施

促成栽培主要选用温室、加温型塑料大棚，半促成栽培选用塑料中棚、大棚。可配合小拱棚与地膜覆盖等设施进行。

（三）栽植技术

1. 栽植时期 目前草莓设施生产均采用一年一栽制，不同的设施类型定植时期有所不同。以秋季定植为主。秋季定植含水量比较大，气温相对较低，有利于栽植成活。并且定植当年可继续生长一段时间，进行花芽分化，利于安全越冬和开花结果。当秧苗达到标准时，以适当早栽为宜。栽植时，最好选择阴天进行，利于快速缓苗，提高成活率。

2. 栽植方式 目前推广的高产栽植方式有两种：

①宽畦 4 行栽植，即宽 1.0～1.2m 畦上栽 4 行，小行距 20～25cm，株距 15～20cm。

②大垄双行定植，垄高约 40cm，呈梯形，下宽 90cm，上宽 60cm。条件较好时垄台上部 25cm 高可全部用人工配制的基质堆积而成。常用基质配比为：农家肥：炭化稻壳：草炭为 3∶1∶4 或农家肥：炭化稻壳：山皮土为 3∶1∶4。植株在这样的栽植方式下，根系环境通气良好，发育健壮。双行定植，株距 15cm，小行距 20cm 左右，每 667m^2 约 10 000 株。

设施栽培多采用高畦，这样有利于提高地温。一般畦为南北走向，高 10～20cm，步道沟宽 20～30cm（图 18-3，a）。

草莓的栽植密度因品种、秧苗质量和栽培形式而不同。设施栽培密度 1hm^2 应控制在 12 万～15 万株。根据秧苗质量、品种生长势进行适当调整（图 18-3a）。

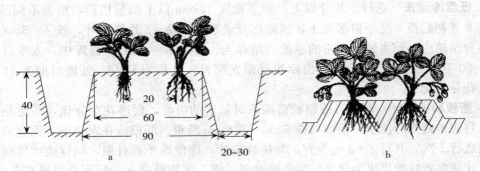

图 18-3　草莓定植模式（单位：cm）
a. 大垄双行栽植模式　b. 秧苗定植方向

3. 栽植方法

（1）棚室消毒。栽植前进行棚室消毒，安全、无公害的方法是夏天高温季节，深翻后土壤表面覆盖地膜或旧棚膜，密封温室，利用太阳热产生的高温，杀死土壤中的病菌和害虫。消毒时间约 40d。

（2）施肥。每公顷可施用优质鸡粪 30～40t，深翻 30cm，整平耙细后作畦。

（3）苗木选择。定植前一天将假植圃或假植钵灌透水，保证起苗时不伤根或少伤根。选择根系发达，叶柄粗短，成龄叶 4～7 片，新茎粗 0.8cm 以上，苗重 20～40g，无病虫害的壮苗，最好使用脱毒苗进行定植，草莓单株形状见图 18-4。

（4）栽植。栽植时将秧苗根系自然舒展放入穴中，使新茎基部与畦面齐平，做到"深不埋心，浅不露根"。一般秧苗的弓背统一朝向畦外侧（图 18-3b），由于秧苗的弓背方向即为花序的伸出方向，花序向畦外侧延

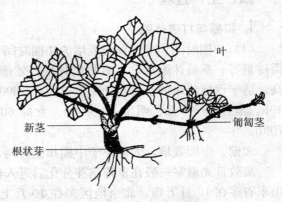

图 18-4　草莓单株形态

伸,有利于增加光照,有利于疏花疏果、垫果以及采收实训作业。

(5)定植后管理。秧苗定植后,压实灌透水,以免灌水后出现下井现象,造成秧苗栽植过深。定植后用遮阳网等遮光覆盖,以提高秧苗成活率。

三、促花管理

草莓的花芽分化与温度和日照长度关系较大。温度在12～24℃,日照长度在8～12h有利于花芽分化,此范围内低温短日照有利于草莓花芽分化。但高温和长日照将严重影响花芽质量。草莓主要采取以下措施促花:

1. 遮光处理 使用遮阳网(寒冷纱),把育苗畦遮盖起来,以降低温度,促进花芽分化,一般采用遮光率在50%～60%的遮阳网,遮光时间自8月中旬开始至日平均气温降至20℃以下为止,即9月中旬左右结束。可降低气温2～3℃,降低地温5～6℃。但遮光不利于秧苗生长,一旦花芽分化,就应立即撤去遮阳网,促进秧苗健壮生长。

2. 低温冷藏法 选择5片叶以上,新茎粗度1.2cm以上的假植苗,根据不同品种在8月底与9月初起苗,洗净根部泥土,摘除部分老叶留下2～3片展开叶,按4～5cm株行距假植在育苗箱内,箱内装有疏松的基质或培养土。置入10～15℃的冷库中,入库时间为每日15:00至第二天7:00,然后出库接受阳光照射,日长为8h/d,处理时期为17～20d,可促进花芽分化。

3. 断根和摘老叶 断根可控制秧苗根系对氮素的吸收,促进花芽分化,并使花芽分化整齐。将假植圃充分灌水,距离植株5cm,深10cm断根。断根应在定植前1周完成,可每隔1周进行1次,共计2～3次为宜。对植株摘叶,即使给予长日照,同样能诱导成花,摘除老叶比摘除新叶效果更为显著。注意摘叶要适度,若摘叶过多,反而会阻碍花芽的发育。一般从顶部往下数第六片叶以上即开始衰老,应及时摘除。每株保持4～5片健壮的展开叶。

4. 高山育苗 主要是利用夏、秋季高山上昼夜温差大,尤其是夜温低,从而促进秧苗提前花芽分化。把草莓苗移到1 000m的高山上去培育,温度可降低6℃,比平地进行短日照处理的要提早花芽分化近13d。如果在高山上再就地进行短日照处理,花芽分化期还会提早,而且产量也会明显增加。高山育苗时期在8月中旬左右,处理20～30d,观察到花芽分化即可下山定植。

四、生产过程

1. 扣棚与打破休眠

(1)扣棚时间。草莓设施栽培的扣棚时间,主要决定于设施类型,计划采收期和品种的需冷量等。草莓休眠后,只有打破休眠,才能提早扣棚升温,否则,开花不整齐,产量不高。适于设施栽培的草莓品种需冷量为0～800h,不同品种,需冷量差异大,如春香为0～40h、丰香50～70h、明宝70～90h、女峰60～100h、宝交早生300～400h、达娜500～700h。

大棚、中棚栽培,大棚早于中棚扣棚时间,北方地区一般在2月中下旬到3月上中旬。

高效日光温室一般在草莓花芽分化后进入休眠前进行扣棚,普通日光温室可相应推迟。山东省多在10月下旬,北京地区多在10月上旬,要保证生长期不出现低温伤害(特别花期)为前提。一般草莓品种升温后1个月开花,花后1个月果实开始成熟,采收期1个月左右，具体升温时间可据此向前推算。各地根据本地温度及不同品种需冷量、设施保温程度、上市要求等综合确定扣棚时间。

（2）打破休眠技术。目前打破休眠的技术主要有低温冷藏、高山育苗及赤霉素处理3种方法。赤霉素处理一般是在保温开始3~4d，用10mg/L赤霉素喷布植株，每株喷5mL左右，打破休眠。

2. 设施环境调控技术

（1）温度调控。从揭苫升温到揭除棚膜的温度调控：扣棚初期，白天控制最高温度为30~35℃，夜间不低于8℃；开始现蕾时，最高温度28~30℃，最低6~8℃；开花期最高温度25~26℃，夜间不低于6℃，以7~8℃为宜；果实膨大期，温度可略低些，白天20~25℃，夜间4~6℃；果实采收期，白天温度保持18~20℃，夜温保持在5~8℃。温度过高时，应及时放风降温。当外界最低气温稳定在8℃以上时，可将棚膜去掉，实行露地管理。

（2）湿度调控。草莓喜湿怕涝，灌水应小水勤灌。保温初期，为了使植株适应高温、高湿环境，常常采取升温后灌水的方法增大湿度。但高温多湿管理不应持续太久，因为开花期对湿度反应较敏感，一般开花期棚室内空气相对湿度应控制在80%以下。采取覆膜措施，使空气相对湿度控制在40%~60%，其余时期均应控制在80%~90%。

3. 土、肥、水管理技术　　肥料施用须符合《绿色食品　肥料使用准则》(NY/T 394—2000)的要求。

（1）中耕除草。扣棚升温后，当地面冻土层化透，表土稍干时，进行第一次中耕松土，深度以不伤根为度。植株开花后进行第二次松土，结合去除老叶、枯叶，同时给植株根部培土，培土厚度以不埋苗心为度。并且每隔10d左右，结合疏花疏果、去匍匐茎及弱芽，拔除田间杂草，直到采收为止。

（2）施肥灌水。设施内推广膜下滴灌施肥技术。滴水原则遵循"湿而不涝、干而不旱"的原则，根据草莓各生长季需水情况而定。土壤相对湿度保持在50%~60%。滴水宜少量多次。刚扣棚后要灌一次透水，保证萌芽生长需要。以后视土壤墒情进行灌水，保持田间持水量在80%左右。果实膨大期是草莓需水最多的时期，必须充分供水。果实成熟期应适当控水，以增加果实硬度，减轻病害发生。

草莓追肥宜少量多次进行，随水追肥。在生长需肥高峰期追氮、磷、钾复合肥以及生物肥料等。但肥料溶解后颗粒直径不能大于0.8mm，以免堵塞输水管孔影响滴水质量。整个生长季每10d进行1次，追肥至少要进行4~5次，以液体肥料为宜，氮、磷、钾复合肥为佳。开花前追肥以氮肥、磷肥为主，可每公顷施尿素150kg、磷肥300kg。坐果后追肥以磷肥、钾肥为主，每公顷施磷酸二氢钾225~300kg。土壤追肥方法也可在距植株5~6cm处，用打孔器打深5cm左右的孔，将氮、磷、钾复合肥施入孔内，用土覆盖好。追肥后要立即灌水。地下追肥的同时地上每10d进行1次叶面喷肥，以加氮的磷酸二氢钾0.3%~0.5%液喷施，一直延续到生长季结束。但果实成熟前10d应停止追肥。

? 想一想

1. 观察实践中草莓设施栽培还有哪些模式或新技术。
2. 探讨或总结其技术要点有哪些。

提示：观光农业中草莓有吊袋、壁挂或柱式、梯式立体栽培、管道化栽培等无土栽培模式。中国农业科学院推广的有机基质栽培技术，值得借鉴。

4. 花果管理技术

（1）疏花疏果。一般一株草莓能抽生 1～3 个花序，每个花序有 8～30 朵花。高级序上的花开放晚，果实小，无商品价值，甚至不结果。因此，当花序抽出后，在第一朵花开放前，应疏去部分花蕾，以集中营养。大果型品种留 1、2 级序花或适当少留些 3 级序花；小果型品种留 1、2、3 级序的花蕾。坐果后应及时摘除病虫果、畸形果、小果或过多果，以利果个增大，提高品质。一般每株留 7～9 个果，单果重和增产效果明显。

（2）授粉受精。为了提高坐果率，花期还应做好人工放蜂，每个棚室 1 箱即可。花前 2 周放入。放入蜂箱前喷 1 次杀虫剂或熏 1 次烟雾剂。

（3）垫果。没有进行地膜覆盖的棚室，果实膨大后应做好垫果工作，避免果实与土壤直接接触，引起霉烂。

（4）采收。单果成熟后要及时采摘，包装上市。

5. 植株管理

（1）去老叶。在草莓的生长发育过程中，先期生长的叶片尤其是越冬老叶，逐渐衰老，叶片变黄，叶柄基部开始变色，叶片呈水平状生长，要及时除去，以减少营养消耗，改善通风透光条件，减轻病虫害的发生。摘除老叶还可以促进新茎生根，增强植株吸收能力。一般每株草莓保留 10～15 片叶即可。

（2）除弱芽。在生长过程中，植株上能够形成一些侧芽，这些芽形成晚，生长较弱，生成的叶片小，抽生的花序细弱，花朵数少，没有经济价值。这些侧芽应当及时去除，以节省营养。

（3）摘除匍匐茎。一般情况下，草莓从坐果期开始发生匍匐茎，果实采收期达到最高峰。生产园应当及时摘除匍匐茎，减少养分消耗。

去老叶、除弱芽和摘除匍匐茎应当结合在一起进行，以提高工作效率，减少园地践踏。

6. 病虫害防治技术 草莓主要病害有灰霉病、白粉病、褐斑病、蛇眼病，主要虫害有蚜虫、地老虎、金针虫、蝼蛄等。

（1）农业防治。选用抗病品种或搭配种植抗性较强的品种，使用优质脱毒壮苗，实行轮作。及时摘除病叶、病果、老叶及清除病残体，带出棚外深埋或焚毁，减少病原菌基数。定植前增施充分腐熟的有机肥，土壤深耕并利用太阳热和紫外线消毒。开花和果实生长期，加大放风量，将棚内空气相对湿度将降 50% 以下。将棚内温度提高到 35℃，闷棚 2h，然后放风降温，连续闷棚 2～3 次，可防治灰霉病。

（2）物理防治。

①黄板诱杀白粉虱、蚜虫。用 100cm×20cm 的纸板涂上黄漆，上涂一层机油，每 667m^2 30～40 块，挂在行间，当板沾满白粉虱和蚜虫时，再涂一层机油。

②在棚室放风口处设防虫网防蚜虫进入。在地里挖长宽深 30cm×30cm×20cm 的坑，内装马粪毒饵诱杀蝼蛄。

③糖醋诱杀。按酒∶水∶糖∶醋＝1∶2∶3∶4 比例，加入适宜敌敌畏，放入盆中，每 5d 补加半量诱液，10d 换全量，诱杀甘蓝夜蛾、地老虎成虫等。

（3）生物防治。扣棚后当白粉虱成虫在 0.2 头/株以下时，每 5d 释放丽蚜小蜂成虫 3

头/株，共释放3次。土壤施用酵素菌防治芽枯病。用2%武夷菌素（BO-10）水剂5mL/kg，7~10d喷1次，连喷2~3次，可防治草莓炭疽病。

（4）化学防治。保护地优先采用烟熏法，粉尘法，在干燥晴朗天气可喷雾防治，但喷药前如是采果期，应先采果后喷药，用药时注意交替用药，合理混用。所用药剂要符合《绿色食品 农药使用准则》（NY/T 393—2000）的要求。

每667m²用百菌清粉尘剂110~180g，或用20%速克灵烟剂80~100g分放5~6处，傍晚点燃闭棚过夜，7d熏1次，连熏2~3次。25%扑海因可湿性粉剂1 000倍液或20%三唑酮可湿性粉剂1 000倍喷雾防治芽枯病、灰霉病、白粉病等多种病害；每667m²用22%敌敌畏烟剂500g分6~8处傍晚点燃熏1夜，或用10%吡虫啉可湿性粉剂1 500倍喷雾防治蚜虫；用1.8%阿维菌素乳油3 000倍喷雾防治红蜘蛛。

每667m²土施多效生物钙50kg，或叶面喷施0.3%氯化钙溶液防治缺钙症。

五、问题探究

保护地栽培草莓较为突出的问题是容易产生畸形果。草莓畸形果产生的主要原因是花期授粉、受精不良，因此好的授粉、受精条件是预防草莓畸形果发生的途径。

1. 配置授粉品种 因草莓有的品种花粉可育性低，所以应选择一些花粉量多的品种作授粉品种，与主栽培品种混栽，能有效降低畸形果率。

2. 开花期间进行放蜂 棚室栽培的草莓花期早，花期自然出现的访花昆虫少。因此，花期在棚室中释放蜜蜂或壁蜂，可显著减少畸形果比率，并明显提高产量和果实品质。

3. 合理调控棚室内的温、湿度 温度对授粉受精的影响主要是低温，草莓花粉发芽的最适温度为25~30℃，若低于10℃，就会影响花药的开裂和花粉管的伸长。花期适宜温度，白天应控制在20~28℃，夜间保持在5℃以上为宜。棚室内的湿度对花药的开裂和花粉发芽也有较大的影响，所以湿度不易过大，以40%的空气相对湿度为宜。为了防止湿度过大，建棚时应采用无滴薄膜，能减少水滴浸湿柱头；采用高畦地膜覆盖及滴灌能有效地降低棚室内空气湿度。花期只要地表不干，一般不要灌水。

4. 疏花疏果 除易出现雌性不育的高级次花，摘除病果和过多的幼果，可明显降低草莓畸形果率，并可集中养分，保证正常果的生长发育、提高单果重和果实品质。

5. 减少用药次数 绿色草莓的病虫防治应采取农业防治为主的综合防治措施，尽量不用或少用农药。如需使用药剂防治时，一定要避开花期，在花前或花后用药。

生产案例 辽北地区草莓设施栽培技术

结合辽北地区土壤、气候特征及近年草莓栽培中出现的主要病虫害进行总结，现将技术要点总结如下：

1. 设施选用 辽北地区可选用大棚、中棚栽培（一般在2月中下旬到3月上中旬扣棚）或普通日光温室（10月上中旬扣棚）。

2. 品种选择 设施栽培由于投入大，一般应选择产量高、休眠期短、品质优、抗性强的品种，如丰香、溢香、鬼怒甘、幸香、枥乙女等。

3. 定植

（1）整地施肥。栽前每公顷施有机肥60 000~75 000kg并加45%三元硫酸钾和磷肥各

750kg，深翻 30cm，整平，耙细，起垄，整至垄宽 1m，垄高 30cm，垄距 25cm。

（2）定植时间、方法。一般 8 月底、9 月初气温 25℃左右选择阴雨天定植，栽植深度要使苗的基部与土面齐平，做到深不埋心，浅不露根，并使根系舒展。栽植时使苗弓背向外，这样花序抽生方向将在畦两侧利于疏花和果实采摘，小行距 25cm，株距 15cm，4 行定植。

4. 扣棚后管理

（1）水肥管理。草莓对水分要求较高，应多次灌水，关键是始花前期、盛花期和果实膨大期，果实成熟期底肥施足，追肥应把握少量、多次原则，结合灌水。10 月中旬追尿素 150kg/hm²，第一批果实膨大期叶面喷施 0.2%磷酸二氢钾溶液，每隔 15～20d 喷施 1 次，直至采收。

（2）温、湿度管理。大棚设施栽培扣棚时间应掌握在夜间气温降至 8～10℃，辽北地区约在 10 月上中旬，扣棚后即可覆上地膜，此后即可通过放风和覆盖草苫来调节温、湿度，保持营养与生殖生长的平衡。一般第一花蕾现蕾前保持棚内 30℃，夜间 10～12℃以棚内湿润为宜。现蕾后昼间 28℃，夜间不低于 8℃，盛花期 25℃，夜 10～12℃，当外界温度低于 0℃时须覆 2 层膜保温，外界温度高于 5℃，可揭去 2 层膜。

（3）植株管理。草莓进入生长期后，叶片不断更新，陆续出现老叶，应及时摘除老弱病叶及匍匐茎，一般在 10 月中旬、11 月中旬及 3 月中旬各清叶 1 次。为了增大果个，提高果实品质和商品果率，在开花前，适量疏除花序高级次的花蕾，每个花序保留 7～10 朵花，幼果着色时及时疏去畸形果、病虫果。

（4）大棚内放蜂。顶花序开花时至次年 5 月放蜂，蜂量为 1 只/株。早上太阳刚出时放蜂至天黑收回。喂蜂食物以白糖与开水按 1∶1 配制，1 月之前喂完，白糖用量每 2 500 只喂 1kg，或按糖水 2∶1 投食。

（5）其他。赤霉素一般在 10 月中旬喷施，浓度为 10mg/kg，每次喷施 5mL/株。在扣棚 10d 内再喷施一次，用量为 5～10mg/kg，每次喷施 5mL/株。开花结果期每天 8∶00～10∶00 使用二氧化碳气体发生器释放二氧化碳。

5. 病虫害防治 草莓为鲜食水果，因此在病虫防治过程中，应严格按照无公害草莓生产技术标准施药，并坚持以防为主，综合防治的原则进行病虫害防治。

（1）综合防治措施。及时清园，拔除病株，将枯枝病叶集中深埋，以减少病原物。利用夏季进行高温闷棚消毒。实行轮作倒茬，并合理栽植，增施钾肥、避免过多施氮肥。选用无毒抗病品种。挂设防虫网，切断病毒传播途径。

（2）药剂防治。草莓常见病害有灰霉病、白粉病、黄萎病、芽枯病、叶斑病及病毒性病害，常见虫害有蚜虫、地老虎、蛴螬。一般菌类病害可用 50%多菌灵可湿性粉剂 800～1 000 倍液，70%甲基托布津 1 000 倍液，50%速克灵 800 倍液防治。虫害则针对不同虫源使用不同杀虫剂防治，病毒病则无有效防治药剂，需 2～3 年更换一次脱毒苗。

任务五　设施大樱桃标准化生产

樱桃果实色艳、味美，为落叶果树中成熟期最早的树种，有"春果第一枝"的美称。采用设施栽培，经济效益更佳。在国内以山东烟台、辽宁大连设施樱桃发展较多。但目前总体栽培面积不大，发展前景广阔。

绿色果品栽培应遵循:《绿色食品 产地环境质量标准》(NY/T 391—2000)、《绿色食品 农药使用准则》(NY/T 393—2000)、《绿色食品 肥料使用准则》(NY/T 394—2000)的规定。生产技术操作规程,各地结合实际,参照《绿色食品 大樱桃保护地生产技术操作规程》(普兰店市质量技术监督局)执行。

一、品种选择

樱桃设施栽培以早、中熟优良品种促成栽培为主。主要选择个大,色艳、发育期短、需冷量低、树冠紧凑、自花结实率高的品种栽培。适宜品种有红灯、抉择、佐藤锦、红蜜、红艳、艳阳、滨库、雷尼、高砂等。莱阳矮樱桃树体矮化、结果早、品质优、丰产,是目前最适合设施栽培的中国樱桃品种。

二、建园技术

(一) 园地选择

设施栽植樱桃必须选择背风向阳,土壤肥厚,排水良好,有灌溉条件的地块,据棚室建造规划进行栽植。产地环境应符合绿色果品产地环境技术条件要求。

(二) 适用设施

我国大樱桃设施栽培主要采用温室、大棚两种设施,有加温和不加温两种类型。

(三) 栽植技术

1. 栽植模式

(1) 常规栽植。在我国北方地区冬季绝对低温-22℃线以南地区,可以先栽植,待生长3年形成花芽开始结果时,再建棚室扣膜生产。若在-22℃线以北地区,为了保护樱桃安全越冬,栽植当年必须建棚,每年冬季都要进行扣膜。

(2) 限根栽培。限根生产技术常采取起垄栽培、容器栽培和根系修剪措施,限制底层根的生长。达到控冠促花的一种新型栽植模式。

生产实例 樱桃的容器栽培技术

近年来日本在樱桃生产上开展"低树高省力"栽培技术研究,研究表明樱桃容器栽培优点是:树体容易移动,便于水肥调控与设施生产,可以在不宜露地栽植的地方人为地创造适宜环境条件,扩大樱桃的栽培面积。达到降低树体高度,提早结果,早期丰产,提高果品质量,增加经济效益的目的。

容器栽培的主要方法:

1. 用土的选择与容器的大小 容器栽培的土壤以质轻、保水与排水性能良好为宜,特别要配合腐熟的有机物或能改良土壤理化性状的其他基质。目前较好的土壤配方为田园土+稻壳堆肥、田园土+树皮堆肥,1~2年生用15L的容器,3年以后移植到60L的容器中。3年生以前容器摆放距离1m×2m,4~5年生时增加到1.5m×2m。要根据树体的大小及时更换适宜大小的容器。

2. 施肥管理 施肥管理要细致、周到,减少氮素肥料的施用量。一般每株结果树盛花后追施纯氮7.5~15.0g,果实膨大期叶面喷布2~3次0.3%磷酸二氢钾溶液。

3. 水分管理 容器栽培中,水分应按生育期控制,发芽到盛花期,容器中土壤水分应维持PF（渗透系数）1.8左右的富水条件，盛花到盛花后25d内PF2.4为宜，采收期PF应控制2.6左右的低水状态。

（3）预备苗技术。大樱桃结果较晚，幼树期长达3～4年，为了降低成本，提高设施利用率，常采用在露地通过花盆、塑料袋、木箱等容器，培育结果大苗，然后再移栽到温室内进行生产，当年春季移苗，当年冬季就可生产，是一种新型的樱桃栽植技术，经济效益显著。

大苗培育技术如下：

①苗木的选择。选择80～100cm高、无病虫害、无根瘤病，根系发达，生长健壮的成品苗木进行大苗培育。

②培育技术。按照2m×2m株行距挖40cm×50cm的坑，将事先准备好的塑料编织袋放入坑中，在袋内装入少量腐熟好的土粪，然后装入1/2高的田园土，在袋内将苗木栽好，覆土至根颈处，灌水沉实，间隔2～3d灌1次透水，而后覆盖$1m^2$的塑料薄膜，及时定干（高度35～40cm），套上塑料袋以防虫害。苗圃地的甜樱桃一般选择自然开心形和改良主干形。经过三个春夏的两季修剪，基本形成规定的树形要求。注意拉枝调整好骨干枝的角度。对冠内留作辅养枝的大枝，适当回缩，培养为结果枝组。注意树势平衡，利用多种措施，使树体形成大量花芽，为设施生产创造物质条件。

2. 栽植密度、时期 目前日光温室甜樱桃常规定植多采用平地栽植，南北行向，株行距（2.0～2.5）m×（3.0～3.5）m。定植时期，一般在苗木萌芽前1～2周为宜。容器苗春季、秋季均可。甜樱桃根系呼吸强度高，对土壤通透性要求高，采用常规的平地栽植，往往导致植株生长发育不良，早期落叶。为了解决这一问题，同样提倡起垄栽植。

3. 授粉树搭配 甜樱桃自花结实力低，栽植时必须配置授粉树（表18-2）。授粉树的配置比例为30%左右。设施内至少栽培4个品种，且最好每品种一行，相间栽植。

4. 栽植方法 栽植以前按预定行距挖沟宽、深各80cm，将表土与底土分开堆放，株施优质有机肥60kg左右与表土混匀填入沟内，然后按株距定植好苗木。

表18-2 甜樱桃主栽品种的适宜授粉品种

主栽品种	适宜授粉品种	备 注
红灯	雷尼、拉宾斯、龙冠	大体按授粉试验和坐果率高低为序
先锋	斯坦勒、龙冠	
意大利早红	红灯、先锋、萨米托	
雷尼	红灯、先锋、斯坦勒	
龙冠	先锋、大紫	
拉宾斯	意大利早红、龙冠	

三、促花技术

甜樱桃常采用拉枝、刻芽、扭梢、绞缢、短截、PP_{333}处理等措施促花。

1. 扭梢控制新梢生长 生长季对于主枝上发出的新梢在15～20cm时进行扭梢，留新梢基部6～7片大叶将新梢扭转90°即可，用叶片固定。生长强旺的新梢可以剪梢，剪去先端5cm，再扭梢。扭梢可以有效地缓和新梢生长势，促进成花。扭梢随时进行。扭梢的同时对新梢进行摘心。主枝延长头和中心枝长到30～40cm时可由梢顶端剪去10cm，其余枝和背上直立枝留 5~10cm 重短截。

2. 化学药剂处理 生产实践证明多效唑（PP_{333}）对大樱桃的抑长促花作用十分明显。多效唑在大樱桃上的施用以树上喷洒为主。5月中旬后，对树冠外围新梢喷布1次，浓度为 500~1 000mg/L；整形完成的次年春季芽萌动时，对强旺植株可用15%的 PP_{333} 4~6g 对水 500g，在树干周围距树干50cm处灌入，可促进花芽形成，植株发出的短枝即可大部分成花。进入结果期以后树势渐趋稳定，就不必再施用多效唑。此外，在中长梢停长期高浓度多效唑蘸梢尖，促花效果显著。

四、生产过程

（一）建棚覆膜时间及覆膜前的管理

1. 建棚时间 在良好的管理条件下，大樱桃自苗木定植到能形成一定的商品产量，大约需要三年的时间，一般在第三年底开始建棚覆膜。

2. 扣棚时间 扣棚时间应在大樱桃满足需冷量后升温，大樱桃需冷量一般为低于7.2℃时数达到1 100~1 440h为宜。为了提早结束休眠，可以采取白天盖草帘、晚上揭草帘的人工降温方法，使之提前度过自然休眠期，有计划地改变大樱桃上市时间。

3. 覆膜前的管理 扣棚前全面完成整形修剪任务，疏除扰乱树形的大枝，拉枝调整好枝条角度，使枝条合理分布。同时施足基肥，保证树体营养供给。清理果园，全园喷布1遍4~5波美度石硫合剂，铲除越冬病菌和虫卵。覆膜前3~5d追施多元素复合肥后灌透水，在覆棚膜的同时行间覆盖透明地膜，利提高地温。

（二）棚内管理

1. 萌芽期管理

（1）温度管理。大棚内的温度主要依靠开闭通风口和揭盖草苫来调控。覆膜以后，要通过逐步增加白天拉起草苫的数量来使大棚内有一个逐渐升温的过程。白天由开始的11~12℃逐渐增加到18~20℃，夜间温度由0℃逐渐增加到3~5℃，这个过程大约需要10d时间，此后便进入萌芽开花期。

（2）湿度管理。从覆膜到采收，要求土壤相对湿度60%~80%。发芽前期到初花以前要求80%为宜；发芽期20~40cm土壤的湿度以泥土手握可成团，一触即散为度；花期之后，土壤相对湿度60%~70%为宜。

（3）肥水管理。扣棚萌动后，每株追施200g尿素，结合追肥开沟灌小水。盛花期前后，间隔10d各喷1次0.3%尿素加0.3%硼砂溶液，可以显著提高坐果率。花期和花后，一般不灌水，防止因灌水加大棚内空气相对湿度和新梢徒长竞争养分。

2. 开花期管理

（1）温、湿度管理。花期白天20~22℃，最高不要超过25℃，夜间5~7℃为宜，这段时期对气温非常敏感，要随时观察棚内温度变化情况，白天温度过高要及时通风降温，夜间如遇低温要及时采取升温措施。此期若遇到-2℃的低温2h，有50%的雌蕊受冻死亡。开花至落花空气相对湿度维持60%左右，樱桃花期对空气湿度要求相对较严格，湿度过高，花粉不易发散，且易感花腐病。湿度过低，柱头干燥，不利于受精。

（2）提高坐果率的措施。盛花前10d始，晴天中午天天放风，使花器官尽早经受锻炼，接受一定的直射光照射，提高花芽发育质量。盛花期前、后相隔10d各喷1次0.3%尿素＋

0.3%硼砂溶液或600倍磷酸二氢钾溶液,或盛花期喷施50mg/kg的GA_3,或300倍稀土微肥液,均可显著提高坐果率。

花束状花开放时,用毛掸轻弹点授。也可以人工采集花粉,用毛笔或橡皮点授。授粉从开花到花开后的第三天均可进行,但以开花当天授粉最好。授粉自盛花初期分2～3次进行。利用蜜蜂辅助授粉可提高坐果率20%以上,每个大棚放一箱蜂基本可以满足需要。花后10d左右及时对新梢摘心,防止新梢与幼果生长竞争养分,对提高坐果率也有一定的效果。

(3) 疏花疏果。萌芽前疏花芽,一般1个有7～8个花芽的花束状短果枝可疏掉3个左右的瘦小花芽,保留饱满花芽4～5个。花芽萌发后疏花蕾或疏花,可以起到节约养分、提高坐果率的作用,不过应掌握疏晚花、弱花的原则;生理落果后进行疏果,疏果程度视全株坐果情况而定,一般一花束状短果枝留3～4个果,最多4～5个果。疏果应疏小果、弱果、畸形果和光线不易照到的果。

3. 新梢生长及果实膨大期管理

(1) 温、湿度管理。果实膨大期白天22～24℃,夜间10～12℃,此间夜温适当高些有利于果实的发育,可提早成熟。着色至采收期白天22～25℃,夜间12～15℃,保持昼夜温差约10℃。白天温度不能超过30℃,否则会引起着色不良,且影响花芽分化。果实膨大期空气相对湿度应保持在60%。

(2) 促进果实膨大和着色。花后脱萼前,叶面喷施氨基酸复合微肥或稀土微肥等可显著提高光合效率促进果实着色和果粒重。在果实着色期,摘除遮光叶片,摘叶程度不宜过重,以免影响花芽的分化和发育。在果实采前10～15d树冠下铺设反光膜,增加树冠下光线反射,促进果实上色。果实着色期如已过晚霜,可考虑撤掉顶部薄膜,改善光照,促进着色。

(三) 病虫害防治

樱桃的病虫害较严重,尤其病毒病发病率高,造成树体早衰,甚至死亡。常见病毒病有樱桃叶斑驳病、樱桃小果病、樱桃扭叶病、樱桃挫叶病、樱桃绿环斑病等。真菌类病害有樱桃根头癌肿病、樱桃癌肿病、枝干干腐病、樱桃褐斑孔病、果腐病(灰星病、软腐病、花腐病、炭疽病)、流胶病等。常见害虫有红颈天牛、小透羽蛾、金吉丁虫、金龟子(苹毛金龟子、东方金龟子)、介壳虫(朝鲜球坚蚧、草履蚧、桑白蚧等)、山楂红蜘蛛等。

针对樱桃病虫害应采取以下综合防治措施:

①选用抗病、无病毒的砧木和品种。种植前改良土壤,多施有机肥,起垄栽植,防止干旱或积涝。

②覆膜防虫。覆地膜既可提高地温。降低棚内湿度,又能减少土壤传播或在土中越冬、越夏的病虫害。萌芽前苗干上套塑料袋,防止象鼻虫、金龟子等啃食芽体和幼叶。

③喷药防治。萌芽前全园喷布4～5波美度石硫合剂。去棚膜后5～6月喷布2次70%代森锰锌500倍液,或50%多菌灵600倍液。7～8月对樱桃喷2～3次200倍等量式波尔多液,防治穿孔病、叶斑病和干腐病。流胶病可在发病初期将病斑纵割几刀后,涂刷石硫合剂原液。毛虫类、刺蛾类害虫,在1～2龄虫期,喷20%杀灭菊酯2 000倍液。建棚后,在覆膜前喷3～5波美度石硫合剂,幼果期喷1～2次1 000倍70%甲基托布津液,预防叶斑病和果腐病。

（四）采收贮运及揭膜后的管理

樱桃成熟期早，时间集中，加之果实皮薄，易受损伤，不耐贮运，适期采收及搞好产后处理，是保证丰产丰收、提高经济效益的重要环节。揭膜后是保护地樱桃树体营养积累、花芽分化的重要时期，因此，搞好撤膜以后的管理十分重要。

1. 果实采收、包装

（1）采收方法。由于樱桃果实贮运性差，不耐机械损伤，生产中几乎完全靠人工采摘。在采摘过程中，各个环节都要注意轻拿轻放，避免人为损伤。同时注意保护好结果枝，否则会影响来年产量。

（2）分级与包装。果实采收以后要剔除霉烂果、病僵果、青绿小果、虫鸟蛀果，摘掉果带下的枝叶等，然后按照果实的大小、色泽等进行分级包装。保护地樱桃是商品价值较高的果中珍品，应采用轻便、精美、环保的包装，保持新鲜品质，增加美感，提高商品价值。

2. 采果撤膜后的管理

（1）适时除膜。春季过了晚霜期，随着气温的升高，可逐渐加大大棚两侧扒缝通风，直至将覆膜卷到大棚一侧。此期若遇降温或下雨，则需把薄膜重新盖好，以升温和防裂果。采收结束后，可完全除掉棚膜。

（2）补肥。采果后补肥，充实树体结果营养消耗，主要以优质有机肥和全元复合肥为主，施肥量依树龄大小而定，一般掌握在株施优质圈肥100kg，或复合肥1.5kg左右。有机肥可在树盘内放射状沟施，复合肥则可在树冠外围30cm处行环状沟施或穴施，施肥后灌水促进肥料吸收。

（3）修剪。采果后修剪的手法主要是疏枝，疏除冠内过密的强旺枝和紊乱树冠的多年生大枝，调整树体结构，改善冠内通风透光条件，促进花芽分化。注意疏除多年生大枝时伤口要平，不能留桩，以利尽早愈合。

五、问题探究

设施栽培大樱桃常出现隔年结果现象，即通常所说的"大小年"。探明"大小年"现象出现的原因并采取必要的防控措施，对提高樱桃果实产量和经济效益大有裨益。

1. "大小年"现象出现的原因

（1）肥水供应时期不当。有关大樱桃花芽分化时期的资料与报道普遍认为，大樱桃一般在果实采收后10d左右花芽便大量分化，采收后10d至1～2个月是大樱桃花芽分化的重要时期，此期间忽视管理会直接影响第二年的产量。

（2）负载量过大。设施栽培大樱桃负载量过大表现在大年上。大年不进行疏花、疏果，大量消耗养分，造成下一年小年现象。而小年养分消耗少，又形成了大量花芽，下一年又形成大年。

2. 防控"大小年"的对策

（1）疏花、疏果，合理负载。花芽膨大后对花量过多的树疏花蕾，疏除花束状果枝上的瘦小和萌动较晚的花蕾，开花期间疏除瘦小的边花，留饱满的中间花，每个花束状果枝只留7～8朵花。疏果在落花后3周进行，即果实硬核前，生理落果后，疏除小果、畸形果及过密果。3～4年生树株产控制在2～3kg，5～6年生株产控制在5～10kg，7年生以上树株产控制在15～20kg。株产还应结合栽植密度确定。3～5年生树1hm^{2}产量控制在4 500～6 000

kg，6年生以上树1hm²产量控制在7 500～9 000kg。

（2）花芽分化期增施肥料。花芽分化期增施肥料应遵循控氮、增磷、补钾的原则。落花后10d左右，追施一次速效性化肥，如磷酸二铵和硫酸钾等。落花后15d开始每隔7～10d喷1次磷酸二氢钾液和活力素，一直到采果后1个月左右结束。叶面喷肥可结合喷杀菌剂同时进行。

（3）花芽分化期灌水。大樱桃对水十分敏感，特别是果实硬核期以后缺水，将严重影响果实膨大和花芽分化，此期田间含水量应保持在60%左右。一般在花后10d左右灌第一次水，硬核后灌第二次水，灌水量以一流而过为宜，采果后灌一次大水。

（4）合理修剪。生长期应注意改善树体通风透光条件，可采取摘心，拉枝，疏除过密枝、徒长枝等措施。

生产案例　辽南地区甜樱桃设施生产技术

甜樱桃设施栽培技术含量较高，生产中由于管理技术跟不上，经常出现结果晚、产量低等情况。现将辽南地区甜樱桃设施生产技术总结如下：

1. 品种选择　红灯、拉宾斯、早大果、沙美豆、意大利早红等品种适合当地混种栽培。

2. 定植　栽培模式采用2种：①从露地移栽8年生大树，株行距3.0m×4.0m；②直接栽植3年生苗圃地整形苗，株行距1.5m×2.0m。定植时间为4～5月。

3. 扣棚后的管理

（1）休眠与升温时间的合理安排。甜樱桃要经过7.2℃以下低温达到1 200～1 400h以上再升温，才能发芽整齐，花芽生长发育均匀。10月初当外界最低温度达到2℃时，温室扣膜并覆盖草帘，每天太阳落山后将草帘卷起，清晨太阳升起前将草帘放下，当外界最低温度低于0℃后，全天覆盖草帘。12月上旬，当低温时间达到1 200～1 400h时，白天开始卷起草帘升温。

（2）肥水管理。发芽前每株追施复合肥0.5～1.0kg；花前、花后每株树各追施尿素0.2kg；采摘果实后每株补施尿素0.3kg、磷肥0.3kg、钾肥0.8kg；每年9月，每株树秋施优质厩肥20kg、磷肥0.3kg、钾肥0.8kg，施肥后灌1遍透水。升温后为防止灌水时水温过低导致地温下降，设计温室时，在后墙顶端沿东西走向安装黑塑料水袋，用于蓄水。扣棚前及揭帘后，各灌1次水；落花后至果实米粒大小时灌1次水；果实如黄豆粒大小时，灌1次水；硬核期灌1次水。果实采收后，不特别干旱不灌水。

（3）合理修剪。采用自然开心形，培养三大主枝，主枝上直接培养大型结果枝组。每年6月末对大树进行落头开心，疏除竞争枝、交叉枝和多余的大枝。疏除大枝时去掉顶部遮光严重的过密枝及下部离地面较近的枝。同时进行拉枝，开张大枝角度。另外，在生长季节，当新梢长到10～15cm时摘心，二次梢生长旺盛时留5cm连续摘心。

（4）温、湿度调节。花期白天应控制在15～20℃，夜间不低于5℃。果实膨大期白天应控制在20～25℃，夜间8℃，白天若超过25℃，应及时放风。放风时间在12：00～14：00。草帘一般9：00揭开，16：30前盖好。如遇寒流、阴冷天气，不揭草帘。在1～2月，可盖双层草帘。当外界气温达20℃时撤膜。空气相对湿度一般保持在50%～60%，树盘覆地膜，减少水分蒸发，使棚内空气相对湿度适宜。

（5）花果管理。自盛花初期开始，分2～4次进行人工授粉。用鸡毛掸子在授粉品种的花朵上轻轻滚动，再到主栽品种的花上滚动授粉；同时在开花前7d每棚放一箱蜜蜂或100头壁蜂，可显著提高坐果率。坐果后及时疏果，一般每花序留2～3个果。花期根据需要选用15～20mg/kg赤霉素、0.3%尿素、0.3%硼砂喷施溶液；幼果期喷施0.3%磷酸二氢钾溶液，对促进坐果和提高产量效果显著。

4. 病虫害防治 危害设施樱桃的病虫害主要有蚜虫、红蜘蛛、灰霉病、褐腐病等。每年扣膜前喷一次5波美度石硫合剂，花后喷50%氧化乐果1000倍液＋50%多菌灵800倍液。此后再根据虫、病情，喷2～3次杀虫、杀菌剂，每年喷药4～5次。

学习指南

一、学习方法

本项目学习立足现场观察，按照农事季节分阶段实训，分段观察，借助录像、多媒体反复训练，在果树工人，技术人员指导下，现场操作，现场实训，现场讨论，完成本项目学习任务。在学习过程中应注意以下问题：

（1）通过相关网站了解设施草莓、葡萄、桃、李、杏、樱桃等果树的设施栽培关键技术。

（2）在设施基地观察设施类型，在老师和基地技术人员指导下实习设施环境调控技能。

（3）本项目提及的设施栽培案例，物候期多数以北方地区为主，在学习的过程中应与本地的物候期加以比较，总结出适于本地区的生产作业历。

（4）可根据本地区的特点选择适宜的树种进行有选择性地学习。

二、学习网址

中国设施葡萄协作网 http：//www.ssgrape.cn/
中国果树设施网 http：//www.gsssw.net/pro/view.asp? id＝18336
大连大樱桃网 http：//www.dldayingtao.cn/
中国桃网 http：//www.peach.net.cn/

技能训练

【实训一】设施类型及结构调查

实训目标

（1）了解各种设施的性能，掌握当地主要设施类型特点及规格。
（2）学会结构测量方法、熟悉选用材料及造价等建设要素。

实训材料

1. 材料 选择当地有代表性的温室和大棚类型作调查对象。
2. 用具 皮尺、钢卷尺、测角仪（坡度仪）等。

实训内容

（1）识别当地的温室、塑料大棚等类型，当地主要的设施果树种类及品种及设施果树的栽培制度。

（2）设施结构调查与测量。测量不同类型温室的长度、跨度、矢高和后墙高、前屋面采光角、后屋面采光角、墙体厚度等。测量塑料大棚的长度、跨度、矢高、各排立柱的高度与间距，跨拱比等。

（3）设施群的规划测量。测量各类设施的方位、设施间的间距、道路的设置等。

（4）设施结构特点和性能调查。调查设施的建造材料、设施的结构特点、采光性能、保温性能等。

实训方法

（1）本实训时间建议在设施生产季进行，实训时长 1d。

（2）实训时，全班划分成若干个小组，每组 3～4 人，按实训内容的要求到校内或校外实训基地进行实训调查，先由指导教师讲解和示范，然后再由学生进行分组操作，老师点评总结。

实训结果考核

1. **态度** 不迟到早退，态度端正，认真、仔细，遵守纪律（20 分）。
2. **知识** 掌握果树设施类型及设施结构的基本知识（25 分）。
3. **技能** 对果树设施结构的测量能力（40 分）。
4. **结果** 每组交 1 份调查报告，要求按比例尺绘制所测量的侧剖面结构图，标明测量单位。对测量调查的设施做出分析，指出优缺点，提出改进建议（15 分）。

【实训二】设施内温、湿度观察

实训目标

（1）熟悉设施内温、湿度观测点设置及观测方法。

（2）能够独立完成设施内的温、湿度日变化观测。

实训材料

1. **材料** 选择当地有代表性的温室和大棚类型作调查对象。
2. **用具** 干湿温度计、自记温度计，记录本等。

实训内容

1. 温度、湿度观察点的设置 日光温室气温观测点从距后墙 4m，距东西山墙各 5m 处开始，每隔 10m 设置 1 个观测点，共设 5 个观测点，观测点距地面 1.5m。地温测量地表下

15cm 处土温。

温度观测每天进行 3 次。早晨揭开保温覆盖物前，测量棚内最低温度，午后 13：00 测量最高温度和覆盖前后的温度。湿度的观测可在温室中部设一湿度计，距地面 1.5m，每天观测 3 次。

2. 温、湿度的观测方法　略。

3. 日变化观测　温室揭开保温覆盖物前观察 1 次，记录最低温度。升温每 1h 观察 1 次（包括放风期间），盖覆盖物后观察 1 次。

实训方法

（1）本实训时间建议在设施生产季进行，实训时长 1d。

（2）实训时，先由指导教师讲解和示范，然后再由学生进行分组操作训练。每组 3~4 人分组，老师点评总结。

实训结果考核

1. **态度**　不迟到早退，态度端正，认真、仔细，遵守纪律（20 分）。
2. **知识**　掌握果树设施环境调控知识（25 分）。
3. **技能**　果树设施结构的测量能力，测量工具的使用（40 分）。
4. **结果**　每组交 1 份调查报告，绘制温度日变化曲线图，并对曲线进行分析（15 分）。

【实训三】设施果树夏季树体管理

实训目标

（1）明确设施栽培果树生长季树体管理的主要内容。

（2）会进行新梢、花果管理，指导果农进行整形修剪。

实训材料

1. **材料**　设施内果树。
2. **用具**　修枝剪、卷尺、计数器、记录本等。

实训内容

（1）疏花疏果。根据果树的种类、树龄等确定每株树的留果量，按枝、按距离进行疏果。

（2）新梢修剪。按技术要求，对新梢进行摘心、扭梢、疏枝及拉枝等处理。

（3）处理 1 周后对处理结果进行观察与调查。

实训方法

（1）本实训时间建议在设施生产季进行，实训时长 1d。

（2）实训时，先由指导教师讲解和示范，然后再由学生进行分组操作训练。学生训练初期可按每组 3~4 人分组进行，老师点评总结。

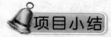
实训结果考核

1. **态度** 不迟到、早退，态度端正、认真、仔细，遵守纪律（20分）。
2. **知识** 掌握果树修剪知识（25分）。
3. **技能** 设施果树生长季修剪（40分）。
4. **结果** 每组交 1 份调查报告，要求有操作要点、处理和总结分析（15分）。

项目小结

本项目主要介绍了设施果树生产原理及不同树种（葡萄、草莓、桃、李、杏、樱桃等）周年生产技术，并提供了部分果树在某些地区的物候期生产。建议学生学完露地果树生产之后再对这部分进行学习。

复习思考题

1. 设施果树生产的类型有哪些？
2. 什么是果树的需冷量？
3. 人工低温暗光促眠技术方法是什么？
4. 设施果树生产发育的特点？
5. 促成栽培与半促成栽培有什么区别？
6. 确定设施栽培果树开始升温的日期，主要应考虑哪些因素？
7. 葡萄设施栽培整形修剪与露地相比有哪些异同点？
8. 分析甜樱桃隔年结果的原因，生产上应采取哪些技术措施？

参 考 文 献

白露，贾宗锴．2004．日光温室李优新品种配套栽培技术［J］．西北园艺（12）：16-17．
北京市农业学校．1991．果树栽培学各论（北方本）［M］．北京：农业出版社．
曹尚银，郭俊英．2005．优质核桃无公害丰产栽培［M］．北京：科学技术文献出版社．
曹孜义，李长成．2000．葡萄多种栽培技术［M］．兰州：甘肃科学技术出版社．
晁无疾．2000．葡萄优质高效栽培指南［M］．北京：中国农业出版社．
陈东元，黄建民．2004．猕猴桃无公害高效栽培［M］．北京：金盾出版社．
崔德才，徐培文．2003．植物组织培养与工厂化育苗［M］．北京：化学工业出版社．
崔秀峰，张美勇．2005．柿栽培与贮藏加工新技术［M］．北京：中国农业出版社．
樊巍，王志强．2001．果树设施栽培原理［M］．郑州：黄河水利出版社．
冯义彬．2005．优质果品李杏无公害丰产栽培［M］．北京：科学技术文献出版社．
冯永庆．2007．板栗栽培技术问答［M］．北京：中国农业出版社．
高东升．1996．果树大棚温室栽培技术［M］．北京：金盾出版社．
高华君，王少敏．2003．中国果树的保护地栽培［J］．世界农业（11）：41-42．
高梅，潘自舒．2009．果树生产技术［M］．北京：化学工业出版社．
高新一．2010．板栗栽培技术［M］．北京：金盾出版社．
耿玉韬．1996．苹果优质高产关键技术［M］．郑州：河南科学技术出版社．
郭民主．2006．苹果安全优质高效生产配套技术［M］．北京：中国农业出版社．
郭香宝，刘玉朵．2003．红地球葡萄绿苗快繁技术［J］．北方果树（6）：13-14．
郭晓成，邓琴凤．2005．桃树栽培新技术［M］．杨凌：西北农林科大学出版社．
郭裕新．2003．山东省果树研究所枣品种选育的成熟及经验［J］．落叶果树（2）：15-18．
韩凤珠，赵岩．2004．保护地甜樱桃绿色果品生产技术试验［J］．中国果树（4）：14-16．
韩礼星，黄贞光．2003．优质高档猕猴桃生产技术［M］．郑州：中原农民出版社．
郝保春．2000．专家谈草莓高产栽培技术问答［M］．北京：中国盲文出版．
郝艳宾，王贵．2008．核桃精细管理十二个月［M］．北京：中国农业出版社．
河北农业大学．1987．果树栽培学各论（北方本）［M］．北京：农业出版社．
河北农业大学．1993．果树学各论（北方本）［M］．北京：农业出版社．
河北农业大学．1985．果树栽培学总论［M］．北京：农业出版社．
贺普超，罗国光．1994．葡萄学［M］．北京：中国农业出版社．
黑龙江佳木斯农业学校，江苏省苏州农业学校．1989．果树栽培学总论［M］．北京：农业出版社．
花蕾．2003．无公害苹果生产关键技术［M］．北京：中国农业出版社．
黄宏文．2001．猕猴桃高效栽培［M］．北京：金盾出版社．
黄卫东．2003．草莓反季节栽培［M］．北京：中国农业出版社．
黄贞光．1998．我国猕猴桃品种结构、区域分布及调整意见［J］．果树科学，15（3）：193-197．
姜远茂，彭福田．2002．果树施肥新技术［M］．北京：中国农业出版社．
解金斗．2005．梨高效栽培技术［M］．北京：金盾出版社．
孔庆山．2004．中国葡萄志［M］．北京：中国农业科学技术出版社．
劳秀荣．2000．果树施肥手册［M］．北京：中国农业出版社．
李昌春．2010．优质板栗无公害生产关键技术问答［M］．北京：中国林业出版社．

李道德.2001.果树栽培（北方本）[M].北京：中国农业出版社.
李鹤荣.2003.园艺植物栽培（果树栽培）[M].西安：西安地图出版社.
李文华.1989.果树栽培学总论[M].北京：农业出版社.
李新岗,黄建,高文海,等.2002.我国鲜食枣的发展趋势与前景[J].经济林研究,20(4)：75-77.
李中涛.1990.果树栽培学各论[M].北京：农业出版社.
李作轩.2000.樱桃容器栽培技术[J].落叶果树(1)：61-62.
刘崇怀.2004.葡萄早熟栽培技术手册[M].北京：中国农业出版社.
刘汉云.1999.图说梨树栽培新技术[M].北京：科学出版社.
刘捍中,刘凤之.2004.葡萄无公害高效栽培[M].北京：金盾出版社.
刘捍中.2004.葡萄优良品种高效栽培[M].北京：中国农业出版社.
刘洪旗.2001.草莓周年生产配套技术——蔬菜周年生产配套技术丛书[M].北京：中国农业出版社.
刘靖.2003.放心果生产配套技术[M].南京：江苏科技出版社.
刘威生.1998.樱桃设施栽培[M].北京：中国林业出版社.
罗国光.2004.葡萄整形修剪和搭架[M].北京：中国农业出版社.
吕平会,何佳林.2009.柿无公害高产栽培与加工[M].北京：金盾出版社.
吕英华.2003.无公害果树施肥技术[M].北京：中国农业出版社.
马骏,蒋锦标.2006.果树生产技术（北方本）[M].北京：中国农业出版社.
马文哲.2006.绿色果品生产技术[M].北京：中国环境科学出版社.
孟新法,王坤范.1996.果树设施栽培[M].北京：中国林业出版社.
聂兰宗,孙钦超.2000.凯特杏保护地促成栽培技术[J].设施园艺(12)：10.
秦嗣军.2003.葡萄优质高产栽培新技术[M].延边：延边人民出版社.
曲泽洲.1979.果树栽培学实验实习指导[M].北京：农业出版社.
曲泽洲.1980.果树栽培学各论[M].北京：农业出版社.
全国职业高中种植类专业教材编写组.1994.果树栽培技术（北方本）[M].北京：高等教育出版社.
申艳普,张兆欣,李文娟,等.2009.优质杏栽培管理技术[J].农技服务 26(8)：119-120.
沈元月,贾克功.1997.果树保护地栽培进展与展望[J].莱阳农学院学报,14(4)：269-272.
苏桂林.2003.现代实用果品生产技术[M].北京：中国农业出版社.
孙益知,孙光丽.1999.红地球葡萄优质丰产技术[M].北京：中国农业出版社.
田寿乐.2009.板栗栽培技术百问百答[M].北京：中国农业出版社.
汪景彦.2003.我国果树生产及其发展建议[J].中国果树(6)：42-44.
王际轩.2006.果树的病毒病与无病毒苗繁育技术[J].北方果树(6)：53-55.
王金友.2005.新编梨病虫害防治技术[M].北京：金盾出版社.
王金政,王少敏.2004 果树保护地栽培不可不读[M].北京：中国农业出版社.
王力荣.2003.桃保护地优质高效栽培[M].郑州：中原农民出版社.
王琦,杜相革.2000.北方果树病虫害防治手册[M].北京：中国农业出版社.
王庆珍.2001.日光温室桃树栽培技术要点[J].河北果树(4)：20-22.
王仁才.2000.猕猴桃优质丰产周年管理技术[M].北京：中国农业出版社.
王仁梓.2009.图说柿高效栽培关键技术[M].北京：金盾出版社.
王尚堃,李剑南.2005.凯特杏丰产栽培技术[J].中国果树(1)：41-42.
王少敏.2000.北方名特创汇果品优质丰产栽培技[M].北京：中国农业出版社.
王秀峰,李宪利.2003.园艺学各论（北方本）[M].北京：中国农业出版社.
王永安.2001.我国猕猴桃主要品种及丰产栽培技术[J].山西果树(1)：22-23.
魏闻东.2011.提高梨商品性栽培技术问答[M].北京：金盾出版社.
温陟良.2009.柿·核桃·板栗高效栽培技术[M].河北科学技术出版社.
吴桂法.2000.果树育苗六法[M].北京：中国水利水电出版社.

吴国良，李平记.1998.图说核桃、柿树栽培新技术［M］.北京：科学出版社.
吴禄平.2003.草莓无公害生产技术［M］.北京：中国农业出版社.
吴禄平.2003.甜樱桃无公害生产技术［M］.北京：中国农业出版社.
吴梅君.1997.浅谈大樱桃的促成栽培［J］.落叶果树（1）：25-26.
郗荣庭，张毅萍.1992.中国核桃［M］.北京：中国林业出版社.
郗荣庭.2008.果树栽培学总论［M］.3版.北京：中国农业出版社.
徐海英.2007.葡萄标准化栽培［M］.北京：中国农业出版社.
杨红强.2003.绿色无公害果品生产全编［M］.北京：中国农业出版社.
杨洪基.2006.绿色无公害果品生产全编［M］.北京：中国农业出版社.
杨勇，王仁梓.2005.甜柿栽培新技术［M］.杨凌：西北农林科技大学出版社.
于润卿.1997.现代梨树整形修剪技术图解［M］.北京：中国林业出版社.
于泽源.2005.果树栽培［M］.北京：高等教育出版社.
翟衡.1998.良种良法葡萄栽培［M］.北京：中国农业出版社.
张福兴，张凤敏，刘美英，等.2005.大樱桃丰产、优质、高效栽培技术［J］.北方果树（6）：39-43.
张加延.2005.2004年全国优质李杏评选结果与述评［J］.北方果树（1）：38-40.
张建波.2004.小管出流在果树灌溉中的应用［J］.落叶果树（1）：46.
张建阁.2004.甜樱桃栽培全年管理工作历［J］.河北果树（6）：56.
张建光.2011.梨无公害高产栽培技术［M］.北京：化学工业出版社.
张开春.2004.果树育苗手册［M］.北京：中国农业出版社.
张克俊.2000.果树整形修剪技术问答．［M］.2版.北京：中国农业出版社.
张鹏.1999.梨树整形修剪实用图说［M］.北京：中国农业大学出版社.
张全国.2005.沼气技术及其应用［M］.北京：化学工业出版社.
张铁如.2004.板栗无公害高效栽培［M］.北京：金盾出版社.
张文和，牛自勉.2004.苹果优质生产精细管理技术［M］.北京：中国农业出版社.
张毅.2009.提高板栗商品性栽培技术问答［M］.北京：金盾出版社.
张玉杰.2011.板栗丰产栽培、管理与贮藏技术［M］.北京：科学技术文献出版社.
张玉星.2003.果树栽培学各论（北方本）［M］.3版.北京：中国农业出版社.
赵常青.2007.无公害鲜食葡萄规范栽培［M］.北京：中国农业出版社.
赵京献.2005.日韩良种梨栽培技术［M］.北京：金盾出版社.
赵胜建.2009.葡萄精细管理十二个月［M］.北京：中国农业出版社.
赵政阳，王雷存，梁俊.2005.无公害苹果生产技术［M］.杨凌：西北农林科技大学出版社.
浙江效益农业百科全书编辑委员会.2004.浙江效益农业百科全书——葡萄［M］.北京：中国农业科学技术出版社.
中国农业百科全书总编辑委员会果树卷编辑委员会.1993.中国农业百科全书果树卷［M］.北京：农业出版社.
中国农业科学院.1987.中国果树栽培学［M］.北京：农业出版社.
祖容.1996.浆果学［M］.北京：中国农业出版社.

图书在版编目（CIP）数据

果树生产技术：北方本/陈登文主编．—北京：
中国农业出版社，2012.11（2018.12 重印）
高等职业教育农业部"十二五"规划教材
ISBN 978-7-109-17306-4

Ⅰ.①果…　Ⅱ.①陈…　Ⅲ.①果树园艺－高等职业教育－教材　Ⅳ.①S66

中国版本图书馆 CIP 数据核字（2012）第 251940 号

中国农业出版社出版
（北京市朝阳区农展馆北路 2 号）
（邮政编码 100125）
策划编辑　郭元建　王　斌
文字编辑　廖　宁

中国农业出版社印刷厂印刷　新华书店北京发行所发行
2013 年 6 月第 1 版　2018 年 12 月北京第 3 次印刷

开本：787mm×1092mm 1/16　印张：25.5
字数：616 千字
定价：59.00 元

（凡本版图书出现印刷、装订错误，请向出版社发行部调换）